M. J. WYGODSKI

Elementarmathematik griffbereit

M. Ja. Wygodski

ELEMENTARMATHEMATIK
griffbereit

Definitionen

Theoreme

Beispiele

In deutscher Sprache herausgegeben und bearbeitet von
Ferdinand Cap, Innsbruck

2. Auflage, durchgesehen und ergänzt von Wolfgang Hahn, Graz

Mit 275 Abbildungen und 15 Tabellen

Friedr. Vieweg & Sohn · Braunschweig

Titel der russischen Originalausgabe

М. Я. ВЫГОДСКИЙ
СПРАВОЧНИК
ПО ЭЛЕМЕНТАРНОЙ МАТЕМАТИКЕ

Erschienen 1969, im Verlag NAUKA, Moskau

ISBN-13: 978-3-322-83214-6   e-ISBN-13: 978-3-322-83213-9
DOI: 10.1007/ 978-3-322-83213-9

1976

Vorwort

1. Die Bestimmung dieses Buches. Dieses Buch, das man als Handbuch bezeichnen kann, hat zweierlei Bestimmungen. Erstens soll es eine „Momentanauskunft" vermitteln: Was ist der Tangens? Wie berechnet man einen Prozentsatz? Welche Formel gilt für die Wurzeln einer quadratischen Gleichung? u. a. m. Alle Definitionen, Regeln, Formeln und Theoreme werden an Beispielen erläutert. Wo es notwendig ist, wird gezeigt, wie und in welchen Fällen man diese oder jene Regel anwendet, vor welchen Fehlern man sich hüten muß usw.

Zweitens soll das Buch als allgemeinverständliches Hilfsmittel zur Wiederholung der elementaren Mathematik dienen und mit deren Anwendung in der Praxis vertraut machen.

2. Das Handbuch als Lehrbuch. Der Gedanke, daß man ein Handbuch auch lesen kann, ist zunächst zweifelhaft. Nach den zahlreichen Leserbriefen zu schließen, verwendet die überwältigende Mehrheit der Leser das Handbuch jedoch tatsächlich zu diesem Zweck.

Es kann sein, daß die Bezeichnung „Handbuch" nicht vollständig dem Charakter dieses Buches entspricht. Andererseits wäre die Bezeichnung „Lehrbuch" noch weniger zutreffend. Eine derartige Bezeichnung würde die Vorstellung von einem Lehrbuch wachrufen, wie es in der Schule verwendet wird. Das vorliegende Handbuch unterscheidet sich jedoch in seiner Anlage sehr wesentlich von einem Lehrbuch.

In einem Lehrbuch, besonders in den Lehrbüchern für höhere Niveaus, kommt die tragende Rolle der Ausbildung des Denkvermögens zu. **Das Tatsachenmaterial** ist dort scheinbar dem logischen Apparat untergeordnet. Auf jeden Fall ist dies die Wahrnehmung des Lesers. Hier hingegen kommt die tragende Rolle dem Tatsachenmaterial zu. Das soll nicht heißen, daß keine Überlegungen angestellt werden. Im Gegenteil, manchmal begegnet der Leser auch logischen Herleitungen der einen oder anderen Formel. Aber solche Herleitungen werden nur in Sonderfällen angeführt. Manchmal zum Beispiel ist es nötig, den Grundgedanken eines Abschnitts hervorzuheben. Manchmal muß man das Mißtrauen gegenüber einem Ergebnis beseitigen (etwa das Mißtrauen gegenüber Operationen mit komplexen Zahlen). Bei der Lösung des Problems, wann man Beweise weglassen darf und wann nicht, hat sich der Autor von der pädagogischen Erfahrung leiten lassen.

3. **Wie man das Buch verwendet.** Eine „Momentanauskunft" findet man mit Hilfe des alphabetischen Index. Für den Leser, der den Namen einer Regel, eines Theorems oder eines Lösungsverfahrens nicht kennt, steht ein ausführliches Inhaltsverzeichnis zur Verfügung.

Wer das Buch an einer beliebigen Stelle aufschlägt, findet dort Hinweise auf alle jene Paragraphen, in denen die benutzten Ausdrücke erklärt werden. Die römischen Ziffern beziehen sich auf die Abschnitte, die arabischen Ziffern auf die Paragraphen. Man scheue sich nicht, diesen Hinweisen nachzugehen! Jedem Leser aber, der sich nicht nur gelegentlich an das Handbuch wendet, sei empfohlen, den ihn interessierenden Abschnitt durchgehend zu lesen.

Insbesondere ist eine aufmerksame Lektüre der historischen Bemerkungen am Beginn der einzelnen Abschnitte sehr nützlich. Diese Bemerkungen bilden einen organischen Bestandteil des Buches und vermitteln ein besseres Verständnis des Stoffes.

Der Leser, der das Buch zum Lernen benutzen will, sollte den Beispielen besondere Aufmerksamkeit widmen. Die im Buch nicht aufgenommenen Beweise kann der Leser selbst entweder gleichzeitig mit der Lektüre des Handbuches oder später (aus einem Lehrbuch) nachtragen. Aber weder das Handbuch noch irgendein Lehrbuch wird ohne selbständige Übung an Hand von Beispielen und Aufgaben ausreichen.

Inhaltsverzeichnis

EINLEITUNG

Im Laufe der letzten Jahrzehnte hat sich die Mathematik, die lange
Zeit als eine in sich abgeschlossene Spezialwissenschaft angesehen
wurde, in steigendem Maße Anwendungsgebiete erobert. Früher war
das nur die Physik und die Astronomie; jetzt verwenden nicht nur
die anderen Naturwissenschaften, sondern auch die Medizin, die
Ökonomik und noch weitere Wissenschaften mathematische Methoden. Dem entspricht der ständig zunehmende Einsatz von Computern,
deren Arbeitsweise ja auf mathematischen Gesetzen beruht. Die
Ausweitung der Mathematik ist nicht ohne Einfluß auf die Art und
Weise geblieben, wie sich der Lernende diese Wissenschaft und ihre
Methoden zu eigen macht. Das gilt auch für die sogenannte Elementarmathematik, die nach heutiger Auffassung nicht nur die Algebra
(Rechnen mit Zahlen und Auflösung von Gleichungen) und die Geometrie (Eigenschaften von Dreiecken und anderen ebenen Figuren
sowie von Körpern im Raum) umfaßt, sondern auch — gewissermaßen
eine Stufe elementarer — die Grundzüge der Mengenlehre und der
Lehre von den Aussagen. Der nachstehende Abschnitt bringt eine
gedrängte Einführung in diese Gedankengänge sowie eine kurze
Erläuterung der wichtigsten Grundbegriffe und zugleich der modernen
mathematischen Ausdrucksweise. Es handelt sich dabei zwar um
logisch sehr einfache Dinge, die aber verhältnismäßig abstrakt gefaßt
sind und deren volles Verständnis erst erwartet werden kann, wenn
der Leser mit dem Stoff der späteren Paragraphen der Elementarmathematik im engeren Sinne etwas mehr vertraut und dadurch in
der Lage ist, sich die Erläuterungen an selbst erdachten Beispielen
zu verdeutlichen.

Der Satz „zwei mal zwei ist vier" ist ebenso ein mathematischer Satz
wie „das Viereck hat zwei Diagonalen" oder „die Gleichung $ax + by
+ c = 0$ ist eine lineare Beziehung zwischen den Variablen x und y".
Von diesen drei Sätzen bezieht sich der eine auf Zahlen, der andere
auf ein ebenes Gebilde, der dritte auf die Form einer Gleichung. Trotz
des völlig verschiedenen Inhalts ist allen drei Sätzen gemeinsam, daß
sie etwas aussagen. Alle mathematischen Sätze sind Aussagen, und
es ist notwendig, sich mit den Eigenschaften von Aussagen zu be-
schäftigen, wenn man ergründen will, was Mathematik ist, und verstehen will, wieso man Mathematik auf andere Wissensgebiete anwenden kann.

Beispiele für Aussagen

a) Sieben ist eine Primzahl.
b) Ein Würfel hat acht Seitenflächen.
c) Rom ist eine Stadt in Italien.
d) Fünf ist größer als acht.

Eine Nicht-Aussage ist z. B. der Satz „Du sollst nicht töten!". Alle vier Aussagen des Beispiels haben die Form

$$x \text{ hat die Eigenschaft } E. \tag{1}$$

Für c) ist E gleichbedeutend mit „Stadt in Italien sein", für d) „größer als acht sein". Für die „Variable" x kann man in c) auch Venedig, Mailand, aber auch Paris usw. setzen. In d) kann man anstelle von „fünf" auch „sechs", „elf", „zweiundzwanzig" usw. setzen. Man erhält dann jedesmal eine Aussage. Daher nennt man (1) eine
Aussageform.
Eine Aussage kann wahr oder falsch sein. (Das ist der Sprachgebrauch. Der Gegensatz richtig—falsch wäre angemessener.) Die Aussagen b) und d) des Beispiels sind offenbar falsch.
Diejenigen „Werte" der Variablen x, die, in die Aussageform eingesetzt, diese zu einer wahren Aussage machen, bilden eine wohlbestimmte Gesamtheit, eine *Menge.* Anders ausgedrückt: Eine Menge ist eine Gesamtheit von „Elementen", denen allen eine bestimmte Eigenschaft zukommt.

Beispiel. Die Aussageform „x ist eine Primzahl" wird durch Einsetzen von $x = 2, 3, 5, 7, 11$ usw. zu einer wahren Aussage. Alle diese Zahlen gehören mithin zur *Menge der Primzahlen.* Die „Menge aller Städte in Italien" wird durch die Aussageform

$$x \text{ ist eine Stadt in Italien} \tag{2}$$

erklärt.
Die ganzen Zahlen 6, 7, 8, 9, 10, 11, gehören zu der Aussageform

$$x \text{ ist eine Zahl zwischen 5 und 12}. \tag{3}$$

Die Menge der Primzahlen hat unendlich viele Elemente, ebenso die durch die Aussageform

$$x \text{ ist ein Quadrat} \tag{4}$$

erklärte Menge aller Quadrate. Dagegen ist die Menge der Städte in Italien endlich, ebenso die Menge der durch (3) definierten Zahlen. Eine endliche Menge kann man auch durch „Aufzählen" ihrer Elemente definieren. Es ist dabei üblich, die Elemente zwischen geschweifte Klammern zu setzen. Man schreibt also die durch (3) erklärte Menge in der Form

$$A = \{6, 7, 8, 9, 10, 11\} \tag{5}$$

auf, und die Aussageform (3) ist gleichbedeutend mit der Aussageform

x ist Element der durch (5) beschriebenen Menge A,

$$\text{bzw. } x \text{ gehört zu } A. \tag{6}$$

Man schreibt das kürzer in der Form

$$x \in A. \tag{7}$$

Wenn ein Element b nicht zu A gehört, so schreibt man

$$b \notin A. \tag{8}$$

Dementsprechend sind die Aussagen

$$7 \in A \qquad \text{und} \qquad 14 \notin A \tag{9}$$

wahre Aussagen, während

$$20 \in A \tag{10}$$

falsch ist.

Es gibt auch noch andere Möglichkeiten, Mengen zu erklären oder zu veranschaulichen. Die fünf Punkte der Abb. 0.1 bilden eine wohlbestimmte endliche Menge, die Punkte des stark gezeichneten Intervalls in Abb. 0.2 eine unendliche Menge, ebenso die Punkte der Kreislinie in Abb. 0.3, während die Punkte der Kreisfläche eine ebene un-

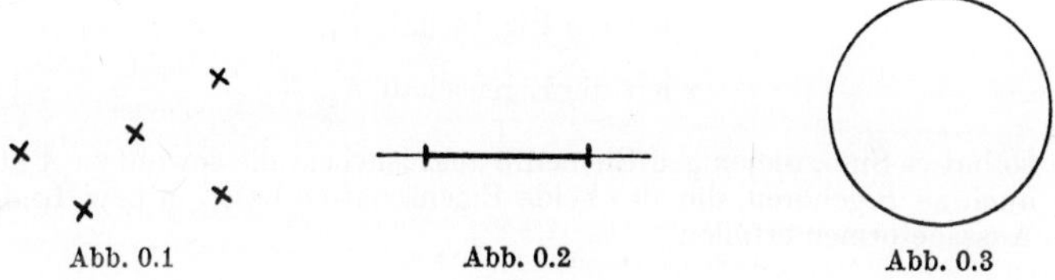

Abb. 0.1   Abb. 0.2   Abb. 0.3

endliche Punktmenge bilden. Natürlich kann man auch beliebige Gegenstände zu einer Menge zusammenfassen und beispielsweise von der Menge der Ziegelsteine, aus denen ein Haus besteht, sprechen.

Die Definition des Begriffes „Menge" umfaßt auch den Fall, daß die definierende Aussageform nur durch ein einziges Element x erfüllt ist oder die Aufzählung nur ein einziges Element nennt. Der Mengenbegriff ist in diesem Fall gegenüber dem gewöhnlichen Sprachgebrauch etwas erweitert.

Beispiel.

x ist eine ganze Zahl zwischen 5 und 7

$$A = \{6\}.$$

Es kann auch vorkommen, daß eine Aussageform durch kein einziges x erfüllt wird.

Beispiele.

x ist eine ganze Zahl zwischen 5 und 6;

x ist ein Quadrat mit fünf Ecken.

Die durch diese Aussageformen erklärte Menge ist *leer*, Schreibweise

$$A = \emptyset.$$

Die in den nachfolgenden Kapiteln auftretenden „mathematischen" Mengen sind vor allem

Zahlenmengen (§§ 3 bis 6, 27, 34 u. a.),

Mengen von Monomen und Polynomen (§§ 6 ff.),

Punktmengen,

Mengen geometrischer Gebilde.

Der Durchschnitt von Mengen

Man kann mit Mengen „rechnen". „Rechnen" mit Zahlen ist doch nichts weiter als aus gegebenen Zahlen nach bestimmten Regeln neue Zahlen bilden: Aus 3 und 6 bildet man die Summe $3 + 6$. Wenn man zwei Mengen A und B hat, die durch die Eigenschaft E_1 bzw. E_2 erklärt sind, d. h. durch die Aussageformen

x hat die Eigenschaft E_1.

x hat die Eigenschaft E_2,

so hat es Sinn, diejenigen Elemente auszusuchen, die sowohl zu A als auch zu B gehören, die also beide Eigenschaften besitzen bzw. beide Aussageformen erfüllen.

Beispiel. $A = \{$Städte mit mehr als 100000 Einwohnern$\}$,

$\quad B = \{$Städte in Italien$\}$;

Genua gehört sowohl zu A als auch zu B.

$A =$ Menge aller geraden Zahlen,

$B =$ Menge aller Primzahlen.

Die Zahl 2 ist sowohl gerade als auch eine Primzahl, gehört mithin zu A und zu B.
Gilt sowohl $a \in A$ als auch $a \in B$, so liegt a im *Durchschnitt* der Mengen A und B. Man definiert: Der Durchschnitt zweier Mengen A und B ist die Menge aller Elemente, die sowohl zu A als auch zu B gehören. Man bezeichnet den Durchschnitt mit $A \cap B$.

Es ist vielfach üblich, derartige Definitionen in mathematischer Kurzschrift zu schreiben. Das sieht dann so aus:

$$A \cap B = \{x|\ x \in A \wedge x \in B\} \tag{11}$$

und wird folgendermaßen gelesen:
Der Durchschnitt ist die Menge (geschweifte Klammer) aller x, für die gilt(senkrechter Strich |): x gehört zu A und (Zeichen $\wedge$) x gehört zu B.
Man kann sich den Begriff des Durchschnitts auch geometrisch veranschaulichen. In Abb. 0.4 sind die Mengen A und B die Punkte der beiden Kreisflächen, der Durchschnitt $A \cap B$ enthält die Punkte des Kreisbogenzweiecks. Der Durchschnitt der Punktmengen, die durch die beiden Intervalle in Abb. 0.5 gegeben sind, ist der Schnittpunkt. Der Durchschnitt der beiden Kreise in Abb. 0.6 ist die leere

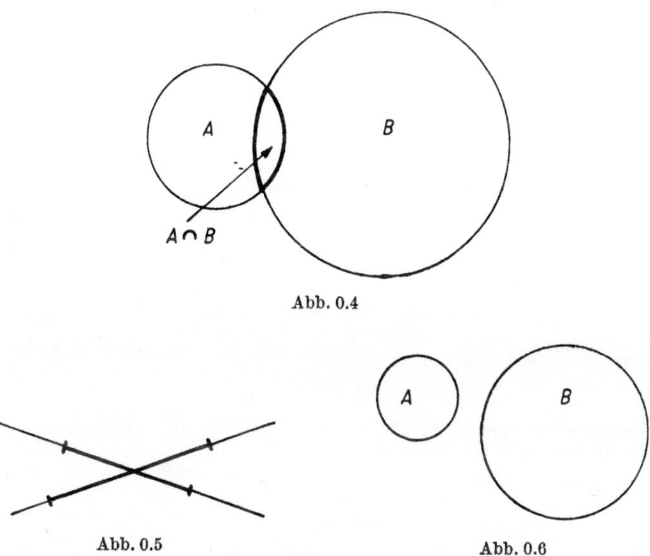

Abb. 0.4

Abb. 0.5

Abb. 0.6

Menge. Zwei Mengen, deren Durchschnitt leer ist, heißen auch *elementefremd*.
Für den Durchschnitt von mehr als zwei Mengen gelten die Regeln

$$A \cap B = B \cap A \quad \text{(sog. kommutatives Gesetz)},$$

$$\{A \cap B\} \cap C = A \cap \{B \cap C\} \quad \text{(sog. assoziatives Gesetz)}.$$

Man kann die Klammer fortlassen und schreibt einfach $A \cap B \cap C$. Vgl. Abb. 0.7 und 0.8.

2 Wygodski

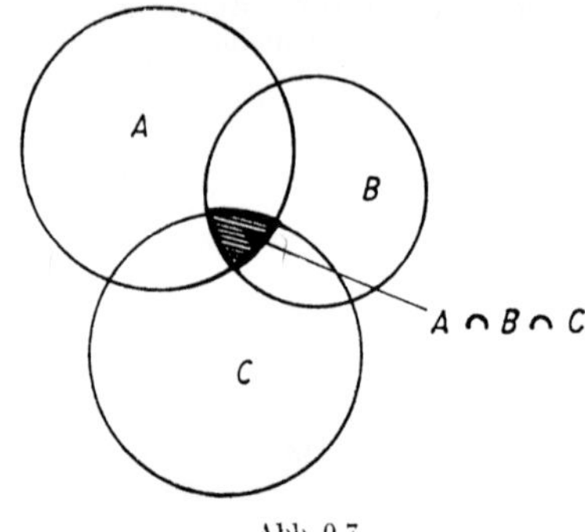

Abb. 0.7

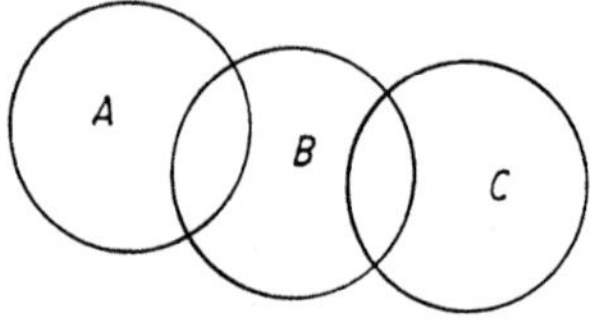

Abb. 0.8

Beispiel.

$$A = \{a, b, c, d, e\}, \qquad B = \{a, c, f, g, h\}, \qquad A \cap B = \{a, c\},$$
$$C = \{b, c, e, f\}, \qquad A \cap C = \{b, c\}, \qquad B \cap C = \{c, f\},$$
$$A \cap B \cap C = \{c\}.$$

Eine zweite Operation, die man mit Mengen vornehmen kann, ist die Bildung der *Vereinigungsmenge*. Die Vereinigungsmenge der Mengen A und B in Abb. 0.9 ist die Gesamtheit der Punkte, die zu einer der

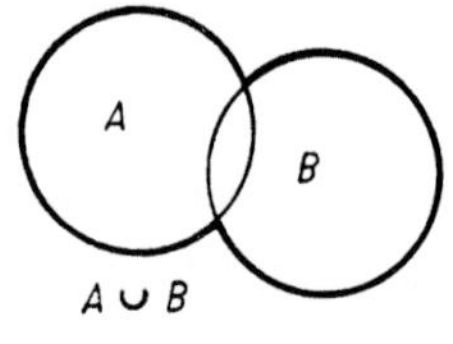

Abb. 0.9

beiden Mengen gehören. Die Vereinigungsmenge der Mengen A und B des Beispiels ist

$$\{a, b, c, d, e, f, g, h\}.$$

Das Zeichen für die Vereinigungsmenge ist $A \cup B$. Die Vereinigungsmenge ist die Menge aller Elemente, die zu A oder B gehören (Abb. 0.10).

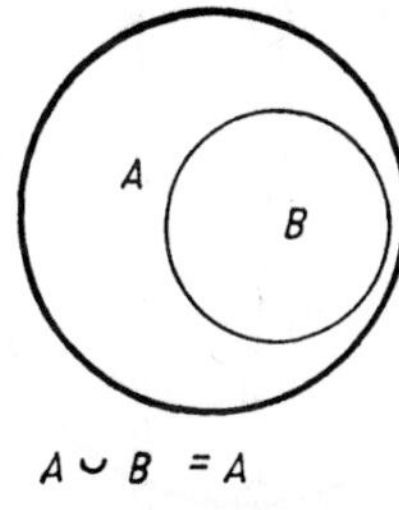

Abb. 0.10

Bemerkung. Das Wort „oder" ist dabei nicht im Sinne einer Alternative „entweder-oder" zu verstehen. Es kann ja auch Elemente geben, die sowohl zu A als auch zu B gehören. Führt man das Zeichen $\vee$ für „oder" ein, so lautet die Definition der Vereinigungsmenge in mathematischer Kurzschrift

$$A \cup B = \{x \mid x \in A \vee x \in B\}. \tag{12}$$

Wie für den Durchschnitt gilt das kommutative Gesetz

$$A \cup B = B \cup A$$

und das assoziative Gesetz

$$\{A \cup B\} \cup C = A \cup \{B \cup C\} = A \cup B \cup C.$$

Zwischen den Operationen „Durchschnitt" und „Vereinigung" bestehen die Beziehungen (sog. distributive Gesetze)

$$A \cap \{B \cup C\} = \{A \cap B\} \cup \{A \cap C\},$$

$$A \cup \{B \cap C\} = \{A \cup B\} \cap \{A \cup C\},$$

die man sich an den Abb. 0.11 und 0.12 veranschaulichen kann. Die Menge aller Elemente von A, die nicht auch Elemente von B sind, bilden die *Differenzmenge* $A \setminus B$ (gelesen A minus B). Es ist daher

$$A \setminus B = \{x \mid x \in A \wedge x \notin B\}.$$

Beispiel. $\{a, b, c, d\} \setminus \{b, d, e, f\} = \{a, c\},$

$\{b, d, e, f\} \setminus \{a, b, c, d\} = \{e, f\}.$

Für Aussageformen, wie sie durch (2)ff. gegeben sind, kann man ohne weiteres Beispiele bilden. Viele „Aussagen" des täglichen Lebens (er reiste am 8. Juni nach Wien) oder der Mathematik (die Lösung der Gleichung $3x + 1 = 16$ ist 5) sind aber nicht so einfach gebaut. Sie lassen sich jedoch auf einfache Aussagen zurückführen, auch wenn das nicht immer sofort deutlich ist. Wie man aus Aussagen neue Aus-

2*

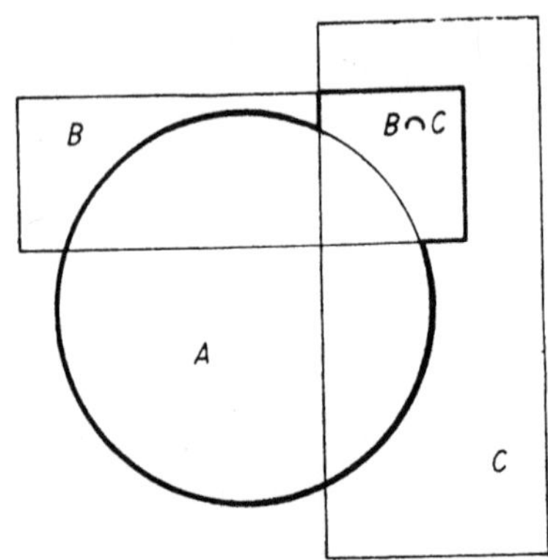

Abb. 0.11. Die Menge $A \cap \{B \cup C\}$ ist stark umrandet. Sie entsteht einerseits als Schnitt des Kreises A mit der Vereinigung der Rechtecke B und C, andererseits als Vereinigung der beiden Kreissegmente $A \cap B$ und $A \cap C$

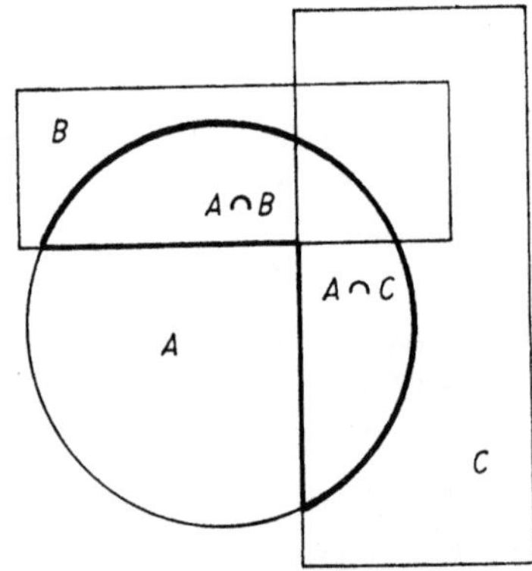

Abb. 0.12. Die Menge $A \cup \{B \cap C\}$ ist stark umrandet. Sie ist die Vereinigung des Kreises mit dem Rechteck $B \cap C$, andererseits der Schnitt der beiden jeweils aus Kreis und Rechteck zusammengesetzten Figuren

sagen gewinnen kann, soll an den beiden einfachsten Fällen klargemacht werden.

Die Aussage „a gehört zum Durchschnitt der Mengen A und B" umfaßt zwei einfachere voneinander unabhängige Aussagen, nämlich 1. a gehört zur Menge A und 2. a gehört zur Menge B. Aus der „Kurzform" (11) der Definition geht das ganz deutlich hervor. Es liegt hier ein einfaches Beispiel dafür vor, daß man aus zwei Aussagen durch *Verknüpfung* eine neue Aussage gewinnt, und zwar handelt es sich dabei um die und-Verknüpfung. Man stellt dabei ganz allgemein fest, daß das Element, über das die Aussage gemacht wird, zwei (oder mehr) Eigenschaften hat. Andererseits kann man jede und-Verknüpfung in zwei Einzelaussagen auflösen und, wenn man will, in der Sprache der Mengenlehre formulieren. „Treff ist ein brauner Spaniel" besagt: 1. Treff ist ein Element der Menge der braunen Dinge, 2. Treff ist ein Element der Menge der Spaniels, d. h., Treff gehört zum Durchschnitt der beiden Mengen.

Eine durch Verknüpfung entstandene Aussage ist ebenso wie eine einfache Aussage entweder wahr oder falsch. Dabei kommt es natürlich darauf an, wie es mit der Wahrheit der beiden Einzelaussagen steht. Man macht sich das durch eine sogenannte *Wahrheitstafel* klar, und zwar in der folgenden Weise: Es sei p eine Abkürzung für eine Aussage, und $p:W$ oder $p:F$ stehe abkürzend dafür, daß die Aussage p wahr ist (Beispiel. $p =$ „Paris ist eine Stadt". Hier gilt $p:W$). q sei eine zweite Aussage, und $p \wedge q$ sei die durch und verknüpfte Aussage (vgl. (11)). Die Wahrheitstafel ist dann

p	W	W	F	F
q	W	F	W	F
$p \wedge q$	W	F	F	F

Die und-Verknüpfung ist nämlich nur dann wahr, wenn beide Einzelaussagen wahr sind.

Beispiel. Die Verknüpfung der Aussagen „a gehört zur Menge $A = \{a, b, c, d\}$" und „a gehört zur Menge $\{a, d, e, f\} = B$" ist wahr; denn die Aussagen sind einzeln wahr. Dagegen ist die Verknüpfung

$$b \in A \wedge b \in B$$

falsch, weil das zweite Glied der und-Verknüpfung falsch ist. Eine zweite Verknüpfung ist die oder-Verknüpfung, die in der Definition der Vereinigungsmenge auftritt — vgl. (12). Die dazugehörende Wahrheitstafel ist

p	W	W	F	F
q	W	F	W	F
$p \vee q$	W	W	W	F

Die oder-Verknüpfung ist nämlich dann wahr, wenn wenigstens eine der beiden Teilaussagen wahr ist, also nur dann falsch, wenn das für beide Einzelaussagen gilt.

Auf den ersten Blick scheint das Aufstellen von Wahrheitstafeln eine überflüssige Komplikation eines einfachen Sachverhalts zu sein. Sie bilden aber die Grundlage für die Arbeitsweise eines Computers und sind demzufolge von höchster praktischer Bedeutung. Das liegt daran, daß man die Wahrheitswerte W und F durch das Verhalten eines elektrischen Stromes realisieren kann: W liegt vor, wenn der Strom fließt, F dann, wenn er nicht fließt. Hat man nun zwei Schalter in Reihe, so fließt der Strom nur, wenn beide auf „W" stehen — das ist genau die Situation der Wahrheitstafel „und". Bei Parallelschaltung fließt der Strom nicht, wenn beide Schalter „auf F" stehen. und das entspricht der Wahrheitstafel „oder".

I. ALGEBRA

§ 1. Der Gegenstand der Algebra

Die Algebra befaßt sich mit der Untersuchung von *Gleichungen* sowie mit einer Reihe von Fragen, die sich im Zusammenhang mit der Entwicklung der Theorie der Gleichungen ergeben. In der heutigen Zeit, in der die Mathematik in zahlreiche Spezialgebiete zerfällt, rechnet man zur Algebra nur mehr die Untersuchung eines bestimmten Typs von Gleichungen und nennt diese *algebraische Gleichungen*. Über die Herkunft des Namens „Algebra" siehe § 2.

§ 2. Historische Bemerkungen zur Entwicklung der Algebra

Babylonien. Der Ursprung der Algebra liegt im frühesten Altertum. Schon um das Jahr 4000 v. u. Z. kannten babylonische Gelehrte die Lösung einer quadratischen Gleichung und lösten Systeme von zwei Gleichungen, von denen eine zweiter Ordnung war. Mit Hilfe solcher Gleichungen lösten sie Probleme der Landvermessung, der Baukunst und des Kriegswesens.
Die Buchstabenschreibweise, wie wir sie heute verwenden, kannten die Babylonier noch nicht. Sie schrieben alle Gleichungen in Worten nieder.
Griechenland. Einer Schreibweise unter Verwendung von Abkürzungen für die unbekannten Größen begegnet man zum ersten Mal in der altgriechischen Mathematik bei DIOPHANTOS (2.—3. J. u. Z.). DIOPHANTOS bezeichnete die Unbekannte als „arithmos" (Zahl) und die zweite Potenz davon als „dynamis" (dieses Wort hat viele Bedeutungen: Zahl, Mächtigkeit, Vermögen, Potenz u. a. m.). Die dritte Potenz nannte DIOPHANTOS „kybos" (Würfel), die vierte „dynamodynamis", die fünfte „dynamokybos", die sechste „kybokybos". Diese Größe bezeichnete er durch die ersten Buchstaben der entsprechenden Namen (*ar, dy, ky, ddy, dky, kky*). Die bekannten Zahlen erhielten zum Unterschied von den unbekannten die Bezeichnung „*mo*" angefügt (monas — Einheit). Die Addition wurde nicht bezeichnet, für die Subtraktion wurde eine Abkürzung verwendet. Die Gleichheit drückte man durch „*is*" aus (isos — gleich).

Weder in Babylonien noch in Griechenland betrachtete man auch negative Zahlen. Die Gleichung 3 *ar* 6 *mo is* 2 *ar* 1 *mo* ($3x + 6 = 2x + 1$) bezeichnete DIOPHANTES als „unpassend". Bei einer Übertragung der Glieder von einer Gleichungsseite auf die andere sprach DIOPHANTOS von einem Übergang der Summanden in Subtrahenden und umgekehrt.

China. Bereits 2000 Jahre v. u. Z. lösten chinesische Gelehrte Gleichungen ersten Grades, Systeme von solchen Gleichungen sowie quadratische Gleichungen. Sie kannten bereits negative Vorzeichen und die irrationalen Zahlen. Wie in der chinesischen Schrift, wo jedes Zeichen einen gewissen Begriff darstellt, gab es auch in der chinesischen Algebra keine „abkürzende" Schreibweise.

In den folgenden Epochen wurde die chinesische Mathematik durch neue Erkenntnisse bereichert. So kannten die Chinesen am Ende des 13. Jahrhunderts bereits das Gesetz der Bildung der Binominalkoeffizienten, das heute unter dem Namen PASCAL*sches Dreieck* bekannt ist (s. S. 249). In Westeuropa entdeckte man dieses Gesetz 250 Jahre später.

Indien. Indische Gelehrte verwendeten weitgehend abkürzende Bezeichnungen für die unbekannten Größen und deren Potenzen. Als Abkürzungen dienten die Anfangsbuchstaben der entsprechenden Namen. Die Unbekannte hieß „so-Vieles", zur Unterscheidung von zwei, drei und mehreren Unbekannten verwendete man die Namen von Farben: „Schwarz", „Himmelblau", „Gelb" u. a. Indische Autoren verwendeten weitgehend irrationale und negative Zahlen. Zugleich mit den negativen Zahlen tritt als Zahl auch die Null auf, die früher nur das Fehlen einer Zahl bezeichnet hatte.

Arabische Wanderstämme. Usbekistan. Tadshikistan. Bei den indischen Autoren erschienen algebraische Probleme in astronomischen Schriften. Als eigene Disziplin entstand die Algebra dagegen bei den Arabern. Als Begründer der Algebra als selbständige Wissenschaft darf man den mittelasiatischen Gelehrten MOHAMMED aus Chorassan betrachten, bekannt unter dem arabischen Beinamen AL-HWÂRAZMÎ. Sein algebraisches Werk, verfaßt im 9. Jh. n. u. Z., trägt den Namen „Buch der Wiederherstellung und Gegenüberstellung". Als Wiederherstellung bezeichnet AL-HWÂRAZMÎ die Übertragung eines Ausdrucks von einer Gleichungsseite auf die andere, als Gegenüberstellung die Zusammenfassung der Unbekannten auf einer und der bekannten Größen auf der anderen Gleichungsseite. Auf arabisch heißt Wiederherstellung „al-dschebr". Davon kommt der Name *Algebra*.

Bei AL-HWÂRAZMÎ und den nachfolgenden Autoren wird die Algebra weitgehend auf kaufmännische und andere Geldberechnungen angewandt. Weder er noch andere arabisch schreibende Mathematiker verwendeten irgendwelche abkürzenden Bezeichnungen. Auch negative Zahlen vermieden sie. Die Untersuchungen über negative Zahlen, die sie aus indischen Quellen kannten, hielten sie für schlecht begründet. Dies war richtig. Die indischen Mathematiker mußten sich auf den Fall einer vollständigen quadratischen Gleichung beschränken, während AL-HWÂRAZMÎ und seine Nachfolger drei Fälle unterschieden ($x^2 + px = q$, $x^2 + q = px$, $x^2 = px + q$, p und q positiv).

Mittelasiatische, persische und arabische Mathematiker bereicherten die Algebra um eine Reihe neuer Errungenschaften. Für die Wurzeln von Gleichungen höheren Grades fanden sie Näherungswerte mit sehr hoher Genauigkeit. Der ebenfalls aus Chorassan stammende bedeutende mittelasiatische Philosoph, Astronom und Mathematiker AL-Bîrûnî (973—1048) führt die Aufgabe der Berechnung der Seite eines regelmäßigen einem gegebenen Kreis eingeschriebenen Neunecks auf die Lösung der kubischen Gleichung $x^3 = 1 + 3x$ zurück und fand (auf der Basis 60) den Näherungswert $x = 1,52'45''47'''13''''$[1]).

Der Klassiker unter den Poeten aus Iran und Tadshikistan, der Gelehrte AL-Hajjâmî (1036—1123) aus Nishapur, befaßte sich mit einer systematischen Untersuchung der Gleichungen dritten Grades. Weder ihm noch anderen islamitischen Mathematikern gelang es jedoch, die Wurzeln dieser Gleichung durch die Koeffizienten auszudrücken. AL-Hajjâmî arbeitete aber ein Verfahren aus, mit dem man auf geometrischem Wege die Zahl der reellen Wurzeln einer kubischen Gleichung finden kann (er selbst interessierte sich nur für positive Wurzeln).

Europa im Mittelalter. Im 12. Jahrhundert wurde die „Algebra" von AL-Hwârazmî auch in Europa bekannt, und man übersetzte sein Werk ins Lateinische. Zu dieser Zeit begann die Entwicklung der Algebra im europäischen Raum (vorerst unter dem starken Einfluß anderer Wissenschaften). Es entstand eine abkürzende Bezeichnungsweise für die Unbekannten, und man löste eine Reihe von neuen Problemen, die mit den kaufmännischen Bedürfnissen in Beziehung standen. Aber der wesentliche Umschwung kam erst im 16. Jahrhundert. Im ersten Drittel des 16. Jahrhunderts fanden die Italiener DEL Ferro und Tartaglia eine Regel für die Lösung einer kubischen Gleichung der Form $x^3 = px + q$, $x^3 + px = q$ und $x^3 + q = px$. Um 1545 zeigte Cardano, daß sich jede kubische Gleichung auf eine der drei Formen zurückführen läßt. Zur selben Zeit fand Ferrari, ein Schüler Cardanos, die Lösung der Gleichung vierten Grades.

Die Kompliziertheit der Regeln für die Lösung dieser Gleichungen erforderte eine Vervollkommnung der Bezeichnungsweise. Diese Vervollkommnung vollzog sich stufenweise im Laufe des gesamten Jahrhunderts. Am Ende des 16. Jahrhunderts führte der französische Mathematiker Viète die Buchstabenschreibweise ein, und zwar nicht nur für die Unbekannten, sondern auch für die bekannten Größen (die unbekannten Größen bezeichnete er durch Vokale, die bekannten durch Konsonanten). Auch für die Operationen wurden Abkürzungen eingeführt. Sie hatten bei den verschiedenen Autoren verschiedene Form. In der Mitte des 17. Jahrhunderts erhielten die algebraischen Symbole dank des französischen Gelehrten Descartes (1596—1650) eine Form, die der heutigen sehr ähnlich ist.

Die negativen Zahlen. In der Zeit vom 13. bis zum 16. Jahrhundert betrachtete man in Europa negative Zahlen nur in Ausnahmefällen. Erst als man die Lösungen der kubischen Gleichungen gefunden hatte, erhielten auch die negativen Zahlen ihre Berechtigung

---

[1]) Das heißt ein Ganzes, 52 Sechzigstel, 45 Dreitausendsechshundertstel usw.

in der Algebra. Man bezeichnete sie als „falsche" Zahlen. Im Jahre 1629 gab GIRARD (Frankreich) das heute allbekannte Verfahren zur Darstellung negativer Zahlen an. Zwanzig Jahre später waren die negativen Zahlen bereits allgemein verbreitet.
Die komplexen Zahlen. Auch die Einführung der komplexen Zahlen erfolgte im Zusammenhang mit den Lösungen der kubischen Gleichung.
Vor der Entdeckung dieser Lösungen war man bereits bei der Lösung der quadratischen Gleichung $x^2 + q = px$ auf die Aufgabe gestoßen, die Quadratwurzel aus $\left(\dfrac{p}{2}\right)^2 - q$ zu ziehen, wenn $\left(\dfrac{p}{2}\right)^2$ kleiner als q ist.

In solchen Fällen folgerte man, daß die Gleichung keine Lösung hat. Die Einführung neuer (komplexer) Zahlen konnte man sich zu dieser Zeit (in der man selbst die negativen Zahlen als „falsch" empfand) nicht vorstellen. Aber bei der Lösung der kubischen Gleichung nach der Regel von TARTAGLIA zeigte sich, daß man ohne Operationen mit imaginären Zahlen keine reellen Wurzeln erhalten kann.
Wir erklären dies ausführlicher. Nach der *Regel von* TARTAGLIA kann man eine Wurzel der Gleichung

$$x^3 = px + q \tag{1}$$

in der Form

$$x = \sqrt[3]{u} + \sqrt[3]{v} \tag{2}$$

darstellen, wobei u und v die Lösungen des Systems

$$u + v = q; \qquad uv = \left(\frac{p}{3}\right)^3 \tag{3}$$

sind. Für die Gleichung $x^3 = 9x + 28$ $(p = 9;\ q = 28)$ haben wir zum Beispiel:

$$u + v = 28; \qquad uv = 27.$$

Daraus erhält man entweder $u = 27$, $v = 1$ oder $u = 1$, $v = 27$. In beiden Fällen ergibt sich

$$x = \sqrt[3]{27} + \sqrt[3]{1} = 4.$$

Weitere reelle Wurzeln hat die gegebene Gleichung nicht.
Aber wie schon CARDANO gezeigt hat, braucht das System (3) keine reellen Lösungen zu haben, auch wenn Gleichung (1) eine reelle und sogar positive Wurzel besitzt. Die Gleichung $x^3 = 15x + 4$ hat zum Beispiel die Wurzel $x = 4$. Aber das System

$$u + v = 4; \qquad uv = 125$$

hat die komplexen Wurzeln $u = 2 + 11i$, $v = 2 - 11i$ (oder $u = 2 - 11i$, $v = 2 + 11i$).
Die erste Erklärung für diese rätselhafte Erscheinung brachte BOMBELLI im Jahre 1572. Er zeigte, daß $2 + 11i$ die dritte Potenz von $2 + i$ und $2 - 11i$ die dritte Potenz von $2 - i$ ist. Man kann

also schreiben $\sqrt[3]{2 + 11i} = 2 + i$ und $\sqrt{2 - 11i} = 2 - i$, und die Formel (2) liefert daher $x = (2 + i) + (2 - i) = 4$.

Von diesem Augenblick an konnte man die komplexen Zahlen nicht mehr ignorieren. Aber die Theorie der komplexen Zahlen entstand nur langsam. Noch im 18. Jahrhundert stritten sich die bedeutendsten Mathematiker der Welt darüber, wie man den Logarithmus einer komplexen Zahl finden sollte. Obwohl man mit Hilfe der komplexen Zahlen viele wichtige Tatsachen erkannte, die sich auf reelle Zahlen bezogen, erschien doch vielen die Existenz komplexer Zahlen zweifelhaft. Erschöpfende Regeln für das Rechnen mit komplexen Zahlen gab in der Mitte des 18. Jahrhunderts der in Rußland lebende Gelehrte EULER, einer der größten Mathematiker aller Zeiten und aller Nationen. Um die Wende zwischen dem 18. und 19. Jahrhundert gaben WESSEL (Dänemark) und ARGAND (Frankreich) eine Darstellung der komplexen Zahlen. Die Arbeiten von WESSEL und ARGAND fanden jedoch keine Beachtung. Erst 1831, als dasselbe Verfahren von dem Mathematiker GAUSS (Deutschland) wiederentwickelt wurde, fand dieses Eingang in das Allgemeingut der Mathematik.

Wie zur Lösung von Gleichungen dritten und vierten Grades versuchten die Mathematiker auch für die Lösungen von Gleichungen fünften Grades eine Formel zu finden. Aber RUFFINI (Italien) zeigte um die Wende zwischen dem 18. und 19. Jahrhundert, daß die Gleichung fünften Grades $x^5 + ax^4 + bx^3 + cx^2 + dx + e = 0$ algebraisch nicht lösbar ist. Genauer gesagt: man kann die Wurzeln dieser Gleichung nicht mit Hilfe der sechs algebraischen Operationen (Addition, Subtraktion, Multiplikation, Division, Potenzieren, Wurzelziehen) durch die Größen a, b, c, d, e ausdrücken.

Im Jahre 1830 zeigte GALOIS (Frankreich), daß man die allgemeine Gleichung höheren als vierten Grades algebraisch nicht lösen kann.

Nichtsdestoweniger hat jede Gleichung n-ten Grades (wenn man auch komplexe Zahlen betrachtet) n Wurzeln (von denen einige gleich sein können). Davon waren bereits die Mathematiker des 17. Jahrhunderts überzeugt (auf Grund von Untersuchungen zahlreicher Sonderfälle). Aber erst um die Wende zwischen 18. und 19. Jahrhundert wurde das erwähnte Theorem von GAUSS bewiesen.

Die Probleme, mit denen sich die Algebraiker des 19. und 20. Jahrhunderts beschäftigten, führen zum Großteil über den Bereich der elementaren Mathematik hinaus. Wir erwähnen daher nur, daß im 19. Jahrhundert zahlreiche Methoden zur Bestimmung von Näherungslösungen von Gleichungen erarbeitet wurden. In dieser Richtung erzielte wichtige Resultate auch der russische Mathematiker N. I. LOBATSCHEWSKI.

§ 3. Die negativen Zahlen

Auf der untersten Entwicklungsstufe kannten die Menschen nur die natürlichen Zahlen. Aber mit diesen allein konnte man nicht einmal in den einfachsten Fällen des Lebens auskommen. Eine natürliche Zahl kann man nämlich im allgemeinen nicht in andere Zahlen zerlegen, wenn man zur Zerlegung nur natürliche Zahlen zuläßt. Indessen kommt es im täglichen Leben oft vor, daß man etwas teilen muß, z. B. 3 durch 4 oder 5 durch 12 usw. Ohne die Einführung von Brüchen läßt sich aber die Teilung von natürlichen Zahlen nicht durchführen. Erst die Einführung der Brüche ermöglichte diese Operation.

Aber auch nach Einführung von Brüchen erwies sich die Subtraktion als nicht immer durchführbar: Man kann eine Zahl nicht von einer kleineren Zahl abziehen, zum Beispiel 5 nicht von 3. Im täglichen Leben ist es nicht notwendig, eine derartige Operation durchzuführen. Daher hat man sie lange Zeit nicht nur als unnötig, sondern sogar als sinnlos erachtet.

Die Entwicklung der Algebra zeigte die Notwendigkeit, derartige Operationen in die Mathematik einzuführen (s. unten § 4). Indische Mathematiker zum Beispiel fanden sie bereits im 7. Jahrhundert als gerechtfertigt, chinesische Mathematiker noch früher. Die indischen Gelehrten bemühten sich, im täglichen Leben Vorbilder für derartige Subtraktionen zu finden und gelangten von der kaufmännischen Rechnung aus zu einer Erklärung. Wenn ein Kaufmann 5000 Mark hat und er kauft für 3000 Mark Waren ein, so bleiben ihm 5000 − 3000 = 2000 Mark. Wenn er hingegen 3000 Mark hat und er kauft für 5000 Mark ein, so muß er 2000 Mark schuldig bleiben. In Übereinstimmung mit dieser Rechnung steht hier die Subtraktion 3000 − 5000. Das Resultat ist die Zahl 2000 (2000 mit einem Punkt darüber), die „zweitausend Schulden" bedeuten soll.

Diese Erklärung klingt etwas künstlich. Der Kaufmann fand seine Schulden nicht durch die Rechnung 3000 − 5000, sondern immer noch durch Ausführung der Subtraktion 5000 − 3000. Darüber hinaus ließ sich dadurch eine Erklärung der Regeln für die Addition und Subtraktion von „Zahlen mit einem Punkt" erzwingen, nicht aber für die Multiplikation und Division mit solchen Zahlen (über die Regeln für diese Operationen s. § 5).

Die „Unmöglichkeit", eine Zahl von einer kleineren Zahl abzuziehen, ist dadurch bedingt, daß die Reihe der natürlichen Zahlen nur in einer Richtung unendlich ist. Wenn man, mit der Zahl 7 etwa beginnend, der Reihe nach die Zahl 1 abzieht, so erhält man die Zahlen

$$6, 5, 4, 3, 2, 1.$$

Eine weitere Subtraktion liefert schon das „Nicht-Vorhandensein einer Zahl", und davon kann man bereits keine Zahl mehr abziehen. Wollen wir erreichen, daß die Subtraktion immer möglich ist, so müssen wir: 1. das „Nicht-Vorhandensein einer Zahl" ebenfalls als Zahl (Null) betrachten; 2. von dieser neuen Zahl annehmen, daß es möglich ist, nochmals 1 abzuziehen usw.

Wir erhalten so neue Zahlen, die man heute durch

$$-1, -2, -3 \text{ usw.}$$

bezeichnet. Diese Zahlen heißen *ganze negative Zahlen*. Das davor stehende „Minuszeichen" deutet auf die Entstehung der negativen Zahlen durch aufeinander folgende Subtraktionen der 1 hin. Dieses

Zeichen heißt „Größenzeichen“ zum Unterschied vom Subtraktionszeichen, das dasselbe Aussehen hat, jedoch als „Operationszeichen“ bezeichnet wird.

Die Einführung der ganzen negativen Zahlen zieht die Einführung der *gebrochenen negativen Zahlen* nach sich. Wenn wir annehmen, daß $0 - 5 = -5$, so müssen wir auch annehmen, daß $0 - \dfrac{12}{7} = -\dfrac{12}{7}$. Die Zahl $-\dfrac{12}{7}$ ist eine gebrochene negative Zahl.

Im Gegensatz zu den negativen (ganzen oder gebrochenen) Zahlen heißen die in der Arithmetik betrachteten (ganzen oder gebrochenen) Zahlen *positive Zahlen*. Zur Betonung dieses Gegensatzes versieht man die positiven Zahlen oft mit einem Pluszeichen, das in diesem Fall wieder ein Größenzeichen (und kein Operationszeichen) ist. Zum Beispiel schreibt man für die Zahl 2 auch $+2$.

Die negativen und die positiven Zahlen zusammen mit der Zahl 0 heißen *rationale Zahlen*. Die Bedeutung dieses Namens wird bei der Einführung des Begriffs der irrationalen Zahlen erklärt werden (siehe I, 27).

§ 4. Die Entstehung der negativen Zahlen und Operationen mit ihnen

Fast ebenso unverständlich wie die Stellung der negativen Zahlen in der Algebra erweist sich für den Schüler das Rechnen mit ihnen. Und dies nicht deshalb, weil die entsprechenden Regeln so kompliziert wären. Im Gegenteil, sie sind sehr einfach. Unklar bleiben jedoch die Antworten auf die zwei Fragen: 1. Warum führt man negative Zahlen ein? 2. Warum rechnet man damit nach solchen und nicht nach anderen Regeln? Insbesondere läßt sich schwer verstehen, warum bei einer Multiplikation oder Division einer negativen Zahl mit einer anderen negativen Zahl das Ergebnis eine positive Zahl ist. Alle diese Fragen entstehen dadurch, daß die Schüler negative Zahlen gewöhnlich kennenlernen, wenn sie begonnen haben, Gleichungen zu lösen, und beim Erlernen der Regeln für das Rechnen mit negativen Zahlen nicht mehr zu diesen Gleichungen zurückkehren. Aber nur im Zusammenhang mit der Lösung von Gleichungen lassen sich befriedigende Antworten auf die obigen Fragen geben. Die negativen Zahlen sind nämlich in diesem Zusammenhang entstanden. Gäbe es keine Gleichungen, so gäbe es auch keine negativen Zahlen.

Lange Zeit untersuchte man Gleichungen ohne Hilfe von negativen Zahlen. Dabei ergaben sich viele Schwierigkeiten. Über den Charakter dieser Schwierigkeiten gibt ein einfaches Beispiel Aufschluß. Bei der Lösung einer Gleichung ersten Grades mit einer Unbekannten, zum Beispiel der Gleichung

$$7x - 5 = 10x - 11,$$

ordnen wir die Glieder so, daß auf einer Gleichungsseite die unbekannten und auf der anderen Seite die bekannten Größen erscheinen. Dabei gehen die Vorzeichen in die entgegengesetzten Vorzeichen über. Faßt man die unbekannten Größen auf der rechten und die bekannten Größen auf der linken Seite zusammen, so erhält man:

$$11 - 5 = 10x - 7x; \qquad 6 = 3x; \qquad x = 2.$$

Diese Umformung läßt sich auch ohne Verwendung von negativen Zahlen durchführen. Die Zeichen $+$ und $-$ sind dabei Zeichen für die Addition und Subtraktion und dienen nicht als Kennzeichen für positive oder negative Zahlen. Aber hier muß man zuerst überlegen, auf welcher Seite man die unbekannten Glieder zusammenfassen soll, auf der rechten oder auf der linken. Faßt man zum Beispiel in der obigen Gleichung die unbekannten Glieder auf der linken Seite zusammen, so erhält man:

$$7x - 10x = 5 - 11.$$

Ohne Einführung negativer Zahlen können wir nicht 11 von 5 abziehen, und auch nicht $10x$ von $7x$. Das heißt, wir können von hier aus nicht zur Lösung der Gleichung gelangen. Es ist im voraus nicht immer ersichtlich (besonders bei einer großen Anzahl von Gliedern), auf welcher Seite man die unbekannten Glieder zusammenfassen muß, damit diese Schwierigkeit nicht auftritt. Der Rechner muß daher die Arbeit zweimal ausführen und beim zweiten Mal die unbekannten Glieder auf die richtige Seite bringen. Zur Rationalisierung des Rechenprozesses wurden daher die negativen Zahlen eingeführt. In der Tat, wenn wir die „unmögliche" Subtraktion $5 - 11$ als „möglich" erachten, erhalten wir das Resultat -6 und bei der Subtraktion $7x - 10x$ das Resultat $-3x$. Somit ergibt sich

$$-3x = -6.$$

Für x erhält man daraus $x = -6 : -3$.
Jetzt erklärt sich, warum wir bei Einführung der negativen Zahlen eine Regel aufstellen müssen, nach der bei der Division einer negativen Zahl (-6) durch eine andere negative Zahl (-3) der Quotient eine positive Zahl sein soll. Dieser Quotient muß nämlich denselben Wert der unbekannten Größe x liefern, den wir früher auf anderem Wege (ohne negative Zahlen) erhalten haben.
Auf diese und ähnliche Weise wurden die negativen Zahlen eingeführt. Der Zweck der Einführung war eine Rationalisierung des Rechenprozesses. Die Regeln für das Rechnen mit negativen Zahlen ergaben sich als Ergebnis der Anpassung des Rationalisierungsverfahrens an die Praxis.
Vieljährige und mannigfaltige Prüfungen haben gezeigt, daß dieses Verfahren eine ungemeine Wirksamkeit besitzt und beste Verwendbarkeit in allen Bereichen der Wissenschaft und Technik findet. Überall erlaubt die Einführung von negativen Zahlen, Erscheinungen mit einer einzigen Regel zu beschreiben, für die man bei Beschränkung auf positive Zahlen zehn verschiedene Regeln ersinnen müßte.
Auf die obigen zwei Fragen kann man somit so antworten: 1. Die negativen Zahlen wurden zur Beseitigung von Schwierigkeiten eingeführt, die früher bei der Lösung von Gleichungen auftraten. 2. Die Regeln für das Rechnen mit ihnen folgten aus der Notwendigkeit

einer Übereinstimmung der Ergebnisse, die man mit und ohne Verwendung von negativen Zahlen erhält.

Alle diese Regeln (s. § 5) kann man unter Betrachtung einfacher Gleichungen aufstellen, und zwar auf ähnliche Weise wie bei der Herleitung der Regel für die Division einer negativen Zahl durch eine andere negative Zahl.

§ 5. Regeln für das Rechnen mit negativen und positiven Zahlen

Unter dem *Absolutbetrag* (oder *Absolutwert*) einer negativen Zahl versteht man die positive Zahl, die man bei Vertauschen des Zeichens „—" mit dem entgegengesetzten Zeichen „+" erhält. Der Absolutbetrag von -5 ist $+5$, d. h. 5. Der Absolutbetrag einer positiven Zahl (sowie der Zahl 0) ist diese Zahl selbst.

Das Zeichen für den Absolutbetrag besteht aus zwei geraden Strichen, zwischen denen die Zahl eingeschlossen wird, von der der Absolutbetrag zu nehmen ist. Zum Beispiel $|-5| = 5$, $|+5| = 5$, $|0| = 0$.

1. **Addition.** a) *Bei der Addition von zwei Zahlen mit gleichem Vorzeichen addiert man ihre Absolutbeträge und versieht die Summe mit dem beiden Zahlen gemeinsamen Vorzeichen.*

Beispiele. $(+8) + (+11) = 19$; $(-7) + (-3) = -10$.

b) *Bei der Addition von zwei Zahlen mit verschiedenem Vorzeichen zieht man vom Absolutbetrag der einen Zahl den Absolutbetrag der anderen ab (den kleineren vom größeren) und versieht das Ergebnis mit dem Vorzeichen, das zum größeren Absolutbetrag gehört.*

Beispiele. $(-3) + (+12) = 9$; $(-3) + (+1) = -2$.

2. **Subtraktion.** *Die Subtraktion einer Zahl von einer anderen kann man auf eine Addition zurückführen. Dabei behält der Diminuend sein Vorzeichen bei, der Subtrahend erhält das entgegengesetzte Vorzeichen.*

Beispiele.

$$(+7) - (+4) = (+7) + (-4) = 3;$$
$$(+7) - (-4) = (+7) + (+4) = 11;$$
$$(-7) - (-4) = (-7) + (+4) = -3;$$
$$(-4) - (-4) = (-4) + (+4) = 0.$$

Bemerkung. Bei der Durchführung der Addition oder Subtraktion, besonders wenn man es mit mehreren Zahlen zu tun hat, geht man am besten so vor: 1. Man befreit alle Zahlen von Klammern, wobei man vor die Zahl das Zeichen „+" setzt, wenn vor und in der Klammer dasselbe Zeichen steht, und das Zeichen „—", wenn vor und in der Klammer verschiedene Zeichen stehen. 2. Man addiert die Absolutbeträge aller Zahlen, die jetzt links das Zeichen + haben. 3. Man addiert die Absolutbeträge aller Zahlen, die jetzt links das Zeichen — haben. 4. Von der größeren Summe zieht man die kleinere ab und versieht das Ergebnis mit dem der größeren Summe entsprechenden Zeichen.

Beispiel. $(-30) - (-17) + (-6) + (+12) + (+2)$;
1) $(-30) - (-17) + (-6) - (+12) + (+2) = -30 + 17 - 6 - 12 + 2$;
2) $17 + 2 = 19$; 3) $30 + 6 + 12 = 48$; 4) $48 - 19 = 29$.

Das Resultat ist die negative Zahl -29, da man die größere Summe (48) durch Addition der Absolutbeträge aller Zahlen erhält, die in dem Ausdruck $-30 + 17 - 6 - 12 + 2$ ein Minuszeichen haben.

Diesen letzten Ausdruck kann man auch als Summe der Zahlen -30, $+17$, -6, -12, $+2$ betrachten und zu deren Bestimmung der Reihe nach zuerst zur Zahl -30 die Zahl 17 addieren, hierauf vom Ergebnis die Zahl 6 subtrahieren, hierauf die Zahl 12 subtrahieren und schließlich die Zahl 2 addieren. Im allgemeinen kann man einen Ausdruck $a - b + c - d$ usw. als Summe der Zahlen $(+a)$, $(-b)$, $(+c)$, $(-d)$ und somit als Ergebnis der folgenden der Reihe nach auszuführenden Operationen betrachten: Subtraktion der Zahl $(+b)$ von der Zahl $(+a)$, Addition von $(+c)$, Subtraktion von $(+d)$ usw.

3. Multiplikation. *Bei der Multiplikation von zwei Zahlen multipliziert man ihre Absolutbeträge und setzt vor das Produkt das Pluszeichen, wenn beide Faktoren gleiches Vorzeichen haben, und das Minuszeichen, wenn sie verschiedenes Vorzeichen haben.*

Schema (Vorzeichenregel für die Multiplikation):

$$\begin{array}{ccccc} + & \cdot & + & = & + \\ + & \cdot & - & = & - \\ - & \cdot & + & = & - \\ - & \cdot & - & = & + \end{array}$$

Beispiele. $(+2{,}4) \cdot (-5) = -12$; $(-2{,}4) \cdot (-5) = 12$;
$(-8{,}2) \cdot (+2) = -16{,}4$.

Bei der Multiplikation mehrerer Faktoren ist das Produkt positiv, wenn die Anzahl der negativen Faktoren gerade ist. Es ist negativ, wenn diese Anzahl ungerade ist.

Beispiel.

$$\left(+\frac{1}{3}\right) \cdot (+2) \cdot (-6) \cdot (-7) \cdot \left(-\frac{1}{2}\right) = -14$$

(drei negative Faktoren)

$$\left(-\frac{1}{3}\right) \cdot (+2) \cdot (-3) \cdot (+7) \cdot \left(+\frac{1}{2}\right) = 7$$

(zwei negative Faktoren).

4. Division. *Bei der Division einer Zahl durch eine andere Zahl dividiert man den Absolutbetrag der ersten Zahl durch den Absolut-*

betrag der zweiten. Der Quotient erhält ein Pluszeichen, wenn die Vorzeichen von Dividend und Divisor dieselben sind, und ein Minuszeichen, wenn diese Vorzeichen verschieden sind. (Das Schema ist dasselbe wie bei der Multiplikation.)

Beispiele. $(-6):(+3) = -2$; $(+8):(-2) = -4$;
$(-12):(-12) = +1$.

§ 6. Rechnen mit Monomen; Addition und Subtraktion von Polynomen

Unter einem *Monom* versteht man das Produkt von zwei oder mehreren Faktoren, von denen jeder entweder eine Zahl oder ein Buchstabe oder eine Potenz eines Buchstabens ist. $2d$, a^3b, $3acb$, $-4x^3y^3$ sind Beispiele für Monome. Jede Zahl für sich und jeder Buchstabe für sich allein ist ebenfalls ein Monom.

Jeder Faktor eines Monoms kann als dessen *Koeffizient* bezeichnet werden. Unter einem *Koeffizienten* versteht man aber oft auch nur einen *Zahlenfaktor* (z. B. ist in dem Ausdruck $-4x^2z^3$ die Zahl -4 ein Koeffizient). Wenn man einen der Faktoren als Koeffizienten auszeichnet, so nimmt man an, daß das Monom durch Multiplikation des übrigen Faktors mit diesem Koeffizienten erhalten wurde. Bei Wahl eines Zahlenfaktors als Koeffizienten nehmen wir an, daß die Hauptrolle dem Buchstabenausdruck zukommt, der sich in den Summanden mehrmals wiederholt oder in Teile zerfällt.

Monome heißen *gleichartig*, wenn sie entweder gleich sind oder sich nur in den Koeffizienten unterscheiden. Daraus folgt, daß man zwei Monome als gleichartig oder nicht betrachten kann, je nachdem, was man als ihre Koeffizienten auffaßt. Wenn man die Zahlenfaktoren als Koeffizienten nimmt, so sind nur jene Monome gleichartig, deren Buchstabenteile übereinstimmen. Zum Beispiel sind die Monome ax^2y^2, bx^2y^2, cx^2y^2 gleichartig, wenn man a, b, c als Koeffizienten auffaßt. Die Monome $3x^2y^2$, $-5x^2y^2$, $6x^2y^2$ sind ebenfalls gleichartig, wenn man die Zahlenfaktoren als Koeffizienten nimmt.

1. Die Addition von Monomen. Die Addition von Monomen kann man im allgemeinen nur andeuten. Solange wir an Stelle der Buchstaben nicht irgendwelche Zahlen setzen, läßt sich die Summe von Monomen in der Regel nicht vereinfachen. Eine Vereinfachung ist nur dann möglich, wenn unter den Summanden gleichartige Monome vorkommen. Statt dieser Glieder schreibt man hierfür ein dazu gleichartiges Glied, dessen Koeffizient gleich der Summe der Koeffizienten der entsprechenden Monome ist. Diesen Vorgang bezeichnet man als *Zusammenfassung gleichartiger Glieder*.

Beispiel 1. $3x^2y^2 - 5x^2y^2 + 6x^2y^2 = 4x^2y^2$.

Beispiel 2. $ax^2y^2 - bx^2y^2 + cx^2y^2 = (a - b + c)\, x^2y^2$.

2. Polynom. *Eine Summe von Monomen heißt Polynom.* Bei der Addition von zwei oder mehreren Polynomen bildet man ein neues

Polynom, in dem alle Glieder der einzelnen Summanden vorkommen. Die Subtraktion eines Polynoms ist dasselbe wie die Addition eines Polynoms, dessen Glieder aus den Gliedern des Subtrahenden mit umgekehrten Vorzeichen gebildet sind.

Beispiel. $(4a^2 + 2b - 2x^2y^2) - (12a^2 - c) + (7b - 2x^2y^2)$
$= 4a^2 + 2b - 2x^2y^2 - 12a^2 + c + 7b - 2x^2y^2 = -8a^2 + 9b$
$- 4x^2y^2 + c.$

(Die Glieder mit gleich vielen Strichen darunter sind gleichartig.)

3. Die Multiplikation von Monomen. Die Multiplikation von Monomen kann man im allgemeinen nur andeuten (s. die Bemerkung weiter oben über die Addition von Monomen). Das Produkt von zwei oder mehreren Monomen kann man nur dann vereinfachen, wenn sie gewisse Potenzen desselben Buchstabens enthalten. Die Exponenten der Potenzen entsprechender Buchstaben werden addiert. Die Zahlenfaktoren werden multipliziert.

Beispiel. $5ax^2y^9(-3a^3x^4z) = -15a^4x^6y^5z$ [Addition der Exponenten der Potenzen von a $(1 + 3 = 4)$ und von x $(2 + 4 = 6)$].

4. Division von Monomen. Die Division eines Monoms durch ein anderes Monom kann man im allgemeinen nur andeuten. Der Quotient aus zwei Monomen läßt sich nur dann vereinfachen, wenn der Dividend und der Divisor gewisse Potenzen derselben Buchstaben oder wenn sie Zahlenfaktoren enthalten. Die Exponenten der Potenzen im Divisor werden von den Exponenten der entsprechenden Potenzen im Dividenden abgezogen. Den Zahlenfaktor des Dividenden dividiert man durch den Zahlenfaktor des Divisors.

Beispiel. $12x^3y^4z^9 : 4x^2yz^2 = 3xy^3z^3$ [Subtraktion des Exponenten von x $(3 - 2 = 1)$, y $(4 - 1 = 3)$ und z $(5 - 2 = 3)$].

Bemerkung 1. Wenn die Exponenten gewisser Buchstaben im Dividenden und im Divisor gleich sind, so kommt im Quotienten dieser Buchstabe nicht mehr vor. Bei der Subtraktion der Exponenten erhalten wir 0. Wir dürfen daher annehmen, daß die nullte Potenz jeder Zahl gleich der Zahl 1 ist.

Beispiel. $4x^2y^3 : 2x^2y = 2x^0y^2 = 2y^2$ $(x^0 = 1)$.

Bemerkung 2. Wenn der Exponent eines Buchstabens im Dividenden kleiner ist als der entsprechende Exponent im Divisor, so liefert die Subtraktion eine negative Potenz für diesen Buchstaben. Näheres über negative Potenzen siehe I, 61. Das Ergebnis darf man auch in Form eines Bruches darstellen. Dann kann man ohne negative Potenzen auskommen.

Beispiel. $10x^2y^5 : 2x^6y^4 = 5x^{-4}y = \dfrac{5y}{x^4}$ $\left(x^{-4} = \dfrac{1}{x^4}\right).$

§ 7. Die Multiplikation von Summen und Polynomen

Das Produkt aus einer Summe von zwei oder mehreren Ausdrücken und einem beliebigen Ausdruck ist gleich der Summe der Produkte aus jedem Summanden mit dem betrachteten Ausdruck:

$$(a + b + c)\, x = ax + bx + cx \quad \text{(Beseitigen der Klammern)}.$$

An Stelle der Buchstaben a, b, c darf ein beliebiger Ausdruck genommen werden, insbesondere auch ein Monom. Auch an Stelle von x darf ein beliebiger Ausdruck stehen. Wenn dieser Ausdruck selbst wieder die Summe von mehreren Gliedern ist, zum Beispiel $m + n$, so haben wir:

$$\begin{aligned}(a + b + c)\,(m + n) &= a(m + n) + b(m + n) + c(m + n) \\ &= am + an + bm + bn + cm + cn,\end{aligned}$$

d. h., das Produkt aus zwei Summen ist gleich der Summe aller möglichen Produkte, die man aus den Gliedern der einen Summe mit den Gliedern der anderen Summe bilden kann.
Insbesondere gilt diese Regel auch für das Produkt von zwei Polynomen

$$\begin{aligned}(3x^2 - 2x + 5)\,(4x + 2) &= 12x^3 - 8x^2 + 20x + 6x^2 - 4x + 10 \\ &= 12x^3 - 2x^2 + 16x + 10.\end{aligned}$$

Schreibschema für die Multiplikation:

$$\begin{array}{r} 3x^2 - 2x + 5 \\ 4x + 2 \\ \hline 12x^3 - 8x^2 + 20x \\ 6x^2 - 4x + 10 \\ \hline 12x^3 - 2x^2 + 16x + 10. \end{array}$$

§ 8. Formeln zur Verkürzung der Multiplikation von Polynomen

Die folgenden Spezialfälle treten häufig auf. Besonders wichtig ist die Kenntnis der unten angeführten Formeln dann, wenn die darin enthaltenen Buchstaben a und b durch komplizierte Ausdrücke (z. B. Monome) ersetzt werden.

1. $(a + b)^2 = a^2 + 2ab + b^2$.

Beispiel 1. $104^2 = (100 + 4)^2$
$$= 10000 + 800 + 16 = 10816.$$

Beispiel 2. $(2ma^2 + 0{,}1nb^2)^2 = 4m^2a^4 + 0{,}4mna^2b^2 + 0{,}01n^2b^4$.

Warnung. $(a + b)^2$ ist i. a. nicht gleich $a^2 + b^2$.

2. $(a-b)^2 = a^2 - 2ab + b^2$.

Beispiel 1. $98^2 = (100 - 2)^2 = 10000 - 400 + 4 = 9604$.

Beispiel 2. $(5x^3 - 2y^3)^2 = 25x^6 - 20x^3y^3 + 4y^6$.

Warnung. $(a - b)^2$ ist i. a. nicht gleich $a^2 - b^2$ (s. **3.**).

3. $(a + b)(a - b) = a^2 - b^2$.

Beispiel 1. $71 \cdot 69 = (70 + 1)(70 - 1) = 70^2 - 1 = 4899$.

Beispiel 2. $(0{,}2a^2b + c^3)(0{,}2a^2b - c^3) = 0{,}04a^4b^2 - c^6$.

4. $(a + b)^3 = a^3 + 3a^2b + 3ab^2 + b^3$.

Beispiel 1. $12^3 = (10 + 2)^3$
$$= 10^3 + 3 \cdot 10^2 \cdot 2 + 3 \cdot 10 \cdot 2^2 + 2^3 = 1728.$$

Beispiel 2. $(5ab^2 + 2a^3)^3 = 125a^3b^6 + 150a^5b^4 + 60a^7b^2 + 8a^9$.

Warnung. $(a + b)^3$ ist i. a. nicht gleich $a^3 + b^3$ (s. **6.**)

5. $(a - b)^3 = a^3 - 3a^2b + 3ab^2 - b^3$.

Beispiel $99^3 = (100 - 1)^3$
$$= 1000000 - 3 \cdot 10000 \cdot 1 + 3 \cdot 100 \cdot 1 - 1 = 970299.$$

Warnung. $(a - b)^3$ ist i. a. nicht gleich $a^3 - b^3$ (s. **7.**).

6. $(a + b)(a^2 - ab + b^2) = a^3 + b^3$.

7. $(a - b)(a^2 + ab + b^2) = a^3 - b^3$.

§ 9. Die Division einer Summe durch ein Polynom

Der Quotient aus der Summe von zwei oder mehreren Ausdrücken und einem beliebigen Ausdruck ist gleich der Summe der Quotienten, die man bei der Division der einzelnen Summanden durch den betrachteten Ausdruck erhält:

$$\frac{a + b + c}{x} = \frac{a}{x} + \frac{b}{x} + \frac{c}{x};$$

a, b, c, x sind dabei beliebige Ausdrücke. Wenn alle diese Ausdrücke Monome sind, d. h. wenn es sich um die Division eines Polynoms durch ein Monom handelt, so kann man die einzelnen Quotienten unter Umständen vereinfachen (I, 6).

Beispiel. $\dfrac{3a^2b + 11ab^2}{ab} = \dfrac{3a^2b}{ab} + \dfrac{11ab^2}{ab} = 3a + 11b$.

Wenn a, b, c Monome und x ein Polynom sind, so läßt sich der Quotient im allgemeinen nicht mehr in der Form eines Polynoms schreiben (ähnlich wie der Quotient aus zwei ganzen Zahlen nicht immer eine

3*

ganze Zahl ergibt). Mit anderen Worten, es existiert nicht immer ein Polynom, das mit dem Nennerpolynom multipliziert den Zähler ergibt.

Beispiel. Der Quotient $\dfrac{a^2 + x^2}{a + x}$ läßt sich nicht als Polynom darstellen. Der Quotient $\dfrac{a^2 - x^2}{a + x}$ ist dagegen gleich dem Polynom $a - x$.

Die Division eines Polynoms durch ein anderes Polynom kann im allgemeinen unter Berücksichtigung eines *Rests* erfolgen, ähnlich wie bei der Division von ganzen Zahlen. Wenn wir eine positive ganze Zahl, zum Beispiel 35, durch eine andere positive ganze Zahl, zum Beispiel 4, teilen, so erhalten wir 8 und 3 als Rest. Die Zahlen 8 und 3 haben die Eigenschaft, daß $4 \cdot 8 + 3 = 35$ gilt, d. h., wenn p der Dividend, q der Divisor, m der Quotient und n der Rest ist, so gilt $mq + n = p$. Dadurch ist jedoch die Division mit Rest noch nicht festgelegt. Wir müssen noch fordern, daß die Zahl n kleiner als die Zahl q ist. Diese Forderung darf man nicht buchstabengetreu auf die Division von Polynomen übertragen, da dort bei gewissen Werten für die Buchstaben der eine Ausdruck kleiner als der andere, bei anderen Werten aber größer sein kann. Die erwähnte Forderung muß etwas abgeändert werden. Für beide Polynome nehmen wir einen beliebigen in ihren Gliedern erscheinenden Buchstaben als Hauptbuchstaben. Die höchste Potenz dieses Buchstabens bezeichnet man als Grad des Polynoms. Die Division mit Rest definiert man dann so:

Unter der Division des Polynoms P durch das Polynom Q versteht man die Bestimmung eines Polynoms M (Quotient) und eines Polynoms N (Rest) mit den folgenden Eigenschaften: 1. Es gilt $MQ + N = P$. 2. Der Grad des Polynoms N ist kleiner als der Grad des Polynoms Q.

Bemerkung. Der Rest N braucht den Hauptbuchstaben nicht mehr zu enthalten. N kann also vom Grad 0 sein.

Polynome M und N mit dieser Eigenschaft lassen sich immer angeben, und zwar bei gegebener Wahl des Hauptbuchstabens sogar eindeutig. Bei anderer Wahl dieses Hauptbuchstabens können sich die Polynome M und N jedoch ändern. Vor der Division ordnet man die Glieder des Dividenden und des Divisors nach abnehmenden Potenzen des Hauptbuchstabens an.
Schema für die Division:

$$
\begin{array}{rl|l}
8a^3 + 16a^2 - 2a + 4 & \quad & 4a^2 - 2a + 1 \\
\;\;- \quad\;\; + \quad\;\; - & & \overline{\quad 2a + 5 \quad} \\
+8a^3 - 4a^2 + 2a & & \\
\hline
20a^2 - 4a + 4 & & \\
\;\;- \quad\;\; + \quad\;\; - & & \\
20a^2 - 10a + 5 & & \\
\hline
6a - 1 & &
\end{array}
$$

1. Wir dividieren das erste Glied $8a^3$ des Dividenden durch das erste Glied $4a^2$ des Divisors. Das Resultat $2a$ ist das erste Glied des Quotienten.

2. Wir multiplizieren das bereits erhaltene Glied mit dem Divisor $4a^2 - 2a + 1$. Das Resultat $8a^3 - 4a^2 + 2a$ schreiben wir so unter den Dividenden, daß gleichartige Glieder untereinander stehen.

3. Wir ziehen die Glieder des Resultats von den entsprechenden Gliedern des Dividenden ab und erhalten $20a^2 - 4a + 4$.

4. Das erste Glied des Rests $20a^2$ dividieren wir durch das erste Glied des Divisors. Das Resultat 5 ist das zweite Glied des Quotienten.

5. Wir multiplizieren die erhaltenen zwei Glieder des Quotienten mit dem Divisor. Das Resultat $20a^2 - 10a + 5$ schreiben wir unter den ersten Rest.

6. Wir ziehen die Glieder dieses Resultats von den entsprechenden Gliedern des ersten Rests ab und erhalten den zweiten Rest $6a - 1$. Sein Grad ist kleiner als der Grad des Divisors. Die Division ist damit beendet. Der Quotient ist $2a + 5$, der Rest $6a - 1$.

§ 10. Die Division eines Polynoms
durch ein Binom ersten Grades

Wenn man ein Polynom, das den Buchstaben x enthält, durch ein Binom ersten Grades $x - l$ dividiert, wobei l eine beliebige (positive oder negative) Zahl ist, so kann der Rest nur ein Polynom nullten Grades sein (§ 9), d. h. eine gewisse Zahl N. Diese Zahl N kann man ohne Bestimmung des Quotienten finden. Diese Zahl ist nämlich gleich dem Wert der Dividenden, den dieser für $x = l$ annimmt.

Beispiel. Man bestimme den Rest der Division des Polynoms $x^3 - 3x^2 + 5x - 1$ durch $x - 2$. Wir setzen $x = 2$ in das gegebene Polynom ein und erhalten $N = 2^3 - 3 \cdot 2^2 + 5 \cdot 2 - 1 = 5$.
Durch Ausführung der Division findet man tatsächlich den Quotienten $M = x^2 - x + 3$ und $N = 5$.
Das Theorem formuliert man so: *Das Polynom*

$$a_0 x^m + a_1 x^{m-1} + a_2 x^{m-2} + \cdots + a_m$$

liefert bei Division durch $x - l$ den Rest

$$N = a_0 l^m + a_1 l^{m-1} + a_2 l^{m-2} + \cdots + a_m.$$

Beweis. Nach Definition der Division (§ 9) gilt

$$a_0 x^m + a_1 x^{m-1} + \cdots + a_m = (x - l)\, Q + N,$$

wobei Q ein gewisses Polynom und N eine gewisse Zahl ist. Wir setzen $x = l$. Dann verschwindet $(x - l)\, Q$, und wir erhalten

$$a_0 l^m + a_1 l^{m-1} + \cdots + a_m = N.$$

Bemerkung. Es kann vorkommen, daß $N = 0$ gilt. Dann ist l eine Wurzel der Gleichung

$$a_0 x^m + a_1 x^{m-1} + \cdots + a_m = 0. \tag{1}$$

Wenn umgekehrt l eine Wurzel der Gleichung (1) ist, so läßt sich die linke Seite dieser Gleichung durch $x - l$ ohne Rest teilen.

Summen, die aus einer Anzahl gleichartiger, durch Buchstaben mit Indizes bezeichneter Summanden bestehen, lassen sich mit Hilfe des *Summenzeichens* in abgekürzter Form aufschreiben. Für die Summe

$$b_1 + b_2 + b_3 + b_4 + b_5$$

schreibt man dann

$$\sum_{i=1}^{5} b_i,$$

gelesen: „Summe über b_i von $i = 1$ bis $i = 5$". Das Zeichen $\sum$ (Sigma) ist ein Großbuchstabe des griechischen Alphabets. Auf den Buchstaben i kommt es nicht an. Man kann ebenso auch

$$\sum_{k=1}^{5} b_k$$

schreiben. Bei Verwendung des Summenzeichens nimmt die Gleichung (1) die Gestalt

$$\sum_{i=0}^{m} a_i x^{m-i}$$

an.

§ 11. Die Teilbarkeit der Binome $x^m \mp a^m$ durch $x \pm a$

1. Die Differenz von gleichen Potenzen zweier Zahlen läßt sich ohne Rest durch die Differenz dieser Zahlen teilen, d. h., $x^m - a^m$ ist durch $x - a$ teilbar. Diese und die folgenden Eigenschaften folgen aus dem Theorem § 10.

Der Quotient besteht aus m Gliedern und hat die folgende Form: $(x^m - a^m):(x - a) = x^{m-1} + a x^{m-2} + a^2 x^{m-3} + \cdots + a^{m-1}$ (der Exponent von x nimmt stets um eine Einheit ab, gleichzeitig nimmt der Exponent von a um eine Einheit zu. Die Summe der beiden Exponenten ist daher immer $m - 1$. Alle Koeffizienten sind gleich 1).

Beispiele.

$$(x^2 - a^2):(x - a) = x + a;$$
$$(x^3 - a^3):(x - a) = x^2 + ax + a^2;$$
$$(x^4 - a^4):(x - a) = x^3 + ax^2 + a^2 x + a^3;$$
$$(x^5 - a^5):(x - a) = x^4 + ax^3 + a^2 x^2 + a^3 x + a^4.$$

2. Die Differenz gleicher gerader Potenzen von zwei Zahlen ist nicht nur durch die Differenz dieser Zahlen (Punkt 1), sondern auch durch deren Summe teilbar, d. h., $x^m - a^m$ ist bei geradem m durch $x - a$ und $x + a$ teilbar. Im zweiten Fall hat der Quotient die Form $x^{m-1} - ax^{m-2} + a^2x^{m-3} - \cdots$ (die Vorzeichen $+$ und $-$ wechseln ab).

Beispiele.

$$(x^2 - a^2):(x + a) = x - a;$$
$$(x^4 - a^4):(x + a) = x^3 - ax^2 + a^2x - a^3;$$
$$(x^6 - a^6):(x + a) = x^5 - ax^4 + a^2x^3 - a^3x^2 + a^4x - a^5.$$

Bemerkung. Da die Differenz gerader Potenzen durch $a - x$ und durch $x + a$ teilbar ist, ist sie auch durch $x^2 - a^2$ teilbar.
Beispiele.

$$(x^4 - a^4):(x^2 - a^2) = x^2 + a^2;$$
$$(x^6 - a^6):(x^2 - a^2) = x^4 + a^2x^2 + a^4;$$
$$(x^8 - a^8):(x^2 - a^2) = x^6 + a^2x^4 + a^4x^2 + a^6.$$

Das Bildungsgesetz für den Quotienten ist offensichtlich. Man führt es leicht auf das Bildungsgesetz von Punkt 1 zurück, zum Beispiel:

$$(x^8 - a^8):(x^2 - a^2) = [(x^2)^4 - (a^2)^4]:(x^2 - a^2)$$
$$= (x^2)^3 + a^2(x^2)^2 + (a^2)^2x^2 + (a^2)^3.$$

2a. Die Differenz von gleichen ungeraden Potenzen zweier Zahlen ist nicht durch die Summe dieser Zahlen teilbar.
Zum Beispiel ist $x^3 - a^3$ und $x^5 - a^5$ nicht durch $x + a$ teilbar.

3. Die Summe gleicher Potenzen von zwei Zahlen ist nie durch die Differenz dieser Zahlen teilbar.
Zum Beispiel ist weder $x^2 + a^2$, noch $x^3 + a^3$ noch $x^4 + a^4$ durch $x - a$ teilbar.

4. Die Summe gleicher ungerader Potenzen von zwei Zahlen ist durch die Summe dieser Zahlen teilbar (im Quotienten wechseln Plus- und Minuszeichen ab).

Beispiele.

$$(x^3 + a^3):(x + a) = x^2 - ax + a^2;$$
$$(x^5 + a^5):(x + a) = x^4 - ax^3 + a^2x^2 - a^3x + a^4.$$

4a. Die Summe gleicher gerader Potenzen von zwei Zahlen ist weder durch die Differenz (Punkt 3) noch durch die Summe dieser Zahlen teilbar. Zum Beispiel ist $x^2 + a^2$ weder durch $x - a$ noch durch $x + a$ teilbar.

Die behandelten Formeln lassen sich mit Hilfe des Summenzeichens wie folgt schreiben:

$$(x^m - a^m):(x - a) = \sum_{i=0}^{m-1} a^i x^{m-1-i},$$

$$(x^{2n} - a^{2n}):(x + a) = \sum_{i=0}^{2n-1} (-1)^i a^i x^{2n-1-i},$$

$$(x^{2n+1} + a^{2n+1}):(x + a) = \sum_{i=0}^{2n} (-1)^i a^i x^{2n-i}.$$

§ 12. Faktorenzerlegung eines Polynoms

Ein Polynom kann man manchmal in Form eines Produkts aus zwei oder mehreren Faktoren darstellen. Dies ist jedoch nicht immer möglich, und in den Fällen, in denen es möglich ist, ist die Bestimmung der gesuchten Zerlegung oft sehr mühsam. Der praktische Wert einer solchen Zerlegung besteht vorwiegend darin, daß sie oft eine Vereinfachung der Form eines Ausdrucks erlaubt. (Zum Beispiel wenn der Zähler und der Nenner eines Bruchs durch dasselbe Polynom teilbar sind; Beispiele s. im folgenden Paragraphen.) Wir zählen die einfachsten Fälle auf, in denen eine Faktorenzerlegung möglich ist.

1. Wenn alle Glieder eines Polynoms denselben Ausdruck als Faktor enthalten, so kann man diesen Faktor „herausheben" (s. I, 6).

Beispiel. $7a^2xy - 14a^5x^3 = 7a^2x(y - 2a^3x^2)$.

2. Manchmal kann man die Glieder in Gruppen zusammenfassen und in jeder Gruppe einen Faktor so herausheben, daß der restliche Ausdruck in jeder Gruppe derselbe ist. Dann kann man diesen Ausdruck seinerseits herausheben, und das Polynom ist bereits in Faktoren zerlegt.

Beispiel. $ax + bx + ay + by$
$$= x(a + b) + y(a + b) = (a + b)(x + y).$$

3. Die in Punkt 2 erklärte Zerlegung läßt sich oft erst nach Einführung neuer (sich gegenseitig weghebender) Glieder oder nach Zerlegung eines vorhandenen Gliedes in zwei Summanden durchführen.

Beispiel. $a^2 - x^2 = a^2 + ax - ax - x^2$
$$= a(a + x) - x(a + x) = (a + x)(a - x).$$

4. Die Anwendung des obigen Verfahrens kann man manchmal durch Verwendung gewisser fertiger Zerlegungsformeln umgehen, die man aus den Formeln für die Verkürzung der Multiplikation (I, 8) erhält, nämlich: $a^2 + 2ab + b^2 = (a + b)^2$; $a^2 - 2ab + b^2 = (a - b)^2$; $a^2 - b^2 = (a + b)(a - b)$ u. a. m.

Beispiel. $4x^2 + 20xy + 25y^2$. Durch Anwendung der ersten der erwähnten Formeln ($a = 2x$, $b = 5y$) erhalten wir

$$4x^2 + 20xy + 25y^2 = (2x + 5y)^2.$$

§ 13. Algebraische Brüche

Unter einem *algebraischen Bruch* versteht man einen Ausdruck der Form A/B, wobei die Buchstaben A und B beliebige Zahlenausdrücke oder Buchstabenausdrücke bezeichnen und der Strich das Divisionszeichen ersetzt. Der Dividend A heißt *Zähler*, der Divisor B heißt *Nenner*. Die in der Arithmetik betrachteten Brüche stellen einen Sonderfall der algebraischen Brüche dar) Zähler und Nenner ganze positive Zahlen). Das Rechnen mit algebraischen Brüchen erfolgt nach denselben Regeln wie das Rechnen mit Brüchen in der Arithmetik. Daher beschränken wir uns auf einige typische Beispiele.

1. Kürzen von Brüchen

Beispiel 1. Der Bruch $\dfrac{15a^2x^4}{21a^5x^3}$ läßt sich durch $3a^2x^3$ kürzen:

$$\frac{15a^2x^4}{21a^5x^3} = \frac{5x}{7a^3}.$$

Beispiel 2. Der Bruch $\dfrac{2a^2 - ab - 3b^2}{2a^2 - 5ab + 3b^2}$ läßt sich durch $2a - 3b$ kürzen. Um dies festzustellen, muß man Zähler und Nenner in Faktoren zerlegen (s. I, 12, Fall 3):

$$\frac{2a^2 - ab - 3b^2}{2a^2 - 5ab + 3b^2} = \frac{(2a - 3b)\,(a + b)}{(2a - 3b)\,(a - b)} = \frac{a + b}{a - b}.$$

2. Addition und Subtraktion von Brüchen

Beispiel 1. Zur Addition der Brüche $\dfrac{m}{a^2b} + \dfrac{n}{ab^2}$ bringt man beide auf den gemeinsamen Nenner a^2b^2.

$$\frac{m}{a^2b} + \frac{n}{ab^2} = \frac{mb + na}{a^2b^2}.$$

Beispiel 2. $\dfrac{a - b}{2a^2 - ab - 3b^2} - \dfrac{a + b}{2a^2 - 5ab + 3b^2}$

$$= \frac{a - b}{(2a - 3b)\,(a + b)} - \frac{a + b}{(2a - 3b)\,(a - b)}$$

$$= \frac{(a - b)^2 - (a + b)^2}{(2a - 3b)\,(a + b)\,(a - b)} = \frac{-4ab}{(2a - 3b)\,(a^2 - b^2)}.$$

Bemerkung. Nur bei spezieller Wahl der Polynome besitzen die Nenner gemeinsame Faktoren. Im allgemeinen ist dies jedoch sehr selten. Aber auch wenn gemeinsame Faktoren existieren, so erfordert ihre Bestimmung meist viel Zeit. Für die Entwicklung algebraischer Fertigkeiten sind solche Untersuchungen sehr nützlich, daher ist die Aufmerksamkeit, die man ihnen in den Schulbüchern entgegenbringt, vollkommen berechtigt. Der praktische Nutzen ist jedoch gering, und oft ist es viel besser, wenn man keine Zeit mit der Suche nach dem einfachsten gemeinsamen Nenner vergeudet, sondern als gemeinsamen Nenner einfach das Produkt der gegebenen Nenner nimmt.

Multiplikation und Division von Brüchen

Beispiel 1. $\dfrac{4a^2b}{3c^2d} \cdot \dfrac{2c^3d^2}{ab^3} = \dfrac{8acd}{3b^2}.$

Man kann entweder vor der Multiplikation der Zähler und Nenner kürzen oder erst danach.

Beispiel 2. $\dfrac{x^2 - a^2}{x^2 - bx + cx - bc} : \dfrac{x^2 - ax - cx + ac}{x^2 - b^2}$

$$= \frac{(x^2 - a^2)\,(x^2 - b^2)}{(x - b)\,(x + c)\,(x - a)\,(x - c)} = \frac{(x + a)\,(x + b)}{(x + c)\,(x - c)}$$

$$= \frac{(x + a)\,(x + b)}{x^2 - c^2}.$$

§ 14. Proportionen

Aus der Proportion $\dfrac{a}{b} = \dfrac{c}{d}$ folgt $ad = bc$ (das Produkt der Innenglieder ist gleich dem Produkt der Außenglieder). Umgekehrt folgen aus $ad = bc$ die Proportionen

$$\frac{a}{b} = \frac{c}{d}; \quad \frac{a}{c} = \frac{b}{d}; \quad \frac{d}{b} = \frac{c}{a}$$

usw. Alle diese Proportionen kann man aus $\dfrac{a}{b} = \dfrac{c}{d}$ mit Hilfe der folgenden Regeln ableiten.

1. In einer Proportion $\dfrac{a}{b} = \dfrac{c}{d}$ darf man die mittleren Glieder, die äußeren Glieder oder beide zugleich untereinander vertauschen. Wir erhalten:

$$\frac{a}{c} = \frac{b}{d}; \quad \frac{d}{b} = \frac{c}{a}; \quad \frac{d}{c} = \frac{b}{a}.$$

2. In einer Proportion darf man die Vorderglieder mit den Hintergliedern vertauschen. Aus $\dfrac{a}{b} = \dfrac{c}{d}$ erhält man $\dfrac{b}{a} = \dfrac{d}{c}$. Diese

Proportion haben wir auch schon früher erhalten (in der Form $\dfrac{d}{c} = \dfrac{b}{a}$).

Abgeleitete Proportionen. Mit $\dfrac{a}{b} = \dfrac{c}{d}$ gelten auch die folgenden (daraus abgeleiteten) Proportionen:

$$\frac{a+b}{a} = \frac{c+d}{c}; \quad \frac{a-b}{a} = \frac{c-d}{c}; \quad \frac{a+b}{b} = \frac{c+d}{d}; \quad \frac{a-b}{b} = \frac{c-d}{d};$$

$$\frac{a}{a+b} = \frac{c}{c+d}; \quad \frac{a}{a-b} = \frac{c}{c-d}; \quad \frac{b}{a+b} = \frac{d}{c+d}; \quad \frac{b}{a-b} = \frac{d}{c-d};$$

$$\frac{a+b}{a-b} = \frac{c+d}{c-d}; \quad \frac{a+c}{b+d} = \frac{a}{b} = \frac{c}{d}; \quad \frac{a+b}{c+d} = \frac{a}{c} = \frac{b}{d};$$

$$\frac{a-b}{c-d} = \frac{a}{c} = \frac{b}{d}; \quad \frac{a-c}{b-d} = \frac{a}{b} = \frac{c}{d}.$$

Diese und zahlreiche andere abgeleitete Proportionen erhält man aus den zwei Grundformeln:

$$\frac{ma + nb}{m_1a + n_1b} = \frac{mc + nd}{m_1c + n_1d}, \tag{1}$$

$$\frac{ma + nc}{m_1a + n_1c} = \frac{mb + nd}{m_1b + n_1d}, \tag{2}$$

worin m, n, m_1 und n_1 beliebige Zahlen sind.

Setzt man in Formel (1) $m = n = m_1 = 1$, $n_1 = 0$, so erhält man $\dfrac{a+b}{a} = \dfrac{c+d}{c}$. Setzt man in Formel (2) $m = n = m_1 = 1$, $n_1 = 0$, so erhält man $\dfrac{a+c}{a} = \dfrac{b+d}{b}$, oder bei Vertauschen der mittleren Glieder $\dfrac{a+c}{b+d} = \dfrac{a}{b}$ u. a. m.

§ 15. Wozu Gleichungen notwendig sind

Rechenaufgaben begegnen uns direkt oder indirekt.

Ein Beispiel für eine *direkte* Aufgabe: Wieviel wiegt ein Stück einer Legierung, zu deren Herstellung man 0,6 dm³ Kupfer (spez. Gewicht 8,9 kg/dm³) und 0,4 dm³ Zink (spez. Gewicht 7,0 kg/dm³) verwendet hat? Zur Lösung bestimmen wir das Gewicht des verwendeten Kupfers ($8,9 \cdot 0,6 = 5,34$ (kg)), das Gewicht des verwendeten Zinks ($7,0 \cdot 0,4 = 2,8$ (kg)) und schließlich das Gewicht der Legierung ($5,34 + 2,8 = 8,14$ (kg)). Die Reihenfolge der Operationen ist durch die Bedingungen des Problems festgelegt.

Ein Beispiel für eine *indirekte* Aufgabe: Ein Stück einer Legierung aus Kupfer und Zink mit einem Volumen von 1 dm³ wiegt 8,14 kg. Man bestimme das Volumen des zur Legierung verwendeten Kupfers und Zinks. Hier ist aus den Bedingungen des Problems nicht ersichtlich, welche Operationen zur Lösung führen. Bei einer sogenannten arithmetischen Lösung muß man manchmal viel Interpretationsvermögen beweisen, um einen Plan für eine Lösung der indirekten Aufgabe zu entwerfen. Jede neue Aufgabe erfordert einen neuen Plan. Dabei wird viel Rechenarbeit unrationell vergeudet. Zur Rationalisierung des Rechenprozesses erfand man die Methode der Gleichungen, die den Hauptgegenstand der Untersuchungen in der Algebra bilden (s. I, 1). Der Kern dieser Methode ist folgender.

1. Die gesuchte Größe erhält einen eigenen Namen. Zu diesem Zweck verwenden wir Buchstabenzeichen (vorzugsweise die letzten Buchstaben des lateinischen Alphabets x, y, z, u, v). Mit Hilfe dieser Symbole und der Operationszeichen ($+$, $-$, usw.) „übersetzt man die Bedingungen des Problems in eine mathematische Sprache". Das heißt, wir drücken die Beziehungen zwischen den gegebenen und den gesuchten Größen nicht durch Wort und Sätze der Umgangssprache aus, sondern durch mathematische Symbole. Jeder solche „mathematische Satz" ist eine Gleichung.

2. Hierauf lösen wir die Gleichungen, d. h., wir bestimmen die gesuchten Werte für die unbekannten Größen. Die Lösung der Gleichungen erfolgt mechanisch nach allgemeinen Regeln, die Eigenheiten der gegebenen Aufgabe berühren und nicht mehr. Wir müssen nur ein für allemal aufgestellte Regeln und Verfahren anwenden. (Die Herleitung dieser Regeln ist in erster Linie Aufgabe der Algebra.) Auf diese Weise dienen die Gleichungen zu einer Mechanisierung der Rechenarbeit. Sobald die Gleichungen aufgestellt sind, kann man ihre Lösungen vollkommen automatisch erhalten (in heutiger Zeit wurden eine Reihe derartiger Automaten konstruiert). Zur Lösung der Aufgabe ist nur die Aufstellung der Gleichungen nötig.

§ 16. Wie man Gleichungen aufstellt

Aufstellen von Gleichungen bedeutet ein Ausdrücken der Beziehungen zwischen den gegebenen (bekannten) und den gesuchten (unbekannten) Größen in mathematischer Form. Manchmal sind diese Beziehungen in der Formulierung der Aufgabe so offenkundig, daß das Aufstellen der Gleichungen einfach eine wörtliche Wiederholung der Formulierung in mathematischen Zeichen ist.

Beispiel 1. Peter erhält für seine Arbeit 16 Mark mehr als die Hälfte der Summe, die Hans erhält. Beide zusammen erhalten 112 Mark. Wieviel erhalten Peter und Hans für ihre Arbeit?
Wir bezeichnen den Verdienst von Hans mit x. Die Hälfte davon ist $\frac{x}{2}$. Der Verdienst von Peter ist also $\frac{x}{2} + 16$. Zusammen verdienen

sie 112 Mark. Der mathematische Ausdruck für diesen Satz ist

$$\left(\frac{x}{2} + 16\right) + x = 112.$$

Die Gleichung ist aufgestellt. Durch Lösen mit Hilfe einer ein für allemal gültigen Regel (I, 20) finden wir als Verdienst für Hans $x = 64$ (Mark). Der Verdienst von Peter dagegen ist $\frac{x}{2} + 16 = 48$ (Mark).

Häufiger kommt es jedoch vor, daß die Beziehungen zwischen den gegebenen und den gesuchten Größen nicht direkt in der Aufgabe ersichtlich sind. Sie sind erst von den Bedingungen des Problems ausgehend aufzustellen. Bei praktischen Problemen ist dies fast immer der Fall.

Für das Aufstellen von Gleichungen kann man daher keine alles umfassenden Anleitungen geben. Es ist jedoch gut, wenn man sich anfangs durch die folgenden Regeln leiten läßt. Wir nehmen als Wert der gesuchten Größe (oder der gesuchten Größen) willkürlich irgendeine Zahl (oder irgendwelche Zahlen) und prüfen, ob wir eine Lösung der Aufgabe erraten haben oder nicht. Wenn wir die Prüfung durchgeführt haben, so stellt sich entweder heraus, daß unsere Vermutung richtig oder daß sie falsch war (meist tritt der zweite Fall ein). Stets können wir jedoch anschließend schnell die nötige Gleichung (oder die nötigen Gleichungen) aufstellen. Wir schreiben nämlich dieselben Operationen an, die wir zur Durchführung der Prüfung ausgeführt haben. Nur nehmen wir an Stelle der willkürlich gewählten Zahl ein Buchstabensymbol für die unbekannte Größe. Auf diese Weise ergibt sich die gesuchte Gleichung.

Beispiel 2. Ein Stück einer Legierung aus Kupfer und Zink hat ein Volumen von 1 dm³ und wiegt 8,14 kg. Wieviel Kupfer enthält die Legierung (spez. Gewicht des Kupfers 8,9 kg/dm³, spez. Gewicht des Zinks 7,0 kg/dm³)?

Wir wählen willkürlich eine Zahl für das gesuchte Volumen des Kupfers, zum Beispiel 0,3 dm³. Wir prüfen, ob die Wahl dieser Zahl glücklich war. Da ein dm³ Kupfer 8,9 kg wiegt, so wiegen 0,3 dm³ $8{,}9 \cdot 0{,}3 = 2{,}67$ (kg). Das Volumen des Zinks in der Legierung ist $1 - 0{,}3 = 0{,}7$ (dm³). Sein Gewicht ist $7{,}0 \cdot 0{,}7 = 4{,}9$ (kg). Das Gesamtgewicht ist daher $2{,}67 + 4{,}9 = 7{,}57$ (kg), während das Gewicht der Legierung mit 8,15 kg gegeben ist. Unsere Vermutung hat sich als falsch erwiesen. Aber nun gelangen wir schnell zu einer Gleichung, deren Lösung die richtige Antwort liefert. An Stelle der willkürlich gewählten Zahl 0,3 dm³ setzen wir für das Volumen des Kupfers (in dm³) den Buchstaben x. Statt des Produkts $8{,}9 \cdot 0{,}3 = 2{,}67$ nehmen wir das Produkt $8{,}9 \cdot x$. Dies ist das Gewicht der Legierung. Statt $1 - 0{,}3 = 0{,}7$ nehmen wir $1 - x$. Dies ist das Volumen des Zinks. Statt $7{,}0 \cdot 0{,}7 = 4{,}9$ nehmen wir $7{,}0 \cdot (1 - x)$. Dies ist das Gewicht des Zinks. Statt $2{,}67 + 4{,}9$ schreiben wir $8{,}9 \cdot x + 7{,}0(1 - x)$. Dies ist das gesamte Gewicht der Legierung. Unter den Bedingungen der Fragestellung ist dieses Gewicht gleich 8,14 kg, also haben wir $8{,}9 \cdot x + 7{,}0(1 - x) = 8{,}14$. Die Lösung dieser Gleichung ergibt (s. I, 15) $x = 0{,}6$.

Die Überprüfung einer willkürlich gewählten Zahl kann man auf verschiedenen Wegen durchführen. Je nach Wahl dieses Wegs haben die für das Problem gefundenen Gleichungen verschiedene Gestalt. Alle ergeben jedoch für die gesuchte Größe dieselbe Lösung. Derartige Gleichungen heißen *gleichwertig* (s. I, 18).
Nach dieser Anleitung zum Aufstellen von Gleichungen ist es klar, daß man nicht von einem Versuch mit einer willkürlich gewählten Zahl auszugehen braucht. Man nimmt als Wert für die gesuchte Größe nicht eine Zahl, sondern gleich einen beliebigen Buchstaben (x, y usw.), und tut so, als ob dieser Buchstabe eine (unbekannte) Zahl wäre, die man zur Probe gewählt hat.

§ 17. Allgemeines über Gleichungen

Zwei Zahlen- oder Buchstabenausdrücke, die durch ein Gleichheitszeichen ($=$) verbunden sind, bilden eine *Gleichheit* (Zahlen- oder Buchstabengleichheit).
Alle richtigen Zahlengleichheiten sowie alle Buchstabengleichheiten, die für alle möglichen Werte der in ihnen enthaltenen Buchstaben richtig sind, heißen *Identitäten*.

Beispiel 1. Die Zahlengleichheit $5 \cdot 3 + 1 = 20 - 4$ ist eine Identität. 2. Die Buchstabengleichheit $(a - b)(a + b) = a^2 - b^2$ ist eine Identität, da für alle Werte von a und b die linke Gleichheitsseite dieselbe Zahl ergibt wie die rechte.
Gleichheiten, die unbekannte Buchstabengrößen enthalten und keine Identitäten sind, heißen *Gleichungen*. Eine Gleichung nennt man *Buchstabengleichung*, wenn alle oder einige der in ihr enthaltenen bekannten Größen Buchstabenausdrücke sind. Andernfalls spricht man von *Zahlengleichungen* oder *numerischen Gleichungen*.
Einige der in der Gleichung enthaltenen Buchstaben stellen bekannte Größen dar, die übrigen bedeuten unbekannte Größen. Gewöhnlich bezeichnet man die unbekannten Größen durch die letzten Buchstaben des lateinischen Alphabets x, y, z, u, v, w. Je nach der Zahl der Unbekannten unterscheidet man Gleichungen mit einer, zwei, drei usw. Unbekannten.
Unter der Lösung einer numerischen Gleichung versteht man die Bestimmung von solchen Zahlen für die in der Gleichung enthaltenen Unbekannten, daß bei Einsetzen dieser Zahlen die Gleichung in eine Identität übergeht. Diese Zahlen nennt man *Wurzeln* der Gleichung.
Unter der Lösung einer Buchstabengleichung versteht man die Bestimmung von Ausdrücken aus den in die Gleichung eingehenden bekannten Größen, daß bei Einsetzen dieser Ausdrücke für die Unbekannten die Gleichung in eine Identität übergeht. Diese Ausdrücke nennt man *Wurzeln* der Gleichung.

Beispiel 1. $\dfrac{2}{3 + x} = \dfrac{x}{2}$ ist eine numerische Gleichung mit einer Unbekannten x. Bei $x = 1$ werden beide Ausdrücke $\dfrac{2}{3 + x}$ und $\dfrac{x}{2}$

identisch, d. h. liefern dieselbe Zahl. $x = 1$ ist eine Wurzel der Gleichung.

Beispiel 2. $ax + b = cx + d$ ist eine Buchstabengleichung mit einer Unbekannten x. Für $x = \dfrac{d - b}{a - c}$ geht sie in eine Identität über, da die Ausdrücke $a\dfrac{d - b}{a - c} + b$ und $c\dfrac{d - b}{a - c} + d$ für alle Werte von a, b, c und d dieselben Zahlen liefern. (Durch Umformung geht jeder dieser Ausdrücke in $\dfrac{ad - bc}{a - c}$ über.) Der Wert $x = \dfrac{d - b}{a - c}$ ist eine Wurzel der Gleichung.

Beispiel 3. $3x + 4y = 11$ ist eine Gleichung mit zwei Unbekannten. Für $x = 1$, $y = 2$ erhält man die Identität $3 \cdot 11 + 4 \cdot 2 = 11$. Die Werte $x = 1$, $y = 2$ sind daher Wurzeln der Gleichung. $x = -3$, $y = 5$ sind ebenfalls Wurzeln, genauso $x = 2$, $y = \dfrac{5}{4}$. Die Gleichung hat unendlich viele Wurzeln. Sie stellt jedoch keine Identität dar. Für $x = 2$, $y = 3$ liefern die beiden Gleichungsseiten verschiedene Zahlen.

Beispiel 4. $2x + 3 = 2(x + 1)$ ist eine Gleichung mit einer Unbekannten. Sie geht für keinen Wert von x in die Identität über. Diese Gleichung hat keine Wurzel.

§ 18. Gleichwertige Gleichungen.
Grundsätzliche Verfahren zur Lösung von Gleichungen

Gleichungen heißen *gleichwertig*, wenn sie dieselben Wurzeln haben. Zum Beispiel sind die Gleichungen $x^2 = 3x - 2$ und $x^2 + 2 = 3x$ gleichwertig (sie haben die Wurzeln $x = 1$ und $x = 2$). Der Prozeß der Lösung einer Gleichung beruht auf dem Austausch der gegebenen Gleichung durch gleichwertige Gleichungen.
Die grundsätzlichen Verfahren zur Lösung von Gleichungen sind **folgende:**

1. Man ersetzt einen Ausdruck durch einen anderen, der ihm identisch gleich ist. Zum Beispiel kann man von der Gleichung

$$(x + 1)^2 = 2x + 5$$

übergehen zur gleichwertigen Gleichung

$$x^2 + 2x + 1 = 2x + 5.$$

2. Man überträgt einen Summanden aus einer Gleichungsseite auf die andere, indem man sein Vorzeichen umkehrt. In der Gleichung $x^2 + 2x + 1 = 2x + 5$ zum Beispiel kann man alle Glieder auf die linke Seite bringen, wobei die Glieder $2x$ und 5 auf der linken Seite ein Minuszeichen erhalten. Die Gleichung $x^2 + 2x + 1 - 2x - 5 = 0$

oder, was dasselbe ist, $x^2 - 4 = 0$ ist mit der Ausgangsgleichung gleichwertig.

3. Man multipliziert beide Gleichungsseiten mit demselben Ausdruck oder dividiert sie durch denselben Ausdruck. Dabei ist zu beachten, daß die neue Gleichung nicht gleichwertig mit der ersten zu sein braucht, wenn der Ausdruck, mit dem man multipliziert oder dividiert, gleich Null sein kann.

Beispiel. Gegeben sei die Gleichung $(x - 1)(x + 2) = 4(x - 1)$. Dividiert man beide Seiten durch $x - 1$, so erhält man $x + 2 = 4$. Diese Gleichung hat die einzige Wurzel $x = 2$. Die Ausgangsgleichung hat jedoch außerdem die Wurzel $x = 1$. Bei der Division der Gleichung durch $x - 1$ ist diese Wurzel „verlorengegangen". Wenn man umgekehrt beide Seiten der Gleichung $x + 2 = 4$ mit $x - 1$ multipliziert, so tritt neben der Wurzel $x = 2$ die neue Wurzel $x = 1$ in Erscheinung. Daraus folgt nicht, daß man beide Gleichungsseiten nicht mit einem Ausdruck multiplizieren darf, der Null werden kann. Man muß nur jedesmal, wenn man eine derartige Operation durchführt, untersuchen, ob dabei nicht eine alte Wurzel verlorengeht oder ob nicht eine neue Wurzel hinzukommt.

4. Man darf auch beide Gleichungsseiten zur selben Potenz erheben oder aus beiden Seiten dieselbe Wurzel ziehen. Jedoch kann man auch dabei eine Gleichung erhalten, die mit der Ausgangsgleichung nicht gleichwertig ist. Zum Beispiel hat die Gleichung $2x = 6$ die einzige Wurzel $x = 3$. Die Gleichung $(2x)^2 = 6^2$, d. h. $4x^2 = 36$, hat zwei Wurzeln: $x = 3$ und $x = -3$. Daher muß man bei der Umformung von Gleichungen darauf achten, daß keine Wurzel verlorengeht oder neu hinzukommt. Besonders wichtig ist, daß keine Wurzel verlorengeht. Das Auftreten neuer Wurzeln ist nicht so gefährlich, da man die erhaltenen Wurzeln immer in die Ausgangsgleichung einsetzen und prüfen kann, ob diese wirklich erfüllt ist.

§ 19. Klassifikation der Gleichungen

Gleichungen nennt man *algebraisch*, wenn beide Gleichungsseiten ein Polynom oder ein Monom (I, 6) bezüglich der unbekannten Größen darstellen.

Beispiele. $bx + ay^2 = xy + 2^m$ ist eine algebraische Gleichung mit zwei Unbekannten. Die Gleichung $bx + ay^2 = xy + 2^x$ ist jedoch nicht algebraisch, da die rechte Seite kein Polynom in x und y ist (der Summand 2^x ist kein Monom in x).

Grad einer algebraischen Gleichung. Wir bringen alle Glieder einer algebraischen Gleichung auf eine Seite und fassen gleichartige Glieder zusammen. Wenn die Gleichung hierauf nur mehr eine Unbekannte enthält, so bezeichnet man den *höchsten Exponenten dieser Unbekannten* als *Grad der Gleichung.* Wenn die Gleichung mehrere Unbekannte enthält, *so bilden wir für jedes Glied der Gleichung die Summe der Exponenten aller in ihm enthaltenen Unbekannten. Die größte dieser Summen liefert den Grad der Gleichung.*

Beispiel 1. Die Gleichung $4x^3 + 2x^2 - 17x = 4x^3 - 8$ ist eine Gleichung zweiten Grades, da sie, wenn man alle Glieder auf die linke Seite bringt, die Form $2x^2 - 17x + 8 = 0$ erhält.

Beispiel 2. Die Gleichung $a^4x + b^5 = c^5$ ist eine Gleichung ersten Grades, da der höchste Exponent der Unbekannten x gleich 1 ist.

Beispiel 3. Die Gleichung $a^2x^5 + bx^3y^3 - a^8xy^4 - 2 = 0$ ist eine Gleichung sechsten Grades, da die Summe der Exponenten im ersten und dritten Glied 5, im zweiten Glied 6 und im vierten Glied 0 ist. Oft rechnet man zu den algebraischen Gleichungen auch solche Gleichungen, deren Lösung über die Lösung einer algebraischen Gleichung führt. Als Grad solcher Gleichungen bezeichnet man den Grad der algebraischen Gleichung, auf die sie führen.

Beispiel 4. Die Gleichung $\dfrac{x+1}{x-1} = 2x$ ist eine Gleichung zweiten Grades, obwohl die zweite Potenz der Unbekannten x gar nicht vorkommt. Ersetzt man die Gleichung jedoch durch eine (gleichwertige) algebraische Gleichung, so erhält sie die Form $2x^2 - 3x - 1 = 0$. Eine Gleichung ersten Grades (mit beliebig vielen Unbekannten) heißt auch *lineare Gleichung*.

§ 20. Die Gleichung ersten Grades mit einer Unbekannten

Eine Gleichung ersten Grades mit einer Unbekannten läßt sich nach entsprechenden Umformungen auf die Form $ax = b$ bringen, wobei a und b gegebene Zahlen oder Buchstabenausdrücke sind. Die Lösung (Wurzel) lautet $x = \dfrac{b}{a}$. Technische Schwierigkeiten können nur bei der Umformung auftreten.

Beispiel 1. $\dfrac{3x-5}{2(x+2)} = \dfrac{3x-1}{2x+5} - \dfrac{1}{x+2}.$

1. Wir bringen die rechte Seite der Gleichung auf einen gemeinsamen Nenner.

$$\frac{3x-5}{2(x+2)} = \frac{(3x-1)(x+2) - (2x+5)}{(2x+5)(x+2)}.$$

2. Wir beseitigen im Zähler der rechten Seite die Klammern und fassen zusammen:

$$\frac{3x-5}{2(x+2)} = \frac{3x^2 + 3x - 7}{(2x+5)(x+2)}.$$

3. Wir multiplizieren beide Gleichungsseiten mit $2(2x+5)(x+2)$, wodurch wir die Gleichung von Brüchen befreien. (Die Frage, ob dadurch weitere Wurzeln auftreten, verschieben wir, bis wir die Lösung gefunden haben.)

$$(3x-5)(2x+5) = 2(3x^2 + 3x - 7).$$

4. Wir beseitigen die Klammern:

$$6x^2 + 5x - 25 = 6x^2 + 6x - 14.$$

5. Wir bringen die unbekannten Glieder auf die linke Seite, die bekannten auf die rechte. Nach Zusammenfassung gleichartiger Glieder finden wir $-x = 11$. Die Wurzel der Gleichung ist daher $x = -11$. Durch Einsetzen dieses Wertes in die Ausgangsgleichung überzeugen wir uns davon, daß dies tatsächlich eine Wurzel ist.

Beispiel 2. $\dfrac{x^2}{(x-a)(x-b)} + \dfrac{(x-a)^2}{x(x-b)} + \dfrac{(x-b)^2}{x(x-a)} = 3.$

1. Wir bringen die linke Seite auf den gemeinsamen Nenner $x(x-a)(x-b)$. (Dabei ist der erste Bruch mit x, der zweite mit $x-a$ und der dritte mit $x-b$ zu multiplizieren.)

$$\frac{x^3 + (x-a)^3 + (x-b)^3}{x(x-a)(x-b)} = 3.$$

2. Wir beseitigen den Nenner, indem wir auf beiden Seiten mit $x(x-a)(x-b)$ multiplizieren:

$$x^3 + (x-a)^3 + (x-b)^3 = 3x(x-a)(x-b).$$

3. Nach Entfernen der Klammern haben wir:

$$x^3 + x^3 - 3ax^2 + 3a^2x - a^3 + x^3 - 3bx^2 + 3b^2x - b^3$$
$$= 3x^3 - 3ax^2 - 3bx^2 + 3abx.$$

4. Wir bringen die unbekannten Glieder auf die linke, die bekannten Glieder auf die rechte Seite. Nach Zusammenfassung gleichartiger Glieder erhalten wir

$$3a^2x - 3abx + 3b^2x = a^3 + b^3 \quad \text{oder} \quad 3(a^2 - ab + b^2)\,x = a^3 + b^3.$$

5. Daraus finden wir als Wurzel der Gleichung

$$x = \frac{a^3 + b^3}{3(a^2 - ab + b^2)}.$$

Dieser Ausdruck läßt sich vereinfachen, indem man durch $a^2 - ab + b^2$ kürzt:

$$x = \frac{a+b}{3}.$$

§ 21. Systeme von zwei Gleichungen ersten Grades mit zwei Unbekannten

Nach entsprechenden Umformungen, ähnlich wie im letzten Paragraphen, hat eine Gleichung ersten Grades mit zwei Unbekannten x und y die Gestalt $ax + by = c$, wobei a, b und c gegebene Zahlen oder Buchstabenausdrücke sind.

Für sich allein betrachtet hat jede Gleichung dieser Art unendlich viele Wurzeln. Einer der Unbekannten (zum Beispiel x) kann man willkürlich einen Wert erteilen. Den entsprechenden Wert von y findet man dann aus der Gleichung mit einer Unbekannten, die man durch Einsetzen für x aus der ursprünglichen Gleichung erhält. Zum Beispiel können wir in der Gleichung $5x + 3y = 7$ $x = 2$ setzen. Dann haben wir $10 + 3y = 7$, und daraus folgt $y = -1$.

Wenn die Unbekannten x und y nicht nur durch eine, sondern durch zwei Gleichungen ersten Grades verknüpft sind, so erhält man nur in Ausnahmefällen (s. I, 23) unendlich viele Lösungen. Im allgemeinen besitzt ein System von zwei Gleichungen ersten Grades jedoch nur ein System von Lösungen. Man kann zeigen (ebenfalls in Ausnahmefällen), daß es auch überhaupt keine Lösung haben kann (s. I, 23). Die Lösung eines Systems von zwei Gleichungen ersten Grades mit zwei Unbekannten erhält man mit Methoden, die verschieden sind von den Methoden zur Lösung einer Gleichung ersten Grades mit nur einer einzigen Unbekannten. Zwei solche Methoden legen wir im folgenden Paragraphen dar.

Aufgaben, die auf ein System von zwei Gleichungen mit zwei Unbekannten führen, kann man immer auch mit Hilfe einer einzigen Gleichung mit einer Unbekannten lösen. Jedoch ist dabei oft weit mehr Rechenarbeit erforderlich als bei Verwendung eines Gleichungssystems und dessen Lösung nach dem angegebenen Verfahren. Dasselbe gilt für Aufgaben, die man mit Hilfe von drei (und mehr) Unbekannten löst. Je größer die Zahl der Unbekannten ist, die man in die Betrachtung einbezieht, um so einfacher werden im allgemeinen die Gleichungen. Dafür wird der Prozeß zur Lösung des Systems schwieriger. In der Praxis versucht man daher mit möglichst wenig Unbekannten auszukommen, wobei nur in Betracht zu ziehen ist, daß das Aufstellen der Gleichungen nicht zu mühevoll wird.

Beispiel. Ein Stück einer Legierung aus Kupfer und Zink hat ein Volumen von 1 dm³ und wiegt 8,14 kg. Wieviel Kupfer und wieviel Zink enthält die Legierung (spez. Gewicht von Kupfer 8,9 kg/dm³, spez. Gewicht von Zink 7,0 kg/dm³)? Durch x und y bezeichnen wir die Volumina der Kupfer- und Zinkanteile. Wir erhalten die zwei Gleichungen

$$x + y = 1, \tag{1}$$

$$8,9x + 7,0y = 8,14. \tag{2}$$

Die erste Gleichung drückt aus, daß das gesamte Volumen (in dm³) von Kupfer und Zink gleich 1 ist, die zweite besagt, daß das gesamte Gewicht (in kg) gleich 8,14 ist. Bei Lösung des Systems (1) und (2) nach den allgemeinen Regeln (I, 22) finden wir $x = 0,6$ und $y = 0,4$. Jedoch haben wir diese Aufgabe bereits in III, 16 (Beispiel 2) unter Verwendung von nur einer Unbekannten x gelöst. Das in Anschluß an I, 16 über das Aufstellen von Gleichungen Gesagte gilt auch für ein System von Gleichungen mit zwei und mehr Unbekannten.

4*

§ 22. Lösung eines Systems von zwei Gleichungen ersten Grades mit zwei Unbekannten

1. Das Substitutionsverfahren: 1. Aus einer der Gleichungen bestimmen wir einen Ausdruck für eine der Unbekannten, zum Beispiel für x, der die bekannten Größen und die andere Unbekannte enthält. 2. Den gefundenen Ausdruck setzen wir in die zweite Gleichung ein, in der nach dieser Substitution nur noch die Unbekannte y vorkommt. 3. Wir lösen die erhaltene Gleichung und finden einen Wert für y. 4. Diesen Wert für y setzen wir in den vorher bestimmten Ausdruck für x ein und erhalten daraus den entsprechenden Wert von x.

Beispiel. Man löse das Gleichungssystem

$$8x - 3y = 46,$$
$$5x + 6y = 13.$$

1. Aus der ersten Gleichung finden wir für x:

$$x = \frac{46 + 3y}{8}.$$

2. Nach Einsetzen dieses Ausdrucks in die zweite Gleichung ergibt sich:

$$5 \cdot \frac{46 + 3y}{8} + 6y = 13.$$

3. Wir lösen die erhaltene Gleichung:

$$5(46 + 3y) + 48y = 104, \quad 230 + 15y + 48y = 104,$$
$$15y + 48y = 104 - 230, \quad 63y = -126, \quad y = -2.$$

4. Den Wert $y = -2$ setzen wir in den Ausdruck

$$x = \frac{46 + 3y}{8}$$

ein und erhalten $x = \dfrac{46 - 6}{8}$, d. h. $x = 5$.

2. Das Additions- oder Subtraktionsverfahren: 1. Man multipliziert beide Seiten der ersten Gleichung mit einem gewissen Faktor und beide Seiten der zweiten Gleichung mit einem gewissen anderen Faktor. Diese Faktoren wählt man so, daß die Koeffizienten einer der Unbekannten in beiden Gleichungen nach der Multiplikation denselben Absolutbetrag haben. 2. Man addiert nun die beiden Gleichungen oder zieht eine Gleichung von der anderen ab, je nachdem, ob die besagten Koeffizienten verschiedenes oder gleiches Vorzeichen haben. Dadurch wird eine der Unbekannten eliminiert. 3. Man löst nun die erhaltene Gleichung mit einer Unbekannten. 4. Die andere Unbekannte erhält man nach demselben Verfahren.

Gewöhnlich ist es jedoch einfacher, den bereits gefundenen Wert der ersten Unbekannten in eine der beiden Gleichungen einzusetzen und die resultierende Gleichung mit einer Unbekannten zu lösen.

Beispiel. Man löse das Gleichungssystem

$$8x - 3y = 46,$$
$$5x + 6y = 13.$$

1. Am einfachsten bringen wir die Gleichungen auf eine Form, bei der die Absolutbeträge der Koeffizienten von y gleich sind. Dazu multiplizieren wir beide Seiten der ersten Gleichung mit 2 und beide Seiten der zweiten Gleichung mit 1, d. h., wir lassen die zweite Gleichung unverändert.

$$8x - 3y = 46 \;|2|\; 16x - 6y = 92,$$
$$5x + 6y = 13 \;|1|\; 5x + 6y = 13.$$

2. Wir addieren beide Gleichungen:

$$
\begin{aligned}
16x - 6y &= 92 \\
+\; 5x + 6y &= 13 \\
\hline
21x &= 105.
\end{aligned}
$$

3. Wir lösen die erhaltene Gleichung:

$$x = \frac{105}{21} = 5.$$

4. Wir setzen $x = 5$ in die erste Gleichung ein und erhalten

$$40 - 3y = 46; \quad -3y = 46 - 40; \quad -3y = 6.$$

Daraus folgt

$$y = \frac{6}{-3} = -2.$$

Das Additions- oder Subtraktionsverfahren ist anderen Verfahren vorzuziehen: 1. Wenn in den gegebenen Gleichungen die Absolutbeträge der Koeffizienten bei einer der Unbekannten bereits gleich sind (dann ist der erste Schritt unnötig). 2. Wenn sofort ersichtlich ist, daß die Koeffizienten bei einer der Unbekannten mit Hilfe kleiner ganzzahliger Faktoren gleich zu machen sind. 3. Wenn die Koeffizienten der Gleichungen Buchstabenausdrücke enthalten.

Beispiel. Man löse das System

$$(a + c)\,x - (a - c)\,y = 2ab,$$
$$(a + b)\,x - (a - b)\,y = 2ac.$$

1. Wir machen die Koeffizienten von x gleich. Dazu multiplizieren wir die erste Gleichung mit $(a + b)$ und die zweite mit $(a + c)$. Es

ergibt sich

$$(a + c)\,(a + b)\,x - (a + b)\,(a - c)\,y = 2ab(a + b),$$
$$(a + c)\,(a + b)\,x - (a - b)\,(a + c)\,y = 2ac(a + c).$$

2. Wir ziehen die zweite Gleichung von der ersten ab und erhalten

$$[(a - b)\,(a + c) - (a + b)\,(a - c)]\,y = 2ab(a + b) - 2ac(a + c).$$

3. Wir lösen das erhaltene System:

$$y = \frac{2ab(a + b) - 2ac(a + c)}{(a - b)\,(a + c) - (a + b)\,(a - c)}.$$

Diesen Ausdruck kann man beträchtlich vereinfachen. Wir beseitigen im Zähler und Nenner die Klammern, fassen gleichartige Glieder zusammen und heben gemeinsame Faktoren heraus. Der letzte Bruch läßt sich kürzen. Wir erhalten

$$y = \frac{2a(ab + b^2 - ac - c^2)}{(a^2 - ab + ac - bc) - (a^2 + ab - ac - bc)}$$
$$= \frac{2a[(ab - ac) + (b^2 - c^2)]}{-2ab + 2ac}$$
$$= \frac{2a[(b - c)\,a + (b - c)\,(b + c)]}{-2a(b - c)}$$
$$= \frac{2a(b - c)\,(a + b + c)}{-2ab(b - c)} = -(a + b + c).$$

4. Zur Bestimmung von x machen wir in der Ausgangsgleichung die Koeffizienten von y gleich, indem wir die erste Gleichung mit $(a - b)$ und die zweite mit $(a - c)$ multiplizieren. Zieht man eine der beiden Gleichungen von der anderen ab und löst das Ergebnis nach x auf, so erhält man

$$x = \frac{2ab(a - b) - 2ac(a - c)}{(a - b)\,(a + c) - (a + b)\,(a - c)}.$$

Nach denselben Umformungen wie früher findet man $x = b + c - a$.

§ 23. Allgemeine Formeln und Spezialfälle der Lösung eines Systems von zwei Gleichungen ersten Grades mit zwei Unbekannten

Die Lösung eines Gleichungssystems der Form

$$ax + by = c, \tag{1}$$
$$a_1 x + b_1 y = c_1 \tag{2}$$

erhält man schneller, wenn man eine allgemeine Formel anwendet, die sich nach verschiedenen Verfahren finden läßt, zum Beispiel nach dem Additions- oder Subtraktionsverfahren. Die Lösung lautet

$$x = \frac{b_1 c - b c_1}{a b_1 - a_1 b}, \tag{3}$$

$$y = \frac{a c_1 - a_1 c}{a b_1 - a_1 b}. \tag{4}$$

Diese Formeln merkt man sich leicht, wenn man für den Zähler und den Nenner die folgenden Bezeichnungen einführt. Durch das Symbol $\begin{vmatrix} p & q \\ r & s \end{vmatrix}$ bezeichnen wir den Ausdruck $ps - rq$, den man durch kreuzweise Multiplikation

$$\begin{vmatrix} p & q \\ r & s \end{vmatrix}$$

und anschließende Subtraktion des einen Produkts vom anderen erhält (mit dem Pluszeichen nimmt man jenes Produkt, das zur Diagonalen von links oben nach rechts unten gehört). Zum Beispiel bedeutet das Symbol $\begin{vmatrix} 5 & -8 \\ 2 & 1 \end{vmatrix}$ den Ausdruck $5 \cdot 1 - 2 \cdot (-8) = 5 + 16 = 21$.
Der Ausdruck

$$\begin{vmatrix} p & q \\ r & s \end{vmatrix} = ps - rq$$

heißt *Determinante zweiter Ordnung* (zum Unterschied von den Determinanten dritter, vierter usw. Ordnung, die bei der Lösung von linearen Gleichungen mit drei, vier und mehr Unbekannten einzuführen sind).
Mit Hilfe der neuen Bezeichnungsweise lauten die Formeln (3) und (4):

$$x = \frac{\begin{vmatrix} c & b \\ c_1 & b_1 \end{vmatrix}}{\begin{vmatrix} a & b \\ a_1 & b_1 \end{vmatrix}}, \tag{5} \qquad\qquad y = \frac{\begin{vmatrix} a & c \\ a_1 & c_1 \end{vmatrix}}{\begin{vmatrix} a & b \\ a_1 & b_1 \end{vmatrix}}. \tag{6}$$

Jede der Unbekannten ist also ein Bruch, in dessem Nenner die aus den Koeffizienten der Unbekannten gebildete Determinante steht. Den Zähler erhält man aus der Nennerdeterminante dadurch, daß man die Koeffizienten der entsprechenden Unbekannten durch die freien Glieder ersetzt.

Beispiel. Man löse das System

$$8x - 3y = 46,$$
$$5x + 6y = 13.$$

$$x = \frac{\begin{vmatrix} 46 & -3 \\ 13 & 6 \end{vmatrix}}{\begin{vmatrix} 8 & -3 \\ 5 & 6 \end{vmatrix}} = \frac{46 \cdot 6 + 13 \cdot 3}{8 \cdot 6 + 5 \cdot 3} = \frac{315}{63} = 5,$$

$$y = \frac{\begin{vmatrix} 8 & 46 \\ 5 & 13 \end{vmatrix}}{\begin{vmatrix} 8 & -3 \\ 5 & 6 \end{vmatrix}} = \frac{8 \cdot 13 - 5 \cdot 46}{63} = \frac{-126}{63} = -2.$$

Eine Untersuchung zeigt, daß man bei der Lösung eines Systems (1) — (2) drei verschiedene Fälle zu unterscheiden hat.

1. Die Koeffizienten der Gleichungen (1) und (2) sind nicht proportional: $\frac{a}{a_1} \neq \frac{b}{b_1}$. Dann haben die Gleichungen bei beliebigen freien Gliedern eine eindeutige Lösung, die durch die Formeln (3) und (4) oder (5) und (6) gegeben ist.

2. Die Koeffizienten der Gleichungen (1) und (2) sind zueinander proportional: $\frac{a}{a_1} = \frac{b}{b_1}$. Dann muß man untersuchen, ob auch die freien Glieder im selben Verhältnis stehen. Wenn $\frac{a}{a_1} = \frac{b}{b_1} = \frac{c}{c_1}$ gilt, so hat das Gleichungssystem unendlich viele Lösungen. Der Grund dafür liegt darin, daß in diesem Fall eine der Gleichungen aus der anderen folgt. Es handelt sich daher praktisch nur um eine Gleichung und nicht um zwei.

Beispiel. Im System

$$10x + 6y = 18,$$
$$5x + 3y = 9$$

sind die Koeffizienten bei den Unbekannten x und y zueinander proportional: $\frac{10}{5} = \frac{6}{3} = 2$. Im selben Verhältnis stehen auch die freien Glieder $\frac{18}{9} = 2$. Eine der Gleichungen folgt aus der anderen.

Man erhält nämlich die erste Gleichung aus der zweiten durch Multiplikation mit 2. Eine beliebige unter den unendlich vielen Lösungen der einen Gleichung ist auch eine Lösung für die andere.

3. Die Koeffizienten der Gleichung sind proportional: $\frac{a}{a_1} = \frac{b}{b_1}$, aber die freien Glieder stehen nicht in diesem Verhältnis. Dann hat das System keine Lösung, da sich die beiden Gleichungen widersprechen.

Beispiel: Im System

$$10x + 6y = 20,$$
$$5x + 3y = 9$$

sind die Koeffizienten proportional: $\dfrac{10}{5} = \dfrac{6}{3} = 2$. Die freien Glieder stehen jedoch nicht in diesem Verhältnis: $\dfrac{20}{9} = 2\dfrac{2}{9}$. Das System hat keine Lösung. Multiplizieren wir die zweite Gleichung mit 2, so erhalten wir $10x + 6y = 18$. Dies ist ein Widerspruch zur ersten Gleichung, da der Ausdruck $10x + 6y$ nicht gleichzeitig gleich 18 und gleich 20 sein kann.

§ 24. Systeme von drei Gleichungen ersten Grades mit drei Unbekannten

Nach entsprechender Umformung, ähnlich wie in I, 20, hat eine Gleichung ersten Grades mit drei Unbekannten x, y, z die Form $ax + by + cz = d$, wobei a, b, c und d gegebene Zahlen oder Buchstabenausdrücke sind. Eine derartige Gleichung für sich allein oder ein System von zwei solchen Gleichungen hat unendlich viele Lösungen. Ein System von drei Gleichungen ersten Grades mit drei Unbekannten hat im allgemeinen ein System von Lösungen. In Ausnahmefällen (siehe unten) hat es unendlich viele Lösungen oder überhaupt keine.
Die Lösung eines Systems von drei Gleichungen mit drei Unbekannten erfolgt nach denselben Verfahren wie die Lösung eines Systems von zwei Gleichungen mit zwei Unbekannten, wie aus den folgenden Beispielen hervorgeht.

Beispiel. Man löse das Gleichungssystem

$$3x - 2y + 5z = 7, \tag{1}$$

$$7x + 4y - 8z = 3, \tag{2}$$

$$5x - 3y - 4z = -12. \tag{3}$$

Wir wählen zwei Gleichungen dieses Systems, zum Beispiel (1) und (2), und gehen von der Annahme aus, daß eine der Unbekannten, zum Beispiel z, schon bekannt ist. Bei der Lösung des betrachteten Systems bezüglich x und y nach den Regeln in I, 22 finden wir:

$$x = \frac{17 - 2z}{13}; \quad y = \frac{59z - 40}{26}. \tag{4}$$

Wir setzen nun diese Ausdrücke für x und y in die Gleichung (3) ein und erhalten eine Gleichung mit einer Unbekannten z:

$$\frac{5(17 - 2z)}{13} - \frac{3(59z - 40)}{26} - 4z = -12.$$

Die Lösung dieser Gleichung ist (I, 20) $z = 2$. Diesen Wert setzen wir in die Ausdrücke für x und y ein und finden $x = 1$, $y = 3$. Die allgemeinen Formeln für die Lösung eines Systems

$$\left. \begin{aligned} ax + by\ + cz\ &= d, \\ a_1x + b_1y + c_1z &= d_1, \\ a_2x + b_2y + c_2z &= d_2 \end{aligned} \right\} \tag{5}$$

erhält man nach demselben Verfahren. Die Lösung hat jedoch eine komplizierte und schwer merkbare Form, wenn man sie in offener Schreibweise darstellt. Sie erhält jedoch eine leicht merkbare und für die Rechnung geeignete Gestalt, wenn man den Begriff der Determinante dritter Ordnung heranzieht.
Eine Determinante dritter Ordnung bezeichnet man abkürzend durch

$$\begin{vmatrix} a & b & c \\ a_1 & b_1 & c_1 \\ a_2 & b_2 & c_2 \end{vmatrix}. \tag{6}$$

Es handelt sich dabei um den Ausdruck

$$ab_1c_2 + bc_1a_2 + ca_1b_2 - cb_1a_2 - ac_1b_2 - ba_1c_2. \tag{7}$$

Diesen Ausdruck braucht man sich nicht zu merken, da man ihn leicht aus dem Schema (6) nach der folgenden Regel erhält: Wir erweitern das Schema (6), indem wir die ersten beiden Spalten rechts nochmals anschreiben. Das Schema hat nun die Form (8).

$$\begin{array}{ccccc} a & b & c & a & b \\ a_1 & b_1 & c_1 & a_1 & b_1 \\ a_2 & b_2 & c_2 & a_2 & b_2 \\ - & - & - & + & + & + \end{array} \quad (8) \qquad \begin{array}{ccccc} 3 & -2 & 5 & 3 & -2 \\ 7 & 4 & -8 & 7 & 4 \\ 5 & -3 & -4 & 5 & -3 \\ - & - & - & + & + & + \end{array} \quad (8')$$

Wir ziehen nun die Diagonalen in Schema (8) und bilden die Produkte der in diesen Diagonalen vorkommenden Buchstaben. Die Produkte der drei von links oben nach rechts unten verlaufenden Diagonalen erhalten ein Plus-, die anderen ein Minuszeichen. Schreibt man nun diese Produkte der Reihe nach an, so ergibt sich der Ausdruck (7).

Beispiel 1. Man berechne die Determinante dritter Ordnung

$$\begin{vmatrix} 3 & -2 & 5 \\ 7 & 4 & -8 \\ 5 & -3 & -4 \end{vmatrix}.$$

Das Schema (8) hat hier die Form (8').

Die Determinante (9) ist gleich

$$3 \cdot 4 \cdot (-4) + (-2) \cdot (-8) \cdot 5 + 5 \cdot 7 \cdot (-3)$$
$$- 5 \cdot 4 \cdot 5 - 3 \cdot (-8) \cdot (-3) - (-2) \cdot 7 \cdot (-4)$$
$$= -48 + 80 - 105 - 100 - 72 - 56 = -301.$$

Mit Hilfe der Determinante erhält die Lösung des Systems (5) die Form

$$x = \frac{\begin{vmatrix} d & b & c \\ d_1 & b_1 & c_1 \\ d_2 & b_2 & c_2 \end{vmatrix}}{\begin{vmatrix} a & b & c \\ a_1 & b_1 & c_1 \\ a_2 & b_2 & c_2 \end{vmatrix}}; \quad y = \frac{\begin{vmatrix} a & d & c \\ a_1 & d_1 & c_1 \\ a_2 & d_2 & c_2 \end{vmatrix}}{\begin{vmatrix} a & b & c \\ a_1 & b_1 & c_1 \\ a_2 & b_2 & c_2 \end{vmatrix}}; \quad z = \frac{\begin{vmatrix} a & b & d \\ a_1 & b_1 & d_1 \\ a_2 & b_2 & d_2 \end{vmatrix}}{\begin{vmatrix} a & b & c \\ a_1 & b_1 & c_1 \\ a_2 & b_2 & c_2 \end{vmatrix}}. \tag{10}$$

Jede der Unbekannten ist ein Bruch, dessen Nenner die aus den Koeffizienten der Unbekannten gebildete Determinante ist. Die Determinante im Zähler erhält man daraus, indem man die Koeffizienten der entsprechenden Unbekannten gegen die freien Glieder austauscht.

Beispiel 2. Man löse das Gleichungssystem

$$3x - 2y + 5z = 7,$$
$$7x + 4y - 8z = 3,$$
$$5x - 3y - 4z = -12.$$

Der gemeinsame Nenner in den Formeln (10) wurde bereits im ersten Beispiel berechnet. Er ist gleich -301. Den Zähler der ersten Formel in (10) erhält man aus (9), indem man die erste Spalte durch die Spalte der freien Glieder ersetzt. Somit ergibt sich

$$\begin{vmatrix} 7 & -2 & 5 \\ 3 & 4 & -8 \\ -12 & -3 & -4 \end{vmatrix}.$$

Die Rechnung gemäß Schema (8) liefert -301. Daher gilt $x = \dfrac{-301}{-301} = 1$. Genauso finden wir

$$y = \frac{-903}{-301} = 3; \qquad z = \frac{-602}{-301} = 2.$$

Das Gleichungssystem (5) hat eine eindeutige Lösung, wenn die aus ihren Koeffizienten gebildete Determinante von Null verschieden ist. Dann liefern die Formeln (10), in deren Nenner diese Determinante erscheint, die Lösung des Systems (5). Wenn die aus den System-koeffizienten gebildete Determinante verschwindet, werden die Formeln (10) für die Rechnung ungeeignet. In diesem Fall hat das System (5) entweder unendlich viele Lösungen oder überhaupt keine. Unendlich viele Lösungen existieren dann, wenn nicht nur die

Determinante im Nenner, sondern auch alle Determinanten im Zähler von (10) gleich Null sind. Wir bemerken die wichtige Tatsache, daß bei Verschwinden der Determinante im Nenner und einer der Determinanten im Zähler auch die zwei übrigen Determinanten in den Zählern gleich Null sind. Die Existenz von unendlich vielen Lösungen kommt daher, daß eine der drei Gleichungen aus (5) aus den beiden anderen folgt (oder daß zwei dieser Gleichungen eine Folge der dritten sind). Wir haben daher in Wirklichkeit nicht drei, sondern nur zwei Gleichungen (oder nur eine Gleichung) mit drei Unbekannten

Beispiel 3. Im Gleichungssystem

$$\left.\begin{aligned} 2x - 5y + z &= -2, \\ 4x + 3y - 6z &= 1, \\ 2x + 21y - 15z &= 8 \end{aligned}\right\} \tag{11}$$

ist die Determinante aus den Koeffizienten

$$\begin{vmatrix} 2 & -5 & 1 \\ 4 & 3 & -6 \\ 2 & 21 & -15 \end{vmatrix} = 0$$

(s. Schema (8)). Wir nehmen eine der Determinanten in den Zählern der Formel (10), zum Beispiel die Determinante

$$\begin{vmatrix} -2 & -5 & 1 \\ 1 & 3 & -6 \\ 8 & 21 & -15 \end{vmatrix}$$

aus der ersten Formel, und finden, daß auch diese gleich 0 ist. Die übrigen zwei Determinanten in der zweiten und dritten Formel von (10) brauchen wir nicht zu berechnen, sie sind ebenfalls gleich 0. Das System (11) hat unendlich viele Lösungen. Eine (beliebige) der Gleichungen folgt aus den beiden anderen. Multiplizieren wir zum Beispiel die zweite Gleichung mit 2 und die erste mit −3 und addieren wir die erhaltenen Gleichungen, so ergibt sich die dritte Gleichung. Das System (5) hat überhaupt keine Lösung, wenn die im Nenner der Formeln (10) stehende Determinante gleich Null ist, jedoch eine der im Zähler stehenden Determinanten von Null verschieden ist. Es genügt, wenn man weiß, daß eine dieser Determinanten nicht gleich Null ist, dann sind nämlich auch die übrigen von Null verschieden. Das Fehlen einer Lösung kommt daher, daß eine der Gleichungen den zwei anderen (oder jeder einzelnen davon getrennt) widerspricht.

Beispiel 4. Wir wählen das Gleichungssystem

$$\left.\begin{aligned} 2x - 5y + z &= -2, \\ 4x + 3y - 6z &= 1, \\ 2x + 21y - 15z &= 3, \end{aligned}\right\} \tag{12}$$

das sich von dem System (11) nur durch das freie Glied in der letzten Gleichung unterscheidet. Die Koeffizientendeterminante ist daher dieselbe. Sie ist gleich Null. Aber die Zählerdeterminanten lauten nun anders. Die Determinante im Zähler der ersten Formel aus (10) ist zum Beispiel

$$\begin{vmatrix} -2 & -5 & 1 \\ 1 & 3 & -6 \\ 3 & 21 & -15 \end{vmatrix} = -135.$$

Sie ist nicht gleich Null. Die übrigen zwei Determinanten sind daher ebenfalls nicht gleich Null. Das System (12) hat keine Lösung. Es enthält einen Widerspruch, da sich aus den ersten zwei Gleichungen die Gleichung $2x + 21y - 15z = 8$ ergibt (s. Beispiel 3), während die dritte Gleichung im System (12) die Form $2x + 21y - 15z = 3$ besitzt. Damit müßte derselbe Ausdruck einmal 3 und einmal 8 ergeben, was unmöglich ist.

§ 25. Regeln für das Rechnen mit Potenzen

1. Die Potenz eines Produkts von zwei oder mehreren Faktoren ist gleich dem Produkt der Potenzen dieser Faktoren (mit denselben Exponenten):

$$(abc \ldots)^n = a^n b^n c^n \ldots$$

Beispiel 1. $(7 \cdot 2 \cdot 10)^2 = 7^2 \cdot 2^2 \cdot 10^2 = 49 \cdot 4 \cdot 100 = 19\,600.$

Beispiel 2. $(x^2 - a^2)^3 = [(x + a)(x - a)]^3$
$$= (x + a)^3 (x - a)^3 \quad \text{(s. I, 8, Pkt. 3)}.$$

Für die Praxis wichtig ist die umgekehrte Transformation

$$a^n b^n c^n \ldots = (abc \ldots)^n,$$

d. h., *das Produkt gleicher Potenzen von mehreren Größen ist gleich derselben Potenz des Produkts dieser Größen.*

Beispiel 3. $4^3 \cdot \left(\dfrac{7}{4}\right)^3 \cdot \left(\dfrac{2}{7}\right)^3 = \left(4 \cdot \dfrac{7}{4} \cdot \dfrac{2}{7}\right)^3 = 2^3 = 8.$

Beispiel 4. $(a + b)^2 (a^2 - ab + b^2)^2$
$$= [(a + b)(a^2 - ab + b^2)]^2 = (a^3 + b^3)^2 \ (\text{s. I}, 8, \text{Pkt. 6}).$$

2. Die Potenz eines Quotienten (Bruchs) ist gleich dem Quotienten aus derselben Potenz des Dividenden und derselben Potenz des Divisors:

$$\left(\frac{a}{b}\right)^n = \frac{a^n}{b^n}.$$

Beispiel 5. $\left(\dfrac{2}{3}\right)^4 = \dfrac{2^4}{3^4} = \dfrac{16}{81}.$

Beispiel 6. $\left(\dfrac{a + b}{a - b}\right)^3 = \dfrac{(a + b)^3}{(a - b)^3}.$

Die Umkehrung lautet: $\dfrac{a^n}{b^n} = \left(\dfrac{a}{b}\right)^n$.

Beispiel 7. $\dfrac{7{,}5^3}{2{,}5^3} = \left(\dfrac{7{,}5}{2{,}5}\right)^3 = 3^3 = 27$.

Beispiel 8. $\dfrac{(a^2 - b^2)^2}{(a + b)^2} = \left(\dfrac{a^2 - b^2}{a + b}\right)^2 = (a - b)^2$ (s. I, 8, Pkt. 3).

3. Bei der Multiplikation von Potenzen mit gleicher Basis werden die Exponenten addiert (vgl. I, 6)

$$a^m \cdot a^n = a^{m+n}.$$

Beispiel 9. $2^2 \cdot 2^5 = 2^{2+5} = 2^7 = 128$.

Beispiel 10. $(a - 4c + x)^2\,(a - 4c + x)^3 = (a - 4c + x)^5$.

4. Bei der Division von Potenzen mit gleicher Basis wird vom Exponenten des Dividenden der Exponent des Divisors subtrahiert (vgl. I, 6):

$$\frac{a^m}{a^n} = a^{m-n}, \text{ falls } m > n \text{ (s. I, 61).}$$

Beispiel 11. $12^5 : 12^3 = 12^{5-3} = 12^2 = 144$.

Beispiel 12. $(x - y)^3 : (x - y)^2 = x - y$.

5. Beim Potenzieren einer Potenz werden die Exponenten multipliziert: $(a^m)^n = a^{m \cdot n}$.

Beispiel 13. $(2^3)^2 = 2^6 = 64$.

Beispiel 14. $\left(\dfrac{a^2 b^3}{c}\right)^4 = \dfrac{(a^2)^4\,(b^3)^4}{c^4} = \dfrac{a^8 b^{12}}{c^4}$.

§ 26. Das Rechnen mit Wurzeln

In den folgenden Formeln bedeutet das Zeichen $\sqrt{}$ den Absolutbetrag der Wurzel.

1. Der Wert einer Wurzel bleibt unverändert, wenn man den Exponenten mit n multipliziert und gleichzeitig den Radikanden zur n-ten Potenz erhebt.

$$\sqrt{a} = \sqrt[m \cdot n]{a^n}.$$

Beispiel 1. $\sqrt[3]{8} = \sqrt[3 \cdot 2]{8^2} = \sqrt[6]{64}$.

2. Der Wert einer Wurzel bleibt unverändert, wenn man den Exponenten durch n dividiert und gleichzeitig aus dem Radikanden die n-te Wurzel bildet.

$$\sqrt[m]{a} = \sqrt[m : n]{\sqrt[n]{a}}.$$

Beispiel 2. $\sqrt[6]{8} = \sqrt[6:3]{\sqrt[3]{8}} = \sqrt{2}$.

Bemerkung. Diese Eigenschaften bleiben auch dann erhalten, wenn $\dfrac{m}{n}$ keine ganze Zahl ist. Genauso gelten die beiden eben erwähnten Beziehungen, wenn n ein Bruch ist. Dazu muß man jedoch zuerst den Begriff der Potenz und der Wurzel auf gebrochene Exponenten ausdehnen (s. I, 61).

3. Die Wurzel aus dem Produkt mehrerer Faktoren ist gleich dem Produkt der Wurzeln gleichen Grades aus den einzelnen Faktoren:

$$\sqrt[m]{abc\ldots} = \sqrt[m]{a}\ \sqrt[m]{b}\ \sqrt[m]{c}\ldots$$

Beispiel 3. $\sqrt[3]{a^6b^2} = \sqrt[3]{a^6}\ \sqrt[3]{b^2} = a^2\sqrt[3]{b^2}$.

Die letzte Umformung beruht auf der Eigenschaft 2.

Beispiel 4. $\sqrt{48} = \sqrt{16\cdot 3} = \sqrt{16}\,\sqrt{3} = 4\sqrt{3}$.

Umgekehrt ist das Produkt von Wurzeln desselben Grades gleich der Wurzel aus dem Produkt der einzelnen Radikanden:

$$\sqrt[m]{a}\ \sqrt[m]{b}\ \sqrt[m]{c}\ldots = \sqrt[m]{abc\ldots}$$

Beispiel 5. $\sqrt{a^3b}\cdot\sqrt{ab^3} = \sqrt{a^4b^4} = a^2b^2$.

4. Die Wurzel aus einem Quotienten ist gleich dem Quotienten aus der Wurzel aus dem Dividenden und der Wurzel aus dem Divisor (mit jeweils gleichem Exponenten):

$$\sqrt[m]{a:b} = \sqrt[m]{a} : \sqrt[m]{b}.$$

Umgekehrt gilt: $\sqrt[m]{a} : \sqrt[m]{b} = \sqrt[m]{a:b}$.

Beispiel 6. $\sqrt[3]{27:4} = \sqrt[3]{27} : \sqrt[3]{4} = 3:\sqrt[3]{4}$.

5. Die n-te Potenz einer Wurzel ist gleich der Wurzel aus der n-ten Potenz des Radikanden:

$$\left(\sqrt[m]{a}\right)^n = \sqrt[m]{a^n}.$$

Umgekehrt ist die Wurzel aus einer n-ten Potenz mit der Basis a gleich der n-ten Potenz der Wurzel aus a:

$$\sqrt[m]{a^n} = \left(\sqrt[m]{a}\right)^n.$$

Beispiel 7. $\left(\sqrt[3]{a^2b}\right)^2 = \sqrt{a^4b^2} = \sqrt[3]{a^3\cdot ab^2} = a\sqrt[3]{ab^2}$.

Beispiel 8. $\sqrt{27} = \sqrt{3^3} = \left(\sqrt{3}\right)^3$.

6. Rationalisierung des Nenners oder des Zählers eines Bruchs. Die Berechnung von gebrochenen Ausdrücken, die Radikale enthalten, wird oft erleichtert, wenn man vorerst den Zähler oder den Nenner rational macht, d. h. den Bruch so umformt, daß im Zähler oder im Nenner kein Radikal mehr erscheint.

Beispiel 9. Der Bruch $\dfrac{1}{\sqrt{7} - \sqrt{6}}$ sei mit einer Genauigkeit von 0,01 zu berechnen. Führt man die Rechnung in der angeführten Reihenfolge durch, so erhält man: 1. $\sqrt{7} \approx 2{,}646$; 2. $\sqrt{6} \approx 2{,}449$; 3. $2{,}646 - 2{,}449 = 0{,}197$; 4. $\dfrac{1}{0{,}197} \approx 5{,}10$. Bis zu diesem Ergebnis sind vier Operationen notwendig. Um die geforderte Genauigkeit zu erreichen, muß man die Wurzeln mit einer Genauigkeit bis zu Tausendsteln berechnen. Andernfalls würde man den Bruch $\dfrac{1}{\sqrt{7} - \sqrt{6}}$ nur mit zwei richtigen Dezimalstellen erhalten.

Wenn man hingegen zuerst den Bruch mit dem Faktor $\sqrt{7} + \sqrt{6}$ erweitert, so erhält man

$$\frac{1}{\sqrt{7} - \sqrt{6}} = \frac{\sqrt{7} + \sqrt{6}}{\left(\sqrt{7}\right)^2 - \left(\sqrt{6}\right)^2} = \frac{\sqrt{7} + \sqrt{6}}{1}.$$

Jetzt erfordert die Rechnung nur noch drei Operationen, und man braucht die Wurzeln nur bis auf Hundertstel genau zu berechnen:

1. $\sqrt{7} \approx 2{,}65$;   2. $\sqrt{6} \approx 2{,}45$;   3. $\sqrt{7} + \sqrt{6} \approx 5{,}10$.

Wir geben noch einige typische Beispiele an.

Beispiel 10. $\dfrac{\sqrt{7}}{\sqrt{5}} = \dfrac{\sqrt{7} \cdot \sqrt{5}}{\sqrt{5} \cdot \sqrt{5}} = \dfrac{\sqrt{35}}{5}$.

Beispiel 11. $\dfrac{\sqrt{a} + \sqrt{b}}{\sqrt{a} - \sqrt{b}} = \dfrac{\left(\sqrt{a} + \sqrt{b}\right)^2}{\left(\sqrt{a}\right)^2 - \left(\sqrt{b}\right)^2} = \dfrac{a + 2\sqrt{ab} + b}{a - b}$.

In diesen Beispielen wurde jeweils der Nenner rational gemacht. In den folgenden zwei Beispielen machen wir den Zähler rational.

Beispiel 12. $\dfrac{\sqrt{7}}{\sqrt{5}} = \dfrac{\sqrt{7} \cdot \sqrt{7}}{\sqrt{5} \cdot \sqrt{7}} = \dfrac{7}{\sqrt{35}}$.

Beispiel 13. $\dfrac{\sqrt{35} - \sqrt{34}}{3} = \dfrac{\sqrt{35^2} - \sqrt{34^2}}{3\left(\sqrt{35} + \sqrt{34}\right)} = \dfrac{1}{3\left(\sqrt{35} + \sqrt{34}\right)}$.

Die Umformung in Beispiel 12 ist zur Rechnung weniger geeignet, da die Berechnung von $\dfrac{7}{\sqrt{35}}$ die Division durch eine mehrstellige Zahl erfordert, während man bei der Berechnung von $\dfrac{\sqrt{35}}{5}$ (s. Beispiel 10) nur durch eine ganze Zahl dividieren muß. Die Umformung in Beispiel 13 hingegen ist vorteilhaft, da sie die Berechnung der

Wurzeln $\sqrt{35}$ und $\sqrt{34}$ auf nur so viele Stellen erlaubt, wie im Ergebnis gefordert wird. Im ursprünglichen Ausdruck muß man die Wurzeln auf mehr Stellen genau berechnen (s. Beispiel 9).

§ 27. Die irrationalen Zahlen

Der Bestand an ganzen und gebrochenen Zahlen ist für Meßzwecke mehr als ausreichend. Für die Theorie der Messung ist jedoch der Vorrat zu klein.

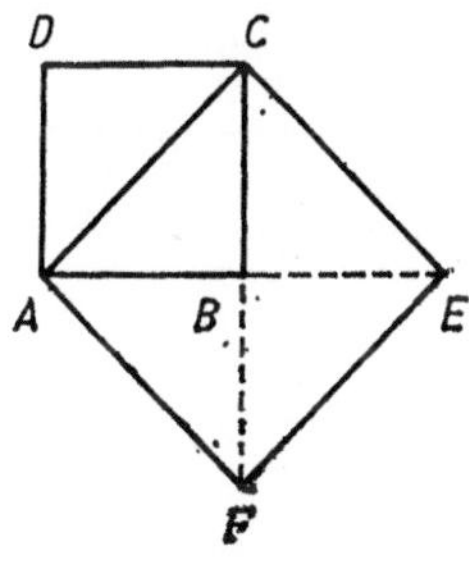

Abb. 1

Es sei zum Beispiel gefordert, die Länge der Diagonale AC des Quadrats $ABCD$ (Abb. 1) mit der Seitenlänge 1 m genau zu bestimmen. Der Flächeninhalt des Quadrats $ACEF$ mit der Diagonalen als Seite ist doppelt so groß wie der Inhalt von $ABCD$. (Das Dreieck ACB ist in $ABCD$ zweimal, in $ACEF$ aber viermal enthalten.) Wenn x die Länge von AC ist, so haben wir daher $x^2 = 2$. Aber keine ganze oder gebrochene Zahl genügt dieser Gleichung.
Es bleiben zwei Möglichkeiten: Entweder man verzichtet auf einen genauen Ausdruck für die Länge der Diagonalen oder man führt neben den ganzen und gebrochenen Zahlen neue Zahlen ein.
Diese Zahlen neuer Art *stellen die Länge von Strecken* dar, die mit einer Strecke von der Länge der Maßstabseinheit nicht kommensurabel sind (d. h. Strecken, deren Länge man nicht durch ganze Zahlen oder gebrochene Zahlen ausdrücken kann). Sie heißen irrationale Zahlen[1]. Im Gegensatz zu den irrationalen Zahlen heißen die ganzen und die gebrochenen Zahlen *rationale Zahlen*. Nach Einführung der negativen Zahlen (die später erfolgte, s. I, 2) unterschied man auch bei ihnen zwischen rationalen und irrationalen Zahlen.

Alle rationalen Zahlen kann man in der Form $\dfrac{m}{n}$ darstellen, wobei

---

[1] Der Ausdruck „irrational" bedeutet „kein Verhältnis habend". Ursprünglich bezog er sich nicht auf eine irrationale Zahl sondern auf Größen, deren Verhältnis wir jetzt durch eine irrationale Zahl, ausdrücken. Zum Beispiel drücken wir heute das Verhältnis der Diagonale eines Quadrats zu seiner Seite durch die Zahl $\sqrt{2}$ aus. Aber zur Zeit der Einführung der irrationalen Zahlen sprach man davon, daß die Diagonale eines Quadrats kein Verhältnis zu seiner Seite habe.

m und n ganze (positive oder negative) Zahlen sind. Die irrationalen Zahlen lassen sich in dieser Form nicht *exakt* darstellen. Näherungsweise kann man jedoch jede irrationale Zahl mit *beliebig hoher Genauigkeit* durch eine rationale Zahl $\dfrac{m}{n}$ ersetzen. Insbesondere kann man dazu einen (echten oder unechten) Dezimalbruch verwenden, der sich beliebig wenig von der gegebenen irrationalen Zahl unterscheidet.

Die Zahlen $\sqrt{2}$, $\sqrt{5}$, $\sqrt[3]{3+\sqrt{2}}$, $\sqrt[3]{\sqrt[3]{5}+\sqrt{7}}$ und viele andere Ausdrücke, die eine rationale Zahl unter einem Wurzelzeichen enthalten, sind irrational. Von diesen irrationalen Zahlen sagt man, sie seien „durch Radikale ausdrückbar".
Jedoch ist der Vorrat an irrationalen Zahlen dadurch bei weitem noch nicht erschöpft. Bis zum Ende des 18. Jahrhunderts waren die Mathematiker davon überzeugt, daß die Wurzeln aller algebraischen Gleichungen mit rationalen Koeffizienten durch Radikale ausdrückbar sind, falls sie nicht selbst schon rational sind. Später wurde aber bewiesen, daß diese Behauptung nur für die Gleichungen bis einschließlich vierten Grades Gültigkeit hat (I, 2). Die irrationalen Wurzeln der Gleichungen fünften und höheren Grades lassen sich in der Regel nicht durch Radikale ausdrücken. Zahlen, die sich als Wurzeln algebraischer Gleichungen mit ganzen Koeffizienten erweisen, heißen *algebraische Zahlen*. Nur in Ausnahmefällen lassen sich algebraische Zahlen durch Radikale ausdrücken. Noch seltener sind sie rational.
Aber auch die algebraischen Zahlen bilden noch nicht alle irrationalen Zahlen. So ist zum Beispiel die aus der Geometrie bekannte Zahl π (s. II, B, 15) irrational, aber sie ist nicht die Wurzel einer algebraischen Gleichung mit ganzen Koeffizienten. Auch die Zahl e (s. I, 64) ist nicht algebraisch.
Irrationale Zahlen, die nicht Wurzeln algebraischer Gleichungen mit ganzen Koeffizienten sind, heißen *transzendente Zahlen*.
Bis 1929 hatte man nur für wenige Zahlen ihre Transzendenz bewiesen. Die Transzendenz der Zahl e wurde 1871 von dem französischen Mathematiker HERMITE bewiesen. 1882 bewies der deutsche Mathematiker LINDEMANN die Transzendenz der Zahl π. A. A. MARKOW bewies die Transzendenz der Zahlen e und π nochmals mit anderen Methoden. 1913 zeigte D. D. MORDECHAI-WOLTOWSKI (1877—1922), daß eine Reihe weiterer Zahlen transzendent ist. Jedoch war noch nicht bekannt, ob so „einfache" Zahlen wie $3^{\sqrt{2}}$, $\sqrt{3}^{\sqrt{2}}$ transzendent sind oder nicht. Die sowjetischen Mathematiker A. O. GELFAND (geb. 1906) und P. O. KUSMIN (1891—1949) bewiesen 1929 und 1930, daß alle Zahlen der Form $\alpha^{\sqrt{n}}$ transzendent sind, wobei α eine von Null verschiedene algebraische Zahl und n eine ganze Zahl ist. Die Zahlen $3^{\sqrt{2}}$, $\sqrt{3}^{\sqrt{2}}$ usw. haben diese Form. 1934 vollendete GELFAND seine Untersuchungen. Er bewies die Transzendenz aller Zahlen der Form α^{β}, wobei α und β beliebige algebraische Zahlen sind (falls α nicht 0 oder 1 und β irrational ist). Zum Beispiel ist die Zahl $\left(\sqrt[4]{5}\right)^{\sqrt[3]{2}}$ trans-

zendent. Aus der Transzendenz der Zahlen α^β folgt leicht die Transzendenz der dekadischen Logarithmen aller ganzen Zahlen (mit Ausnahme von 1, 10, 100, 1000 usw.).

§ 28. Die quadratische Gleichung; imaginäre und komplexe Zahlen

Algebraische Gleichungen zweiten Grades heißen *quadratische* Gleichungen. Die allgemeinste Form einer quadratischen Gleichung mit einer Unbekannten ist

$$ax^2 + bx + c = 0,$$

wobei a, b und c gegebene Zahlen oder Buchstabenausdrücke sind, welche die bekannten Größen enthalten. (Der Koeffizient a darf nicht Null sein, da sonst die Gleichung nur ersten Grades wäre). Wir dividieren beide Gleichungsseiten durch a und erhalten dadurch eine Gleichung der Form

$$x^2 + px + q = 0 \quad \left(p = \frac{b}{a}; \quad q = \frac{c}{a}\right).$$

Eine quadratische Gleichung in dieser Form heißt *normiert* (*Normalform der Gleichung*), die Gleichung $ax^2 + bx + c = 0$ (mit $a \neq 1$) heißt *unnormiert*. Wenn eine der Größen b oder c (oder beide) gleich Null ist, so heißt die quadratische Gleichung *unvollständig*. Wenn b und c ungleich Null sind, so heißt sie *vollständig*.

Beispiele.

$3x^2 + 8x = 0$ *vollständige unnormierte quadratische Gleichung*

$3x^2 - 5 = 0$ *unvollständige unnormierte Gleichung*

$x^2 - ax = 0$ *unvollständige normierte Gleichung*

$x^2 - 12x + 7 = 0$ *vollständige normierte Gleichung*

Die unvollständige quadratische Gleichung der Form

$$x^2 = m \quad (m \text{ bekannt})$$

bildet den einfachsten Typ einer quadratischen Gleichung und ist zudem sehr wichtig, da man auf ihre Lösung jede quadratische Gleichung zurückführt. Ihre Lösung lautet

$$x = \sqrt{m}.$$

Es sind drei Fälle zu unterscheiden:

1. Wenn $m = 0$, so ist $x = 0$.
2. Wenn m eine positive Zahl ist, so kann die Quadratwurzel daraus zwei Werte annehmen, einen positiven und einen negativen Wert.

5*

Der Absolutbetrag dieser Werte ist gleich groß. Zum Beispiel genügen der Gleichung $x^2 = 9$ die Werte $x = 3$ und $x = -3$. Mit anderen Worten, x hat zwei Werte, $+3$ und -3. Oft drückt man dies dadurch aus, daß man vor das Wurzelzeichen beide Vorzeichen setzt, das Plus- und das Minuszeichen: $x = \pm \sqrt{9}$ Mit dieser Schreibweise meinen wir, daß der Ausdruck $\sqrt{9}$ bei beiden Wurzelwerten denselben Absolutbetrag hat, in unserem Fall die Zahl 3. Die Größe $\sqrt{m}$ kann auch eine irrationale Zahl sein (s. I, 27). Auch m selbst kann irrational sein. Zum Beispiel handle es sich um die Lösung der Gleichung

$$x^2 = \pi.$$

(Geometrisch bedeutet das die Bestimmung der Seitenlänge eines Quadrats, das flächengleich mit einem Kreis vom Radius 1 ist.) Ihre Wurzel ist $x = \sqrt{\pi}$. Über ein Verfahren zum Ziehen der Quadratwurzel aus einer Zahl siehe I, 44.

3. Wenn m eine negative Zahl ist, so hat die Gleichung $x^2 = m$ (z. B. $x^2 = -9$) weder eine positive noch eine negative Wurzel. Sowohl eine positive als auch eine negative Zahl ergibt zum Quadrat erhoben wieder eine positive Zahl. Auf diese Weise sieht man ein, daß die Gleichung $x^2 = -9$ keine Lösung haben kann, d. h., die Zahl $\sqrt{-9}$ existiert nicht.

Aber mit derselben Begründung konnte man vor der Einführung der negativen Zahlen sagen, daß die Gleichung $2x + 6 = 4$ keine Lösung habe. Nach Einführung der negativen Zahlen wurde jedoch auch diese Gleichung lösbar. Ebenso wird auch die Gleichung $x^2 = -9$, die im Bereich der positiven und negativen Zahlen keine Lösung besitzt, bei Einführung neuer Größen, den Quadratwurzeln aus den negativen Zahlen, lösbar. Diese Größen wurden zum ersten Mal von dem italienischen Mathematiker CARDANO in der Mitte des 16. Jahrhunderts im Zusammenhang mit der kubischen Gleichung eingeführt (s. I, 2). CARDANO nannte diese Zahlen „sophistisch" (d. h. „trügerisch"). In den dreißiger Jahren des 17. Jahrhunderts führte DESCARTES die Bezeichnung „imaginäre Zahlen" ein, die sich leider bis heute erhalten hat. Im Gegensatz zu den imaginären Zahlen nannte er die schon früher bekannten (positiven und negativen) Zahlen *reelle Zahlen*. Die Summe aus einer reellen und einer imaginären Zahl bezeichnet man als *komplexe Zahl*[1]). Zum Beispiel ist $2 + \sqrt{-3}$ eine komplexe Zahl. Oft bezeichnet man auch komplexe Zahlen als imaginär. Näheres über komplexe Zahlen findet man in I, 34 und in den folgenden Paragraphen.

Nach Einbeziehung der imaginären Zahlen in die Betrachtung kann man sagen, daß die unvollständige quadratische Gleichung $x^2 = m$ immer zwei Wurzeln hat. Wenn $m > 0$, so sind diese Wurzeln reell. Sie haben gleichen absoluten Betrag und unterscheiden sich durch das Vorzeichen. Wenn $m = 0$, so sind beide Wurzeln 0. Wenn $m < 0$, so sind beide imaginär.

---

[1]) Diese Bezeichnung wurde von GAUSS 1831 eingeführt. Das Wort „komplex" bedeutet „zusammengesetzt".

§ 29. Die Lösung einer quadratischen Gleichung

Zur Lösung der normierten quadratischen Gleichung

$$x^2 + px + q = 0$$

bringen wir das freie Glied auf die rechte Seite und addieren auf beiden Gleichungsseiten $\left(\dfrac{p}{2}\right)^2$. Dann bildet die linke Seite ein vollständiges Quadrat, und wir erhalten die gleichwertige Gleichung

$$\left(x + \frac{p}{2}\right)^2 = \left(\frac{p}{2}\right)^2 - q.$$

Diese unterscheidet sich von der einfachen Gleichung $x^2 = m$ (§ 28) nur durch die äußere Form: statt x steht $x + \dfrac{p}{2}$, statt m steht $\left(\dfrac{p}{2}\right)^2 - q$. Wir finden

$$x + \frac{p}{2} = \pm \sqrt{\left(\frac{p}{2}\right)^2 - q}.$$

Daraus folgt

$$\boxed{\; x = -\frac{p}{2} \pm \sqrt{\left(\frac{p}{2}\right)^2 - q}. \;} \tag{1}$$

Diese Formel zeigt, daß jede quadratische Gleichung zwei Wurzeln hat. Aber diese Wurzeln können komplex sein (wenn $\left(\dfrac{p}{2}\right)^2 < q$). Es kann auch vorkommen, daß beide Wurzeln gleich sind (wenn $\left(\dfrac{p}{2}\right)^2 = q$).

Die Formel (1) ist zur Anwendung dann geeignet, wenn p eine gerade Zahl ist.

Beispiel 1.

$$x^2 - 12x - 28 = 0; \text{ hier gilt } p = -12;\ q = -28;$$

$$x = 6 \pm \sqrt{6^2 + 28} = 6 \pm \sqrt{64} = 6 \pm 8;$$

$$x_1 = 6 + 8 = 14;$$

$$x_2 = 6 - 8 = -2.$$

Beispiel 2.

$$x^2 + 12x + 10 = 0;$$

$$x = -6 \pm \sqrt{36 - 10} = -6 \pm \sqrt{26};$$

$$x_1 = -6 + \sqrt{26} \approx -0{,}9; \quad x_2 = -6 - \sqrt{26} \approx -11{,}1.$$

Beispiel 3.
$$x^2 - 2mx + m^2 - n^2 = 0;$$
$$x = m \pm \sqrt{m^2 - (m^2 - n^2)} = m \pm \sqrt{n^2} = m \pm n;$$
$$x_1 = m + n; \qquad x_2 = m - n.$$

Bemerkung. In Beispiel 2 sind beide Wurzeln reelle negative Zahlen. Sie sind jedoch irrational (I,27). Die in der Lösung einer quadratischen Gleichung auftretenden Quadratwurzeln kann man durch Rechnung bestimmen oder aus einer Tabelle entnehmen.

Wenn p keine ganze Zahl ist, so verwendet man zur Lösung der normierten quadratischen Gleichung besser die allgemeine Formel (3) mit $a = 1$ (s. Beispiel 5).

Die unnormierte vollständige quadratische Gleichung

$$ax^2 + bx + c = 0. \tag{2}$$

löst man mit Hilfe der Formel

$$\boxed{x = \frac{-b \pm \sqrt{b^2 - 4ac}}{2a}.} \tag{3}$$

Diese Formel erhält man aus Formel (1), wenn man beide Seiten der unnormierten Gleichung (2) durch a dividiert.

Beispiel 4.
$$3x^2 - 7x + 4 = 0.$$
$$(a = 3, \; b = -7, \; c = 4).$$
$$x = \frac{7 \pm \sqrt{7^2 - 4 \cdot 3 \cdot 4}}{2 \cdot 3} = \frac{7 \pm \sqrt{1}}{6};$$
$$x_1 = \frac{7 + 1}{6} = \frac{4}{3}; \; x_2 = \frac{7 - 1}{6} = 1.$$

Beispiel 5.
$$x^2 + 7x + 12 = 0.$$
$$(a = 1, \; b = 7, \; c = 12).$$
$$x = \frac{-7 \pm \sqrt{49 - 4 \cdot 12}}{2}; \; x_1 = -3; \; x_2 = -4.$$

Beispiel 6.
$$0{,}60x^2 + 3{,}2x - 8{,}4 = 0$$
$$x \approx \frac{-3{,}2 \pm \sqrt{(-3{,}2)^2 - 4 \cdot 0{,}60 \cdot (-8{,}4)}}{2 \cdot 0{,}60}.$$
$$x_1 \approx \frac{-3{,}2 + 5{,}5}{2 \cdot 0{,}60} \approx 1{,}9; \; x_2 \approx \frac{-3{,}2 - 5{,}5}{2 \cdot 0{,}60} \approx -7{,}2.$$

In Beispiel 6 sind die Koeffizienten, wie aus der Schreibweise $0{,}60x^2$ (und nicht $0{,}6x^2$) hervorgeht, Näherungswerte. Daher empfiehlt es sich, daß man die zur Auswertung der Formeln nötigen Operationen nach verkürzten Verfahren durchführt. Auf jeden Fall muß man in Betracht ziehen, daß gemäß den in dem erwähnten Paragraphen dargelegten Regeln das Resultat höchstens auf zwei Stellen genau ist. Aber wenn auch unsere Resultate bis auf 0,01 genau sind, so bedeutet das noch nicht, daß man nach Einsetzen in den linken Teil der gegebenen Gleichung bis auf 0,1 genau Null erhält. Im Gegenteil, setzen wir zum Beispiel in der linken Seite $x = 1{,}9$, so erhalten wir

$$0{,}60 \cdot 1{,}9^2 + 3{,}2 \cdot 1{,}9 - 8{,}4 \approx -0{,}2.$$

Aber wenn wir den Wert von x um 0,1 vergrößern und $x = 2{,}0$ setzen, so gilt:

$$0{,}60 \cdot 2{,}0^2 + 3{,}2 \cdot 2{,}0 - 8{,}4 \approx 0{,}4.$$

Bei $x = 1{,}9$ ist also die linke Gleichungsseite negativ, bei $x = 2{,}0$ ist sie positiv. Das heißt, daß der Ausdruck für einen gewissen Wert für x zwischen 1,9 und 2,0 gleich Null wird. Mit $x = 1{,}9$ ist der Fehler also nicht größer als 0,1. Dies meint man auch, wenn man sagt, die Wurzel sei gleich 1,9 mit einer Genauigkeit bis zu 0,1.
Wenn b eine gerade Zahl ist, so verwendet man besser die allgemeine Formel in der Form

$$x = \frac{-\dfrac{b}{2} \pm \sqrt{\left(\dfrac{b}{2}\right)^2 - ac}}{a}$$

Beispiel 7. $3x^2 - 14x - 80 = 0;$

$$x = \frac{7 \pm \sqrt{7^2 + 3 \cdot 80}}{3} = \frac{7 \pm \sqrt{289}}{3} = \frac{7 \pm 17}{3}; \quad x_1 = 8; \quad x_2 = -\frac{10}{3}.$$

Dieselbe Formel eignet sich auch gut, wenn die Koeffizienten a, b und c Buchstabenausdrücke sind.

Beispiel 8. $ax^2 - 2(a + b)x + 4b = 0;$

$$x = \frac{a + b \pm \sqrt{(a + b)^2 - 4ab}}{a} = \frac{a + b \pm \sqrt{a^2 - 2ab + b^2}}{a}$$

$$= \frac{a + b \pm (a - b)}{a}.$$

$$x_1 = 2; \quad x_2 = 2\,\frac{b}{a}.$$

§ 30. Eigenschaften der Wurzeln einer quadratischen Gleichung

Die Formel
$$x = \frac{-b \pm \sqrt{b^2 - 4ac}}{2a}$$

zeigt, daß bei der Lösung einer quadratischen Gleichung $ax^2 + bx + c = 0$ die drei folgenden Fälle zu unterscheiden sind:

1. $b^2 - 4ac > 0$. Die beiden Wurzeln sind reell und untereinander verschieden.

2. $b^2 - 4ac = 0$. Die beiden Wurzeln sind reell und einander gleich (beide sind gleich $\dfrac{-b}{2a}$).

3. $b^2 - 4ac < 0$. Die beiden Wurzeln sind komplex.

Der Ausdruck $b^2 - 4ac$, dessen Größe zur Unterscheidung der drei Fälle dient, heißt *Diskriminante*.

Das Vorzeichen der Wurzeln beurteilt man für den Fall, daß beide reell sind (d. h. wenn $b^2 - 4ac > 0$), am besten auf Grund der folgenden Eigenschaften der Wurzeln (Satz von VIÈTA).

Die Summe der Wurzeln einer normierten quadratischen Gleichung

$$x^2 + px + q = 0$$

ist gleich dem mit −1 multiplizierten Koeffizienten bei der Unbekannten in der ersten Potenz, d. h.

$$x_1 + x_2 = -p.$$

Das Produkt aus den beiden Wurzeln ist gleich dem freien Glied, d. h.

$$x_1 x_2 = q.$$

§ 31. Faktorenzerlegung eines quadratischen Trinoms

Ein quadratisches Trinom $ax^2 + bx + c$ kann man auf folgende Weise in Faktoren ersten Grades zerlegen: Wir lösen die quadratische Gleichung $ax^2 + bx + c = 0$. Wenn x_1 und x_2 die Wurzeln dieser Gleichung sind, so gilt $ax^2 + bx + c = a(x - x_1)(x - x_2)$.

Beispiel 1. Man zerlege das Trinom $2x^2 + 13x - 24$ in Faktoren ersten Grades. Wir lösen die Gleichung $2x^2 + 13x - 24$ und finden die Wurzeln $x_1 = \dfrac{3}{2}$, $x_2 = -8$. Daher gilt $2x^2 + 13x - 24 = 2 \times \left(x - \dfrac{3}{2}\right)(x + 8) = (2x - 3)(x + 8)$.

Beispiel 2. Man zerlege $x^2 + a^2$ in Faktoren. Die Gleichung $x^2 + a^2 = 0$ hat die komplexen Wurzeln $x_1 = \sqrt{-a^2}$, $x_2 = \sqrt{-a^2}$. Eine Zerlegung von $x^2 + a^2$ in reelle Faktoren ersten Grades ist nicht möglich. Mit komplexen Faktoren lautet die Zerlegung: $x^2 + a^2 = \left(x + \sqrt{-a^2}\right)\left(x - \sqrt{-a^2}\right) = (x + ai)(x - ai)$ (durch i bezeichnen wir die imaginäre Zahl $\sqrt{-1}$).

§ 32. Gleichungen höheren Grades, die man mit Hilfe einer quadratischen Gleichung lösen kann

Manche algebraische Gleichungen höheren Grades kann man lösen, indem man sie auf eine quadratische Gleichung zurückführt. Wir geben die wichtigsten Fälle an.

1. Manchmal läßt sich die linke Gleichungsseite in Faktoren zerlegen, von denen keiner einen höheren Grad als 2 hat. In diesem Fall setzt man jeden Faktor für sich allein gleich Null und löst die erhaltene Gleichung. Die so gefundenen Wurzeln sind die Wurzeln der Ausgangsgleichung.

Beispiel 1. $x^4 + 5x^3 + 6x^2 = 0$.

Das Polynom $x^4 + 5x^3 + 6x^2$ zerlegt man leicht in die Faktoren x^2 und $(x^2 + 5x + 6)$. Wir lösen die Gleichung $x^2 = 0$. Sie hat die beiden gleichen Wurzeln $x_1 = x_2 = 0$. Wir lösen weiter die Gleichung $x^2 + 5x + 6 = 0$. Ihre Wurzeln bezeichnen wir durch x_3 und x_4. Es ergibt sich $x_3 = -2$ und $x_4 = -3$. Die Wurzeln der Ausgangsgleichung sind daher $x_1 = x_2 = 0$, $x_3 = -2$, $x_4 = -3$.

Beispiel 2. Man löse die Gleichung $x^3 = 8$.

Nach Umformung zu $x^3 - 8 = 0$ zerlegen wir den linken Teil in Faktoren: $x^3 - 8 = (x - 2)(x^2 + 2x + 4)$. Die Gleichung $x - 2 = 0$ liefert $x_1 = 2$. Die Gleichung $x^2 + 2x + 4 = 0$ liefert $x_2 = -1 + \sqrt{-3}$, $x_3 = -1 - \sqrt{-3}$. Die Gleichung $x^3 = 8$ hat also eine reelle und zwei komplexe Wurzeln. Mit anderen Worten, $\sqrt[3]{8}$ hat neben dem offensichtlichen reellen Wert 2 noch zwei komplexe Werte (s. I, 47, Beispiel 3).

2. Wenn die Gleichung die Form $ax^{2n} + bx^n + c = 0$ hat, so kann man sie durch Einführung der neuen Unbekannten $x^n = z$ auf eine quadratische Gleichung zurückführen.

Beispiel 3. $x^4 - 13x^2 + 36 = 0$. Wir bringen die Gleichung auf die Form $(x^2)^2 - 13x^2 + 36 = 0$ und führen die neue Unbekannte $x^2 = z$ ein. Die Gleichung nimmt dadurch die Gestalt $z^2 - 13z + 36 = 0$ an. Ihre Wurzeln sind $z_1 = 9$, $z_2 = 4$. Wir lösen nun die Gleichungen $x^2 = 9$ und $x^2 = 4$. Die erste liefert die Wurzeln $x_1 = 3$, $x_2 = -3$, die zweite die Wurzeln $x_3 = 2$, $x_4 = -2$. Die Wurzeln der gegebenen Gleichung sind daher 3, -3, 2, -2.

Auf diese Weise läßt sich jede Gleichung der Form $ax^4 + bx^2 + c = 0$ lösen. Diese Gleichung heißt *biquadratisch*.

Beispiel 4. $x^6 - 16x^3 + 64 = 0$. Wir schreiben die Gleichung um in $(x^3)^2 - 16x^3 + 64 = 0$ und führen die neue Unbekannte $x^3 = z$ ein, wodurch wir die Gleichung $z^2 - 16z + 64 = 0$ erhalten. Diese hat die beiden Wurzeln $z_1 = z_2 = 8$. Wir lösen nun die Gleichung $x^3 = 8$ **und erhalten** (s. Beispiel 2) $x_1 = 2$, $x_2 = -1 + \sqrt{-3}$, $x_3 = -1 - \sqrt{-3}$. Die anderen drei Wurzeln sind in diesem Fall (wegen $z_1 = z_2$) gleich den ersten drei.

§ 33. Systeme von Gleichungen zweiten Grades
mit zwei Unbekannten

Die allgemeinste Form einer Gleichung zweiten Grades mit zwei Unbekannten lautet

$$ax^2 + bxy + cy^2 + dx + ey + f = 0,$$

wobei a, b, c, d, e und f gegebene Zahlen oder Buchstabenausdrücke sind, welche die bekannten Größen enthalten. Eine Gleichung zweiten Grades mit zwei Unbekannten hat unendlich viele Lösungen (s. I, 21).

Ein System von zwei Gleichungen mit zwei Unbekannten, von denen eine quadratisch und die andere ersten Grades ist, kann man mit Hilfe der in I, 22 beschriebenen Substitutionsmethode lösen. Aus der Gleichung ersten Grades drückt man eine der Unbekannten durch die andere aus und setzt den gefundenen Ausdruck in die Gleichung zweiten Grades ein, wodurch diese in eine Gleichung mit nur einer Unbekannten übergeht. Im allgemeinen Fall ist diese neue Gleichung wieder quadratisch (s. Beispiel 1). Es kann jedoch vorkommen, daß sich die Glieder zweiten Grades wegheben, dann liegt eine Gleichung ersten Grades vor (s. Beispiel 2).

Beispiel 1. $x^2 - 3xy + 4y^2 - 6x + 2y = 0$, $x - 2y = 3$.

Aus der zweiten Gleichung finden wir $x = 3 + 2y$. Wir setzen diesen Ausdruck in die erste Gleichung ein und erhalten

$$(3 + 2y)^2 - 3(3 + 2y)\,y + 4y^3 - 6(3 + 2y) + 2y = 0.$$

Wir lösen diese Gleichung:

$$9 + 12y + 4y^2 - 9y - 6y^2 + 4y^2 - 18 - 12y + 2y = 0;$$

$$2y^2 - 7y - 9 = 0;$$

$$y = \frac{7 \pm \sqrt{49 + 72}}{4};$$

$$y_1 = \frac{9}{2}; \quad y_2 = -1.$$

Die gefundenen Werte $y_1 = \dfrac{9}{2}$ und $y_2 = -1$ setzen wir in den Ausdruck $x = 3 + 2y$ ein und erhalten $x_1 = 12$, $x_2 = 1$.

Beispiel 2. $x^2 - y^2 = 1$; $x + y = 2$.

Aus der zweiten Gleichung finden wir $y = 2 - x$. Wir setzen diesen Ausdruck in die erste Gleichung ein und erhalten $x^2 - (2 - x)^2 = 1$. Bei Zusammenfassung gleichartiger Glieder heben sich die Glieder zweiter Ordnung gegenseitig weg, und wir erhalten $-4 + 4x = 1$ und daraus $x = \dfrac{5}{4}$. Einsetzen dieses Werts in $y = 2 - x$ liefert $y = \dfrac{3}{4}$.

Ein System von zwei quadratischen Gleichungen mit zwei Unbekannten kann man so lösen: Wenn eine der Gleichungen das Glied ax^2 (oder das Glied cy^2) nicht enthält, so wenden wir das Substitutionsverfahren an und drücken mit Hilfe dieser Gleichung x (oder y) durch y (oder durch x) aus. Wenn beide Gleichungen die Glieder der Form ax^2 und cy^2 enthalten, so wenden wir zuerst das Additions- oder Subtraktionsverfahren an (III, 21) und leiten eine Gleichung ab, die entweder ax^2 oder cy^2 nicht enthält. Hierauf wenden wir das

Substitutionsverfahren an. Nach Elimination einer der Unbekannten ergibt sich eine Gleichung, die im allgemeinen vierten Grades ist. Eine quadratische Gleichung erhält man nur in Ausnahmefällen, solchen Fällen begegnet man jedoch oft bei der Lösung von geometrischen Problemen.

Beispiel 3.

$$x^2 + xy + 2y^2 = 74, \quad 2x^2 + 2xy + y^2 = 73.$$

Beide Gleichungen enthalten sowohl das Glied mit x^2 als auch das Glied mit y^2. Wir wenden daher zuerst das Additions- oder Subtraktionsverfahren an, um eine Gleichung zu erhalten, die zum Beispiel y^2 nicht mehr enthält.

$$
\begin{array}{rl|l}
2x^2 + 2xy + y^2 = 73 & \big| \, 2 & \quad 4x^2 + 4xy + 2y^2 = 146 \\
x^2 + xy + 2y^2 = 74 & \big| & - \; x^2 - \; xy - 2y^2 = -74 \\
\hline
& & \quad 3x^2 + 3xy = 72.
\end{array}
$$

Aus der letzten Gleichung können wir nun y durch x ausdrücken:

$$y = \frac{24 - x^2}{x}.$$

Diesen Ausdruck setzen wir in eine der gegebenen Gleichungen ein, zum Beispiel in die erste. Wir erhalten dadurch:

$$x^2 + x\,\frac{24 - x^2}{x} + 2\,\frac{(24 - x^2)^2}{x^2} = 74.$$

Eine Vereinfachung liefert:

$$x^4 + 24x^2 - x^4 + 1152 - 96x^2 + 2x^4 = 74x^2;$$
$$2x^4 - 146x^2 + 1152 = 0;$$
$$x^4 - 73x^2 + 576 = 0.$$

Das Ergebnis ist eine biquadratische Gleichung (s. III, 32, Beispiel 3). Wir setzen $x^2 = z$ und finden dadurch die quadratische Gleichung $z^2 - 73z + 576 = 0$. Ihre Lösungen sind

$$z = \frac{73 \pm \sqrt{73^2 - 4 \cdot 576}}{2} = \frac{73 \pm \sqrt{3025}}{2} = \frac{73 \pm 55}{2},$$

$$z_1 = 64, \quad z_2 = 9.$$

Die erste Lösung liefert $x_1 = 8$, $x_2 = -8$, die zweite liefert $x_3 = 3$, $x_4 = -3$. Durch Einsetzen dieser vier Werte in den Ausdruck $y = \dfrac{24 - x^2}{x}$ erhalten wir die entsprechenden Werte für y:

$$y_1 = -5; \; y_2 = +5; \; y_3 = +5, \; y_4 = -5.$$

Bei der Lösung von Systemen von Gleichungen zweiten Grades wendet man oft mit Erfolg Versuchsverfahren an, die schneller und müheloser zum Ergebnis führen.

§ 34. Die komplexen Zahlen

Im Zusammenhang mit der Entwicklung der Algebra ergab sich die Notwendigkeit (I, 2), neben den bereits bekannten positiven und negativen Zahlen neue Zahlen anderer Art einzuführen. Man nannte sie *komplexe Zahlen*.

Eine komplexe Zahl hat die Form $a + ib$, wobei a und b reelle Zahlen sind und i eine Zahl neuer Art bedeutet, die man als *imaginäre Einheit* bezeichnet. „Imaginäre Zahlen" (s. I, 28) sind spezielle komplexe Zahlen ($a = 0$). Andererseits sind auch die reellen Zahlen (d. h. die positiven und negativen Zahlen) Sonderfälle der komplexen Zahlen ($b = 0$).

Die reelle Zahl a heißt *Abszisse* der komplexen Zahl $a + ib$. Die reelle Zahl b heißt *Ordinate* der komplexen Zahl $a + ib$. Die Haupteigenschaft der Zahl i liegt darin, daß das Produkt $i \cdot i$ gleich -1 ist, d. h.

$$i^2 = -1. \tag{1}$$

Lange Zeit konnte man keine physikalischen Größen angeben, mit denen man nach denselben Regeln hätte rechnen können wie mit den komplexen Zahlen, insbesondere nach der Regel (1). Deshalb entstanden auch die Bezeichnungen „imaginäre Einheit", „imaginäre Zahl" usw. In der heutigen Zeit kennt man eine ganze Reihe von derartigen physikalischen Größen, und die komplexen Zahlen finden breite Verwendung nicht nur in der Mathematik, sondern auch in der Physik und Technik (Elastizitätstheorie, Elektrotechnik, Aerodynamik u. a. m.).

In § 40 wird eine geometrische Deutung der komplexen Zahlen gegeben werden. Vorerst stellen wir aber die Regeln auf, nach denen man mit ihnen zu rechnen hat. Dabei sehen wir von der Frage nach einer geometrischen oder physikalischen Bedeutung der Zahl i ab, da diese Bedeutung in den verschiedenen Bereichen der Wissenschaft verschieden ist.

Die Rechenregeln für die komplexen Zahlen leiten sich aus den Definitionen für die Rechenoperationen ab. Diese Definitionen wurden jedoch nicht willkürlich ersonnen, sondern in Übereinstimmung mit den Rechenregeln für reelle Zahlen. Die Einführung der komplexen Zahlen durfte nicht unabhängig von den reellen Zahlen erfolgen, sondern mußte in Einklang mit diesen stehen.

§ 35. Vereinbarungen bezüglich der komplexen Zahlen

1. Eine reelle Zahl a schreiben wir auch in der Form $a + 0 \cdot i$ (oder $a - 0 \cdot i$).

Beispiel. Die Zeichenfolge $3 + 0 \cdot i$ bedeutet dasselbe wie das Symbol 3. Die Zeichenfolge $-2 + 0 \cdot i$ bedeutet -2. Die Zeichenfolge $\dfrac{3\sqrt{2}}{2} + 0 \cdot i$ bedeutet $\dfrac{3\sqrt{2}}{2}$.

Bemerkung. Analoges gilt auch in der gewöhnlichen Arithmetik. Das Symbol $\frac{5}{1}$ bedeutet dasselbe wie das Symbol 5, das Symbol 002 dasselbe wie 2 usw.

2. Eine komplexe Zahl der Form $0 + bi$ heißt „rein imaginär". Das Symbol bi bedeutet dasselbe wie $0 + bi$.

3. Zwei komplexe Zahlen $a + bi$ und $a' + b'i$ sind gleich, wenn ihre Abszissen und ihre Ordinaten gleich sind, d. h. wenn $a = a'$ und $b = b'$. Andernfalls sind zwei komplexe Zahlen nicht gleich. Diese Definition entstammt der folgenden Überlegung. Wenn wir zum Beispiel die Gleichheit hätten: $2 + 5i = 6 + 2i$, so müßte nach den Regeln der Algebra gelten $i = 2$, während i aber keine reelle Zahl ist.

Bemerkung. Wir haben noch nicht definiert, was wir unter der Addition von komplexen Zahlen verstehen wollen. Daher können wir genau genommen noch gar nicht behaupten, daß $2 + 5i$ die Summe aus den Zahlen 2 und $5i$ ist. Richtig ist es zu sagen, daß wir ein Paar von reellen Zahlen vorliegen haben, die Abszisse 2 und die Ordinate 5. Diese Zahlen erzeugen eine neue Zahl anderer Art, die man vereinbarungsgemäß durch $2 + 5i$ bezeichnet.

§ 36. Die Addition komplexer Zahlen

Definition. Unter der Summe der komplexen Zahlen $a + bi$ und $a' + b'i$ versteht man die komplexe Zahl $(a + a') + (b + b')\,i$. Diese Definition wurde durch die Regeln für das Rechnen mit gewöhnlichen Polynomen nahegelegt.

Beispiel 1. $(-3 + 5i) + (4 - 8i) = 1 - 3i$.

Beispiel 2. $(2 + 0i) + (7 + 0i) = 9 + 0i$.

Da das Symbol $2 + 0i$ dasselbe bedeutet wie 2 usw. (III, 35), stimmt die Operation mit der gewöhnlichen arithmetischen Operation überein $(2 + 7 = 9)$.

Beispiel 3. $(0 + 2i) + (0 + 5i) = 0 + 7i$, d. h. (III, 35) $2i + 5i = 7i$.

Beispiel 4. $(-2 + 3i) + (-2 - 3i) = -4$.

In Beispiel 4 ist die Summe aus zwei komplexen Zahlen gleich einer reellen Zahl. Zwei komplexe Zahlen $a + bi$ und $a - bi$ heißen *konjugiert. Die Summe zweier konjugiert komplexer Zahlen ist gleich der reellen Zahl $2a$.*[1])

Bemerkung. Mit dieser Definition der Addition komplexer Zahlen dürfen wir nun mit Recht behaupten, daß die komplexe Zahl $a + bi$ die Summe aus den beiden Zahlen a und bi ist. Die Zahl 2 (verein-

---

[1]) Aber auch die Summe von zwei nicht konjugiert komplexen Zahlen kann eine reelle Zahl sein, z. B. $(3 + 5i) + (4 - 5i) = 7$.

barungsgemäß durch $2 + 0i$ bezeichnet) und die Zahl $5i$ (vereinbarungsgemäß nach I, 35 dasselbe wie $0 + 5i$) ergeben zur Summe
(gemäß Definition) die Zahl $2 + 5i$.

§ 37. Die Subtraktion komplexer Zahlen

Definition. Die Differenz der komplexen Zahlen $a + bi$ (Diminuend) und $a' + b'i$ (Subtrahend) ist die komplexe Zahl $(a - a')$
$+ (b - b')\, i$.

Beispiel 1. $(-5 + 2i) - (3 - 5i) = -8 + 7i$.

Beispiel 2. $(3 + 2i) - (-3 + 2i) = 6 + 0i = 6$.

Beispiel 3. $(3 - 4i) - (3 + 4i) = -8i$.

Bemerkung. Die Subtraktion komplexer Zahlen läßt sich auch als
inverse Operation zur Addition auffassen. Wir suchen eine komplexe
Zahl $x + yi$ (Differenz), für die $(x + yi) + (a' + b'i) = a + bi$
gilt. Gemäß Definition in § 36 haben wir

$$(x + a') + (y + b')\, i = a + bi.$$

Nach der Vereinbarung über die Gleichheit von komplexen Zahlen
(§ 35) haben wir

$$x + a' = a, \quad y + b' = b.$$

Aus diesen Gleichungen folgt $x = a - a'$, $y = b - b'$.

§ 38. Die Multiplikation komplexer Zahlen

Die Definition der Multiplikation zweier komplexer Zahlen berücksichtigt, 1. daß man die Zahlen $a + bi$ und $a' + b'i$ wie ein
algebraisches Binom multiplizieren kann und 2. daß die Zahl i die
Eigenschaft $i^2 = -1$ besitzt. Auf Grund von 1. muß $(a + bi)$
$\times (a' + b'i)$ gleich $aa' + (ab' + ba')\, i + bb'i^2$ sein, auf Grund von 2.
ist dieser Ausdruck gleich $(aa' - bb') + (ab' + ba')\, i$. In Übereinstimmung damit ergibt sich die folgende Definition.

Definition. Das Produkt zweier komplexer Zahlen $a + bi$ und
$a' + b'i$ ist die komplexe Zahl

$$(aa' - bb') + (ab' + ba')\, i. \tag{1}$$

Bemerkung 1. Die Gleichheit $i^2 = -1$ ist bei der Aufstellung der
Definition für die Multiplikation von komplexen Zahlen gefordert
worden. Jetzt folgt sie aus der Definition. Das Symbol i^2, d. h. $i \cdot i$,
ist gleichwertig mit $(0 + 1 \cdot i) \cdot (0 + 1 \cdot i)$. Hier ist $a = 0$, $b = 1$,
$a' = 0$, $b' = 1$. Wir haben $aa' - bb' = -1$ und $ab' + ba' = 0$.
Das Produkt ist daher $-1 + 0 \cdot i$, d. h. -1.

Bemerkung 2. In der Praxis braucht man nicht die Formel (1) zu
verwenden. Man kann die zwei Zahlen wie Binome miteinander
multiplizieren und dann $i^2 = -1$ setzen.

Beispiel 1. $(1 - 2i)\,(3 + 2i) = 3 - 6i + 2i - 4i^2 = 3 - 6i + 2i + 4 = 7 - 4i$.

Beispiel 2. $(a + bi)\,(a - bi) = a^2 + b^2$.

Beispiel 2 zeigt, *daß das Produkt zweier konjugiert komplexer Zahlen eine positive reelle Zahl ist.*[1])

§ 39. Die Division komplexer Zahlen

In Übereinstimmung mit der Definition der Division reeller Zahlen haben wir hier folgende Definition.

Definition. Division der komplexen Zahl $a + bi$ (Dividend) durch die komplexe Zahl $a' + b'i$ (Divisor) bedeutet die Bestimmung einer Zahl $x + yi$ (Quotient), die multipliziert mit dem Divisor den Dividenden ergibt.

Wenn der Divisor nicht Null ist, so ist die Division immer möglich, und der Quotient ist eindeutig (Beweis s. Bemerkung 2). In der Praxis findet man den Quotienten bequem auf folgende Weise.

Beispiel 1. Man bestimme den Quotienten $(7 - 4i):(3 + 2i)$.

Wir erweitern den Bruch $\dfrac{7 - 4i}{3 + 2i}$ mit der Zahl $3 - 2i$, die zu $3 + 2i$ konjugiert ist (s. I, 38, Beispiel 1). Wir erhalten:

$$\frac{(7 - 4i)\,(3 - 2i)}{(3 + 2i)\,(3 - 2i)} = \frac{13 - 26i}{13} = 1 - 2i.$$

Das Beispiel 1 aus dem letzten Paragraphen liefert die Probe.

Beispiel 2. $\dfrac{-2 + 5i}{-3 - 4i} = \dfrac{(-2 + 5i)\,(-3 + 4i)}{(-3 - 4i)\,(-3 + 4i)} = \dfrac{-14 - 23i}{25}$
$= -0{,}56 - 0{,}92i$.

Beispiel 3. $\dfrac{-6 + 21i}{4 - 14i} = -\dfrac{3}{2}$.

Hier kürzt man am besten durch $(-2 + 7i)$.

Aus den Vorgangsweisen in den Beispielen 1 und 2 finden wir die **allgemeine Regel:**

$$(a + bi):(a' + b'i) = \frac{aa' + bb'}{a'^2 + b'^2} + \frac{a'b - b'a}{a'^2 + b'^2}\,i. \qquad (1)$$

Um zu beweisen, daß die rechte Seite von (1) tatsächlich der Quotient ist, multipliziere man ihn mit $(a' + b'i)$. Man erhält $(a + bi)$.

Bemerkung 1. Die Formel (1) kann man als Definition der Division verwenden (s. die Definition in den §§ 36 und 37).

---

[1]) Aber auch das Produkt von zwei nicht konjugiert komplexen Zahlen kann eine positive reelle Zahl sein. Zum Beispiel gilt $(2 + 3i)\,(4 - 6i) = 26$ (S. § 36, Fußnote auf Seite 77). Wenn jedoch sowohl die Summe als auch das Produkt von zwei komplexen Zahlen reelle Zahlen sind, so sind diese komplexen Zahlen zueinander konjugiert.

Bemerkung 2. Die Formel (1) findet man auch auf folgende Art. Definitionsgemäß muß gelten $(a' + b'i)(x + yi) = a + bi$. Das bedeutet (§ 35), daß wir die beiden folgenden Gleichungen lösen müssen:

$$a'x - b'y = a; \quad b'x + a'y = b. \tag{2}$$

Dieses System hat die eindeutige Lösung

$$x = \frac{aa' + bb'}{a'^2 + b'^2}; \quad y = \frac{a'b - b'a}{a'^2 + b'^2},$$

wenn $\dfrac{a'}{b'} \neq \dfrac{a}{b}$, d. h., wenn $a'^2 + b'^2 \neq 0$.

Wir haben noch den Fall $a'^2 + b'^2 = 0$ zu betrachten. Er kann (da a' und b' reelle Zahlen sind) nur für $a' = 0$ und $b' = 0$ eintreten, d. h. nur dann, wenn der Divisor gleich Null ist. Wenn gleichzeitig auch der Dividend gleich Null ist, so ist der Quotient unbestimmt. Wenn der Dividend hingegen ungleich Null ist, so existiert der Quotient nicht (man sagt, er sei unendlich).

§ 40. Die geometrische Deutung der komplexen Zahlen

Die reellen Zahlen kann man durch die Punkte einer Geraden darstellen. In Abb. 2 ist eine derartige Gerade dargestellt. Der Punkt A gehört zur Zahl 4, der Punkt B zur Zahl -5, usw. Man kann diese Zahlen auch durch die Strecken OA, OB repräsentieren, indem man nicht nur deren Länge, sondern auch deren Richtung berücksichtigt.

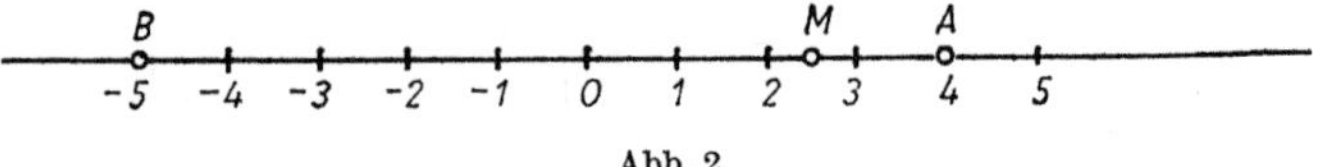

Abb. 2

Jeder Punkt M der „Zahlengeraden" stellt eine gewisse reelle Zahl dar (eine rationale oder irrationale, je nachdem, ob die Strecke OM mit der Maßstabseinheit kommensurabel ist oder nicht). Auf der Zahlengeraden ist daher kein Platz mehr für die komplexen Zahlen.

Aber die komplexen Zahlen lassen sich in der „Zahlenebene" darstellen. Dazu wählen wir in einer Ebene ein rechtwinkliges Koordinatensystem mit derselben Maßstabseinheit auf beiden Achsen (Abb. 3). Die komplexe Zahl $a + bi$ stellen wir durch den Punkt M dar, dessen Abszisse x (in Abb. 3 ist $x = OP = QM$) gleich der Abszisse a der komplexen Zahl und dessen Ordinate $y(OQ = PM)$ gleich der Ordinate b der komplexen Zahl ist.

Beispiele. In Abb. 4 stellt der Punkt A mit der Abszisse $x = 3$ und der Ordinate $y = 5$ die komplexe Zahl $3 + 5i$ dar. Der Punkt B stellt die komplexe Zahl $-2 + 6i$ dar, der Punkt C die komplexe Zahl $-6 - 2i$, der Punkt D die komplexe Zahl $2 - 6i$.

Die reellen Zahlen (als komplexe Zahlen geschrieben haben sie die
Form $a + 0i$) werden durch die Punkte der x-Achse dargestellt, die
imaginären Zahlen (der Form $0 + bi$) durch die y-Achse.

Beispiele. Der Punkt K in Abb. 4 stellt die reelle Zahl 6 dar (oder
was dasselbe ist, die komplexe Zahl $6 + 0i$), der Punkt L die imaginäre Zahl $3i$ (d. h. $0 + 3i$), der Punkt N die imaginäre Zahl $-4i$
(d. h. $0 - 4i$). Der Koordinatenursprung entspricht der Zahl 0
(d. h. $0 + 0i$).

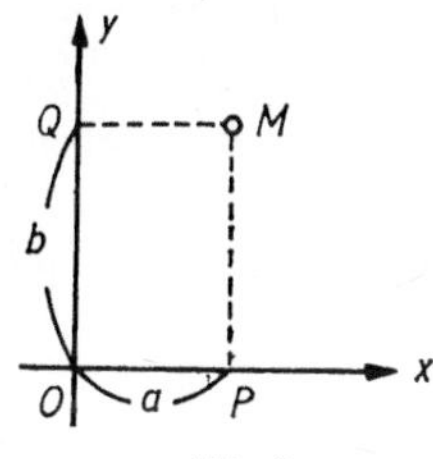

Abb. 3

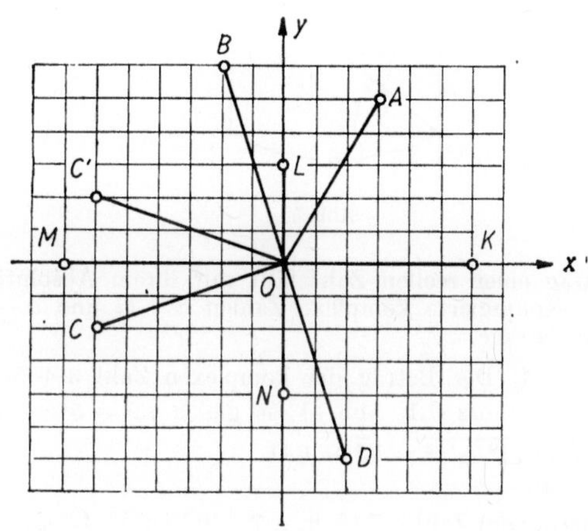

Abb. 4

Konjugiert komplexe Zahlen werden durch ein Punktepaar dargestellt, das bezüglich der x-Achse symmetrisch liegt. Die Punkte C
und C' in Abb. 4 stellen die konjugierten Zahlen $-6 - 2i$ und
$-6 + 2i$ dar.

Komplexe Zahlen kann man auch durch gerichtete Strecken („Vektoren") darstellen, die im Koordinatenursprung beginnen und im entsprechenden Punkt der Zahlenebene enden. Die komplexe Zahl
$-2 + 6i$ kann man daher nicht nur durch den Punkt B darstellen
(Abb. 4), sondern auch durch den Vektor OB, die komplexe Zahl
$-6 - 2i$ durch den Vektor OC usw.

Bemerkung. Unter der Bezeichnung „Vektor" verstehen wir, daß die Strecke nicht nur durch ihre Länge, sondern auch durch ihre Richtung gegeben ist. Zwei Vektoren sind nur dann gleich, wenn sie gleiche Länge und gleiche Richtung haben.

§ 41. Der Betrag und das Argument einer komplexen Zahl

Die Länge des Vektors, der eine gegebene komplexe Zahl darstellt, bezeichnet man als den *Betrag* dieser komplexen Zahl. Der Betrag jeder von Null verschiedenen komplexen Zahl ist eine positive Zahl. Den Betrag der komplexen Zahl $a + bi$ bezeichnet man durch $|a + bi|$, oder auch durch den Buchstaben r. Aus der Darstellung in Abb. 5 ist ersichtlich, daß

$$r = |a + bi| = \sqrt{a^2 + b^2}. \tag{1}$$

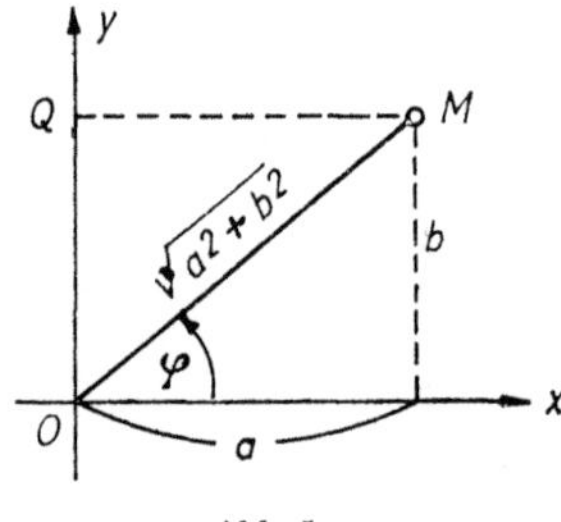

Abb. 5

Der Betrag einer reellen Zahl fällt mit ihrem Absolutbetrag zusammen. Konjugierte komplexe Zahlen $a + bi$ und $a - bi$ haben dieselben Beträge.

Beispiele. 1. Der Betrag der komplexen Zahl $3 + 5i$ (d. h. die Länge des Vektors OA, Abb. 4) ist gleich $\sqrt{3^2 + 5^2} = \sqrt{34} \approx 5{,}83$.

2. $|1 + i| = \sqrt{1^2 + 1^2} = \sqrt{2} \approx 1{,}41$.

3. $|-3 + 4i| = 5$.

4. Der Betrag der Zahl -7 (d. h. $-7 + 0i$) ist die Länge des Vektors OM (Abb. 4). Diese Länge ist durch die positive Zahl 7 gegeben, d. h.

$$|-7 + 0i| = \sqrt{(-7)^2 + 0^2} = 7.$$

5. Der Betrag der Zahl $-4i$ (Länge des Vektors ON, Abb. 4) ist gleich 4.

6. Der Betrag der Zahl $-6 - 2i$ (Länge des Vektors OC in Abb. 4) ist gleich $\sqrt{40} \approx 6{,}32$. Der Betrag der Zahl $-6 + 2i$ (Länge des Vektors OC' in Abb. 4) ist ebenfalls gleich $\sqrt{40}$. Zwei konjugiert komplexe Zahlen haben immer denselben Betrag.

Der Winkel φ zwischen der Abszissenachse und dem Vektor OM, der die komplexe Zahl $a + bi$ darstellt, heißt *Argument der komplexen Zahl $a + bi$*. In Abb. 6 stellt der Vektor OM die komplexe Zahl $-3 - 3i$ dar. Der Winkel XOM bildet das Argument dieser komplexen Zahl.

Jede von Null verschiedene komplexe Zahl[1]) hat unendlich viele Argumente, die sich untereinander um ein ganzzahliges Vielfaches einer ganzen Drehung unterscheiden (d. h. um $360° \, k$, wobei k eine beliebige ganze Zahl ist). Als Argument der komplexen Zahl $-3 - 3i$ dienen alle Winkel der Form $225° \pm 360° \, k$, zum Beispiel $225° + 360° = 585°$, $225° - 360° = -135°$.

Das Argument φ steht mit den Koordinaten der komplexen Zahl $a + bi$ in der folgenden Beziehung (s. Abb. 5):

$$\tan \varphi = \frac{b}{a}, \quad (2) \qquad \cos \varphi = \frac{a}{\sqrt{a^2 + b^2}}, \quad (3) \qquad \sin \varphi = \frac{b}{\sqrt{a^2 + b^2}}. \quad (4)$$

Aber keine dieser Beziehungen allein dient zur eindeutigen Festlegung des Arguments aus Abszisse und Ordinate (s. Beispiele).

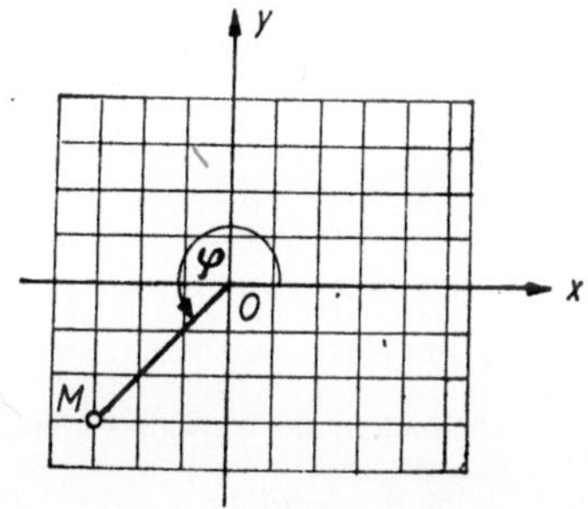

Abb. 6

Beispiel 1. Man bestimme das Argument der komplexen Zahl $-3 - 3i$.

Nach Formel (2) gilt $\tan \varphi = \dfrac{-3}{-3} = 1$. Aus dieser Bedingung folgt für den Winkel $45°$ oder $225°$. Aber der Winkel $45°$ kann nicht das Argument der Zahl $-3 - 3i$ sein (Abb. 6). Der richtige Wert ist $225°$ (oder $-135°$, oder $585°$ usw.). Zu diesem Resultat gelangt man, wenn man in Betracht zieht, daß die Abszisse und die Ordinate der gegebenen komplexen Zahl negativ sind. Das weist darauf hin, daß der Punkt M im dritten Quadranten liegt.

Andere Methode. Nach der Formel (3) erhalten wir $\cos \varphi = \dfrac{-1}{\sqrt{2}}$.

Formel (4) zeigt, daß auch $\sin \varphi$ negativ ist. Der Winkel φ muß also zum dritten Quadranten gehören, also gilt $\varphi = 225° \pm 360° \, k$.

---

[1]) Für die Zahl 0 ist das Argument nicht bestimmt.

6*

Beispiel 2. Man bestimme das Argument der komplexen Zahl $-2 + 6i$. Wir finden $\tan \varphi = \dfrac{6}{-2} = -3$. Da die Abszisse negativ ist, die Ordinate aber positiv, gehört der Winkel φ zum zweiten Quadranten. Mit Hilfe einer Tabelle findet man $\varphi \approx 180° - 72° = 108°$. Siehe dazu Abb. 4, in der die Zahl $-2 + 6i$ durch den Punkt B dargestellt wird.

Den im Absolutbetrag kleinsten Wert des Arguments bezeichnet man als *Hauptwert*. Für die komplexen Zahlen $-3 - 3i$, $2i$, $-5i$ sind dies zum Beispiel die Hauptwerte $-135°$, $+90°$, $-90°$.

Das Argument einer positiven reellen Zahl hat den Hauptwert $0°$. Für eine negative reelle Zahl nimmt man als Hauptwert $+180°$ (und nicht $-180°$).

Die Hauptwerte der Argumente von zwei konjugiert komplexen Zahlen haben denselben Absolutbetrag. Sie unterscheiden sich aber durch das Vorzeichen. Die Hauptwerte der Argumente der Zahlen $-3 - 3i$ und $-3 + 3i$ sind $135°$ und $-135°$.

§ 42. Die trigonometrische Form einer komplexen Zahl

Die Abszisse a und die Ordinate b einer komplexen Zahl $a + bi$ kann man durch den Betrag r und das Argument φ ausdrücken (s. Abb. 5), und zwar durch die Formeln

$$a = r \cos \varphi; \qquad b = r \sin \varphi.$$

Man kann daher jede komplexe Zahl in der Form $r(\cos \varphi + i \sin \varphi)$ mit $r > 0$ darstellen.

Diese Ausdrücke bezeichnet man als *trigonometrische Form* der komplexen Zahl.

Beispiel 1. Man stelle die komplexe Zahl $-3 - 3i$ in trigonometrischer Form dar. Wir haben (I, 41):

$$r = \sqrt{(-3)^2 + (-3)^2} = 3\sqrt{2}.$$

Infolgedessen gilt

$$-3 - 3i = 3\sqrt{2}(\cos(-135°) + i \sin(-135°))$$

oder

$$-3 - 3i = 3\sqrt{2}(\cos 225° + i \sin 225°)$$

usw.

Beispiel 2. Für die komplexe Zahl $-2 + 6i$ haben wir

$$r = \sqrt{(-2)^2 + 6^6} = \sqrt{40}$$

und (I, 41, Beispiel 2) $\varphi = 108°$. Daher lautet die trigonometrische Form der Zahl $-2 + 6i$

$$\sqrt{40}(\cos 108° + i \sin 108°).$$

Beispiel 3. Die trigonometrische Form der Zahl 3 ist 3 (cos 0° $+ i$ sin 0°) oder allgemeiner

$$3(\cos 360° \, k + i \sin 360° \, k).$$

Beispiel 4. Die trigonometrische Form von -3 ist 3 (cos 180° $+ i$ sin 180°) oder

$$3[\cos (180° + 360° \, k) + i \sin (180° + 360° \, k)].$$

Im Gegensatz zur trigonometrischen Form bezeichnet man einen Ausdruck $a + bi$ als *algebraische Form* oder *Koordinatenform* einer komplexen Zahl.

Beispiel 5. Man stelle die komplexe Zahl 2[cos $(-40°) + i$ sin $(-40°)$] in algebraischer Form dar.
Hier gilt $r = 2$ und $\varphi = -40°$. Auf Grund der Formeln (3) und (4) aus dem letzten Paragraphen haben wir

$$a = r \cos \varphi = 2 \cos (-40°) \approx 2 \cdot 0{,}766 = 1{,}532,$$

$$b = r \sin \varphi = 2 \sin (-40°) \approx 2 \cdot (-0{,}643) = -1{,}286.$$

Die algebraische Form der gegebenen Zahl ist (näherungsweise) $1{,}532 - 1{,}286 i$.

Beispiel 6. Die trigonometrische Form der zu $r(\cos \varphi + i \sin \varphi)$ konjugierten Zahl ist $r[\cos (-\varphi) + i \sin (-\varphi)]$ oder $r(\cos \varphi - i \sin \varphi)$. Der zweite Ausdruck ist aber nicht mehr in Normalform.

§ 43. Die geometrische Deutung der Addition
und Subtraktion von komplexen Zahlen

Die Vektoren OM und OM' (Abb. 7) sollen die komplexen Zahlen $z = x + yi$ und $z' = x' + y'i$ darstellen. Vom Punkt M aus tragen wir einen Vektor MK auf, der in Länge und Richtung gleich dem

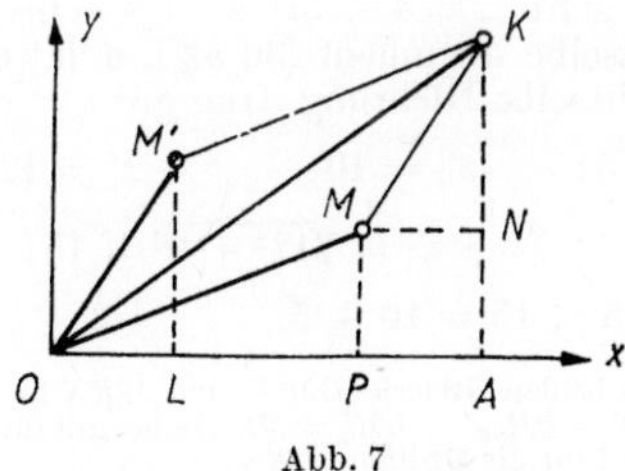

Abb. 7

Vektor OM' ist (s. § 40, Bemerkung). Der Vektor OK stellt dann die Summe der beiden komplexen Zahlen dar.[1])

Den auf die angegebene Art konstruierten Vektor OK bezeichnet man als *geometrische Summe* (oder kürzer als Summe) der Vektoren OM und OM' (die Bezeichnung Summe kommt daher, daß man auf diese Weise die Geschwindigkeiten eines bewegten Körpers addiert, die auf einen Punkt wirkenden Kräfte und viele andere physikalischen Größen).

Die Summe von zwei komplexen Zahlen wird daher durch die Summe der beiden Vektoren dargestellt, die zur Darstellung der Summanden dienen.

Die Länge der Seite OK des Dreiecks OMK ist kleiner als die Summe und größer als die Differenz der Längen OM und MK. Daher gilt

$$\big|\, |z| - |z'| \,\big| \leqq |z + z'| \leqq |z| + |z'|.$$

Das Gleichheitszeichen gilt nur dann, wenn die Vektoren OM und OM' gleiche (Abb. 8) oder entgegengesetzte Richtung (Abb. 9) haben.

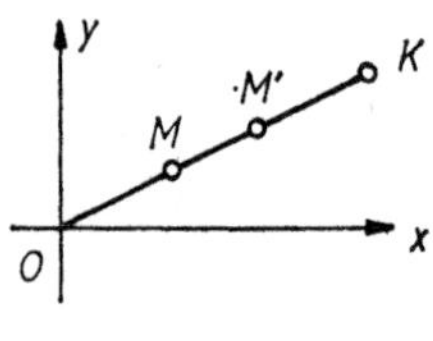

Abb. 8

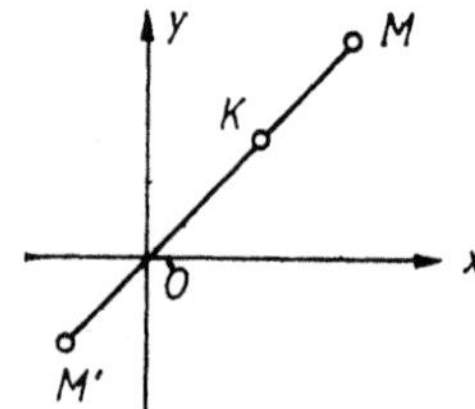

Abb. 9

Im ersten Fall gilt $|OM| + |OM'| = |OK|$, d. h. $|z + z'| = |z| + |z'|$. Im zweiten Fall gilt $|z + z'| = \big|\, |z| - |z'| \,\big|$.

Beispiel 1. Es gelte $z = 4 + 3i$; $z' = 5 + 12i$. Dann haben wir

$$|z| = \sqrt{4^2 + 3^2} = 5; \qquad |z'| = \sqrt{5^2 + 12^2} = 13; \qquad z + z' = 9 + 15i;$$

$$|z + z'| = \sqrt{9^2 + 15^2} = \sqrt{306}.$$

Es gilt $13 - 5 < \sqrt{306} < 13 + 5$, d. h. $8 < \sqrt{306} < 18$.

Beispiel 2. Es gelte $z = 4 + 3i$; $z' = 8 + 6i$. Diese komplexen Zahlen haben dasselbe Argument ($36°52'$), d. h., die entsprechenden Vektoren haben dieselbe Richtung. Hier gilt

$$|z| = 5; \qquad |z'| = 10; \qquad z + z' = 12 + 9i;$$

$$|z + z'| = \sqrt{12^2 + 9^2} = 15.$$

Wir haben $10 - 5 < 15 = 10 + 5$.

---

[1]) In der Tat sind die beiden Dreiecke $OM'L'$ und MKN kongruent. Daraus ergibt sich $x' = OL = MN = PR$, $y' = LM' = NK$. Daher gilt für die Abszisse $OR = OP + PR = x + x'$ und für die Ordinate $RK = y + y'$.

Beispiel 3. Es gelte $z = 8 - 6i$; $z' = -12 + 9i$. Diese komplexen Zahlen werden durch Vektoren dargestellt, die entgegengesetzte Richtung besitzen (ihre Argumente sind $323°08'$ und $143°08'$). Hier gilt

$$|z| = 10; \quad |z'| = 15; \quad z + z' = -4 + 3i; \quad |z + z'| = 5.$$

Wir haben

$$15 - 10 = 5 < 15 + 10.$$

Die Summe von drei (oder mehr) komplexen Zahlen wird ebenfalls durch die Summe der Vektoren (OM, OM', OM'' in Abb. 10) dargestellt, die zur Darstellung der einzelnen Summanden dienen, d. h.

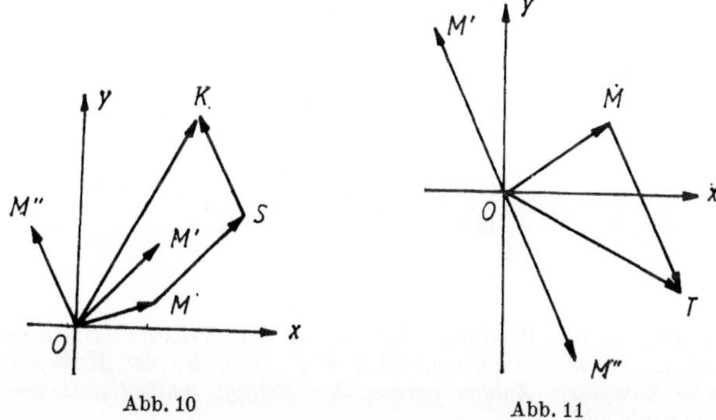

Abb. 10   Abb. 11

durch den Vektor OK, der das Polygon $OMSK$ abschließt (der Vektor MS ist gleich dem Vektor OM', der Vektor SK gleich dem Vektor OM''). Die Summanden darf man in beliebiger Reihenfolge nehmen. Die Endpunkte der verschiedenen Polygone fallen zusammen. Da OK nicht länger ist als $OMSK$, gilt

$$|z + z' + z''| < |z| + |z'| + |z''|.$$

Das Gleichheitszeichen gilt nur dann, wenn alle Summanden dieselbe Richtung besitzen.
Die Differenz zwischen den komplexen Zahlen $a + bi$ und $a' + b'i$ ist gleich der Summe aus den Zahlen $a + bi$ und $-a' - b'i$. Der zweite Summand hat denselben Betrag wie $a' + b'i$, aber entgegengesetzte Richtung. *Die Differenz zweier komplexer Zahlen, zu denen die Vektoren OM und OM' (Abb. 11) gehören, wird daher durch die Summe aus den Vektoren OM und OM'' (Vektor OT) dargestellt.*

§ 44. Die geometrische Deutung der Multiplikation komplexer Zahlen

Die zwei komplexen Zahlen z und z' sollen durch die Vektoren OM und OM' dargestellt werden (Abb. 12). Wir schreiben die Faktoren in trigonometrischer Form auf und berechnen das Produkt:

$$zz' = r(\cos \varphi + i \sin \varphi) \cdot r'(\cos \varphi' + i \sin \varphi')$$
$$= rr'[(\cos \varphi \cos \varphi' - \sin \varphi \sin \varphi')$$
$$+ i(\sin \varphi \cos \varphi' + \cos \varphi \sin \varphi')],$$

d. h. (III, 7)

$$zz' = rr'[\cos (\varphi + \varphi') + i \sin (\varphi + \varphi')]. \tag{1}$$

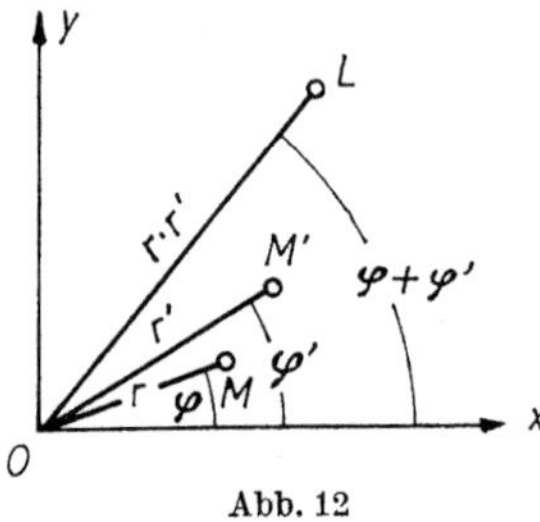

Abb. 12

Der Betrag des Produkts, das durch den Vektor OL dargestellt wird, ist rr', sein Argument ist $\varphi + \varphi'$, d. h., *bei der Multiplikation zweier komplexer Zahlen werden ihre Beträge multipliziert und ihre Argumente addiert.*
Diese Regel gilt auch für eine beliebige Anzahl von Faktoren.

Beispiel 1. Die durch die Vektoren OM und OM' in Abb. 12 dargestellten komplexen Zahlen haben die Beträge $|OM| = \dfrac{3}{2}$ und $|OM'| = 2$ und die Argumente $\sphericalangle XOM = 20°$ und $\sphericalangle XOM' = 30°$. Der Betrag des Produkts, das durch den Vektor OL gegeben ist, ist $\dfrac{3}{2} \cdot 2 = 3$. Das Argument des Produkts ist gleich

$$20° + 30° = 50°;$$

$$\frac{3}{2} (\cos 20° + i \sin 20°) \cdot 2(\cos 30° + i \sin 30°)$$
$$= 3 (\cos 50° + i \sin 50°).$$

Beispiel 2.

$$4 \sqrt{2} (\cos 45° + i \sin 45°) \cdot \frac{\sqrt{2}}{2} (\cos 135° + i \sin 135°)$$
$$= 4 (\cos 180° + i \sin 180°) = -4 \quad \text{(Abb. 13)}.$$

Die algebraische Form der Faktoren lautet $4 + 4i$ und $-\dfrac{1}{2} + \dfrac{i}{2}$.
Durch Multiplizieren findet man wieder -4.

Beispiel 3. Wir multiplizieren $2(\cos 150° + i \sin 150°)$, $3[\cos(-160°) + i \sin(-160°)]$ und $0{,}5(\cos 10° + i \sin 10°)$. Der Betrag des Produkts ist $2 \cdot 3 \cdot 0{,}5 = 3$. Das Argument des Produkts ist $150° - 160° + 10° = 0$. Das Produkt ist gleich

$$3(\cos 0° + i \sin 0°) = 3.$$

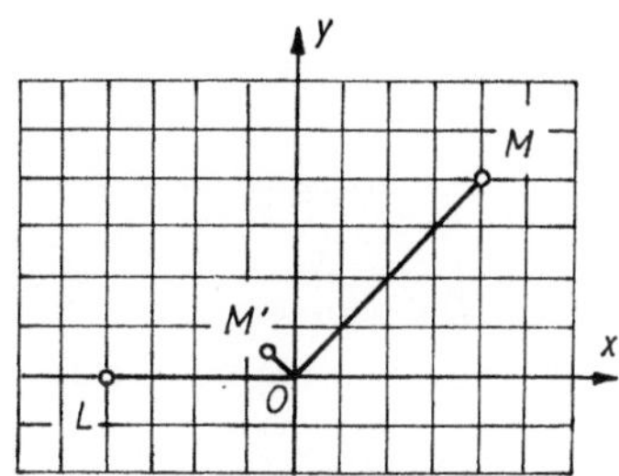

Abb. 13

Beispiel 4. $r(\cos \varphi + i \sin \varphi) \cdot r[\cos(-\varphi) + i \sin(-\varphi)] = r^2(\cos 0° + i \sin 0°) = r^2$,
d. h., *das Produkt aus zwei konjugiert komplexen Zahlen ist eine reelle Zahl, die gleich dem Quadrat des gemeinsamen Betrags der beiden Faktoren ist.*

Beispiel 5. $\dfrac{3}{2}[\cos(-20°) + i \sin(-20°)] \cdot 2[\cos(-30°) + i \sin(-30°)] = 3[\cos(-50° + i \sin(-50°)]$.

Durch Vergleich mit Beispiel 1 sehen wir, *daß bei Vertauschen der Faktoren mit den dazu konjugierten Zahlen das Produkt ebenfalls in die konjugierte Zahl übergeht.* Diese Eigenschaft gilt allgemein. Sie gilt außerdem für eine beliebige Anzahl von Faktoren.

Bemerkung 1. Die Regeln für die Multiplikation von reellen Zahlen erweisen sich als Sonderfälle der oben angeführten Regeln. Bei der Multiplikation der zwei Zahlen -2 und -3 zum Beispiel ist die Summe der Argumente ($180°$ und $180°$) gleich $360°$, so daß das Produkt die positive Zahl 6 ist (d. h. $6(\cos 360° + i \sin 360°)$).

Bemerkung 2. Wenn man eine beliebige komplexe Zahl $r(\cos \varphi + i \sin \varphi)$ mit der imaginären Einheit i multipliziert (deren Betrag gleich 1 und deren Argument $+90°$ ist), so hat auch das Produkt den Betrag r. Das Argument ist aber um $+90°$ vergrößert worden, d. h., der Vektor des ersten Faktors behielt seine Länge bei und wurde um $+90°$ gedreht. Insbesondere bedeutet die Multiplikation der Zahl 1 (Vektor OA in Abb. 14) mit i eine Drehung des Vektors OA um $90°$ in die Lage OB; eine Multiplikation von i mit i bewirkt eine Drehung von OB um $90°$ in die Lage OC. Der Vektor OC stellt aber die Zahl

—1 dar. Daher gilt $i^2 = -1$. In dieser geometrischen Darstellung erweist sich die Zahl i nicht in höherem Maße als „imaginär" als etwa die Zahl —1.

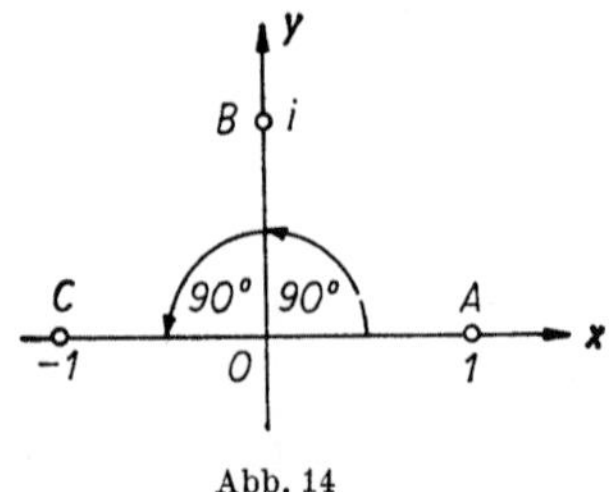

Abb. 14

§ 45. Die geometrische Deutung
der Division komplexer Zahlen

Die Division ist die zur Multiplikation inverse Operation. *Daher wird bei der Division* (s. den letzten Paragraphen) *der Betrag des Dividenden durch den Betrag des Divisors dividiert und vom Argument des Dividenden das Argument des Divisors subtrahiert*, d. h.,

$$r(\cos \varphi + i \sin \varphi) : r'(\cos \varphi' + i \sin \varphi')$$

$$= \frac{r}{r'} \left[\cos (\varphi - \varphi') + i \sin (\varphi - \varphi')\right]. \tag{1}$$

Beispiel 1. $2(\cos 30° + i \sin 30°) : 6(\cos 45° + i \sin 45°)$
$$= \frac{1}{3} \left[\cos (- 15°) + i \sin (-15°)\right].$$

Beispiel 2. $-4 : 4 \sqrt{2} \,(\cos 45° + i \sin 45°)$
$$= 4 \,(\cos 180° + i \sin 180°) : 4 \sqrt{2} \,(\cos 45° + i \sin 45°)$$
$$= \frac{1}{\sqrt{2}} \,(\cos 135° + i \sin 135°).$$

Vgl. Beispiel 2 aus dem letzten Paragraphen.
In algebraischer Form erhält man

$$-4 : (4 + 4i) = \frac{-1}{1 + i} = \frac{-1(1 - i)}{(1 + i)\,(1 - i)} = \frac{-1 + i}{2}.$$

Beispiel 3. Man teile 1 durch die komplexe Zahl $r(\cos \varphi + i \sin \varphi)$. Wir schreiben den Dividenden in der Form $1\,(\cos 0° + i \sin 0°)$.

Gemäß Formel (1) lautet der Quotient $\frac{1}{r}[\cos (-\varphi) + i \sin (-\varphi)]$.

$$1 : r(\cos \varphi + i \sin \varphi) = \frac{1}{r} \left[\cos (-\varphi) + i \sin (-\varphi)\right]. \tag{2}$$

Geometrische Konstruktion: Wir zeichnen einen Kreis mit dem Radius 1 und dem Mittelpunkt in O. Es gelte $r > 1$, d. h. der zum Divisor gehörende Punkt M (Abb. 15) liege außerhalb des Kreises. Wir ziehen die Tangente MT und ziehen von T aus die Senkrechte TM' auf OM. Der zu M' symmetrisch bezüglich der Abszissenachse

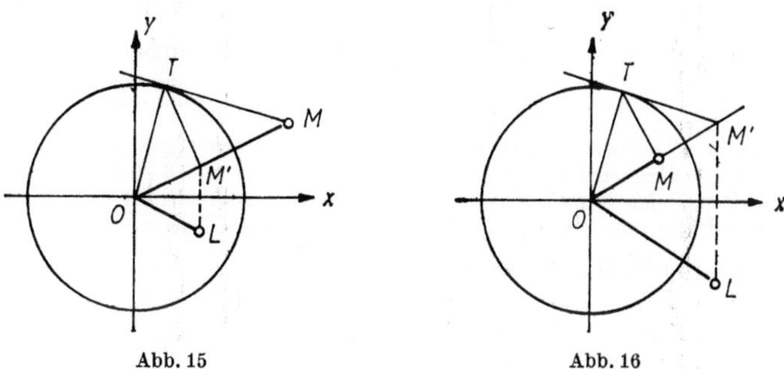

Abb. 15   Abb. 16

gelegene Punkt L stellt den Quotienten dar. Tatsächlich gilt $|OL| = |OM'|$, und aus dem rechtwinkligen Dreieck OTM mit Höhe TM' finden wir $|OT|^2 = |OM| \cdot |OM'|$, d. h. $1 = r\,|OM'|$ oder $|OM'| = \dfrac{1}{r}$. Die Argumente der Vektoren OM und OL hingegen sind offensichtlich dem Betrag nach gleich und dem Vorzeichen nach entgegengesetzt. Wenn $r < 1$, so konstruieren wir gemäß Abb. 16. Aus Formel (2) folgt, daß man bei Division von 1 durch eine komplexe Zahl vom Betrag $r = 1$ die zum Divisor konjugiert komplexe Zahl erhält.

Beispiel 4. $2[\cos(-30°) + i\sin(-30°)] : 6[\cos(-45°)$
$+ i\sin(-45°)] = \dfrac{1}{3}(\cos 15° + i\sin 15°)$.

Durch Vergleich mit Beispiel 1 erkennt man, *daß man bei Vertauschen von Dividenden und Divisor mit den entsprechenden konjugierten Zahlen als Quotienten die zum früheren Ergebnis konjugierte Zahl erhält.* Formel (1) zeigt, daß diese Eigenschaft allgemein gilt.

§ 46. Potenzieren komplexer Zahlen

Gemäß I, 44 gilt

$$[r(\cos\varphi + i\sin\varphi)]^2 = r^2(\cos 2\varphi + i\sin 2\varphi),$$
$$[r(\cos\varphi + i\sin\varphi)]^3 = r^3(\cos 3\varphi + i\sin 3\varphi)$$

und allgemein

$$[r(\cos\varphi + i\sin\varphi)]^n = r^n(\cos n\varphi + i\sin n\varphi), \tag{A}$$

wobei n eine ganze positive Zahl ist. Die Formel (A) heißt *Formel von MOIVRE* (A. MOIVRE, 1667—1754). Sie gilt auch für ganze negative Exponenten n (I, 61) und ebenso für $n = 0$.
Zum Beispiel gilt

$$[r\,(\cos\varphi + i\sin\varphi)]^{-3} = \frac{1}{[r(\cos\varphi + i\sin\varphi]^3} = \frac{1}{r^3(\cos 3\varphi + i\sin 3\varphi)}.$$

Daher haben wir (vgl. Beispiel 3 des letzten Paragraphen)

$$[r(\cos\varphi + i\sin\varphi)]^{-3} = r^{-3}[\cos(-3\varphi) + i\sin(-3\varphi)].$$

Beim Potenzieren einer komplexen Zahl mit beliebigem ganzzahligen Exponenten wird also der Betrag dieser Zahl zur selben Potenz erhoben, während das Argument mit dem Exponenten multipliziert wird. Über das Potenzieren mit gebrochenen Exponenten s. § 48.

Beispiel 1. Man erhebe die Zahl

$$z = 2(\cos 10° + i\sin 10°)$$

zur sechsten Potenz. Wir haben

$$z^6 = 2^6(\cos 60° + i\sin 60°) = 32 + 32\sqrt{3}\,i.$$

Beispiel 2. Man erhebe die Zahl

$$z = \frac{1}{2} - \frac{\sqrt{3}}{2}\,i$$

zur 20sten Potenz. Der Betrag der Zahl z (I, 41) ist 1, das Argument ist gleich $-60°$. Daher hat auch die Zahl z^{20} den Betrag 1, ihr Argument ist $-1200° = -360° \cdot 3 - 120°$. Wir haben:

$$z^{20} = \cos(-120°) + i\sin(-120°) = -\frac{1}{2} - \frac{\sqrt{3}}{2}\,i.$$

Beispiel 3. Man drücke den Kosinus und den Sinus des Winkels 3φ durch den Kosinus und den Sinus des Winkels φ aus.

Lösung.

$$\cos 3\varphi + i\sin 3\varphi = (\cos\varphi + i\sin\varphi)^3$$
$$= \cos^3\varphi + 3i\cos^2\varphi\sin\varphi + 3i^2\cos\varphi\sin^2\varphi + i^3\sin^3\varphi$$
$$= \cos^3\varphi - 3\cos\varphi\sin^2\varphi + i(3\cos^2\varphi\sin\varphi - \sin^3\varphi).$$

Durch Vergleich der Abszissen und Ordinaten (I, 35) finden wir:

$$\cos 3\varphi = \cos^3\varphi - 3\sin^2\varphi\cos\varphi$$

und

$$\sin 3\varphi = 3\cos^2\varphi\sin\varphi - \sin^3\varphi.$$

Beispiel 4. Auf dieselbe Weise bestimme man:

$$\cos 4\varphi = \cos^4\varphi - 6\cos^2\varphi\sin^2\varphi + \sin^4\varphi,$$
$$\sin 4\varphi = 4\cos^3\varphi\sin\varphi - 4\cos\varphi\sin^3\varphi$$

sowie eine allgemeine Formel für $\sin n\varphi$ und $\cos n\varphi$ (siehe III, 21).

§ 47. Berechnung der Wurzel aus einer komplexen Zahl

Das Wurzelziehen ist die zum Potenzieren inverse Operation. *Den Betrag der Wurzel aus einer komplexen Zahl (s. den vorangehenden Paragraphen) findet man, indem man aus dem Betrag der komplexen Zahl selbst die Wurzel desselben Grades zieht. Das Argument findet man, indem man das Argument der komplexen Zahl durch den Exponenten der Wurzel dividiert:*

$$\sqrt[n]{r(\cos \varphi + i \sin \varphi)} = \sqrt[n]{r}\left(\cos \frac{\varphi}{n} + i \sin \frac{\varphi}{n}\right). \tag{B}$$

Hier bezeichnet $\sqrt[n]{r}$ eine positive Zahl (die arithmetische Wurzel aus dem Betrag).

Die Wurzel n-ten Grades aus einer komplexen Zahl besitzt n Werte. Jeder davon hat den Betrag $\sqrt[n]{r}$. Die Argumente der einzelnen Werte erhält man aus dem Argument eines Werts durch aufeinanderfolgende Subtraktionen von $\frac{1}{n} \cdot 360°$. Es sei φ_0 das Argument des Radikanden. Dann sind auch von $\varphi_0 + 360°, \varphi_0 + 2 \cdot 360°$ usw. Werte dieses Arguments. Formel (B) zeigt, daß man als Argument für die Wurzel nicht nur $\frac{\varphi_0}{n}$, sondern auch $\frac{\varphi_0}{n} + \frac{360°}{n}$, $\frac{\varphi_0}{n} + 2 \cdot \frac{360°}{n}$ usw. nehmen kann. Die entsprechenden Wurzelwerte sind nicht alle untereinander verschieden: das Argument $\frac{\varphi_0}{n} + n \cdot \frac{360°}{n}$, d. h. also $\frac{\varphi_0}{n} + 360°$ liefert dieselbe komplexe Zahl wie $\frac{\varphi_0}{n}$, das Argument $\frac{\varphi_0}{n} + \frac{(n+1)}{n} \cdot 360°$ liefert dieselbe komplexe Zahl wie das Argument $\frac{\varphi_0}{n} + \frac{360°}{n}$ usw. Somit ergeben sich gerade n verschiedene Wurzelwerte. Siehe auch die Beispiele.

Beispiel 1. Man ziehe die Quadratwurzel aus der Zahl $-9i$. Der Betrag dieser Zahl ist 9. Der Betrag der Wurzeln ist daher $\sqrt{9} = 3$. Als Argument des Radikanden kann man $-90°$, $-90° + 360°$, $-90° + 2 \cdot 360°$ usw. nehmen.

Im ersten Fall erhalten wir:

$$(-9i)^{\frac{1}{2}} = \sqrt{9}[\cos(-45°) + i \sin(-45°)] = \frac{3}{\sqrt{2}} - \frac{3}{\sqrt{2}}i. \tag{1}$$

Im zweiten Fall

$$(-9i)^{\frac{1}{2}} = \sqrt{9}(\cos 135° + i \sin 135°) = -\frac{3}{\sqrt{2}} + \frac{3}{\sqrt{2}}i. \tag{2}$$

Im dritten Fall

$$(-9i)^{\frac{1}{2}} = \sqrt{9}(\cos 315° + i \sin 315°) = \frac{3}{\sqrt{2}} - \frac{3}{\sqrt{2}}i,$$

d. h., es liegt dasselbe Ergebnis vor wie im ersten Fall. Bei $\psi = -90°$ $+ 3 \cdot 360°$, $\varphi = -90° + 4 \cdot 360°$ oder bei $\varphi = -90° - 360°$, $\varphi = -90° - 2 \cdot 360°$ erhalten wir stets wieder einen der Werte (1) oder (2).

Beispiel 2. Man ziehe die Quadratwurzel aus der Zahl 16. Das Argument dieser Zahl ist $360° \, k$ (k eine ganze Zahl). Das Argument der Wurzeln ist $360° \, k : 2 = 180° \, k$. Wenn k gleich Null oder gleich einer geraden Zahl ist, dann gilt $16^{\frac{1}{2}} = 4 \, (\cos 0° + i \sin 0°) = 4$. Wenn k hingegen eine ungerade Zahl ist, so ist das Argument entweder 180°, oder es unterscheidet sich von 180° um ein Vielfaches von 360°. Dann gilt $16^{\frac{1}{2}} = 4(\cos 180° + i \sin 180°) = -4$.

Beispiel 3. Man ziehe die dritte Wurzel aus 1. Der Betrag der Wurzeln ist $\sqrt[3]{1} = 1$. Das Argument des Radikanden ist $360° \, k$ (k eine beliebige ganze Zahl). Das Argument der Wurzeln ist also $120° \, k$. Mit $k = 0, 1, 2$ ergeben sich die drei Werte 0°, 120° und 240°. Die entsprechenden Wurzelwerte sind[1]):

$$z_1 = \cos 0° + i \sin 0° = 1,$$

$$z_2 = \cos 120° + i \sin 120° = -\frac{1}{2} + \frac{\sqrt{3}}{2} \, i,$$

$$z_3 = \cos 240° + i \sin 240° = -\frac{1}{2} - \frac{\sqrt{3}}{2} \, i.$$

In Abb. 17 werden diese drei Wurzeln durch die Punkte A_1, A_2 und A_3 dargestellt. Das Dreieck $A_1 A_2 A_3$ ist gleichseitig. Es ist dem Kreis mit dem Radius 1 eingeschrieben.

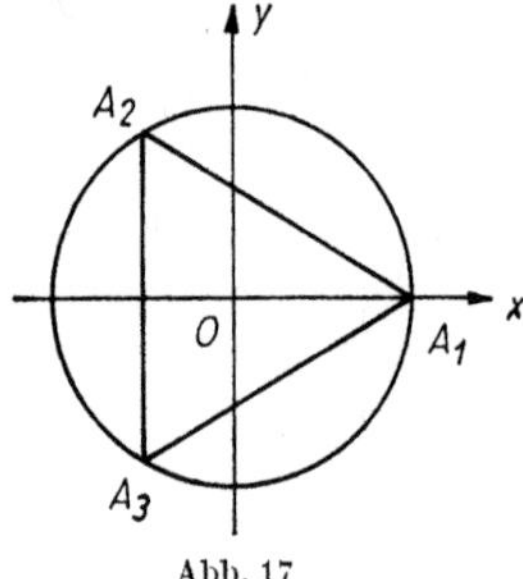

Abb. 17

---

[1]) Dieses Resultat läßt sich leicht überprüfen. Multipliziert man $z_2 = -\frac{1}{2} + \frac{\sqrt{3}i}{2}$ mit sich selbst, so erhält man $z_2^2 = -\frac{1}{2} - \frac{\sqrt{3}}{2} \, i = z_3$. Multipliziert man noch einmal, so ergibt sich $z_2^3 = z_3 z_2 = 1$. Genauso überprüft man auch die Wurzel $z_3 = -\frac{1}{2} - \frac{\sqrt{3}}{2} \, i$, nämlich durch

$$z_3^2 = -\frac{1}{2} + \frac{\sqrt{3}}{2} \, i = z_2; \quad z_3^3 = z_2 z_3 = 1.$$

Beispiel 4. Man ziehe die sechste Wurzel aus -1. Das Argument des Radikanden -1 ist $180° + 360° k$. Das Argument der Wurzeln ist $30° + 60° k$. Wir erhalten die folgenden sechs Wurzelwerte (Abb. 18):

$$z_1 = \cos 30° + i \sin 30° = \frac{\sqrt{3}}{2} + \frac{1}{2} i,$$

$$z_2 = \cos 90° + i \sin 90° = i,$$

$$z_3 = \cos 150° + i \sin 150° = -\frac{\sqrt{3}}{2} + \frac{1}{2} i,$$

$$z_4 = \cos 210° + i \sin 210° = -\frac{\sqrt{3}}{2} - \frac{1}{2} i,$$

$$z_5 = \cos 270° + i \sin 270° = -i,$$

$$z_6 = \cos 330° + i \sin 330° = \frac{\sqrt{3}}{2} - \frac{1}{2} i.$$

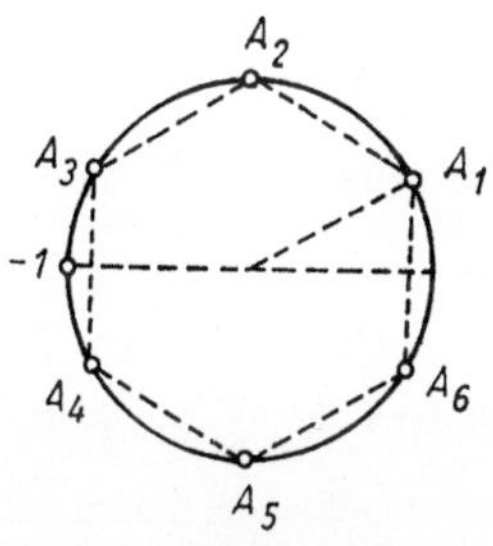

Abb. 18

Die sechs diesen Wurzeln entsprechenden Punkte A_1, A_2, A_3, A_4, A_5 und A_6 bilden die Scheitel eines regelmäßigen Sechsecks.

Aus Formel (B) folgt, daß die n Wurzeln aus einer beliebigen komplexen Zahl und die n Wurzeln aus der dazu konjugierten Zahl paarweise konjugiert sind.

Beispiel 5. Die Wurzeln vierten Grades aus der Zahl 16 $(\cos 120° + i \sin 120°) = -8 + 8\sqrt{3}i$ sind:

$$z_1 = 2(\cos 30° + i \sin 30°) = \sqrt{3} + i;$$

$$z_2 = 2(\cos 120° + i \sin 120°) = -1 + \sqrt{3}i;$$

$$z_3 = 2(\cos 210° + i \sin 210°) = -\sqrt{3} - i;$$

$$z_4 = 2(\cos 300° + i \sin 300°) = 1 - \sqrt{3}i.$$

Die Wurzeln vierten Grades aus der Zahl $16(\cos 120° - i \sin 120°)$ $= -8 - 8\sqrt{3}i$ sind:

$$\bar{z}_1 = 2(\cos\ \ 30° - i \sin\ \ 30°) = \sqrt{3} - i;$$
$$\bar{z}_2 = 2(\cos 120° - i \sin 120°) = -1 - \sqrt{3}i;$$
$$\bar{z}_3 = 2(\cos 210° - i \sin 210°) = -\sqrt{3} + i;$$
$$\bar{z}_4 = 2(\cos 300° - i \sin 300°) = 1 + \sqrt{3}i.$$

Die Zahlen z_1 und $\bar{z}_1$, z_2 und $\bar{z}_2$ usw. sind paarweise konjugiert.

§ 48. Die Bildung einer beliebigen reellen Potenz einer komplexen Zahl

Die Bildung der Potenz einer reellen Zahl mit gebrochenen Exponenten wurde in I, 61 betrachtet. Aber damals wurden nur die reellen Werte der Potenz betrachtet. Hier benötigen wir eine allgemeinere Definition.
Man kann diese durch die folgende Formel geben:

$$[r(\cos \varphi + i \sin \varphi)]^p = r^p(\cos p\varphi + i \sin p\varphi). \tag{C}$$

Dabei bedeutet p eine beliebige reelle Zahl, und r^p bezeichnet eine positive Zahl, welche die p-te Potenz des Betrages r darstellt.
Formel (C) fällt mit Formel (A) (I, 46) zusammen, wenn p eine ganze Zahl ist, und mit Formel (B) (I, 47), wenn p ein Bruch der Form $\dfrac{1}{n}$ ist. Wenn p ein Bruch der Form $\dfrac{m}{n}$ ist, so gilt gemäß (C), (A) und (B)

$$[r(\cos \varphi + i \sin \varphi)]^{\frac{m}{n}} = \sqrt[n]{[r(\cos \varphi + i \sin \varphi)]^m}, \tag{D}$$

was mit der üblichen Definition der Potenz mit gebrochenen Exponenten übereinstimmt.
Eine Potenz einer komplexen (wie einer reellen) Zahl mit gebrochenem Exponent hat immer n verschiedene Werte (wenn n der Nenner des Bruchs ist). Die Formel (C) wendet man auch bei irrationalen Exponenten p an. In diesem Fall hat die p-te Potenz stets unendlich viele Werte.

Beispiel 1. Man erhebe die Zahl -16 zur Potenz $\dfrac{3}{4}$.

Wir haben

$$p = \frac{3}{4}, \quad r = 16, \quad \varphi = 180° + 360° k.$$

Der Betrag der Potenz $(-16)^{\frac{3}{4}}$ ist gemäß (C) gleich $16^{\frac{3}{4}} = 8$. Das Argument der Potenz ist gleich

$$\frac{3}{4}(180° + 360° k) = 135° + 260° k.$$

Wir setzen $k = 0, 1, 2, 3$ (die übrigen Werte für k ergeben kein neues Resultat) und erhalten die folgenden vier Werte:

$$z_1 = 8(\cos 135° + i \sin 135°) = -4\sqrt{2} + 4\sqrt{2}i;$$

$$z_2 = 8[\cos (135° + 270°) + i \sin (135° + 270°)]$$
$$= 8(\cos 45° + i \sin 45°) = 4\sqrt{2} + 4\sqrt{2}i;$$

$$z_3 = 8[\cos (135° + 2 \cdot 270°) + i \sin (135° + 2 \cdot 270°)]$$
$$= 8[\cos (-45°) + i \sin (-45°)] = 4\sqrt{2} - 4\sqrt{2}i;$$

$$z_4 = 8[\cos (135° + 3 \cdot 270°) + i \sin (135° + 3 \cdot 270°)]$$
$$= 8[\cos (-135°) + i \sin (-135°)] = -4\sqrt{2} - 4\sqrt{2}i.$$

Diese Werte werden in Abb. 19 durch die Punkte B_1, B_2, B_3, B_4 dargestellt.

Beispiel 2. Man erhebe die Zahl 1 zur Potenz $\dfrac{1}{2\pi}$. Hier gilt $p = \dfrac{1}{2\pi}$, $r = 1$, $\varphi = 360° k$. Gemäß (C) haben wir:

$$1^{\frac{1}{2\pi}} = \cos \frac{360°}{2\pi} k + i \sin \frac{360°}{2\pi} k.$$

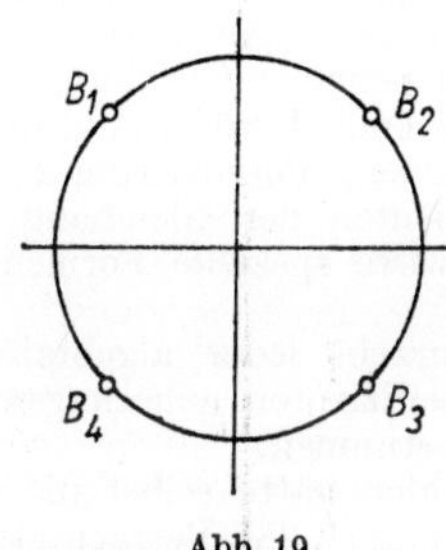

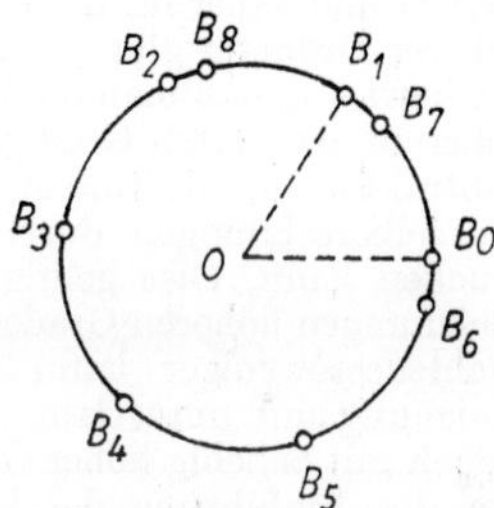

Abb. 19   Abb. 20

In Abb. 20 stellen die Punkte B_0, B_1, B_2, B_3 die Werte der Potenz dar, die man für $k = 0, 1, 2, 3, \ldots$ erhält. Alle liegen auf dem Einheitskreis.

Von diesen Punkten fallen nie zwei Punkte zusammen. Die Winkel B_0OB_1, B_1OB_2 usw. sind alle gleich einem Radiant, d. h., jeder der Bögen B_0B_1, B_1B_2 usw. hat die Länge 1 und ist daher gleich lang wie der Radius. Wenn ein gewisser Punkt B_1 mit B_0 zusammenfiele, dann müßte bei s-maligem Durchlaufen des Kreisumfangs der zurückgelegte Weg gleich dem l-fachen des Radius sein. Der Kreisumfang hätte dann eine Länge, die gleich dem $\dfrac{l}{s}$-fachen des Radius ist. Der Kreisumfang ist aber nicht kommensurabel mit dem Radius. Das heißt also, daß unter den Punkten B_0, B_1, ... keine zwei zusammenfallen. Je mehr Punkte wir wählen, um so dichter wird dadurch die Kreislinie erfüllt. Um jeden beliebigen Punkt des Kreisumfangs häufen sich unendlich viele Punkte B. Jedoch bleiben auf dem Umfang auch Punkte, die nicht mit solchen Punkten B zusammenfallen. Ein derartiger Punkt ist zum Beispiel der dem Punkt B_0 diametral gegenüberliegende Punkt. Auch die Eckpunkte eines beliebigen regelmäßigen Vielecks, von dem B_0 eine Ecke bildet, gehören nicht zu den Punkten B.

Bemerkung. Man kann die Potenz einer komplexen Zahl auch für komplexe Exponenten definieren. Auch diese Potenz hat unendlich viele Werte, aber die entsprechenden Punkte häufen sich im allgemeinen Fall nicht, sondern liegen voneinander getrennt.

§ 49. Einige Bemerkungen über algebraische Gleichungen höheren Grades

Für die Gleichung 3ten und 4ten Grades allgemeiner Form hat man Formeln gefunden (s. I, 2), die die Wurzeln der Gleichung durch die Buchstabenausdrücke der Koeffizienten ausdrücken. Diese Formeln enthalten Radikale der 2ten und 3ten Potenz. Sie sind sehr kompliziert und daher für die Praxis wenig geeignet. Für die Gleichungen höherer Ordnung gibt es überhaupt keine derartigen Formeln. Man hat bewiesen, daß man die Wurzeln der allgemeinen Gleichungen von höherem als vierten Grad nicht mit Hilfe endlich vieler Additionen, Subtraktionen, Multiplikationen, Divisionen, Potenzierungen und Wurzelberechnungen durch die Koeffizienten der Gleichung ausdrücken kann. Dies gelingt nur für gewisse spezielle Formen der Gleichungen höheren Grades.
Nichtsdestoweniger kann man die Wurzeln jeder algebraischen Gleichung mit numerisch gegebenen Koeffizienten näherungsweise, jedoch mit beliebig hoher Genauigkeit, bestimmen.
Vor der Einführung der komplexen Zahlen hatte selbst die quadratische Gleichung nicht immer eine Lösung (I, 28). Betrachtet man auch komplexe Zahlen, so hat jede algebraische Gleichung mindestens eine Wurzel (die Koeffizienten der algebraischen Gleichung dürfen beliebig sein — auch komplex).
Eine Gleichung n-ten Grades kann nicht mehr als n Wurzeln haben, sie kann auch weniger haben. Zum Beispiel hat die Gleichung fünften Grades $(x-3)(x-2)(x-1)^3 = 0$ (ausgeschrieben $x^5 - 8x^4 + 24x^3 - 34x^2 + 23x - 6 = 0$) die Wurzeln $x_1 = 3$, $x_2 = 2$, $x_3 = 1$. Weitere Wurzeln hat sie nicht. Jedoch spricht man auch hier von fünf Wurzeln ($x_1 = 3$, $x_2 = 2$, $x_3 = 1$, $x_4 = 1$, $x_5 = 1$). Die Wurzel 1 rechnet man dreimal, da die linke Seite der Gleichung den Faktor $x - 1$ in der dritten Potenz enthält.

Unter solchen Umständen hat jede Gleichung n-ten Grades

$$a_0 x^n + a_1 x^{n-1} + \cdots + a_n = 0 \quad (a_0 \neq 1) \tag{1}$$

n Wurzeln. Man kann nämlich Gleichung (1) auf genau eine Art in der Form

$$a_0(x - x_1)\,(x - x_2) \cdots (x - x_n) = 0 \tag{2}$$

darstellen. Die Zahlen x_1, x_2, ..., x_n sind die Wurzeln der Gleichung (1). Einige unter ihnen können gleich sein (im vorangehenden Beispiel galt $x_3 = x_4 = x_5 = 1$). Diesen Wert rechnet man als Wurzel, sooft er auftritt. Bei dieser Zählung ist die Zahl der Wurzeln immer gleich n. Wenn die Koeffizienten der algebraischen Gleichung reell sind und wenn eine der Wurzeln eine komplexe Zahl $a + bi$ ist, so ist auch die konjugiert komplexe Zahl $a - bi$ eine Wurzel. Zum Beispiel ist die komplexe Zahl $\dfrac{\sqrt{2}}{2} + \dfrac{\sqrt{2i}}{2}$ eine Wurzel der Gleichung $x^4 + 1 = 0$ (I, 47). Die konjugiert komplexe Zahl $\dfrac{\sqrt{2}}{2} - \dfrac{\sqrt{2i}}{2}\, i$ ist ebenfalls eine Wurzel dieser Gleichung. Eine Gleichung mit reellen Koeffizienten hat daher stets eine gerade Anzahl von komplexen Wurzeln.

Jede Gleichung ungeraden Grades mit reellen Koeffizienten hat mindestens eine reelle Wurzel (die komplexen Wurzeln sind stets in gerader Zahl vorhanden, aber die Gesamtzahl der Wurzeln ist vereinbarungsgemäß ungerade).

Die Summe der Wurzeln der Gleichung (1) ist $-\dfrac{a_1}{a_0}$, das Produkt aus allen Wurzeln ist gleich $(-1)^n\,\dfrac{a_n}{a_0}$. Diese Eigenschaft entdeckte der französische Mathematiker VIÈTE im Jahre 1591[1]).

Beispiel. Die Gleichung $x^5 - 8x^4 + 24x^3 - 34x^2 + 23x - 6 = 0$ ($n = 5$; $a_0 = 1$; $a_1 = -8$; $a_n = -6$) hat die Wurzeln (s. oben) 3, 2, 1, 1, 1. Ihre Summe ergibt 8 $\left(\text{d. h. } -\dfrac{-8}{1}\right)$, das Produkt ist 6 (d. h. $(-1)^9 \cdot \dfrac{-6}{1}$).

Diese Eigenschaft (und analoge Eigenschaften) leitet man aus der Übereinstimmung der beiden Gleichungen (1) und (2) ab. (Die Glieder dieser Gleichungen müssen gleich sein, insbesondere das erste und das letzte.)

§ 50. Allgemeines über Ungleichungen

Zwei Zahlen- oder Buchstabenausdrücke, die durch das „Größerzeichen" ($>$) oder das „Kleinerzeichen" ($<$) verbunden sind, bilden eine *Ungleichung*.

Jede richtige numerisch gegebene Ungleichung sowie jede Buchstabenungleichung, die für alle reellen Zahlenwerte der in ihr enthaltenen Buchstaben richtig ist, bezeichnet man als *identisch erfüllt*.

---

[1]) VIÈTE verwendet noch keine negativen Zahlen (s. I, 3), er betrachtet daher nur jene Fälle, in denen die Wurzeln positiv waren.

Beispiel 1. Die numerisch gegebene Ungleichung $-5 < 8 - 5$ ist eine identisch erfüllte Ungleichung.

Beispiel 2. Die Buchstabenungleichung $a^2 > -2$ ist identisch erfüllt, da bei allen (reellen) Zahlenwerten für a die Größe a^2 positiv oder 0 ist und daher sicher größer als -2.
Zwei Ausdrücke kann man auch durch das Zeichen $\leqq$ („kleiner oder gleich") oder das Zeichen $\geqq$ („größer oder gleich") verbinden. Die Zeichenreihe $2a \geqq 3b$ bedeutet zum Beispiel, daß die Größe $2a$ entweder größer als $3b$ oder gleich groß wie diese ist. Auch solche Ausdrucksverbindungen bezeichnet man als Ungleichungen.
Die in eine Ungleichung eingehenden Buchstabengrößen unterteilt man in bekannte und unbekannte. Einige Buchstaben stehen für bekannte Größen, die übrigen für die unbekannten. Gewöhnlich verwendet man für die unbekannten Größen die letzten Buchstaben des lateinischen Alphabets x, y, u, z, v, w usw.
Lösen der Ungleichung bedeutet die Bestimmung der Grenzen, innerhalb derer die (reellen) Werte der unbekannten Größen liegen müssen, damit die Ungleichung erfüllt wird.
Wenn mehrere Ungleichungen gegeben sind, so bedeutet Lösen dieser Ungleichungen die Bestimmung der Grenzen, innerhalb derer die Werte der unbekannten Größen liegen müssen, damit alle gegebenen Ungleichungen erfüllt sind.

Beispiel 3. Man löse die Ungleichung $x^2 < 4$. Diese Ungleichung gilt, wenn $|x| < 2$, d. h. wenn x zwischen -2 und $+2$ liegt. Die Lösung lautet: $-2 < x < +2$.

Beispiel 4. Man löse die Ungleichung $2x > 8$.
Die Lösung lautet $x > 4$. Hier ist x nur nach einer Seite hin begrenzt.

Beispiel 5. Die Ungleichung $(x - 2)(x - 3) > 0$ gilt, wenn $x > 3$ (dann sind beide Faktoren $(x - 2)$ und $(x - 3)$ positiv), sie gilt aber auch für $x < 2$ (dann sind beide Faktoren negativ). Sie gilt nicht, wenn x zwischen 2 und 3 liegt (auch nicht für $x = 2$ oder $x = 3$). Die Lösung lautet daher

$$x > 3, \quad x < 2.$$

Beispiel 6. Die Ungleichung $x^2 < -2$ hat keine Lösung (s. Beispiel 2).

§ 51. Die wichtigsten Eigenschaften der Ungleichungen

1. Wenn $a > b$, so gilt $b < a$. Umgekehrt gilt mit $a < b$ auch $b > a$.

Beispiel. Wenn $5x - 1 > 2x + 1$, so gilt auch $2x + 1 < 5x - 1$.

2. Wenn $a > b$ und $b > c$, so auch $a > c$. Ebenso gilt, wenn $a < b$ und $b < c$, so auch $a < c$.

Beispiel. Aus den Ungleichungen $x > 2y$ und $2y > 10$ folgt $x > 10$.

3. Wenn $a > b$, so auch $a + c > b + c$ (und $a - c > b - c$). Wenn $a < b$, so auch $a + c < b + c$ (und $a - c < b - c$). *Man darf also auf beiden Seiten einer Ungleichung dieselbe Größe addieren oder subtrahieren.*

Beispiel 1. Gegeben sei die Ungleichung $x + 8 > 3$. Durch Subtraktion von 8 auf beiden Seiten erhalten wir $x > -5$.
Beispiel 2. Gegeben sei die Ungleichung $x - 6 < - 2$. Addiert man auf beiden Seiten 6, so ergibt sich $x < 4$.

4. Wenn $a > b$ und $c > d$, so auch $a + c > b + d$. Wenn $a < b$ und $c < d$, so auch $a + c < b + d$, d. h., zwei gleichsinnige[1]) Ungleichungen darf man gliedweise addieren. Dies gilt für beliebig viele Ungleichungen. Zum Beispiel folgt aus $a_1 > b_1, a_2 > b_2, a_3 > b_3$ die Ungleichung $a_1 + a_2 + a_3 > b_1 + b_2 + b_3$.

Beispiel 1. Die Ungleichungen $-8 > -10$ und $5 > 2$ sind erfüllt. Wir addieren beide und erhalten die richtige Ungleichung $-3 > -8$.

Beispiel 2. Gegeben sei ein System von Ungleichungen $\frac{x}{2} + \frac{y}{2} < 18$ und $\frac{x}{2} - \frac{y}{2} < 4$. Durch gliedweise Addition erhalten wir $x < 22$.

Bemerkung. Zwei gleichsinnige Ungleichungen darf man nicht gliedweise voneinander subtrahieren. Das Resultat kann richtig oder falsch sein. Wenn man zum Beispiel von der Ungleichung $10 > 8$ die Ungleichung $2 > 1$ subtrahiert, so erhält man die richtige Ungleichung $8 > 7$. Subtrahiert man aber von derselben Ungleichung gliedweise die Ungleichung $6 > 1$, so erhält man eine falsche Aussage. Man vergleiche dazu auch den folgenden Punkt.

5. Wenn $a > b$ und $c < d$, so gilt $a - c > b - d$. Wenn $a < b$ und $c > d$, so gilt $a - c < b - d$, d. h.: *Von einer Ungleichung darf man eine andere Ungleichung mit entgegengesetztem Ungleichheitszeichen abziehen. Die resultierende Ungleichung hat dasselbe Ungleichheitszeichen wie die erste Ungleichung.*

Beispiel 1. Die Ungleichungen $12 < 20$ und $15 > 7$ sind richtig. Zieht man die zweite von der ersten ab, so ergibt sich die **Ungleichung** $-3 < 13$. Zieht man die erste Ungleichung von der zweiten ab und nimmt man das Ungleichheitszeichen der zweiten Ungleichung, so ergibt sich die richtige Ungleichung $3 > -13$.

Beispiel 2. Gegeben sei das System von Ungleichungen $\frac{x}{2} + \frac{y}{2} < 18$, $\frac{x}{2} - \frac{y}{2} > 8$. Zieht man von der ersten Ungleichung die zweite ab, so ergibt sich $y < 10$.

---

[1]) Der Ausdruck „zwei Ungleichungen sind gleichsinnig" bedeutet, daß beide Ungleichungen das Zeichen $>$ oder beide das Zeichen $<$ enthalten.

6. Wenn $a > b$ und m eine positive Zahl ist, so gilt auch $ma > mb$ und $\dfrac{a}{m} > \dfrac{b}{m}$, d. h., *man darf beide Seiten einer Ungleichung mit derselben positiven Zahl multiplizieren oder durch dieselbe positive Zahl dividieren* (das Ungleichheitszeichen bleibt dabei dasselbe).

Wenn hingegen $a > b$ und n eine negative Zahl ist, so gilt $\dfrac{n}{a} < \dfrac{n}{b}$ und $\dfrac{a}{n} < \dfrac{b}{n}$, d. h., *wenn man beide Seiten einer Ungleichung durch eine negative Zahl dividiert oder mit einer negativen Zahl multipliziert, so hat man das Ungleichheitszeichen mit dem entgegengesetzten Zeichen zu vertauschen*[1]).

Beispiel 1. Wir dividieren beide Seiten der Ungleichung $25 > 20$ durch 5. Es ergibt sich die richtige Ungleichung $5 > 4$. Dividiert man hingegen durch -5, so muß man das Zeichen $>$ gegen das Zeichen $<$ austauschen, um wieder eine richtige Ungleichung zu erhalten. Es ergibt sich $-5 < -4$.

Beispiel 2. Aus $2x < 12$ folgt durch Division durch 2 die Ungleichung $x < 6$.

Beispiel 3. Aus der Ungleichung $-\dfrac{x}{3} > 4$ folgt $x < -12$.

Beispiel 4. Gegeben sei die Ungleichung $\dfrac{x}{k} > \dfrac{y}{l}$. Daraus folgt $lx > ky$, wenn die Vorzeichen von l und k gleich sind. Es folgt $lx < ky$, wenn die Vorzeichen der Zahlen l und k verschieden sind.

§ 52. Einige wichtige Ungleichungen

1. $|a + b| \leq |a| + |b|$ (sog. Dreiecksungleichung). Dabei sind a und b beliebige reelle oder komplexe Zahlen (aber $|a|$, $|b|$ und $|a + b|$ sind immer reelle und sogar positive Zahlen, siehe I, 5 und I, 41). *Der Betrag einer Summe ist also nie größer als die Summe der einzelnen Beträge.* Das Gleichheitszeichen gilt nur dann, wenn die Zahlen a und b dasselbe Argument besitzen (I, 41), insbesondere wenn beide positive oder negative reelle Zahlen sind.

Beispiel 1. Es gelte $a = +3$, $b = -5$. Dann gilt $a + b = -2$ und $|a + b| = 2$; $|a| = 3$; $|b| = 5$. Wir haben $2 < 3 + 5$.

Beispiel 2. Es gelte $a = 4 + 3i$; $b = 6 - 8i$. Dann haben wir

$$a + b = 10 - 5i; \quad |a + b| = \sqrt{10^2 + (-5)^2} = \sqrt{125};$$

$$|a| = \sqrt{4^2 + 3^2} = 5; \quad |b| = \sqrt{6^2 + (-8)^2} = 10;$$

$$|a| + |b| = 15.$$

Es gilt $\sqrt{125} < 15$.

---

[1]) Beide Seiten einer Ungleichung mit Null multiplizieren darf man nicht.

Bemerkung. Die Ungleichung $|a + b| \leq |a| + |b|$ läßt sich auf beliebig viele Summanden ausdehnen. Zum Beispiel gilt

$$|a + b + c| \leq |a| + |b| + |c|.$$

2. $a + \dfrac{1}{a} \geq 2$ (a eine positive Zahl). Das Gleichheitszeichen gilt nur für $a = 1$.

3. $\sqrt{ab} \leq \dfrac{a + b}{2}$ (a und b positive Zahlen, d. h., *das geometrische Mittel zweier Zahlen ist nie größer als das arithmetische Mittel.* Das Gleichheitszeichen gilt nur für $a = b$.

Beispiel. $a = 2$, $b = 8$, $\sqrt{ab} = 4$, $\dfrac{a + b}{2} = 5$. Wir haben $4 < 5$.

Diese Ungleichung war bereits vor 2000 Jahren bekannt. Geometrisch ist sie aus Abb. 21 ersichtlich, worin

$$CD = \sqrt{AD \cdot DB} \quad \text{und} \quad CO = AO = \frac{AD + DB}{2}.$$

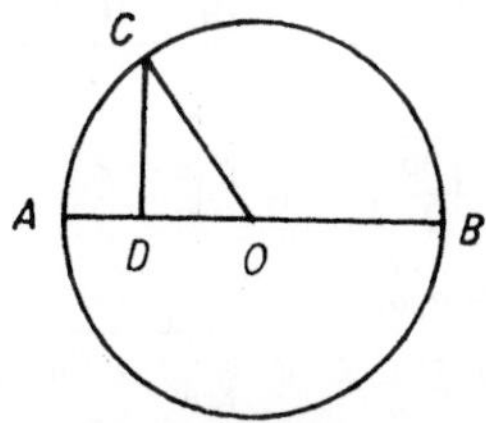

Abb. 21

Als Verallgemeinerung davon erweist sich die folgende von dem französischen Mathematiker CAUCHY gefundene Ungleichung:

4. $\sqrt[n]{a_1 a_2 \cdots a_n} \leq \dfrac{a_1 + a_2 \cdots + a_n}{n}$ (mit positiven Zahlen $a_1, a_2, \ldots, a_n$). Das Gleichheitszeichen gilt nur, wenn alle Zahlen $a_1, a_2, \ldots, a_n$ gleich sind.

5. $1 : \dfrac{1}{2}\left(\dfrac{1}{a} + \dfrac{1}{b}\right) \leq \sqrt{ab}$ (a und b positive Zahlen). Das Gleichheitszeichen gilt nur für $a = b$.

Beispiel. $a = 2$, $b = 8$, $1 : \ldots$ Wir haben $\dfrac{16}{5} < 4$.

Die Größe $1 : \dfrac{1}{2}\left(\dfrac{1}{a} + \dfrac{1}{b}\right) = \dfrac{2ab}{a + b}$ stellt einen Mittelwert zwischen a und b dar. Man bezeichnet ihn als *harmonisches Mittel.* Es gilt: *das harmonische Mittel aus zwei Zahlen ist nie größer als das geometrische Mittel.* Diese Eigenschaft läßt sich auf beliebig viele Größen ausdehnen. In Übereinstimmung mit der Ungleichung in Pkt. 4

haben wir:

$$1 : \frac{1}{n}\left(\frac{1}{a_1} + \frac{1}{a_2} + \cdots + \frac{1}{a^n}\right) \leqq \sqrt[n]{a_1 a_2 \cdots a_n} \leqq \frac{a_1 + a_2 + \cdots + a_n}{n}.$$

$$6. \left|\frac{a_1 + a_2 + \cdots + a_n}{n}\right| \leqq \sqrt{\frac{a_1^2 + a_2^2 + \cdots + a_n^2}{n}}$$

(mit beliebigen Zahlen a_1, a_2, ..., a_n). Der Absolutbetrag des arithmetischen Mittels ist nicht größer als das quadratische Mittel. Das Gleichheitszeichen gilt nur für $a_1 = a_2 = \cdots = a_n$.

Beispiel. $a_1 = 3$, $a_2 = 4$, $a_3 = 5$, $a_4 = 6$.

Das arithmetische Mittel ist

$$\frac{a_1 + a_2 + a_3 + a_4}{4} = \frac{9}{2},$$

das quadratische Mittel ist

$$\sqrt{\frac{a_1^2 + a_2^2 + a_3^2 + a_4^2}{4}} = \sqrt{\frac{9 + 16 + 25 + 36}{4}} = \frac{\sqrt{86}}{2};$$

und wir haben $\dfrac{9}{2} < \dfrac{\sqrt{86}}{2}$.

$$7. \ a_1 b_1 + a_2 b_2 + \cdots + a_n b_n$$
$$\leqq \sqrt{a_1^2 + a_2^2 + \cdots + a_n^2} \cdot \sqrt{b_1^2 + b_2^2 + \cdots + b_n^2}$$

mit beliebigen Zahlen a_1, a_2, ..., a_n, b_1, b_2, ..., b_n. Das Gleichheitszeichen gilt nur für $a_1 : b_1 = a_2 : b_2 = \cdots = a_n : b_n$.

Beispiel. Es gelte $a_1 = 1$, $a_2 = 2$, $a_3 = 5$; $b_1 = -3$, $b_2 = 1$, $b_3 = 2$. Wir haben $a_1 b_1 + a_2 b_2 + \cdots + a_n b_n = 1 \cdot (-3) + 2 \cdot 1 + 5 \cdot 2 = 9$;

$$\sqrt{a_1^2 + a_2^2 + \cdots + a_n^2} = \sqrt{1^2 + 2^2 + 5^2} = \sqrt{30};$$

$$\sqrt{b_1^2 + b_2^2 + \cdots + b_n^2} = \sqrt{(-3)^2 + 1^2 + 2^2} = \sqrt{14}.$$

Wir erhalten $9 < \sqrt{30} \cdot \sqrt{14}$.

8. Die Tschebyscheffsche *Ungleichung.* a_1, a_2, ..., a_n, b_1, b_2, ..., b_n seien positive Zahlen.
Wenn $a_1 \leqq a_2 \leqq \cdots \leqq a_n$ und $b_1 \leqq b_2 \leqq \cdots \leqq b_n$, so gilt

$$\frac{a_1 + a_2 + \cdots + a_n}{n} \cdot \frac{b_1 + b_2 + \cdots + b_n}{n} \leqq \frac{a_1 b_1 + a_2 b_2 + \cdots + a_n b_n}{n}$$

$$(1)$$

oder auch $\left(\dfrac{1}{n} \sum\limits_{i=1}^{n} a_i\right)\left(\dfrac{1}{n} \sum\limits_{i=1}^{n} b_i\right) \leqq \dfrac{1}{n} \sum\limits_{i=1}^{n} a_i b_i.$

Wenn $a_1 \leqq a_2 \leqq \cdots \leqq a_n$, aber $b_1 \geqq b_2 \geqq \cdots \geqq b_n$, so gilt

$$\frac{a_1 + a_2 + \cdots + a_n}{n} \cdot \frac{b_1 + b_2 + \cdots + b_n}{n} \geqq \frac{a_1 b_1 + a_2 b_2 + \cdots + a_n b_n}{n}. \tag{2}$$

In beiden Fällen gilt nur dann das Gleichheitszeichen, wenn alle Zahlen $a_1, a_2, \ldots, a_n$ und alle Zahlen $b_1, b_2, \ldots, b_n$ untereinander gleich sind.

Beispiel 1. Es gelte $a_1 = 1$, $a_2 = 2$, $a_3 = 7$ und $b_1 = 2$, $b_2 = 3$, $b_3 = 4$. Dann haben wir

$$\frac{a_1 + a_2 + \cdots + a_n}{n} = \frac{1 + 2 + 7}{3} = \frac{10}{3};$$

$$\frac{b_1 + b_2 + \cdots + b_n}{n} = \frac{2 + 3 + 4}{3} = 3;$$

$$\frac{a_1 b_1 + a_2 b_2 + \cdots + a_n b_n}{n} = \frac{1 \cdot 2 + 2 \cdot 3 + 7 \cdot 4}{3} = 12.$$

Wir erhalten:

$$\frac{10}{3} \cdot 3 < 12.$$

Beispiel 2. Es gelte $a_1 = 1$, $a_2 = 2$, $a_3 = 7$ und $b_1 = 4$, $b_2 = 3$, $b_3 = 2$. Damit haben wir

$$\frac{a_1 + a_2 + a_3}{3} = \frac{10}{3}, \quad \frac{b_1 + b_2 + b_3}{3} = 3, \quad \frac{a_1 b_1 + a_2 b_2 + a_3 b_3}{3} = 8.$$

Wir erhalten:

$$\frac{10}{3} \cdot 3 > 8.$$

Die Ungleichungen (1) und (2) formuliert man in Worten:
Wenn zwei Folgen von positiven Größen dieselbe Anzahl von Gliedern haben und in beiden Folgen die Glieder nicht ab- oder nicht zunehmen, so ist das Produkt der arithmetischen Mittel nicht größer als das arithmetische Mittel der einzelnen Produkte. Wenn andererseits in der einen Folge die Glieder nicht abnehmen und in der zweiten nicht zunehmen, so gilt das entgegengesetzte Ungleichheitszeichen.
Diese Ungleichungen wurden 1886 von dem russischen Mathematiker P. L. Tschebyscheff (1821—1894) aufgestellt. Er verallgemeinerte sie, indem er die folgenden Ungleichungen bewies:
Wenn $0 < a_1 \leqq a_2 \leqq \cdots \leqq a_n$ und $0 < b_1 \leqq b_2 \leqq \cdots \leqq b_n$, gilt

$$\sqrt{\frac{a_1^2 + a_2^2 + \cdots + a_n^2}{n}} \sqrt{\frac{b_1^2 + b_2^2 + \cdots b_n^2}{n}}$$

$$\leqq \sqrt{\frac{(a_1 b_1)^2 + (a_2 b_2)^2 + \cdots + (a_n b_n)^2}{n}}, \tag{3}$$

$$\sqrt[3]{\frac{a_1{}^3 + a_2{}^3 + \cdots + a_n{}^3}{n}} \cdot \sqrt[3]{\frac{b_1{}^3 + b_2{}^3 + \cdots + b_n{}^3}{n}}$$

$$\leq \sqrt[3]{\frac{(a_1 b_1)^3 + (a_2 b_2)^3 + \cdots + (a_n b_n)^3}{n}} \tag{4}$$

usw.

Wenn $0 < a_1 \leq a_2 \leq \cdots \leq a_n$ und $b_1 \geq b_2 \geq \cdots \geq b_r > 0$, s
gilt das entgegengesetzte Ungleichheitszeichen.

§ 53. Gleichwertige Ungleichungen.

Die wichtigsten Verfahren zur Lösung von Ungleichungen

Zwei Ungleichungen, die dieselben unbekannten Größen enthalter
heißen *gleichwertig*, wenn beide für dieselben Werte der Unbekannte
richtig oder falsch sind.
Genauso definiert man die Gleichwertigkeit zweier Systeme von Ur
gleichungen.

Beispiel 1. Die Ungleichungen $3x + 1 > 2x + 4$ und $3x > 2x +$
sind gleichwertig, da beide für $x > 3$ richtig und für $x \leq 3$ falsc
sind.

Beispiel 2. Die Ungleichungen $2x \leq 6$ und $x^2 \leq 9$ sind nich
gleichwertig. Die Lösung der ersten lautet $x \leq 3$, die Lösung de
zweiten jedoch $-3 \leq x \leq 3$. Bei $x = -4$ ist zum Beispiel die erst
Ungleichung erfüllt, die zweite aber nicht.

Die Verfahren zur Lösung von Ungleichungen beruhen hauptsäcl
lich auf einem Austausch der gegebenen Ungleichung (oder de
Ungleichungssystems) durch gleichwertige Ungleichungen. (Übe
graphische Lösungen von Ungleichungen s. IV, 10.) Man wendet da
bei die folgenden grundlegenden Methoden an (s. I, 18).

1. Einen Ausdruck darf man durch einen identisch gleichen Aus
druck ersetzen.

2. Summanden darf man mit entgegengesetztem Vorzeichen auf di
andere Seite der Ungleichung bringen (auf Grund von § 51,3).
3. Beide Ungleichungsseiten darf man mit derselben Zahl multipliziere
oder durch dieselbe (von Null verschiedene Zahl) dividieren. Wen
der Faktor positiv ist, so bleibt das Ungleichheitszeichen gleicl
Bei einem negativen Faktor ist das Ungleichheitszeichen gegen da
entgegengesetzte Zeichen auszutauschen (§ 51, 6).
Jede dieser Umformungen liefert eine zur ursprünglichen Ungleichun
gleichwertige Ungleichung.

Beispiel. Gegeben sei die Ungleichung $(2x - 3)^2 < 4x^2 + 2$. W
ersetzen die linke Seite durch den identisch gleichen Ausdruc
$4x^2 - 12x + 9$ und erhalten $4x^2 - 12x + 9 < 4x^2 + 2$. Nu
bringen wir das Glied $4x^2$ auf die linke und das Glied 9 auf die recht
Seite. Nach Zusammenfassung gleichartiger Glieder erhalten w;

$-12x < -7$. Wir dividieren beide Seiten durch -12 und vertauschen das Ungleichheitszeichen durch das entgegengesetzte Zeichen. Es ergibt sich die Lösung $x > \dfrac{7}{12}$.

Eine Ungleichung darf man nicht mit Null multiplizieren und natürlich auch nicht durch Null dividieren. Wenn wir beide Seiten einer Ungleichung mit einem Buchstabenausdruck multiplizieren oder durch einen solchen Ausdruck dividieren, so ist das Ergebnis in der Regel nicht gleichwertig zur ursprünglichen Ungleichung.

Beispiel. Gegeben sei die Ungleichung $(x - 2)\,x < x - 2$. Durch Division beider Seiten durch $x - 2$ erhalten wir $x < 1$. Diese Ungleichung ist jedoch nicht mit der ursprünglichen Ungleichung gleichwertig. Der Wert $x = 0$ erfüllt zum Beispiel die Ungleichung $(x - 2)\,x < x - 2$ nicht. Auch die Ungleichung $x > 1$ ist mit der Ausgangsgleichung nicht gleichwertig. Zum Beispiel erfüllt der Wert $x = 3$ nicht die Ungleichung $(x - 2)\,x < x - 2$.

§ 54. Klassifikation der Ungleichungen

Ungleichungen, die unbekannte Größen enthalten, unterteilt man in *algebraische* und *transzendente*. Unter einer algebraischen Ungleichung versteht man eine *Ungleichung ersten, zweiten* usw. *Grades*. Diese Einteilung erfolgt genauso wie bei den Gleichungen (I, 19).

Beispiel 1. Bei der Ungleichung $3x^2 - 2x + 5 > 0$ handelt es sich um eine algebraische Ungleichung zweiten Grades.

Beispiel 2. Die Ungleichung $2^x > x + 4$ ist transzendent.

Beispiel 3. Die Ungleichung $3x^2 - 2x + 5 > 3x(x - 2)$ ist algebraisch, und zwar vom ersten Grad, da sie gleichwertig ist mit der Ungleichung $4x + 5 > 0$.

§ 55. Ungleichungen ersten Grades mit einer Unbekannten

Eine Ungleichung ersten Grades mit einer Unbekannten läßt sich in der Form

$$ax > b$$

schreiben. Ihre Lösung lautet

$$x > \frac{b}{a} \text{ für } a > 0,$$

und

$$x < \frac{b}{a} \text{ für } a < 0.$$

Beispiel 1. Man löse die Ungleichung $5x - 3 > 8x + 1$.

Lösung. $5x - 8x > 3 + 1,\ -3x > 4,\ x < -\dfrac{4}{3}$.

Beispiel 2. Man löse die Ungleichung $5x + 2 < 7x + 6$.

Lösung. $5x - 7x < 6 - 2$, $-2x < 4$, $x > -2$.

Beispiel 3. Man löse die Ungleichung $(x - 1)^2 < x^2 + 8$.

Lösung. $x^2 - 2x + 1 < x^2 + 8$, $-2x < 7$, $x > -\dfrac{7}{2}$.

Bemerkung. Eine Ungleichung der Form $ax + b > a_1x + b_1$ ist nur dann eine Ungleichung ersten Grades, *wenn a und a_1 verschieden sind*. Wenn a und a_1 gleich sind, so handelt es sich um eine Zahlenungleichung (die richtig oder falsch sein kann).

Beispiel 1. Gegeben sei die Ungleichung $2(3x - 5) < 3(2x - 1) + 5$. Sie ist gleichwertig mit der Ungleichung $6x - 10 < 6x + 2$. Diese läßt sich auf die richtige Zahlenungleichung $-10 < 2$ zurückführen. Die Ausgangsungleichung ist also identisch erfüllt.

Beispiel 2. Die Ungleichung $2(3x - 5) > 3(2x - 1) + 5$ führt auf die falsche Zahlenungleichung $-10 > 2$. Die Ausgangsungleichung hat also keine Lösung.

§ 56. Systeme von Ungleichungen ersten Grades

Zur Lösung eines Systems von Ungleichungen ersten Grades suchen wir die Lösungen jeder einzelnen Ungleichung und vergleichen diese Lösungen. Dieser Vergleich liefert entweder die Lösung für das System, oder er zeigt, daß keine Lösung existiert.

Beispiel 1. Man löse das System von Ungleichungen

$$4x - 3 > 5x - 5; \; 2x + 4 < 8x.$$

Die Lösung der ersten Ungleichung ist $x < 2$, die Lösung der zweiten ist $x > \dfrac{2}{3}$. Die Lösung des Systems ist also $\dfrac{2}{3} < x < 2$.

Beispiel 2. Man löse das System

$$2x - 3 > 3x - 5; \; 2x + 4 > 8x.$$

Die Lösung der ersten Ungleichung ist $x < 2$, die Lösung der zweiten ist $x < \dfrac{2}{3}$. Die Lösung des Systems ist daher $x < \dfrac{2}{3}$ (da mit $x < \dfrac{2}{3}$ auch stets $x < 2$ gilt).

Beispiel 3. Man löse das System

$$2x - 3 < 3x - 5; \; 2x + 4 > 8x.$$

Die Lösung der ersten Ungleichung ist $x < 2$, die Lösung der zweiten ist $x < \dfrac{2}{3}$. Diese zwei Bedingungen widersprechen sich. Das System hat keine Lösung.

Beispiel 4. Man löse das System

$$2x < 16; \quad 3x + 1 > 4x - 4; \quad 3x + 6 > 2x + 7; \quad x + 5 < 2x + 6.$$

Die Lösungen der gegebenen Ungleichungen sind: $x < 8$, $x < 5$, $x > 1$, $x > -1$. Bei Vergleich dieser Lösungen erkennt man, daß man die ersten zwei durch die zweite und die zweiten durch die dritte ersetzen kann. Die Lösung des Systems ist $1 < x < 5$.

§ 57. Einfache Ungleichungen zweiten Grades mit einer Unbekannten

1. Die Ungleichung $x^2 < m$. $\hspace{2cm}$ (1)

1) Wenn $m > 0$, so lautet die Lösung

$$-\sqrt{m} < x < \sqrt{m}. \tag{1a}$$

2) Wenn $m \leqq 0$, so existiert keine Lösung (das Quadrat einer reellen Zahl kann nicht negativ sein).

2. Die Ungleichung $x^2 > m$. $\hspace{2cm}$ (2)

1) Wenn $m > 0$, so ist die Ungleichung einerseits für alle Werte von x größer als $\sqrt{m}$ und andererseits für alle Werte von x kleiner als $-\sqrt{m}$ erfüllt. Also ist die Lösung

$$x > \sqrt{m} \quad \text{oder} \quad x < -\sqrt{m}. \tag{2a}$$

2) Wenn $m = 0$, so gilt die Ungleichung (2) für alle x außer für $x = 0$:

$$x > 0 \quad \text{oder} \quad x < 0. \tag{2b}$$

3) Wenn $m < 0$, so ist die Ungleichung (2) identisch erfüllt.

Beispiel 1. Die Ungleichung $x^2 < 9$ hat die Lösung $-3 < x < 3$.

Beispiel 2. Die Ungleichung $x^2 < -9$ hat keine Lösung.

Beispiel 3. Die Ungleichung $x^2 > 9$ hat als Lösung alle Zahlen $x > 3$ und alle Zahlen $x < -3$.

Beispiel 4. Die Ungleichung $x^2 > -9$ ist identisch erfüllt.

§ 58. Die Ungleichung zweiten Grades mit einer Unbekannten (allgemeiner Fall)

Dividiert man die Ungleichung zweiten Grades durch den Koeffizienten von x^2, so erscheint sie in einer der beiden Formen:

$$x^2 + px + q < 0, \tag{1}$$

$$x^2 + px + q > 0. \tag{2}$$

Bringt man das freie Glied auf die rechte Seite und addiert man auf beiden Seiten $\left(\dfrac{p}{2}\right)^2$, so erhält man

$$\left(x + \frac{p}{2}\right)^2 < \left(\frac{p}{2}\right)^2 - q, \tag{1'}$$

$$\left(x + \frac{p}{2}\right)^2 > \left(\frac{p}{2}\right)^2 - q. \tag{2'}$$

Bezeichnet man $x + \dfrac{p}{2}$ durch z und $\left(\dfrac{p}{2}\right)^2 - q$ durch m, so erhalten wir die einfachen Ungleichungen

$$z^2 < m, \tag{1''}$$

$$z^2 > m. \tag{2''}$$

Die Lösungen dieser Ungleichungen wurden im letzten Paragraphen beschrieben. Aus diesen findet man die Lösungen der Ungleichungen (1) oder (2).

Beispiel 1. Man löse die Ungleichung $-2x^2 + 14x - 20 > 0$. Nach Division beider Seiten durch -2 ergibt sich (§ 53, Pkt. 3) $x^2 - 7x +10 < 0$. Wir bringen das freie Glied 10 auf die rechte Seite und addieren auf beiden Seiten $\left(\dfrac{7}{2}\right)^2$. Dadurch erhalten wir $\left(x - \dfrac{7}{2}\right)^2 < \dfrac{9}{4}$, und daraus folgt (§ 57, Fall 1a)

$$-\frac{3}{2} < x - \frac{7}{2} < \frac{3}{2}.$$

Durch Addition von $\dfrac{7}{2}$ finden wir schließlich $-\dfrac{3}{2} + \dfrac{7}{2} < x < \dfrac{3}{2} + \dfrac{7}{2}$, d. h.

$$2 < x < 5.$$

Beispiel 2. Man löse die Ungleichung $-2x^2 + 14x - 20 < 0$.

Mit Hilfe derselben Umformung finden wir $\left(x - \dfrac{7}{2}\right)^2 > \dfrac{9}{4}$. Daraus folgt (§ 57, Fall 2.1), daß unsere Ungleichung einerseits für $x - \dfrac{2}{7} > \dfrac{3}{2}$, d. h. für $x > 5$, und andererseits für $x - \dfrac{7}{2} < -\dfrac{3}{2}$, d. h. für $x < 2$ richtig ist.

Beispiel 3. Man löse die Ungleichung $x^2 + 6x + 15 < 0$. Wir bringen das freie Glied auf die rechte Seite und addieren auf beiden Seiten $\left(\dfrac{6}{2}\right)^2$, d. h. 9. Es ergibt sich $(x + 3)^2 < -6$. Diese Ungleichung (§ 57, Fall 1.2) hat keine Lösung. Daher hat auch die ursprünglich gegebene Ungleichung keine Lösung.

Beispiel 4. Man löse die Ungleichung $x^2 + 6x + 15 > 0$. Wie in Beispiel 3 finden wir $(x + 3)^2 > -6$. Diese Ungleichung (§ 57, Fall 2.2) ist identisch erfüllt. Daher ist auch die ursprünglich gegebene Ungleichung identisch erfüllt.

§ 59. Die arithmetische Folge

Unter einer arithmetischen Folge versteht man eine Zahlenfolge, bei der die Differenz zwischen zwei aufeinanderfolgenden Gliedern konstant bleibt. Diese konstante Differenz bezeichnet man als Differenz der Folge.

Beispiel 1. Die natürliche Zahlenreihe bietet ein Beispiel für eine arithmetische Folge mit der Differenz 1.

Beispiel 2. Die Folge der Zahlen 10, 8, 6, 4, 2, 0, -2, -4, ... ist ebenfalls eine arithmetische Folge mit der Differenz -2.
Das allgemeine Glied einer arithmetischen Folge erhält man mit Hilfe der Formel

$$a_n = a_1 + d(n - 1)$$

(a_1 erstes Glied der Folge, d Differenz der Folge, n Index des betrachteten Glieds).
Die Summe der ersten n Glieder einer arithmetischen Folge erhält man aus der Formel

$$s_n = \frac{(a_1 + a_n) \cdot n}{2}.$$

Beispiel 3. In der Folge 12, 15, 18, 21, 24, ... ist das zehnte Glied $a_{10} = 12 + 3 \cdot 9 = 39$.
Die Summe der ersten zehn Glieder ist gleich

$$s_{10} = \frac{(a_1 + a_{10}) \, 10}{2} = \frac{(12 + 39) \, 10}{2} = 255.$$

Beispiel 4. Die Summe aller ganzen Zahlen von 1 bis 100 ist gleich $\frac{(1 + 100) \, 100}{2} = 5050.$

§ 60. Die geometrische Folge

Unter einer geometrischen Folge versteht man eine Zahlenfolge, bei der das Verhältnis zwischen zwei aufeinanderfolgenden Gliedern konstant ist. Dieses konstante Verhältnis heißt Quotient der Folge.

Beispiel 1. Die Zahlen 5, 10, 20, 40, ... bilden eine geometrische Folge mit dem Quotienten 2.

Beispiel 2. Die Zahlen 1, 0,1, 0,001, ... bilden eine geometrische Folge mit dem Quotienten 0,1.
Eine geometrische Reihe heißt *wachsend*, wenn der Absolutbetrag

ihres Quotienten größer als 1 ist (wie in Beispiel 1), sie heißt *abnehmend*, wenn dieser Absolutbetrag kleiner als 1 ist (wie in Beispiel 2).

Bemerkung. Der Quotient einer geometrischen Folge kann auch negativ sein. Geometrische Folgen mit negativem Quotienten haben jedoch geringe praktische Bedeutung.

Das allgemeine Glied einer geometrischen Folge erhält man durch die Formel

$$a_n = a_1 q^{n-1} \tag{1}$$

(a_1 erstes Glied, q Quotient der Folge, n Index des betrachteten Gliedes).

Die Summe der ersten n Glieder einer geometrischen Folge (deren Quotient ungleich 1 ist) erhält man durch die Formel

$$s_n = \frac{a_n q - a_1}{q - 1} = \frac{a_1 - a_n q}{1 - q}, \tag{2}$$

wobei der erste Ausdruck günstiger ist, wenn die Folge wachsend ist, der zweite, wenn die Folge abnehmend ist.

Wenn $q = 1$, so sind alle Glieder der Folge gleich, und an Stelle von (2) haben wir: $s_n = na_1$.

Beispiel 3. In der geometrischen Folge 5, 10, 20, 40, ... ist das zehnte Glied $a_{10} = 5 \cdot 2^9 = 5 \cdot 512 = 2560$. Die Summe der ersten zehn Glieder ist

$$s_{10} = \frac{a_{10} \cdot 2 - a_1}{2 - 1} = 5115.$$

Als Summe einer unendlichen abnehmenden geometrischen Folge bezeichnet man jene Zahl, der sich bei unbeschränkter Vergrößerung von n die Summe der ersten n Glieder unbegrenzt nähert.

Die Summe einer unendlichen abnehmenden Folge erhält man durch die Formel

$$s = \frac{a_1}{1 - q}.$$

Beispiel 4. Die Summe der unendlichen geometrischen Folge $\frac{1}{2}, \frac{1}{4}, \frac{1}{8}, \dots \left(a_1 = \frac{1}{2}, q = \frac{1}{2}\right)$ ist gleich $\dfrac{\frac{1}{2}}{1 - \frac{1}{2}} = 1$, d. h., die Summe $\frac{1}{2} + \frac{1}{2^2} + \cdots + \frac{1}{2^n}$ nähert sich bei unbegrenzter Vergrößerung von n dem Wert 1.

§ 61. Negative und gebrochene Zahlen und die Zahl Null als Exponenten von Potenzen

Unter der Bildung der n-ten Potenz einer Zahl verstand man ursprünglich, daß man diese Zahl n-mal zum Faktor nimmt. Von diesem Standpunkt aus ist ein Ausdruck wie 9^{-2} oder $9^{1\frac{1}{2}}$ sinnlos, da man die Zahl 9 nicht „minus zwei"-mal oder $1\frac{1}{2}$ mal als Faktor nehmen kann. Nichtsdestoweniger haben diese Ausdrücke in der Mathematik eine bestimmte Bedeutung. 9^{-2} bedeutet dasselbe wie $\frac{1}{9^2}$, $9^{1\frac{1}{2}}$ dasselbe wie $\sqrt{9^3} = \left(\sqrt{9}\right)^3 = 27$ usw. Hier vollzog sich eine Verallgemeinerung des Begriffs einer mathematischen Operation, wie sie ständig anzutreffen ist. Ein Beispiel für eine bereits früher erfolgte Verallgemeinerung dieser Art bietet die Multiplikation mit gebrochenen Faktoren. Man braucht nicht unbedingt Brüche oder negative Zahlen einzuführen. Aber dann läßt sich die Lösung von Problemen bestimmter Art nicht durch eine einheitliche Regel beschreiben, sondern man benötigt dazu mehrere verschiedene Regeln. Die Probleme, von denen wir sprechen, gehören fast alle zur höheren Mathematik. Daher können wir kaum konkrete Beispiele dafür angeben. Mit einem dieser Probleme befaßt man sich jedoch auch eingehend in der elementaren Mathematik, nämlich mit dem Logarithmieren (s. § 62). Wir bemerken, daß die Theorie der Logarithmen, die heute untrennbar mit dem verallgemeinerten Begriff der Potenz verbunden ist, im Laufe des gesamten Jahrhunderts nach ihrer Entdeckung (an der Wende zwischen dem 16. und dem 17. Jahrhundert) ohne Brüche und ohne negative Zahlen auskam. Ebenso verhält es sich mit den erwähnten Problemen der höheren Mathematik. Erst im 17. Jahrhundert ergab sich infolge der Kompliziertheit und des Umfangs neuer Probleme die dringliche Notwendigkeit für eine Verallgemeinerung des Potenzbegriffs.

1. Definition der negativen Potenzen.[1]) *Die Potenz einer beliebigen Zahl mit (ganzem) negativem Exponenten bedeutet den Reziprokwert der Potenz dieser Zahl mit einem positiven Exponenten, der gleich dem Absolutbetrag des negativen Exponenten ist, d. h.,*

$$a^{-m} = \frac{1}{a^m}.$$

Beispiele. $2^{-3} = \frac{1}{2^3} = \frac{1}{8}$; $\left(\frac{3}{4}\right)^{-2} = 1 : \left(\frac{3}{4}\right)^2 = \frac{16}{9}$;

$$(-4)^{-3} = 1 : (-4)^3 = -\frac{1}{64}.$$

Die Gleichung $a^{-m} = \frac{1}{a^m}$ gilt sowohl für positive als auch für negative Zahlen m. Wählte man zum Beispiel $m = -5$, so ist $-m = +5$, und unsere Formel lautet $a^5 = \frac{1}{a^{-5}}$, in Übereinstimmung mit der vorangehenden Definition.

Beim Rechnen mit negativen Exponenten gelten dieselben Regeln wie beim Rechnen mit positiven Exponenten. Darüber hinaus gelten

---

[1]) Die Ausdrücke „negative Potenzen" und „gebrochene Potenzen" bedeuten Potenzen mit negativen bzw. gebrochenen Exponenten.

erst nach Einführung der negativen Potenzen die Regeln für das Rechnen mit positiven Potenzen in voller Allgemeinheit.

So ist nun zum Beispiel die Formel $a^m : a^n = a^{m-n}$ (s. I, 25) nicht nur für $m > n$ anwendbar, sondern auch für $m < n$.

Beispiel. $a^5 : a^8 = a^{5-8} = a^{-3}$. In der Tat gilt nach Definition $a^{-3} = \dfrac{1}{a^3}$. Damit die Formel $a^{m-n} = a^m : a^n$ allgemeingültig wird, muß sie auch für $m = n$ erklärt sein. Zu diesem Zwecke dient die folgende Definition.

2. Definition der Potenz mit Exponenten Null. *Unter einer Potenz mit Exponenten Null einer von Null verschiedenen Zahl versteht man die Zahl 1[1]).*

Beispiele. $3^0 = 1$; $(-3)^0 = 1$; $\left(-\dfrac{2}{3}\right)^0 = 1$; $a^5 : a^5 = a^0 = 1$.

3. Definition der gebrochenen Potenzen. *Die Potenz einer (reellen) Zahl mit gebrochenem Exponenten $\dfrac{m}{n}$ bedeutet die n-te Wurzel aus der m-ten Potenz dieser Zahl.* Über gebrochene Potenzen von komplexen Zahlen siehe I, 48.

Beispiele. $9^{\frac{3}{2}} = \sqrt{9^3} = 27$;

$$\left(\frac{8}{27}\right)^{1\frac{1}{3}} = \left(\frac{8}{27}\right)^{\frac{4}{3}} = \sqrt[3]{\left(\frac{8}{27}\right)^4} = \frac{16}{81};$$

$$3^{2\frac{1}{2}} = 3^{\frac{5}{2}} = \sqrt{243} \approx 15{,}58.$$

Bemerkung 1. Die Basis a darf auch negativ sein. Die gebrochene Potenz dieser Zahl braucht dann aber nicht mehr reell zu sein. Zum Beispiel gilt

$$(-2)^{\frac{3}{4}} = \sqrt[4]{(-2)^3} = \sqrt[4]{-8}.$$

Die Wurzel $\sqrt[4]{-8}$ kann keine reelle Zahl sein.

In der elementaren Mathematik betrachtet man meist nur positive Basen von gebrochenen Potenzen.

Bemerkung 2. Wie bei den ganzen Exponenten betrachtet man auch hier positive und negative gebrochene Exponenten. Die negativen Exponenten sind nicht weniger wichtig als die positiven. Zum Erlernen des logarithmischen Rechnens ist es notwendig, daß man sich durch möglichst viel Übung die Bedeutung der negativen und gebrochenen Potenzen klar macht.

———————

[1]) Der Ausdruck 0^0 ist wie der Ausdruck $\dfrac{0}{0}$ unbestimmt.

Beispiele. $9^{-\frac{3}{2}} = 1 : 9^{\frac{3}{2}} = \dfrac{1}{27}$;

$$\left(\frac{8}{27}\right)^{-1\frac{2}{3}} = 1 : \left(\frac{8}{27}\right)^{1\frac{2}{3}} = \frac{243}{32};$$

$$3^{-2\frac{1}{2}} = 1 : 3^{2\frac{1}{2}} = \frac{1}{\sqrt{243}} \approx 0{,}0642.$$

Für das Rechnen mit gebrochenen Potenzen gelten unverändert alle bisherigen Regeln. So gilt zum Beispiel die Regel

$$a^m \cdot a^n = a^{m+n} \text{ usw.}$$

Beispiel. $a^{\frac{5}{7}} \cdot a^{-\frac{3}{7}} = a^{\frac{2}{7}}$. In der Tat gilt $a^{\frac{5}{7}} = \sqrt[7]{a^5}$; $a^{-\frac{3}{7}} = 1 : \sqrt[7]{a^3}$; $a^{\frac{2}{7}} = \sqrt[7]{a^2}$, so daß unser Ausdruck übergeht in $\sqrt[7]{a^5} \, \dfrac{1}{\sqrt[7]{a^3}} = \sqrt[7]{a^2}$, was richtig ist (s. I, 26, Regel 4).

§ 62. Das Wesentliche der logarithmischen Methode; das Aufstellen von Logarithmentafeln

Multiplizieren, Dividieren, Potenzieren und Wurzelziehen sind Operationen, die meist viel schwieriger durchzuführen sind als Addieren und Subtrahieren, besonders dann, wenn es sich um mehrstellige Zahlen handelt. Ein vordringlicher Bedarf an solchen Operationen entstand im 16. Jahrhundert durch die Entwicklung der Seefahrt, hervorgerufen durch die Vervollkommnung der astronomischen Beobachtungen und Berechnungen. Im Zusammenhang mit astronomischen Berechnungen entstand auch an der Wende zwischen dem 16. und dem 17. Jahrhundert die logarithmische Rechenmethode („Logarithmenrechnung“).
Heute wendet man diese Methode überall dort an, wo man es mit mehrstelligen Zahlen zu tun hat. Sie ist bereits beim Rechnen mit vierstelligen Zahlen sehr geeignet und wird überhaupt unentbehrlich, wenn man bis zur fünften Stelle genau rechnen soll. Eine größere Genauigkeit ist in der Praxis selten erforderlich.
Der Wert des Logarithmenrechnens besteht darin, daß man durch sie die Multiplikation und Division von Zahlen auf eine Addition oder eine Subtraktion zurückführen kann, also auf Operationen, die weniger kompliziert sind. Auch das Potenzieren und das Wurzelziehen (sowie eine Reihe von anderen Rechnungen, zum Beispiel trigonometrische) lassen sich dadurch beträchtlich vereinfachen.
Wir erklären den Grundgedanken der Methode an einigen Beispielen. Angenommen, man möchte 10000 mit 100000 multiplizieren. Wir führen diese Rechnung natürlich nicht nach dem Schema für die Multiplikation von mehrstelligen Zahlen durch. Wir zählen einfach die Nullen im ersten (4) und im zweiten Faktor (5) ab, addieren deren

Anzahlen und schreiben sogleich das Produkt 1000000000 hin (9 Nullen). Die Berechtigung für dieses Vorgehen liegt darin, daß die Faktoren (ganze) Potenzen von 10 sind: Man multipliziert 10^4 mit 10^5. Dabei werden die Exponenten der Potenzen addiert. Genau so verkürzt man auch die Division von Potenzen von 10 (bei der Division subtrahiert man einen Exponenten vom anderen). Aber so rechnen kann man nur mit wenigen Zahlen. Im Bereich der ersten Million kann man zum Beispiel nur bei sechs Zahlen so vorgehen (die 1 nicht mitgerechnet), nämlich bei 10, 100, 1000, 10000, 100000 und 1000000. Die Anzahl der Zahlen, mit denen man auf diese Weise rechnen kann, wird erheblich größer, wenn man nicht mit der Basis 10 arbeitet, sondern mit einer kleineren Basis. Wir wählen zum Beispiel als Basis die Zahl 2 und stellen die ersten zwölf Potenzen in einer Tabelle dar.

Tab. 1

Exponent (Logarithmus)	1	2	3	4	5	6	7	8	9	10	11	12
Potenz (Zahl)	2	4	8	16	32	64	128	256	512	1024	2048	4096

Die Zahlen über dem Strich (die Exponenten der Potenzen) nennen wir nun *Logarithmen*. Die Zahlen unter dem Strich nennen wir einfach weiterhin *Zahlen*.

Zur Multiplikation von zwei Zahlen unter dem Strich genügt es, wenn man die zwei Zahlen über ihnen über dem Strich addiert. Zum Beispiel wollen wir das Produkt aus 32 und 64 bestimmen. Wir addieren dazu die über 32 und 64 stehenden Zahlen 5 und 6: $5 + 6 = 11$. Unter der Zahl 11 finden wir das Ergebnis 2048. Wollen wir 4096 durch 256 dividieren, so wählen wir die darüber stehenden Zahlen 12 und 8 und subtrahieren: $12 - 8 = 4$. Unter der Zahl 4 finden wir die Antwort: 16. Verlängert man die Tabelle (Tab. 1) nach links, indem man auch 0 und negative ganze Zahlen als Exponenten zuläßt, so lassen sich auch Divisionen von Zahlen durch größere Zahlen durchführen.

Obwohl unter den Potenzen von 2 weit mehr Zahlen vorkommen als unter den Potenzen von 10, mit denen man nach dem angegebenen Verfahren arbeiten kann, findet man unter dem Strich unserer Tabelle doch noch sehr wenige Zahlen vor. Daher hat eine derartige Tabelle keine praktische Bedeutung. Nimmt man als Basis jedoch eine Zahl, die weit näher bei 1 liegt als die Zahl 2, so wird dieser Mangel kaum mehr spürbar.

Wir nehmen zum Beispiel als Basis die Zahl 1,00001. Zwischen 1 und 100000 liegen nun mehr als eine Million (1151292) aufeinander folgende Potenzen dieser Zahl. Runden wir die Werte dieser Potenzen ab und behalten sechs richtige Stellen bei, so erhalten wir unter den gerundeten Resultaten alle ganzen Zahlen zwischen 1 und 100000. Dies sind zwar nur Näherungswerte für die Potenzen. Da wir uns aber bei der Multiplikation oder Division von fünfstelligen

Zahlen höchstens für die ersten fünf Stellen des Ergebnisses interessieren, erlaubt eine entsprechende Tabelle die Multiplikation und Division von fünfstelligen Zahlen und damit auch von Dezimalzahlen mit fünf signifikanten Ziffern.

Auf diese Art wurden tatsächlich die ersten Logarithmentafeln geschaffen[1]), was jahrelang unermüdliche Arbeit erforderte. Die heutigen Methoden der höheren Mathematik erfordern für dieselbe Arbeit nunmehr einige Monate. Dreihundert Jahre früher widmete man einer derartigen Arbeit ein ganzes Menschenleben. Später wurde jedoch diese Arbeitsleistung in tausenden Rechnungen unter Verwendung der ein für allemal erstellten Tafeln wiedergewonnen.

In der heutigen Zeit verwendet man bei den Logarithmentafeln die Basis 10, was für die Rechnung einer Reihe von Vorteilen bietet (da unser Zahlensystem auf die Zahl 10 aufgebaut ist). Dabei arbeitet man jedoch nicht nur mit ganzen, sondern auch mit gebrochenen Potenzen von 10.

Die Logarithmen der Zahlen auf der Basis 10 bezeichnet man als *Zehnerlogarithmen* oder als *dekadische Logarithmen*. Wenn man bereits eine auf der Basis 1,00001 beruhende Tabelle vorliegen hat, ist das Aufstellen der Tabelle der dekadischen Logarithmen nicht mehr sonderlich schwierig. Es sei etwa der dekadische Logarithmus von 3 zu bestimmen, das heißt, man möchte jene Zahl bestimmen, die man bei der Basis 10 als Exponenten wählen muß, damit sich die Zahl 3 ergibt. Aus einer Tabelle mit der Basis 1,00001 findet man:

$$10 \approx 1{,}00001^{230\,298}$$
$$3 \approx 1{,}00001^{105\,861}.$$

Bildet man auf beiden Seiten der ersten Näherungsgleichung die Potenz mit dem Exponenten $\dfrac{1}{230\,258}$, so ergibt sich $1{,}00001 \approx 10^{(1:230\,258)}$. Damit erhält die zweite Näherungsgleichung die Form $3 \approx 10^{(109\,861:230\,298)}$, d. h., der dekadische Logarithmus von 3 ist $0{,}47712$. Auf ähnliche Weise bestimmt man den dekadischen Logarithmus der übrigen Zahlen[2]).

§ 63. Die Haupteigenschaften des Logarithmus

Unter dem Logarithmus einer Zahl N zur Basis a versteht man den Exponenten der Potenz, die man von a nehmen muß, um die Zahl N zu erhalten.

---

[1]) Von dem Schweizer Mathematiker BÜRGI (um 1590) und unabhängig von BÜRGI etwas später von dem Schotten NEPER, der als Basis eine nahe bei 1 liegende Zahl verwendete, die aber kleiner als 1 ist.

[2]) Die Idee, eine Tabelle der dekadischen Logarithmen aufzustellen, stammt von NEPER und seinem englischen Mitarbeiter BRIGGS. Sie begannen gemeinsam mit der Umrechnung der früheren Tabellen von NEPER auf die Basis 10. Nach dem Tode von NEPER vollendete BRIGGS diese Arbeit (und veröffentlichte sie 1624). Der dekadische Logarithmus heißt daher oft auch BRIGGS*scher Logarithmus.* Gebrochene Potenzen wurden damals in der Mathematik noch nicht verwendet. NEPER und BRIGGS kamen jedoch ohne sie aus, da sie den Begriff des Logarithmus etwas anders als heute üblich definierten.

Bezeichnungsweise: $\log_a N = x$. Die Aussage $\log_a N = x$ ist gleichwertig mit der Aussage $a^x = N$.

Beispiele. $\log_2 8 = 3$, da $2^3 = 8$. $\log_{\frac{1}{2}} 16 = -4$, da $\left(\dfrac{1}{2}\right)^{-4} = 16$. $\log_{\frac{1}{2}} \left(\dfrac{1}{8}\right) = 3$, da $\left(\dfrac{1}{2}\right)^3 = \dfrac{1}{8}$.

Aus der Definition des Logarithmus folgt die Identität

$$a^{\log_a N} = N.$$

Beispiele. $2^{\log_2 8} = 8$, d. h. $2^3 = 8$; $5^{\log_5 25} = 25$; $10^{\lg N} = N$[1]). Die Zahlen a (*Basis des Logarithmus*) und N (*Zahl*) können ganz oder gebrochen sein (s. Beispiele). Sie müssen aber positiv sein, wenn wir unter dem Logarithmus eine reelle Zahl verstehen wollen.

Der Logarithmus selbst darf auch negativ sein. *In der Praxis sind negative Logarithmen genau so wichtig wie positive.*

Nimmt man als Basis für den Logarithmus eine Zahl größer als 1 (zum Beispiel die Zahl 10), so gehört zu der größeren von zwei Zahlen auch der größere Logarithmus. Die Logarithmen von Zahlen, die größer als 1 sind, sind positiv, die Logarithmen von Zahlen kleiner als 1 sind negativ. Der Logarithmus von 1 ist bei beliebiger Basis stets 0. Der Logarithmus der Basis selbst ist immer 1 (z. B. $\log_{10} 10 = 1$).[2])

Der Logarithmus eines Produkts ist gleich der Summe der Logarithmen der Faktoren:

$$\log (ab) = \log a + \log b.$$

Der Logarithmus eines Quotienten ist gleich dem Logarithmus des Dividenden weniger dem Logarithmus des Divisors:

$$\log \frac{a}{b} = \log a - \log b.$$

Der Logarithmus einer Potenz ist gleich dem Produkt aus dem Exponenten dieser Potenz mit dem Logarithmus der Basis:

$$\log a^m = m \log a.$$

Der Logarithmus einer Wurzel ist gleich dem Quotienten aus dem Logarithmus des Radikanden und dem Exponenten der Wurzel:

$$\log \sqrt[m]{a} = \frac{\log a}{m}$$

$$\left(\text{da } \sqrt[m]{a} = a^{\frac{1}{m}}\right).$$

---

[1]) Das Symbol lg ohne Angabe einer Basis bezeichnet den dekadischen Logarithmus, das Symbol log ohne Angabe einer Basis den Logarithmus mit beliebiger Basis (die im Bereich einer Formel natürlich dieselbe bleiben muß).

[2]) Als Basis a darf man nicht die Zahl 1 wählen. Für diese Zahl hat keine von 1 verschiedene Zahl einen Logarithmus, während für 1 selbst jede Zahl als Logarithmus dient.

Warnung. Der Logarithmus einer Summe ist nicht gleich der Summe der Logarithmen. Man darf statt $\log (a + b)$ *nicht* $\log a + \log b$ schreiben. Dies ist ein häufig begangener Fehler.

Logarithmieren heißt, daß man den Logarithmus eines Ausdrucks durch die Logarithmen der in ihm enthaltenen Größen ausdrückt.

Beispiele zum Logarithmieren.

1. $\log \dfrac{2a^2b}{\sqrt[3]{m^2}} = \log \left(2a^2bm^{-\frac{2}{3}}\right) = \log 2 + 2 \log a + \log b - \dfrac{2}{3} \log m;$

2. $x = \dfrac{14{,}352 \cdot \sqrt{0{,}20600}}{185{,}06 \cdot 43110^2};$ $\quad \lg x = \lg 14{,}352 + \dfrac{1}{2} \lg 0{,}20600$

$\quad - \lg 185{,}06 - 2 \lg 43110.$

Aus einer Tabelle der dekadischen Logarithmen finden wir $\lg 14{,}352$, $\lg 0{,}20600$ usw. und berechnen daraus die rechte Seite unserer Gleichungen. Dies liefert $\lg x$. Hierauf bestimmen wir mit der Hilfe der Tabelle die Zahl x aus ihrem Logarithmus. Siehe dazu auch I, 67—70.

§ 64. Der natürliche Logarithmus; die Zahl e

Für die Anwendung in der Praxis ist der Logarithmus auf der Basis 10 am besten geeignet. Für theoretische Untersuchungen eignet sich jedoch besser eine andere Basis, nämlich die irrationale Zahl $e = 2{,}71828183$ (auf acht Stellen genau). Diese auf den ersten Blick erstaunliche Tatsache kann man nur in der höheren Mathematik erklären. Hier wollen wir nur zeigen, woher man diese Zahl erhält. Man findet sie im engen Zusammenhang mit dem Verfahren zur Berechnung des Logarithmus, das in § 62 erklärt wurde. Wenn wir als Basis die Zahl $1 + \dfrac{1}{n}$ wählen, die sehr nahe bei 1 liegen möge, zum Beispiel $1{,}00001$ ($n = 100000$), so erhalten wir für kleine Zahlen bereits ungeheuer große Logarithmen, für die Zahl 3 zum Beispiel den Logarithmus 109861. Damit dieser Logarithmus dieselbe Größenordnung erhält wie die Zahl 3, muß man die Basis n-mal mit sich selbst multiplizieren. Der Logarithmus ergibt sich dann zu $1{,}09861$. Die Zahl 3 erhält also den Logarithmus $1{,}09861$, wenn man als Basis nicht $1 + \dfrac{1}{n}$ sondern $\left(1 + \dfrac{1}{n}\right)^n$ verwendet. Tatsächlich erhalten wir nämlich

$$3 = (1{,}00001)^{109861} = 1{,}00001^{100000 \cdot 1{,}09861} = (1{,}00001^{100000})^{1{,}09861}.$$

Bei einer Genauigkeit von acht Stellen finden wir für die Größe $1{,}00001^{100000}$ die Zahl:

$$\left(1 + \frac{1}{n}\right)^n = 2{,}71826763 \quad (n = 100000).$$

Diese Zahl liegt schon nahe bei e. Die ersten fünf Ziffern stimmen bereits mit den ersten fünf Ziffern von e überein. Hätte man als Basis nicht 1,00001 genommen, sondern eine Zahl, die noch näher bei 1 liegt, etwa 1,000001, d. h., hätte man $n = 1000000$ gesetzt, so hätte man wie früher gefunden, daß eine geeignetere Basis durch die Zahl

$$\left(1 + \frac{1}{n}\right)^n = 1{,}000001^{1\,000\,000}$$

gegeben ist. Diese Zahl ist mit einer Genauigkeit bis zu acht Stellen gleich 2,71828047. Sie hat dieselben ersten sechs Ziffern wie die Zahl e, und in der siebenten Ziffer unterscheidet sie sich davon nur um 1. Je größer man n wählt, um so weniger unterscheidet sich die Zahl $\left(1 + \frac{1}{n}\right)^n$ von der Zahl e. Mit anderen Worten, *bei unbeschränkter Vergrößerung von n strebt $\left(1 + \frac{1}{n}\right)^n$ gegen den Grenzwert e*. Dies ist zugleich die Definition der Zahl e. Wir sahen, daß die Basis $1 + \frac{1}{n}$ und damit auch $\left(1 + \frac{1}{n}\right)^n$ eine um so genauere Berechnung der Logarithmen aller Zahlen erlaubt, je größer die Zahl n ist. Man darf daher erwarten, daß zu diesem Zwecke der Grenzwert, gegen den $\left(1 + \frac{1}{n}\right)^n$ bei unbeschränkter Vergrößerung von n strebt, d. h. also die Zahl e, am geeignetsten sein wird. So verhält es sich auch in Wirklichkeit. Die Berechnung der Logarithmen zur Basis e läßt sich schneller durchführen als bei jeder anderen Wahl einer Basis. Ein Verfahren zur Berechnung dieser Logarithmen wird in der höheren Mathematik beschrieben.

Die Zahl e findet man als Dezimalbruch mit beliebig hoher Genauigkeit. In den Tabellen findet man Näherungswerte für e, die allen je in der Praxis geforderten Genauigkeitsgraden gerecht werden. In Wirklichkeit ist e keine rationale Zahl und läßt sich daher mit vollkommener Genauigkeit nicht als Dezimalbruch darstellen. Darüber hinaus ist die Zahl e nicht nur irrational, sondern auch transzendent (s. I, 27).

Die Logarithmen auf der Basis e nennt man *natürliche Logarithmen*. Manchmal bezeichnet man sie (historisch nicht gerechtfertigt) als NEPERsche Logarithmen.

Bezeichnungsweise. Anstelle von $\log_e x$ schreibt man $\ln x$ (das Zeichen ln ist die Abkürzung für „logarithmus naturalis").

Beispiel. $\ln 3 = 1{,}09861$.

Zur Berechnung des natürlichen Logarithmus einer Zahl N aus ihrem dekadischen Logarithmus muß man den dekadischen Logarithmus der Zahl N durch den dekadischen Logarithmus der Zahl e dividieren (der letztere ist gleich 0,43429 ...):

$$\ln N = \frac{\lg N}{\lg e} \approx \frac{\lg N}{0{,}43429} \approx 2{,}30259 \lg N.$$

Die Größe $\lg e = 0{,}43429$ heißt *Modul des dekadischen Logarithmus*. Wir bezeichnen sie durch M. Es gilt also

$$\ln N = \frac{1}{M} \lg N \,{}^{1)}.$$

Beispiel. Aus einer Tabelle für dekadische Logarithmen findet man $\lg 2 = 0{,}30103$. Daraus folgt

$$\ln 2 = \frac{1}{M} \cdot 0{,}30103 = 0{,}69315.$$

Zur Berechnung des dekadischen Logarithmus einer Zahl N aus ihrem natürlichen Logarithmus muß man den natürlichen Logarithmus dieser Zahl mit dem Modul des dekadischen Logarithmus $M = \lg e$ multiplizieren:

$$\lg N = \lg e \ln N = M \ln N \approx 0{,}43429 \ln N.$$

Beispiel. $\ln 3 = 1{,}09861$. Daraus folgt $\lg 3 = M \cdot 1{,}09861 = 0{,}47712$.

Zur Erleichterung der Multiplikation mit M und $\frac{1}{M}$ hat man Tabellen angelegt, die die Produkte von M und $\frac{1}{M}$ mit allen einstelligen oder sogar allen zweistelligen Faktoren enthalten. Wir geben hier eine Tabelle an, in der die Produkte von M und $\frac{1}{M}$ mit allen einstelligen Zahlen enthalten sind.

	Vielfaches von M	Vielfaches von $\frac{1}{M}$
1	0,43429	2,30259
2	0,86859	4,60517
3	1,30288	6,90776
4	1,73718	9,21034
5	2,17147	11,51293
6	2,60577	13,81551
7	3,04006	16,11810
8	3,47436	18,42068
9	3,90865	20,72327

---

[1]) Die angegebene Regel für die Umrechnung des dekadischen Logarithmus in den natürlichen und umgekehrt ist ein Sonderfall der allgemeineren Formel

$$\log_a N = \log_b N \cdot \log_a b; \quad \log_a N = \frac{\log_b N}{\log_b a},$$

die es erlaubt, vom Logarithmus einer Zahl N auf der Basis b zum Logarithmus derselben Zahl auf der Basis a überzugehen. Die zweite Formel lautet für $N = b$

$$\log_a b = \frac{1}{\log_b a}.$$

§ 65. Die dekadischen Logarithmen

Im folgenden bezeichnen wir die dekadischen Logarithmen einfach als Logarithmen.

Der Logarithmus von 1 ist gleich 0.

Die Logarithmen der Zahlen 10, 100, 1 000 usw. sind gleich 1, 2, 3 usw., d. h., sie haben so viele positive Einheiten wie Nullen hinter der 1 stehen.

Die Logarithmen der Zahlen 0,1; 0,01; 0,001 usw. sind gleich —1, —2, —3 usw., sie haben so viele negative Einheiten wie Nullen vor der 1 stehen (die Null vor dem Komma mitgerechnet).

Die Logarithmen der übrigen Zahlen haben einen gebrochenen Anteil, den man als *Mantisse* bezeichnet. Der ganzzahlige Teil des Logarithmus heißt *Charakteristik* oder *Kennziffer*.

Zahlen, die größer als 1 sind, haben positive Logarithmen. Positive Zahlen, die kleiner als 1 sind, haben negative Logarithmen[1]).

Zum Beispiel[2]) gilt lg 0,5 = —0,301 03, log 0,005 = —2,301 03.

Die negativen Logarithmen stellt man zur größeren Bequemlichkeit beim Aufsuchen nicht in der früher angegebenen „natürlichen" Form (Zahl neben Logarithmus) dar, sondern in einer „künstlichen" Form. In dieser Form haben die negativen Logarithmen eine positive Mantisse und eine negative Kennziffer.

Zum Beispiel, lg 0,005 = $\bar{3}$,698 97. Diese Schreibweise bedeutet, daß lg 0,005 = —3 + 0,698 97 = —2,301 03 gilt.

Zur Übertragung der negativen Logarithmen aus der natürlichen in die künstliche Form muß man: 1. den Absolutbetrag der Kennziffer um 1 erhöhen, 2. die erhaltene Zahl mit einem Minuszeichen oder der ersten Ziffer versehen, 3. die Differenz zwischen der Mantisse und 1 als neue Mantisse anschreiben.

Beispiel 1. lg 0,05 = —1,301 03. Wir führen dies über in die künstliche Form: 1. Wir erhöhen den Absolutbetrag der Kennziffer (1) um 1 und erhalten 2. 2. Wir schreiben die Kennziffer der künstlichen Form als $\bar{2}$. 3. Wir ziehen 0,301 03 von 1 ab und erhalten 0,698 97. Die künstliche Form lautet daher $\bar{2}$,698 97.

Beispiel 2. Man stelle —0,183 50 in künstlicher Form dar: 1. Wir vergrößern den Absolutbetrag der Mantisse um 1 und erhalten 1. 2. Wir schreiben $\bar{1}$ an. 3. Wir ziehen 0,183 50 von 1 ab und erhalten 0,816 50. Die künstliche Form des Logarithmus ist daher $\bar{1}$,816 50.

Bei der Übertragung der negativen Logarithmen aus der künstlichen Form in die natürliche muß man: 1. den Absolutbetrag der Kennziffer um eine Einheit vermindern; 2. die erhaltene Zahl mit negativem Vorzeichen nehmen; 3. mit der Mantisse genauso verfahren wie im vorhergehenden Fall.

Beispiel 3. $\bar{4}$,689 00 sei in natürlicher Form zu schreiben: 1. 4—1 = 3; 2. Wir haben —3; 3. Wir ziehen 0,689 00 von 1 ab und erhalten 0,311 00. Die natürliche Form lautet daher —3,311 00.

---

[1]) Negative Zahlen haben überhaupt keine reellen Logarithmen.
[2]) Alle folgenden Gleichungen gelten nur näherungsweise mit einer Genauigkeit bis auf die halbe Einheit der letzten angeschriebenen Stelle.

Tabelle 3.   Dekadische Logarithmen

N.	0	1	2	3	4	5	6	7	8	9	1	2	3	4	5	6	7	8	9
								Mantisse							Korrektur				
10	0000	0043									4	9	13	17	22	26	30	35	39
			0086	0128	0170						4	9	13	17	21	25	30	34	38
						0212	0253				4	8	12	16	21	25	29	33	37
								0294	0334	0374	4	8	12	16	20	24	28	32	36
11	0414	0453	0492								4	8	12	16	20	24	27	31	35
				0531	0569	0607					4	8	11	15	19	23	27	30	34
							0645	0682	0719	0755	4	7	11	15	18	22	26	29	33
12	0792	0828	0864	0899	0934						3	7	11	14	18	21	25	28	32
						0969					3	7	11	14	17	21	24	28	31
							1004	1038	1072	1106	3	7	10	14	17	20	24	27	30
13	1139	1173									3	7	10	13	17	20	23	27	30
			1206	1239	1271	1303	1335				3	6	10	13	16	19	22	26	29
								1367	1399	1430	3	6	9	13	16	19	22	25	28
14	1461	1492									3	6	9	13	16	19	22	25	28
			1523	1553	1584	1614	1644	1673			3	6	9	12	15	18	21	24	27
									1703	1723	3	6	9	11	14	17	20	23	26
15	1761	1790	1818	1847	1875	1903	1931				3	6	9	11	14	17	20	23	26
								1959	1987	2014	3	5	8	11	14	16	19	22	25
16	2041	2068	2095	2122	2148	2175	2201	2227			3	5	8	11	13	16	19	21	24
									2253	2279	3	5	8	10	13	15	18	20	23

Tabelle 3 (Fortsetzung)

N	0	1	2	3	4	5	6	7	8	9	1	2	3	4	5	6	7	8	9
				Mantisse										Korrektur					
17	2304	2330	2355	2380	2405	2430					3	5	8	10	13	15	18	20	23
							2455	2480	2504	2529	2	5	7	10	12	15	17	19	22
18	2553	2577	2601	2625	2648	2672	2695	2718	2742	2765	2	5	7	9	12	14	16	19	21
											2	5	7	9	11	13	16	18	20
19	2788	2810	2833	2856	2878	2900					2	4	7	9	11	14	16	18	20
							2923	2945	2967	2989	2	4	6	8	11	13	15	17	19
20	3010	3032	3054	3075	3096						2	4	6	8	11	13	15	17	19
						3118	3139	3160	3181	3201	2	4	6	8	10	12	14	17	19
21	3222	3243	3263	3284	3304	3324	3345	3365	3385	3404	2	4	6	8	10	12	14	16	18
22	3424	3444	3464	3483	3502	3522	3541	3560	3579	3598	2	4	6	8	10	12	14	15	17
23	3617	3636	3655	3674	3692	3711	3729	3747	3766	3784	2	4	6	7	9	11	13	15	17
24	3802	3820	3838	3856	3874	3892	3909	3927	3945	3962	2	4	5	7	9	11	12	14	16
25	3979	3997	4014	4031	4048	4065	4082	4099	4116	4133	2	3	5	7	9	10	12	14	15
26	4150	4166	4183	4200	4216	4232	4249	4265	4281	4298	2	3	5	7	8	10	11	13	15
27	4314	4330	4346	4362	4378	4393	4409	4425	4440	4456	2	3	5	6	8	9	11	13	14
28	4472	4487	4502	4518	4533	4548	4564	4579	4594	4609	2	3	5	6	8	9	11	12	14
29	4624	4639	4654	4669	4683	4698	4713	4728	4742	4757	1	3	4	6	7	9	10	12	13
30	4771	4786	4800	4814	4829	4843	4857	4871	4886	4900	1	3	4	6	7	9	10	11	13
31	4914	4928	4942	4955	4969	4983	4997	5011	5024	5038	1	3	4	6	7	8	10	11	12

N	0	1	2	3	4	5	6	7	8	9
32	5051	5065	5079	5092	5105	5119	5132	5145	5159	5172
33	5185	5198	5211	5224	5237	5250	5263	5276	5289	5302
34	5315	5328	5340	5353	5366	5378	5391	5403	5416	5428
35	5441	5453	5465	5478	5490	5502	5514	5527	5539	5551
36	5563	5575	5587	5599	5611	5623	5635	5647	5658	5670
37	5682	5694	5705	5717	5729	5740	5752	5763	5775	5786
38	5798	5809	5821	5832	5843	5855	5866	5877	5888	5899
39	5911	5922	5933	5944	5955	5966	5977	5988	5999	6010
40	6021	6031	6042	6053	6064	6075	6085	6096	6107	6117
41	6128	6138	6149	6160	6170	6180	6191	6201	6212	6222
42	6232	6243	6253	6263	6274	6284	6294	6304	6314	6325
43	6335	6345	6355	6365	6375	6385	6395	6405	6415	6425
44	6435	6444	6454	6464	6474	6484	6493	6503	6513	6522
45	6532	6542	6551	6561	6571	6580	6590	6599	6609	6618
46	6628	6637	6646	6656	6665	6675	6684	6693	6702	6712
47	6721	6730	6739	6749	6758	6767	6776	6785	6794	6803
48	6812	6821	6830	6839	6848	6857	6866	6875	6884	6893
49	6902	6911	6920	6928	6937	6946	6955	6964	6972	6981
50	6990	6998	7007	7016	7024	7033	7042	7050	7059	7067
51	7076	7084	7093	7101	7110	7118	7126	7135	7143	7152
52	7160	7168	7177	7185	7193	7202	7210	7218	7226	7235
53	7243	7251	7259	7267	7275	7284	7292	7300	7308	7316
54	7324	7332	7340	7348	7356	7364	7372	7380	7388	7396

Proportional parts:

N	1	2	3	4	5	6	7	8	9
32	1	3	4	5	7	8	9	11	12
33	1	3	4	5	6	8	9	10	12
34	1	3	4	5	6	8	9	10	11
35	1	2	4	5	6	7	9	10	11
36	1	2	4	5	6	7	8	10	11
37	1	2	3	5	6	7	8	9	10
38	1	2	3	5	6	7	8	9	10
39	1	2	3	4	5	7	8	9	10
40	1	2	3	4	5	6	8	9	10
41	1	2	3	4	5	6	7	8	9
42	1	2	3	4	5	6	7	8	9
43	1	2	3	4	5	6	7	8	9
44	1	2	3	4	5	6	7	8	9
45	1	2	3	4	5	6	7	8	9
46	1	2	3	4	5	6	7	7	8
47	1	2	3	4	5	5	6	7	8
48	1	2	3	4	4	5	6	7	8
49	1	2	3	4	4	5	6	7	8
50	1	2	3	3	4	5	6	7	8
51	1	2	3	3	4	5	6	7	8
52	1	2	2	3	4	5	6	7	7
53	1	2	2	3	4	5	6	6	7
54	1	2	2	3	4	5	6	6	7

Tabelle 3 (Fortsetzung)

N	Mantisse										Korrektur								
	0	1	2	3	4	5	6	7	8	9	1	2	3	4	5	6	7	8	9
55	7404	7412	7419	7427	7435	7443	7451	7459	7466	7474	1	2	2	3	4	5	5	6	7
56	7482	7490	7497	7505	7513	7520	7528	7536	7543	7551	1	2	2	3	4	5	5	6	7
57	7559	7566	7574	7582	7589	7597	7604	7612	7619	7627	1	2	2	3	4	5	5	6	7
58	7634	7642	7649	7657	7664	7672	7679	7686	7694	7701	1	1	2	3	4	4	5	6	7
59	7709	7716	7723	7731	7738	7745	7752	7760	7767	7774	1	1	2	3	4	4	5	6	7
60	7782	7789	7796	7803	7810	7818	7825	7832	7839	7846	1	1	2	3	4	4	5	6	6
61	7853	7860	7868	7875	7882	7889	7896	7903	7910	7917	1	1	2	3	4	4	5	6	6
62	7924	7931	7938	7945	7952	7959	7966	7973	7980	7987	1	1	2	3	3	4	5	6	6
63	7993	8000	8007	8014	8021	8028	8035	8041	8048	8055	1	1	2	3	3	4	5	5	6
64	8062	8069	8075	8082	8089	8096	8102	8109	8116	8122	1	1	2	3	3	4	5	5	6
65	8129	8136	8142	8149	8156	8162	8169	8176	8182	8189	1	1	2	3	3	4	5	5	6
66	8195	8202	8209	8215	8222	8228	8235	8241	8248	8254	1	1	2	3	3	4	5	5	6
67	8261	8267	8274	8280	8287	8293	8299	8306	8312	8319	1	1	2	3	3	4	5	5	6
68	8325	8331	8338	8344	8351	8357	8363	8370	8376	8382	1	1	2	3	3	4	4	5	6
69	8388	8395	8401	8407	8414	8420	8426	8432	8439	8445	1	1	2	2	3	4	4	5	6
70	8451	8457	8463	8470	8476	8482	8488	8494	8500	8506	1	1	2	2	3	4	4	5	6
71	8513	8519	8525	8531	8537	8543	8549	8555	8561	8567	1	1	2	2	3	4	4	5	5
72	8573	8579	8585	8591	8597	8603	8609	8615	8621	8627	1	1	2	2	3	4	4	5	5
73	8633	8639	8645	8651	8657	8663	8669	8675	8681	8686	1	1	2	2	3	4	4	5	5
74	8692	8698	8704	8710	8716	8722	8727	8733	8739	8745	1	1	2	2	3	4	4	5	5
75	8751	8756	8762	8768	8774	8779	8785	8791	8797	8802	1	1	2	2	3	3	4	5	5
76	8808	8814	8820	8825	8831	8837	8842	8848	8854	8859	1	1	2	2	3	3	4	5	5

N	0	1	2	3	4	5	6	7	8	9
77	8865	8871	8876	8882	8887	8893	8899	8904	8910	8915
78	8921	8927	8932	8938	8943	894	8954	8960	8965	8971
79	8976	8982	8987	8993	8998	9004	9009	9015	9020	9025
80	9031	9036	9042	9047	9053	9058	9063	9069	9074	9079
81	9085	9090	9096	9101	9106	9112	9117	9122	9128	9133
82	9138	9143	9149	9154	9159	9165	9170	9175	9180	9186
83	9191	9196	9201	9206	9212	9217	9222	9227	9232	9238
84	9243	9248	9253	9258	9263	9269	9274	9279	9284	9289
85	9294	9299	9304	9309	9315	9320	9325	9330	9335	9340
86	9345	9350	9355	9360	9365	9370	9375	9380	9385	9390
87	9395	9400	9405	9410	9415	9420	9425	9430	9435	9440
88	9445	9450	9455	9460	9465	9469	9474	9479	9484	9489
89	9494	9499	9504	9509	9513	9518	9523	9528	9533	9538
90	9542	9547	9552	9557	9562	9566	9571	9576	9581	9586
91	9590	9595	9600	9605	9609	9614	9619	9624	9628	9633
92	9638	9643	9647	9652	9657	9661	9666	9671	9675	9680
93	9685	9689	9694	9699	9703	9708	9713	9717	9722	9727
94	9731	9736	9741	9745	9750	9754	9759	9763	9768	9773
95	9777	9782	9786	9791	9795	9800	9805	9809	9814	9818
96	9823	9827	9832	9836	9841	9845	9850	9854	9859	9863
97	9868	9872	9877	9881	9886	9890	9894	9899	9903	9908
98	9912	9917	9921	9926	9930	9934	9939	9943	9948	9952
99	9956	9961	9965	9969	9974	9978	9983	9987	9991	9996

Proportionalteile:

N	1	2	3	4	5	6	7	8	9
77	1	1	2	2	3	3	4	4	5
78	1	1	2	2	3	3	4	4	5
79	1	1	2	2	3	3	4	4	5
80	1	1	2	2	3	3	4	4	5
81	1	1	2	2	3	3	4	4	5
82	1	1	2	2	3	3	4	4	5
83	1	1	2	2	3	3	4	4	5
84	1	1	2	2	3	3	4	4	5
85	1	1	2	2	3	3	4	4	5
86	1	1	2	2	3	3	4	4	5
87	0	1	1	2	2	3	3	4	4
88	0	1	1	2	2	3	3	4	4
89	0	1	1	2	2	3	3	4	4
90	0	1	1	2	2	3	3	4	4
91	0	1	1	2	2	3	3	4	4
92	0	1	1	2	2	3	3	4	4
93	0	1	1	2	2	3	3	4	4
94	0	1	1	2	2	3	3	4	4
95	0	1	1	2	2	3	3	4	4
96	0	1	1	2	2	3	3	4	4
97	0	1	1	2	2	3	3	4	4
98	0	1	1	2	2	3	3	4	4
99	0	1	1	2	2	3	3	3	4

Basis des natürlichen Logarithmus $e = 2{,}71828$; $\lg e = M = 0{,}43429$; $\dfrac{1}{M} = 2{,}30258$.

Vielfach ist es üblich, die Logarithmen mit der Kennziffer -10 zu schreiben und die Mantisse entsprechend zu erhöhen. Es ist dann z. B. lg 0,05 = 8,69897-10, und anstelle von $\bar{1}$,81650 erscheint 9,81650-10. In den Tabellen wird die Kennziffer -10 nicht ausgedruckt.

§ 66. Rechnen mit der künstlichen Form
der negativen Logarithmen

Beim Rechnen mit negativen Logarithmen ist es nicht notwendig, daß man zuerst die künstliche Form in die natürliche Form überführt. Bei ein wenig Übung an Hand der folgenden Beispiele kann man alle Operationen in der künstlichen Form genau so schnell durchführen wie in der natürlichen Form.

1. Addition. Wir addieren die Mantissen wie gewöhnlich und merken uns den Übertrag, falls einer auftritt. Hierauf addieren wir die Kennziffern (die positiv oder negativ sein können) und addieren dazu noch den Übertrag.

Beispiel 1. $\bar{1}$,17350 + 2,88694 + $\bar{3}$,99206.

Schema:

$$
\begin{array}{r}
2,2111 \\
\bar{1},17350 \\
+2,88694 \\
\bar{3},99206 \\
\hline
0,05250
\end{array}
$$

Hier erhält man bei der Addition der Zehntel die Summe $2 + 1 + 8 + 9 = 20^1)$. Man schreibt 0 und gibt 2 in den Übertrag. Die Addition der Kennziffer gibt $2 + \bar{1} + 2 + \bar{3} = 0$.

Beispiel 2.

$$
\begin{array}{r}
2,7458 \\
+\bar{4},3089 \\
\hline
\bar{1},0547
\end{array}
$$

Hier erhalten wir bei der Addition der Kennziffern

$$1 + 2 + \bar{4} = \bar{1},$$

bei Verwendung der Kennziffer -10

$$
\begin{array}{r}
2,7458 \\
+6,3089\text{-}10 \\
\hline
9,0547\text{-}10
\end{array}
$$

2. Subtraktion. Man zieht die Mantisse des Subtrahenden von der Mantisse des Diminuenden ab, ob nun der Subtrahend größer ist als

---

1) Die klein gedruckten Ziffern bedeuten den Übertrag.

der Diminuend oder nicht. Wenn der Subtrahend die größere Mantisse hat, so übernehmen wir beim Diminuenden eine Einheit aus der Kennziffer und subtrahieren von dieser.

Beispiel 1.

$$\begin{array}{r} \dot{\bar{2}},1\dot{7}4\dot{1} \\ -\bar{5},1846 \\ \hline 2,9895 \end{array}$$

Bei der Subtraktion der Zehntel übernehmen wir eine positive Einheit aus der Kennziffer $\bar{2}$, diese Kennziffer wird dann zu $\bar{3}$.
Die Subtraktion der Kennziffern liefert dann $\bar{3} - \bar{5} = 2$.

Beispiel 2.

$$\begin{array}{r} \dot{\bar{1}},2\dot{0}8\dot{0} \\ -3,1916 \\ \hline \bar{4},0164 \end{array}$$

Hier wird der Kennziffer nichts entzogen: $\bar{1} - 3 = \bar{4}$.
In anderer Form

$$\begin{array}{r} 9,2080\text{-}10 \\ -3,1916 \\ \hline 6,0164\text{-}10 \end{array}$$

Beispiel 3.

$$\begin{array}{r} 0,1265 \\ -1,9371 \\ \hline \bar{2},1894 \end{array}$$

Hier ist ersichtlich, daß man bei der Subtraktion eines positiven Logarithmus von einem positiven Logarithmus das Ergebnis bereits in künstlicher Form erhält. Darin äußert sich der Vorteil dieser Form. Bei gleichzeitiger Addition und Subtraktion stellt man meist die Subtraktion zuerst durch Additionen dar. Wenn dabei ein Subtrahend eine positive Zahl ist, so bringt man den entsprechenden negativen Summanden zuerst auf die künstliche Form. Wenn einer der Subtrahenden hingegen negativ ist und in der künstlichen Form dargestellt ist, so bringt man ihn zuerst auf die natürliche Form und läßt dann das Minuszeichen weg.

Beispiel. $\quad 0,1535 - \bar{1},1236 + \bar{1},1686 - 4,3009$
$$= 0,1535 + 0,8764 + \bar{1},1686 + \bar{5},6991 = \bar{5},8976.$$

Schreibschema:

$$\begin{array}{rcl} 0,1535 &=& 0,1535 \\ -\bar{1},1236 &=& 0,8764 \\ +\bar{1},1686 &=& \bar{1},1686 \\ -4,3009 &=& \bar{5},6991 \\ \hline && \bar{5},8976 \end{array}$$

$$
\begin{array}{llll}
\text{Anderer Weg.} & 0{,}1535 & = & 20{,}1535 - 20 \\
& -(9{,}1236\text{-}10) & = & -\ 9{,}1236 + 10 \\
& +\ 1{,}1686 & = & +\ 9{,}1686 - 10 \\
& -(6{,}3009\text{-}10) & = & -\ 6{,}3009 + 10 \\
\hline
& & & 5{,}8976 - 10
\end{array}
$$

3. **Multiplikation.** Bei der Multiplikation des Logarithmus in der künstlichen Form mit einer positiven Zahl multiplizieren wir gesondert zuerst die Mantisse, dann die Kennziffer. Wenn der Faktor einstellig ist, so zählt man den Übertrag, den man bei der Multiplikation der Mantisse erhält, gleich zum negativen Produkt mit der Kennziffer dazu. Bei einem mehrstelligen Faktor warten wir bis zum Ende der Multiplikation mit der Mantisse und addieren dann das Ergebnis zum Produkt mit der Kennziffer.

Beispiel 1.

$$
\begin{array}{r}
3264 \\
\bar{6}{,}4397 \\
\times\quad 7 \\
\hline
\overline{39}{,}0779
\end{array}
$$

Beispiel 2.

$$
\begin{array}{r}
\bar{1}{,}4397 \\
\times\quad 17 \\
\hline
4397 \\
3078 \\
\hline
7{,}475 \\
-17 \\
\hline
\overline{10}{,}475
\end{array}
$$

(Wir wenden die Regeln für die verkürzte Multiplikation an.)

Wenn man einen negativen Logarithmus in künstlicher Form mit einer negativen Zahl zu multiplizieren hat, so bringt man den Logarithmus besser zuerst auf die natürliche Form.

4. **Division.** Wenn der Divisor negativ oder eine mehrstellige positive Zahl ist, so nimmt man immer besser die natürliche Form des Dividenden. Wenn der Divisor eine einstellig positive Zahl ist, so kann man den Dividenden in der künstlichen Form belassen. Wenn der Divisor in der Kennziffer ganzzahlig enthalten ist, so dividiert man Kennziffer und Mantisse getrennt. Wenn dies nicht der Fall ist, so subtrahiert man von der Kennziffer zuerst so viele Einheiten, bis sich die Division ohne Rest durchführen läßt. Was man von der Kennziffer abziehen mußte, wird dann zur Mantisse addiert.

Beispiel. $\bar{2}{,}5638 : 6 = \bar{1}{,}7606$. Damit sich die Kennziffer durch 6 teilen läßt, addieren wir zuerst 4 negative Einheiten. Die erhaltene Zahl -6 dividieren wir durch 6 und erhalten -1. Bei der Division der Mantisse hingegen addieren wir zuerst 4 positive Einheiten und dividieren $4{,}5638$ durch 6.

§ 67. Das Aufsuchen des Logarithmus einer Zahl

Den Logarithmus von ganzzahligen Potenzen von 10 findet man ohne Tabelle (I, 65). Zur Bestimmung der Logarithmen der übrigen Zahlen gehen wir so vor:

1. Bestimmung der Kennziffer. Die Kennziffer einer Zahl größer als 1 ist gleich der um 1 verminderten Anzahl der Ziffern des ganzzahligen Teils dieser Zahl.

Beispiele. $\lg 35{,}28 = 1, \ldots$; $\lg 3{,}528 = 0, \ldots$; $\lg 60\,100 = 4, \ldots$ (Die Punkte nach dem Komma deuten die Mantisse an.)

Für Zahlen kleiner als 1 ist die Kennziffer gleich der Anzahl der Nullen von der ersten von Null verschiedenen Ziffer (die Null vor dem Komma mitgerechnet).

Beispiele. $\lg 0{,}00635 = \bar{3}, \ldots$; $\lg 0{,}1002 = \bar{1}, \ldots$; $\lg 0{,}06004 = \bar{2}, \ldots$

2. Bestimmung der Mantisse. Bei der Bestimmung der Mantisse eines echten oder unechten Dezimalbruchs läßt man das Komma weg und sucht in der Tabelle (Tab. 3) die Mantisse der resultierenden ganzen Zahl. Bei der Bestimmung der Mantisse einer ganzen Zahl kann man alle Nullen am Ende (falls solche vorhanden sind) weglassen. Die Mantisse der Zahl 20,73 ist zum Beispiel gleich der Mantisse der Zahl 2073, die Mantisse der Zahl 6004800 ist gleich der Mantisse der Zahl 60048.
Bei Verwendung von vierstelligen Logarithmentabellen nimmt man von der erhaltenen Zahl nur die ersten vier Stellen, bei Verwendung von fünfstelligen Tabellen die ersten fünf Stellen. Die übrigen läßt man weg, da sie keinen Einfluß haben (oder nur selten geringen Einfluß haben).

Beispiel 1. Man bestimme den Logarithmus der Zahl 45,8. Wir finden (ohne Tafel) die Kennziffer: $1, \ldots$ Durch Weglassen des Kommas erhält man die ganze Zahl $N = 458$. Wir nehmen die ersten zwei Ziffern (45). In der Zeile 45 (s. Tab. 3) suchen wir die Zahl, die in der Spalte unter 8 steht. Wir finden 6609. Dies ist die Mantisse. Wir haben $\lg 45{,}8 = 1{,}6609$.

Beispiel 2. Man bestimme $\lg 0{,}02647$. Wir finden (ohne Tabelle) die Kennziffer: $\bar{2}, \ldots$ Wir lassen das Komma weg. Es ergibt sich die Zahl 2647. Wir nehmen davon die ersten zwei Ziffern (26). In der Zeile 26 suchen wir die in der Spalte unter 4 stehende Zahl (4 ist die dritte Ziffer der gegebenen Zahl). Wir finden 4216. Dies ist die Mantisse von $\lg 264$. Wir bestimmen nun die Abweichung, die der letzten Ziffer 7 der gegebenen Zahl entspricht. Sie steht in derselben Zeile 26 in der Spalte unter 7 im „Korrektur"-Teil. Dort steht 11. Wir addieren diesen Wert zur früher gefundenen Mantisse und erhalten $4216 + 11 = 4227$. Dies ist die Mantisse der gegebenen Zahl. Wir haben $\lg 0{,}02647 = \bar{2}{,}4227$.

9*

Schreibschema:

$$\lg 0{,}0264 \;=\; \bar{2}{,}4216$$
$$\underline{\phantom{\lg 0{,}0264 \;=\;} +11}$$
$$\lg 0{,}02647 = \bar{2}{,}4227$$

Bemerkung. Die Korrektur berechnen wir durch Interpolation. Das Interpolationsverfahren erleichtert die Rechenarbeit. Aus der Tabelle ist zu ersehen, daß die Mantisse der Zahl 2640 um $4232 - 4216 = 16$ kleiner ist als die Mantisse der Zahl 2650. Der Differenz von 10 entspricht die Differenz von 16. Die Verhältnisgleichung $x : 16 = 7 : 10$ liefert $x = 16 \cdot 0{,}7 = 11$.

§ 68. Die Bestimmung einer Zahl aus ihrem Logarithmus

Ohne Rücksicht auf die Kennziffer bestimmen wir zuerst in der Tabelle (Tab. 3) die gegebene Mantisse oder eine Mantisse, die der gegebenen am nächsten kommt. Dadurch finden wir eine gewisse ganze Zahl (im ersten Fall unmittelbar, im zweiten nach Berücksichtigung einer Korrektur). Nun ziehen wir die Kennziffer heran. Ist sie Null oder positiv, so hat der ganzzahlige Teil unserer gesuchten Zahl eine Ziffer mehr, als die Kennziffer angibt. Wenn die Kennziffer negativ ist, so stehen vor der ersten von Null verschiedenen Ziffer der gesuchten Zahl so viele Nullen, wie die Kennziffer negative Einheiten enthält. Nach der ersten Null setzen wir das Komma. Die so bestimmte Zahl entspricht dem gegebenen Logarithmus (vgl. Logarithmentabelle).

Beispiel. Man bestimme die Zahl, deren Logarithmus gleich 3,4683 ist (d. h. die Zahl $10^{3{,}4683}$). Zuerst suchen wir in der Tafel eine Mantisse, die der gegebenen Mantisse am nächsten kommt. Wir untersuchen dazu rasch eine der Spalten der Tabelle, zum Beispiel die Spalte unter der 0, und suchen nach einer Zahl deren erste zwei Ziffern 46 oder eine Zahl nahe bei 46 bilden. Eine deratige Zahl finden wir (4624) in der Zeile 29. In deren Nähe suchen wir nun die Mantisse 4683 und finden sie in der Zeile 29 und in der Spalte 4. Die Zahl, deren Mantisse 4683 ist, lautet also 294. Da die Kennziffer positiv ist, nämlich 3, hat der ganzzahlige Teil der gesuchten Zahl $3 + 1 = 4$ Ziffern. Man muß also an 294 noch eine Null anhängen. Somit haben wir $\log 2940 = 3{,}4683$.

Beispiel 2. Man bestimme die Zahl, deren Logarithmus gleich $\bar{3}{,}3916$ ist. Bei derselben Vorgangsweise wie im letzten Beispiel finden wir nicht die Zahl 3916 selbst, aber eine Zahl in der Nähe davon, nämlich die Zahl 3909 in der Zeile 24 und der Spalte 6. Die Mantisse 3909 entspricht also der Zahl 246. Sie liefert die ersten drei Stellen der gesuchten Zahl. Die vierte Stelle finden wir bei Berücksichtigung einer Korrektur. Die gegebene Mantisse 3916 weicht von dem Wert in der Tabelle um 7 ab. Wir suchen diese Zahl in derselben Zeile 24 im Korrekturteil. Sie steht in der Spalte 4. Die Ziffer 4 liefert daher die vierte Stelle der gesuchten Zahl. Die Zahl mit der Mantisse 3916 ist also 2464. Wir wenden uns nun der Kennziffer zu. Da sie negativ ist und drei Einheiten umfaßt, müssen vor der ersten von Null verschiedenen Ziffer drei Nullen stehen. Das Komma kommt nach der ersten Null. Wir haben also: $\lg 0{,}002464 = \bar{3}{,}3916$.

Schreibschema:

$$\lg x = \bar{3}{,}3916$$

$$\begin{array}{ll} 3909 & \lg 246 \\ \underline{+7 \qquad 4;} & \qquad x = 0{,}002464. \\ 3916 & \lg 2464 \end{array}$$

Bemerkung 1. Man muß oft daran erinnern, daß das Korrekturglied bei der Bestimmung einer Zahl aus ihrem Logarithmus als letzte Ziffer angefügt wird und nicht zur Zahl addiert wird.

Bemerkung 2. Man darf nicht vergessen, daß die Größe der Korrektur in derselben Zeile gesucht werden muß, in der die der gegebenen Zahl am nächsten kommende Mantisse steht. Wenn in dieser Zeile die genaue Abweichung nicht erscheint, so muß man den am nächsten gelegenen Wert nehmen.

Bei fünfstelligen Tabellen geht man analog vor.

§ 69. Die Tabelle der Antilogarithmen

Die so bezeichnete Tabelle (s. Tab. 4) ist ebenfalls eine Logarithmentabelle. In ihr sind jedoch die Zahlen so angeordnet, daß das Aufsuchen einer Zahl aus ihrem Logarithmus erleichtert wird. In der Tabelle sind nur die Mantissen gegeben (fettgedruckte Zahlen). Aus der dreistellig gegebenen Mantisse findet man aus der Tabelle sofort eine gewisse ganze Zahl. Wenn die Mantisse vierstellig gegeben ist, so ist eine Korrektur notwendig (s. Beispiele). Hierauf berücksichtigt man die gegebene Kennziffer. Wenn diese Null oder positiv ist, so hat der ganzzahlige Teil der gesuchten Zahl um 1 mehr Ziffern, als die Kennziffer angibt. Wenn die Kennziffer negativ ist, so stehen **vor der ersten von Null verschiedenen Ziffer so viele Nullen, wie die Kennziffer angibt. Die am weitesten links stehende Null wird vom** übrigen Teil durch ein Komma getrennt. Auf diese Weise finden wir die dem gegebenen Logarithmus entsprechende Zahl.

Beispiel 1. Man bestimme die Zahl, deren Logarithmus gleich $2{,}732$ ist (d. h. die Zahl $10^{2{,}732}$). Wir lassen die Kennziffer weg und nehmen die ersten zwei Ziffern der Mantisse (73) (s. Tab. 4). In der Zeile 73 suchen wir die Zahl in der Spalte 2. Dort steht 5394. Da die Kennziffer positiv ist, enthält der ganzzahlige Teil $2 + 1 = 3$ Ziffern. Wir haben $10^{2{,}732} = 539{,}5$.

Beispiel 2. Gegeben sei $\log x = \bar{3}{,}2758$. Man bestimme x. Wir lassen die Kennziffer weg. In der Zeile 27 suchen wir die Zahl in der

m	Zahl										Korrektur								
	0	1	2	3	4	5	6	7	8	9	1	2	3	4	5	6	7	8	9
,00	1000	1002	1005	1007	1009	1012	1014	1016	1019	1021	0	0	1	1	1	1	2	2	2
,01	1023	1026	1028	1030	1033	1035	1038	1040	1042	1045	0	0	1	1	1	1	2	2	2
,02	1047	1050	1052	1054	1057	1059	1062	1064	1067	1069	0	0	1	1	1	1	2	2	2
,03	1072	1074	1076	1079	1081	1084	1086	1089	1091	1094	0	0	1	1	1	1	2	2	2
,04	1096	1099	1102	1104	1107	1109	1112	1114	1117	1119	0	1	1	1	1	2	2	2	2
,05	1122	1125	1127	1130	1132	1135	1138	1140	1143	1146	0	1	1	1	1	2	2	2	2
,06	1148	1151	1153	1156	1159	1161	1164	1167	1169	1172	0	1	1	1	1	2	2	2	2
,07	1175	1178	1180	1183	1186	1189	1191	1194	1197	1199	0	1	1	1	1	2	2	2	2
,08	1202	1205	1208	1211	1213	1216	1219	1222	1225	1227	0	1	1	1	1	2	2	2	3
,09	1230	1233	1236	1239	1242	1245	1247	1250	1253	1256	0	1	1	1	1	2	2	2	3
,10	1259	1262	1265	1268	1271	1274	1276	1279	1282	1285	0	1	1	1	1	2	2	2	3
,11	1288	1291	1294	1297	1300	1303	1306	1309	1312	1315	0	1	1	1	2	2	2	2	3
,12	1318	1321	1324	1327	1330	1334	1337	1340	1343	1346	0	1	1	1	2	2	2	2	3
,13	1349	1352	1355	1358	1361	1365	1368	1371	1374	1377	0	1	1	1	2	2	2	3	3
,14	1380	1384	1387	1390	1393	1396	1400	1403	1406	1409	0	1	1	1	2	2	2	3	3
,15	1413	1416	1419	1422	1426	1429	1432	1435	1439	1442	0	1	1	1	2	2	2	3	3
,16	1445	1449	1452	1455	1459	1462	1466	1469	1472	1476	0	1	1	1	2	2	2	3	3
,17	1479	1483	1486	1489	1493	1496	1500	1503	1507	1510	0	1	1	1	2	2	2	3	3
,18	1514	1517	1521	1524	1528	1531	1535	1538	1542	1545	0	1	1	1	2	2	2	3	3
,19	1549	1552	1556	1560	1563	1567	1570	1574	1578	1581	0	1	1	1	2	2	3	3	3

m	0	1	2	3	4	5	6	7	8	9	1	2	3	4	5	6	7	8	9
,20	1585	1589	1592	1596	1600	1603	1607	1611	1614	1618	0	1	1	1	2	2	3	3	3
,21	1622	1626	1629	1633	1637	1641	1644	1648	1652	1656	0	1	1	2	2	2	3	3	3
,22	1660	1663	1667	1671	1675	1679	1683	1687	1690	1694	0	1	1	2	2	2	3	3	3
,23	1698	1702	1706	1710	1714	1718	1722	1726	1730	1734	0	1	1	2	2	2	3	3	3
,24	1738	1742	1746	1750	1754	1758	1762	1766	1770	1774	0	1	1	2	2	2	3	3	4
,25	1778	1782	1786	1791	1795	1799	1803	1807	1811	1816	0	1	1	2	2	2	3	3	4
,26	1820	1824	1828	1832	1837	1841	1845	1849	1854	1858	0	1	1	2	2	3	3	3	4
,27	1862	1866	1871	1875	1879	1884	1888	1892	1897	1901	0	1	1	2	2	3	3	3	4
,28	1905	1910	1914	1919	1923	1928	1932	1936	1941	1945	0	1	1	2	2	3	3	4	4
,29	1950	1954	1959	1963	1968	1972	1977	1982	1986	1991	0	1	1	2	2	3	3	4	4
,30	1995	2000	2004	2009	2014	2018	2023	2028	2032	2037	0	1	1	2	2	3	3	4	4
,31	2042	2046	2051	2056	2061	2065	2070	2075	2080	2084	0	1	1	2	2	3	3	4	4
,32	2089	2094	2099	2104	2109	2113	2118	2123	2128	2133	0	1	1	2	2	3	3	4	4
,33	2138	2143	2148	2153	2158	2163	2168	2173	2178	2183	0	1	1	2	2	3	3	4	4
,34	2188	2193	2198	2203	2208	2213	2218	2223	2228	2234	1	1	2	2	3	3	4	4	5
,35	2239	2244	2249	2254	2259	2265	2270	2275	2280	2286	1	1	2	2	3	3	4	4	5
,36	2291	2296	2301	2307	2312	2317	2323	2328	2333	2339	1	1	2	2	3	3	4	4	5
,37	2344	2350	2355	2360	2366	2371	2377	2382	2388	2393	1	1	2	2	3	3	4	4	5
,38	2399	2404	2410	2415	2421	2427	2432	2438	2443	2449	1	1	2	2	3	3	4	4	5
,39	2455	2460	2466	2472	2477	2483	2489	2495	2500	2506	1	1	2	2	3	3	4	5	5

Tabelle 4 (Fortsetzung)

m	Zahl										Korrektur								
	0	1	2	3	4	5	6	7	8	9	1	2	3	4	5	6	7	8	9
,40	2512	2518	2523	2529	2535	2541	2547	2553	2559	2564	1	1	2	2	3	4	4	5	5
,41	2570	2576	2582	2588	2594	2600	2606	2612	2618	2624	1	1	2	2	3	4	4	5	5
,42	2630	2636	2642	2649	2655	2661	2667	2673	2679	2685	1	1	2	2	3	4	4	5	6
,43	2692	2693	2704	2710	2716	2723	2729	2735	2742	2748	1	1	2	3	3	4	4	5	6
,44	2754	2761	2767	2773	2780	2786	2793	2799	2805	2812	1	1	2	3	3	4	4	5	6
,45	2818	2825	2831	2838	2844	2851	2858	2864	2871	2877	1	1	2	3	3	4	5	5	6
,46	2884	2891	2897	2904	2911	2917	2927	2931	2938	2944	1	1	2	3	3	4	5	5	6
,47	2951	2958	2965	2972	2979	2985	2992	2999	3006	3013	1	1	2	3	3	4	5	5	6
,48	3020	3027	3034	3041	3048	3055	3062	3069	3076	3083	1	1	2	3	4	4	5	6	6
,49	3090	3097	3105	3112	3119	3126	3133	3141	3148	3155	1	1	2	3	4	4	5	6	6
,50	3162	3170	3177	3184	3192	3199	3206	3214	3221	3228	1	1	2	3	4	4	5	6	7
,51	3236	3243	3251	3258	3266	3273	3281	3289	3296	3304	1	2	2	3	4	5	5	6	7
,52	3311	3319	3327	3334	3342	3350	3357	3365	3373	3381	1	2	2	3	4	5	5	6	7
,53	3388	3396	3404	3412	3420	3428	3436	3443	3451	3459	1	2	2	3	4	5	6	6	7
,54	3467	3475	3483	3491	3499	3508	3516	3524	3532	3540	1	2	2	3	4	5	6	6	7
,55	3548	3556	3565	3573	3581	3589	3597	3606	3614	3622	1	2	2	3	4	5	6	7	7
,56	3631	3639	3648	3656	3664	3673	3681	3690	3698	3707	1	2	3	3	4	5	6	7	8
,57	3715	3724	3733	3741	3750	3758	3767	3776	3784	3793	1	2	3	3	4	5	6	7	8
,58	3802	3811	3819	3828	3837	3846	3855	3864	3873	3882	1	2	3	4	4	5	6	7	8
,59	3890	3899	3908	3917	3926	3936	3945	3954	3963	3972	1	2	3	4	5	5	6	7	8

m	0	1	2	3	4	5	6	7	8	9	1	2	3	4	5	6	7	8	9
,60	3981	3990	3999	4009	4018	4027	4036	4046	4055	4064	1	2	3	4	5	6	6	7	8
,61	4074	4083	4093	4102	4111	4121	4130	4140	4150	4159	1	2	3	4	5	6	7	8	9
,62	4169	4178	4188	4198	4207	4217	4227	4236	4246	4256	1	2	3	4	5	6	7	8	9
,63	4266	4276	4285	4295	4305	4315	4325	4335	4345	4355	1	2	3	4	5	6	7	8	9
,64	4365	4375	4385	4395	4406	4416	4426	4436	4446	4457	1	2	3	4	5	6	7	8	9
,65	4467	4477	4487	4498	4508	4519	4529	4539	4550	4560	1	2	3	4	5	6	7	8	9
,66	4571	4581	4592	4603	4613	4624	4634	4645	4656	4667	1	2	3	4	5	6	7	9	10
,67	4677	4688	4699	4710	4721	4732	4742	4753	4764	4775	1	2	3	4	5	7	8	9	10
,68	4786	4797	4808	4819	4831	4842	4853	4864	4875	4887	1	2	3	4	6	7	8	9	10
,69	4898	4909	4920	4932	4943	4955	4966	4977	4989	5000	1	2	3	5	6	7	8	9	10
,70	5012	5023	5035	5047	5058	5070	5082	5093	5105	5117	1	2	4	5	6	7	8	9	11
,71	5129	5140	5152	5164	5176	5188	5200	5212	5224	5236	1	2	4	5	6	7	8	10	11
,72	5248	5260	5272	5284	5297	5309	5321	5333	5346	5358	1	2	4	5	6	7	9	10	11
,73	5370	5383	5395	5408	5420	5433	5445	5458	5470	5483	1	3	4	5	6	8	9	10	11
,74	5495	5508	5521	5534	5546	5559	5572	5585	5598	5610	1	3	4	5	6	8	9	10	12
,75	5623	5636	5649	5662	5675	5689	5702	5715	5728	5741	1	3	4	5	7	8	9	10	12
,76	5754	5768	5781	5794	5807	5821	5834	5848	5861	5875	1	3	4	5	7	8	9	11	12
,77	5888	5902	5916	5929	5943	5957	5970	5984	5998	6012	1	3	4	5	7	8	10	11	12
,78	6026	6039	6053	6067	6081	6095	6109	6124	6138	6152	1	3	4	6	7	8	10	11	13
,79	6166	6180	6194	6209	6223	6237	6252	6266	6281	6295	1	3	4	6	7	9	10	11	13

I. Algebra

Tabelle 4 (Fortsetzung)

m	Zahl										Korrektur								
	0	1	2	3	4	5	6	7	8	9	1	2	3	4	5	6	7	8	9
,80	6310	6324	6339	6353	6368	6383	6397	6412	6427	6442	1	3	4	6	7	9	10	12	13
,81	6457	6471	6486	6501	6516	6531	6546	6561	6577	6592	2	3	5	6	8	9	11	12	14
,82	6607	6622	6637	6653	6668	6683	6699	6714	6730	6745	2	3	5	6	8	9	11	12	14
,83	6761	6776	6792	6808	6823	6839	6855	6871	6887	6902	2	3	5	6	8	9	11	13	14
,84	6918	6934	6950	6966	6982	6998	7015	7031	7047	7063	2	3	5	6	8	10	11	13	15
,85	7079	7096	7112	7129	7145	7161	7178	7194	7211	7228	2	3	5	7	8	10	12	13	15
,86	7244	7261	7278	7295	7311	7328	7345	7362	7379	7396	2	3	5	7	8	10	12	13	15
,87	7413	7430	7447	7464	7482	7499	7516	7534	7551	7568	2	3	5	7	9	10	12	14	16
,88	7586	7603	7621	7638	7656	7674	7691	7709	7727	7745	2	4	5	7	9	11	12	14	16
,89	7762	7780	7798	7816	7834	7852	7870	7889	7907	7925	2	4	5	7	9	11	13	14	16
,90	7943	7962	7980	7998	8017	8035	8054	8072	8091	8110	2	4	6	7	9	11	13	15	17
,91	8128	8147	8166	8185	8204	8222	8241	8260	8279	8299	2	4	6	8	9	11	13	15	17
,92	8318	8337	8356	8375	8395	8414	8433	8453	8472	8492	2	4	6	8	10	12	14	15	17
,93	8511	8531	8551	8570	8590	8610	8630	8650	8670	8690	2	4	6	8	10	12	14	16	18
,94	8710	8730	8750	8770	8790	8810	8831	8851	8872	8892	2	4	6	8	10	12	14	16	18
,95	8913	8933	8954	8974	8995	9016	9036	9057	9078	9099	2	4	6	8	10	12	15	17	19
,96	9120	9141	9162	9183	9204	9226	9247	9268	9290	9311	2	4	6	8	11	13	15	17	19
,97	9333	9354	9376	9397	9419	9441	9462	9484	9506	9528	2	4	7	9	11	13	15	17	20
,98	9550	9572	9594	9616	9638	9661	9683	9705	9727	9750	2	4	7	9	11	13	16	18	20
,99	9772	9795	9817	9840	9863	9886	9908	9931	9954	9977	2	5	7	9	11	14	16	18	20

Spalte 5. Dort steht 1884. Wir berechnen die Korrektur, die der letzten Ziffer 8 entspricht. Aus dem Korrekturteil finden wir dafür 3. Wir addieren daher 3 zur früher gefundenen Zahl und erhalten $1884 + 3 = 1887$. Da die Kennziffer negativ ist, müssen wir vor die Zahl 1887 drei Nullen setzen. Das Komma steht nach der ersten Null. Wir haben

$$x = 0,001\,887, \quad \text{d. h.} \quad \lg 0,001\,887 = \bar{3},2758.$$

Schreibschema:

$$\lg x = 3,2758$$

$$
\begin{array}{rcr}
275 & & 1884 \\
8 & + & 3 \\
\hline
2758 & & 1887
\end{array}
$$

$$x = 0,001\,887$$

Beispiel 3.

$$\lg x = 0,0817. \text{ Man bestimme } x.$$

$$
\begin{array}{rcr}
081 & & 1205 \\
7 & + & 2 \\
\hline
0817 & & 1207
\end{array}
$$

$$x = 1,207.$$

Bemerkung. Bei der Bestimmung einer Zahl aus ihrem Logarithmus mit Hilfe der Antilogarithmentafeln wird die Korrektur immer zur letzten Ziffer addiert (und bildet nicht selbst die letzte Ziffer).

§ 70. Beispiele zum logarithmischen Rechnen

Beispiel 1. Man berechne $u = \dfrac{ab}{\sqrt{a^2 - b^2}}$, wobei $a = 4,352$ und $b = 1,800$.

1. Wir logarithmieren:

$$\lg u = \lg \frac{ab}{\sqrt{a^2 - b^2}} = \lg \frac{ab}{\sqrt{(a+b)\,(a-b)}}$$

$$= \lg a + \lg b - \frac{1}{2}\,[\lg(a+b) + \lg(a-b)].$$

2. Wir bestimmen $a + b$ und $a - b$:

$$
\begin{array}{rr}
a = 4,352 & a = 4,352 \\
+ & - \\
b = 1,800 & b = 1,800 \\
\hline
a + b = 6,152 & a - b = 2,552
\end{array}
$$

3. Wir berechnen zuerst $\lg a + \lg b$ und hierauf $\frac{1}{2}$ $(\lg (a + b)$ $+ \lg (a - b)]$:

$$\lg a = \lg 4{,}532 = 0{,}6387$$
$$\lg b = \lg 1{,}800 = 0{,}2553$$
$$\lg a + \lg b = 0{,}8940$$
$$\lg (a + b) = \lg 6{,}152 = 0{,}7890$$
$$\lg (a - b) = \lg 2{,}552 = 0{,}4068$$
$$\lg (a + b) + \lg (a - b) = 1{,}1958$$
$$\frac{1}{2}\,[\lg (a + b) + \lg (a - b)] = 0{,}5979.$$

4. Wir bestimmen $\lg u$ und hierauf u:

$$0{,}8940$$
$$-0{,}5979$$
$$\lg u = 0{,}2961; \quad u = 1{,}977\,.$$

Beispiel 2. Man berechne $P = pe^{-\frac{kh}{p}}$, wobei $p = 10{,}33$, $k = 0{,}00129$, $h = 1000$. e ist die Basis des natürlichen Logarithmus ($e \approx 2{,}7183$).

1. $\lg P = \lg p - \dfrac{k}{p}\, h \lg e = \lg p - \dfrac{k}{p}\, hM ,$

wobei $M = \lg e \approx 0{,}4343$ (Modul des dekadischen Logarithmus, s. I, 64).

2. Wir bestimmen $\lg p$:

$$\lg p = \lg 10{,}33 = 1{,}0141\,.$$

3. Wir logarithmieren den Ausdruck $\dfrac{khM}{p}$:

$$\lg \frac{k}{p}\, hM = \lg k + \lg h + \lg M - \lg p .$$

4. Wir berechnen die Logarithmen der letzten Ausdrücke:

$$\lg k \ = \lg 0{,}00129 \qquad = \bar{3}{,}1106$$
$$\lg h \ = \lg 1000 \qquad = 3{,}0000$$
$$\lg M = \lg 0{,}4343 \qquad = \bar{1}{,}6378$$
$$-\lg p \ = -\lg 10{,}33 \qquad = 2{,}9859$$
$$\lg \frac{k}{p}\, hM = \bar{2}{,}7343$$

Daraus folgt $\dfrac{khM}{p} = 0{,}05424.$

5. Wir berechnen $\lg p$ und hierauf P:

$$\lg p = 1{,}0141$$

$$\frac{k}{p}\, hM = 0{,}0542$$

$$\lg P = 0{,}9599,$$

daraus folgt $P = 9{,}118$.

§ 71. Der Rechenschieber

Der Rechenschieber ersetzt eine dreistellige Logarithmentafel. Seine wesentlichen Bestandteile sind zwei gegeneinander verschiebbare Skalen, die eine logarithmische Teilung besitzen. Die Teilpunkte sind aber mit dem Numerus beschriftet. Jede der beiden Skalen, in der Praxis meist je 25 cm lang, enthält die Logarithmen der Zahlen von 1 bis 10. Das linke Ende entspricht dem $\lg 1 = 0$, das rechte Ende dem $\lg 10 = 1$. Da $\lg 4 = 0{,}602$, hat die Marke 4 auf einer 25 cm langen Skala den Abstand

$$25 \cdot 0{,}602 = 15{,}05 \text{ cm}$$

vom linken Ende.

Da die Skalen nur nach den Mantissen markiert sind und keine Kennziffer angeben können, muß man vor dem Arbeiten mit dem Rechenschieber die Größe des Ergebnisses abschätzen und damit „die Stellung des Kommas" bestimmen.

Multiplikation. Es sei das Produkt $a \cdot b$ zu berechnen. Man verschiebt die bewegliche Skala — sie ist üblicherweise mit C bezeichnet — so, daß ihr Anfangspunkt über der Marke a der Skala D steht. Unter der Marke b der Skala C findet man dann diejenige Zahl stehen, deren Logarithmus gleich $\lg a + \lg b$ ist, d. h. $c = a \cdot b$. Ist das Produkt ab größer als 10, so muß man die Skala C „durchschieben", d. h. ihr rechtes Ende über die Marke a von D stellen, und dann ebenfalls unter b ablesen.

Division. Zur Berechnung von $a \cdot b$ schiebt man C so, daß die Marke b über der Marke a von D steht und liest dann am Anfang (bzw. am Ende) von C die auf D darunter stehende Zahl ab. Bei dieser Einstellung stehen auf C und D alle Zahlen untereinander, deren Verhältnis gleich a/b ist.

Die gebräuchlichen Rechenschieber haben neben den beiden Grundskalen C und D noch eine Reihe weiterer Skalen, mit deren Hilfe man Potenzen, Wurzeln und Logarithmen berechnen sowie trigonometrische Rechnungen ausführen kann. Über den Gebrauch derartiger Skalen unterrichten die den käuflichen Rechenschiebern beigegebenen Anleitungen.

§ 72. Kombinatorik

Wir unterscheiden drei Arten von Zusammenstellungen, die man aus einer gewissen Zahl von untereinander verschiedenen Objekten (Elementen) treffen kann.

1. Permutationen. Wir nehmen m verschiedene Elemente a_1, a_2, ..., a_m. Wir ordnen diese Elemente auf alle möglichen Weisen an, indem wir ihre Anzahl unverändert lassen und nur ihre Reihenfolge ändern. Jede auf diese Weise erhaltene Kombination (darunter auch die ursprüngliche) heißt eine *Permutation*. Die Zahl der Permutationen aus m Elementen bezeichnen wir durch P_m. Diese Zahl ist gleich dem Produkt aller ganzen Zahlen von 1 (oder, was dasselbe ist, von 2) bis m:

$$P_m = 1 \cdot 2 \cdot 3 \cdots (m - 1)\, m = m! \tag{1}$$

Das Symbol $m!$ (gelesen: „m-Fakultät") ist eine Abkürzung für das Produkt $1 \cdot 2 \cdot 3 \cdots (m - 1)\, m$.

Beispiel 1. Man bestimme die Anzahl der Permutationen aus den drei Elementen a, b und c. Wir haben $P_3 = 1 \cdot 2 \cdot 3 = 6$. Tatsächlich haben wir die sechs Permutationen

1. abc; 2. acb; 3. bac; 4. bca; 5. cab; 6. cba.

Beispiel 2. Auf wieviel Arten kann man fünf Ämter auf die fünf Mitglieder des Präsidiums einer Sportgemeinschaft verteilen? Wenn man die Ämter auf einer Liste in einer bestimmten Reihenfolge anordnet und über jedem Amt den Familiennamen des Kandidaten schreibt, so entspricht jeder Verteilung eine gewisse „Permutation" der Kandidaten. Die Anzahl dieser Permutationen ist $P_5 = 1 \cdot 2 \times 3 \cdot 4 \cdot 5 = 120$.

Bemerkung. Für $m = 1$ bleibt in dem Ausdruck $1 \cdot 2 \cdot 3 \cdots m$ nur die Zahl 1. Daher vereinbart man (als Definition), daß $1! = 1$. Bei $m = 0$ hat der Ausdruck $1 \cdot 2 \cdot 3 \cdots m$ überhaupt keinen Sinn. Jedoch vereinbart man auch hier (als Definition), daß $0! = 1$. Weiter unten (Pkt. 3) wird eine Begründung für diese Vorgangsweise gegeben werden.

2. Variationen. Wir wählen aus m verschiedenen Elementen eine Gruppe von n Elementen aus und ordnen diese auf verschiedene Weise an. Die so erhaltenen Kombinationen nennt man *Variationen von m Elementen zur k-ten Klasse*. Ihre Anzahl bezeichnet man durch A_m^n. Diese Zahl ist gleich dem Produkt der n folgenden ganzen Zahlen, von denen die größte m ist:

$$A_m^n = m(m - 1)\,(m - 2) \cdots [m - (n - 1)]. \tag{2}$$

Beispiel 1. Man bestimme die Anzahl der Variationen aus vier Elementen zur Klasse 2. Die Elemente werden durch a, b, c, d be.

zeichnet. Wir haben $A_4{}^2 = 4 \cdot 3 = 12$. Es handelt sich um die folgenden Kombinationen:

$$ab, \ ba, \ ac, \ ca, \ ad, \ da, \ bc, \ cb, \ bd, \ db, \ cd, \ dc.$$

Beispiel 2. In das Präsidium einer Gesellschaft sind acht Leute gewählt worden. Auf wieviel Arten kann man unter ihnen die drei Ämter des Präsidenten, des Schriftführers und des Kassierers verteilen? Die gesuchte Zahl ist gleich der Anzahl der Variationen von 8 Elementen zur Klasse 3, also gleich $A_8{}^3 = 8 \cdot 7 \cdot 6 = 336$.

Bemerkung. Die Permutation kann man als Sonderfall der Variationen betrachten (Variationen aus m Elementen zur Klasse m).

3. **Kombinationen.** Aus m verschiedenen Elementen wählen wir eine Gruppe von n Elementen aus, interessieren uns aber diesmal nicht mehr um die Reihenfolge innerhalb der Gruppe. Die so erhaltenen Kombinationen bezeichnet man als *Kombinationen von m Elementen zur Klasse n.*

Die Anzahl der Kombinationen bezeichnet man durch $C_m{}^n$. Diese (ganze) Zahl kann man durch die folgende Formel darstellen[1]) (vgl. Pkt. 1):

$$C_m{}^n = \frac{|P_m}{P_n P_{m-n}} = \frac{m!}{n!(m-n)!}. \tag{3}$$

Als Definition vereinbaren wir, daß $C_1{}^0 = 1$ (diesen Wert erhält man aus (3)).

Der Ausdruck $\dfrac{m!}{n!(m-n)!}$ wird oft durch $\dbinom{m}{n}$ abgekürzt.

Offensichtlich gilt $\dbinom{m}{n} = \dbinom{m}{m-n}$, d. h., $C_m{}^n = C_m{}^{m-n}$.

Für Rechenzwecke verwendet man oft besser einen anderen Ausdruck für die Anzahl der Kombinationen, nämlich

$$C_m{}^n = \frac{A_m{}^n}{P_n} = \frac{m(m-1) \cdots [m-(n-1)]}{1 \cdot 2 \cdots n},$$

oder

$$C_m{}^n = \frac{A_m{}^{m-n}}{P_{m-n}} = \frac{m(m-1) \cdots (n+1)}{1 \cdot 2 \cdots (m-n)}.$$

Beispiel 1. Man bestimme alle Kombinationen aus den fünf Elementen a, b, c, d, e zur Klasse 3. Wir haben $C_5{}^3 = \dfrac{5 \cdot 4 \cdot 3}{1 \cdot 2 \cdot 3} = 10$. Es handelt sich um die folgenden zehn Kombinationen:

$$abc, \ abd, \ abe, \ acd, \ ace, \ ade, \ bcd, \ bce, \ bde, \ cde.$$

---

[1]) Aus m Elementen kann man nur eine Kombination gewinnen, die alle m Elemente enthält, also gilt $C_m{}^m = 1$. Die Formel (3) liefert diesen Wert nur dann, wenn man 0! als die Zahl 1 interpretiert

Beispiel 2. Aus acht Kandidaten sind drei auszuwählen. Auf wieviel Arten kann man dies tun? Da die zu vergebenden Ämter gleich sind, haben wir zum Unterschied von Beispiel 2 des letzten Punkts hier Kombinationen. Die gesuchte Zahl ist

$$C_8{}^3 = \frac{8 \cdot 7 \cdot 6}{1 \cdot 2 \cdot 3} = 56.$$

Neben den hier angeführten Zusammenstellungen betrachtet man in der Mathematik noch zahlreiche weitere. Ein wichtiger weiterer Typ ist die *Permutation mit Wiederholung der Elemente*, die auf die folgende Weise definiert ist. Gegeben seien m Elemente, von denen m_1 gleiche Objekte einer ersten Art, m_2 gleiche Objekte einer zweiten Art usw. sind. Wir wollen alle m Elemente auf alle möglichen Arten anordnen. Die erhaltenen Anordnungen nennt man Permutationen mit Wiederholung der Elemente. Die Anzahl der verschiedenen Permutationen dieser Art ist gleich

$$\frac{P_m}{P_{m1} P_{m2} \cdots P_{mk}} \quad \text{oder} \quad \frac{m!}{m_1! \, m_2! \cdots m_k!}$$

$(m_1 + m_2 + \cdots + m_k = m$, k ist die Zahl der verschiedenen Arten).

Beispiel 1. Man bestimme die Anzahl der verschiedenen Permutationen mit Wiederholung der Elemente aus den Buchstaben $aaabbcc$. Bei Vertauschen der ersten beiden Buchstaben erhalten wir keine neue Anordnung. Dasselbe gilt bei Vertauschen des vierten und fünften und des sechsten und siebenten Buchstaben. Aber die Kombinationen $abaabcc$, $caaabcb$ und viele andere sind neu. In diesem Beispiel gilt $m_1 = 3$, $m_2 = 2$ und $m_2 = 2$. $m = m_1 + m_2 + m_3 = 7$. Die Anzahl der untereinander verschiedenen Permutationen ist daher gleich

$$\frac{7!}{3! \, 2! \, 2!} = \frac{2 \cdot 3 \cdot 4 \cdot 5 \cdot 6 \cdot 7}{2 \cdot 3 \cdot 2 \cdot 2} = 210.$$

Beispiel 2. Man bestimme die Anzahl der untereinander verschiedenen Permutationen aus den Zeichen $++++---$. Hier gilt $m_1 = 4$, $m_2 = 3$ und $m = m_1 + m_2 = 7$. Die gesuchte Zahl ist gleich $\frac{7!}{4! \, 3!} = 35$. Aus dem letzten Beispiel erkennt man leicht, daß die Anzahl der Permutationen von m Elementen, unter denen m_1 Elemente der ersten Art und m_2 Elemente der zweiten Art vorkommen, gleich der Anzahl der Kombinationen aus m Elementen zur Klasse m_1 oder gleich der Anzahl der Kombinationen aus m Elementen zur Klasse m_2 ist. In der Tat entspricht jede Permutation einer und nur einer Numerierung der Plätze, an denen das Zeichen $+$ steht. In der Permutation $++--+-+$ steht das Zeichen $+$ auf den Plätzen 1, 2, 5, 7, was der Kombination 1, 2, 5, 7 entspricht. Das heißt also, es gibt genau so viele Permutationen, wie es verschiedene Kombinationen aus sieben Zahlen zur Klasse vier gibt.

§ 73. Der binomische Lehrsatz

Unter dem *binomischen Lehrsatz* versteht man eine Formel, die für ganzzahlige positive n den Ausdruck $(a + b)^n$ als Polynom darstellt. Die erwähnte Formel hat für ganze positive n die Gestalt:

$$(a + b)^n = a^n + \binom{n}{1} a^{n-1}b + \binom{n}{2} a^{n-2}b^2$$

$$+ \binom{n}{3} a^{n-3}b^3 + \cdots + \binom{n}{n-1} ab^{n-1} + b^n \qquad (1)$$

oder, was dasselbe ist (vgl. S. 143),

$$(a + b)^n = a^n + \frac{n!}{1!(n-1)!} a^{n-1}b + \frac{n!}{2!(n-2)!} a^{n-2}b^2 + \cdots^1). \qquad (2)$$

Für die Berechnung am besten geeignet ist die Formel

$$(a + b)^n = a^n + na^{n-1}b + \frac{n(n-1)}{1 \cdot 2} a^{n-2}b^2$$

$$+ \frac{n(n-1)(n-2)}{1 \cdot 2 \cdot 3} a^{n-3}b^3 + \cdots + b^n. \qquad (3)$$

Beispiel 1. $(a + b)^3 = a^3 + 3a^2b + \dfrac{3 \cdot 2}{1 \cdot 2} ab^2 + b^3 = a^3 + 3a^2b + 3ab^2 + b^3.$

Beispiel 2. $(1 + x)^6 = 1 + 6x + 15x^2 + 20x^3 + 15x^4 + 6x^9 + x^6.$

Die Zahlen $1, n, \dfrac{n(n-1)}{1 \cdot 2}, \dfrac{n(n-1)(n-2)}{1 \cdot 2 \cdot 3}$ usw. heißen *Binomialkoeffizienten*. Man erhält sie unter alleiniger Verwendung von Addition auf folgende Weise. Auf der obersten Zeile schreiben wir zweimal eine 1 an. In allen folgenden Zeilen beginnen und enden wir mit einer 1. Die dazwischen liegenden Zahlen erhält man durch Addition der benachbarten Zahlen in der darüber liegenden Zeile. So erhält man die Zahl 2 in der zweiten Zeile durch Addition der zwei Einsen in der ersten Zeile. Die dritte Zeile erhält man aus der zweiten: $1 + 2 = 3$, $2 + 1 = 3$. Die vierte Zeile ergibt sich aus der dritten: $1 + 3 = 4$, $3 + 3 = 6$, $3 + 1 = 4$, usw. Die in einer Zeile vorkommenden Zahlen sind die Binomialkoeffizienten der ent-

---

¹) Im Einklang damit setzt man $\binom{n}{0} = \binom{n}{n} = 1$, sowie $0! = 1$. (s. Bemerkung auf S. 143).

sprechenden Stufe. Das hier angeführte Schema bezeichnet man als
Pascal*sches Dreieck*:

$$
\begin{array}{ccccccccccc}
& & & & & 1 & & 1 & & & \\
& & & & 1 & & 2 & & 1 & & \\
& & & 1 & & 3 & & 3 & & 1 & \\
& & 1 & & 4 & & 6 & & 4 & & 1 \\
& 1 & & 5 & & 10 & & 10 & & 5 & & 1 \\
1 & & 6 & & 15 & & 20 & & 15 & & 6 & & 1
\end{array}
$$

**1. Die binomische Formel für gebrochene und negative
Exponenten.** Es handle sich nun um den Ausdruck $(a + b)^n$, wobei
n eine gebrochene oder eine negative Zahl sei. Es gelte $|a| > |b|$.
Wir stellen $(a + b)^n$ in der Form $a^n (1 + x)^n$ dar. Die Größe $x = \dfrac{b}{a}$
hat einen Absolutbetrag kleiner als 1. Den Ausdruck $(1 + x)^n$ kann
man mit beliebig hoher Genauigkeit durch die Formel (3) darstellen.

Beispiel 1. $\dfrac{1}{1 + x} = (1 + x)^{-1}$. Hier gilt $n = -1$.

Wegen

$$
\frac{n(n - 1)}{1 \cdot 2} = \frac{(-1) \cdot (-2)}{1 \cdot 2} = 1;
$$

$$
\frac{n(n - 1)(n - 2)}{1 \cdot 2 \cdot 3} = \frac{(-1) \cdot (-2) \cdot (-3)}{1 \cdot 2 \cdot 3} = -1
$$

haben wir $(1 + x)^{-1} = 1 - x + x^2 - x^3 + x^4 - \cdots$

Die Anzahl der Glieder der rechten Seite ist unendlich, aber für
$|x| < 1$ strebt die Summe ersten k Glieder bei unbeschränkter Vergrößerung von k gegen den Grenzwert $\dfrac{1}{1 + x}$ (der Ausdruck auf der
rechten Seite ist für $|x| < 1$ eine unendliche abnehmende geo-
metrische Folge).

Beispiel 2. Man berechne $\sqrt{1{,}06}$ auf fünf Stellen genau.
Wir stellen $\sqrt{1{,}06}$ in der Form $(1 + 0{,}06)^{\frac{1}{2}}$ dar und wenden die
Formel (3) an:

$$
(1 + 0{,}06)^{\frac{1}{2}} = 1 + \frac{1}{2} \cdot 0{,}06 + \frac{\dfrac{1}{2} \cdot \left(\dfrac{1}{2} - 1\right)}{1 \cdot 2} \cdot 0{,}06^2
$$

$$
+ \frac{\dfrac{1}{2}\left(\dfrac{1}{2} - 1\right)\left(\dfrac{1}{2} - 2\right)}{1 \cdot 2 \cdot 3} \cdot 0{,}06^3 + \cdots
$$

$$
= 1 + 0{,}03 - 0{,}00045 + 0{,}0000135 - \cdots
$$

Die folgenden Glieder haben auf die ersten fünf Stellen keinen Einfluß mehr. Durch Summieren der angeschriebenen ersten vier Glieder erhalten wir daher

$$\sqrt{1{,}06} \approx 1{,}029\,56\,.$$

· Beispiel 3. Man bestimme $\sqrt[3]{130}$ auf fünf Stellen genau. In der Nähe der Zahl 130 liegt die dritte Potenz von $5 : 125 = 5^{\frac{1}{3}}$. Wir stellen $\sqrt[3]{130}$ in der Form $(125 + 5)^{\frac{1}{3}} = 125^{\frac{1}{3}}\,(1 + 0{,}04)^3 = 5(1 + 0{,}04)^{\frac{1}{3}}$ dar. Die Berechnung führen wir auf sieben Stellen durch (wodurch wir berücksichtigen, daß sich die Fehler bei der Addition häufen und dabei etwa 5mal so groß werden):

$$(1 + 0{,}04)^{\frac{1}{3}} = 1 + \frac{1}{3} \cdot 0{,}04 + \frac{\frac{1}{3}\left(\frac{1}{3} - 1\right)}{1 \cdot 2} \cdot 0{,}04^2$$

$$+ \frac{\frac{1}{3}\left(\frac{1}{3} - 1\right)\left(\frac{1}{3} - 2\right)}{1 \cdot 2 \cdot 3} \cdot 0{,}04^3 + \cdots$$

$$= 1 + 0{,}013\,3333 - 0{,}000\,1778 + 0{,}000\,0040 - \cdots = 1{,}013\,1595\,.$$

Die übrigen Summanden beeinflussen die ersten fünf Stellen des Ergebnisses nicht mehr. Wir finden $5 \cdot 1{,}013\,1595 = 5{,}065\,7975$.

Mit einer Genauigkeit bis zu fünf Stellen gilt also $\sqrt[3]{130} = 5{,}065\,80$. Eine genauere Rechnung (mit Berücksichtigung von mehr Summanden) liefert $5{,}065\,7970$, wobei alle Stellen gültig sind.
Mit dieser Methode lassen sich Wurzeln beliebigen Grades aus beliebigen Zahlen schneller als mit exakten Methoden berechnen.

2. Der polynomische Lehrsatz

$$(a_1 + a_2 + a_3 + \cdots + a_k)^n = \sum \frac{n!}{n_1! n_2! \cdots n_k!}\, a_1{}^{n_1} a_2{}^{n_2} \cdots a_k{}^{n_k}$$

(n = ganze positive Zahl).

Das Symbol $\sum$ bedeutet, daß man die Summe über alle Summanden der Form

$$\frac{n!}{n_1! n_2! \cdots n_k!}\, a_1{}^{n_1} a_2{}^{n_2} \cdots a_k{}^{n_k}$$

zu nehmen hat, wobei n der gegebene Exponent ist und $n_1, n_2, \ldots, n_k$ beliebige ganze Zahlen oder Null sind, deren Summe gleich n ist. Die Zahl $0!$ setzt man gleich 1.

Beispiel.

$$(a + b + c + d)^3 = \sum \frac{3!}{n_1! n_2! n_3! n_4!}\, a^{n_1} b^{n_2} c^{n_3} d^{n_4}\,.$$

Die Zahl 3 läßt sich als Summe von $k = 4$ ganzzahligen Summanden auf die folgenden Arten darstellen:

$$3 = 3 + 0 + 0 + 0,$$
$$3 = 2 + 1 + 0 + 0,$$
$$3 = 1 + 1 + 1 + 0.$$

In Übereinstimmung damit haben wir

$$(a + b + c + d)^3$$

$$= \frac{3!}{3!\,0!\,0!\,0!}\,(a^3b^0c^0d^0 + a^0b^3c^0d^0 + a^0b^0c^3d^0 + a^0b^0c^0d^3)$$

$$+ \frac{3!}{2!\,1!\,0!\,0!}\,(a^2bc^0d^0 + ab^2c^0d^0 + a^2b^0cd^0 + ab^0c^2d^0 + \cdots)$$

$$+ \frac{3!}{1!\,1!\,1!\,0!}\,(abcd^0 + abc^0d + ab^0cd + a^0bcd)$$

$$= a^3 + b^3 + c^3 + 3(a^2b + ab^2 + a^2c + ac^2 + a^2d$$

$$+ ad^2 + b^2c + bc^2 + bc^2 + b^2d + bd^2 + c^2d + cd^2)$$

$$+ 6(abc + abd + acd + bcd).$$

3. Eigenschaften der Binomialkoeffizienten. 1. Die Koeffizienten der Glieder, die gleich weit von den Enden der Entwicklung entfernt sind, sind gleich.

Zum Beispiel sind in der Entwicklung

$$(a + b)^6 = a^6 + 6a^5b + 15a^4b^2 + 20a^3b^3 + 15a^2b^4 + 6ab^5 + b^6$$

die Koeffizienten des zweiten und des vorletzten Gliedes gleich 6, die Koeffizienten des dritten und des drittvorletzten Gliedes gleich 15.
2. Die Summe der Koeffizienten der Entwicklung von $(a + b)^n$ ist gleich 2^n. In der vorangehenden Entwicklung gilt zum Beispiel

$$1 + 6 + 15 + 20 + 15 + 6 + 1 = 64 = 2^6.$$

3. Die Summe der Koeffizienten der Glieder, die an ungeraden Positionen stehen, ist gleich der Summe der Koeffizienten an geraden Positionen. Jede dieser Summe ist gleich 2^{n-1}. In der Entwicklung von $(a + b)^6$ zum Beispiel ergeben die Koeffizienten des 1-ten, 3-ten, 5-ten und 7-ten Gliedes dieselbe Summe wie die Koeffizienten des 2-ten, 4-ten und 6-ten Gliedes:

$$1 + 15 + 15 + 1 = 6 + 20 + 6 = 32 = 2^5.$$

II. GEOMETRIE

A. Geometrische Konstruktionen

§ 1. Durch einen gegebenen Punkt C ist eine Gerade parallel zu einer gegebenen Geraden AB zu legen

Wir ziehen mit willkürlich gewählter Zirkelöffnung um den Mittelpunkt C einen Kreis so, daß dieser die Strecke AB schneidet (Abb. 22). Mit derselben Zirkelöffnung tragen wir von einem der Schnittpunkte M aus auf AB nach einer Seite hin die Strecke MN auf. Wieder mit derselben Zirkelöffnung ziehen wir von N aus den Bogen ab. Den Schnittpunkt P des Bogens ab mit dem Kreis verbinden wir mit C. PC ist die gesuchte Gerade.

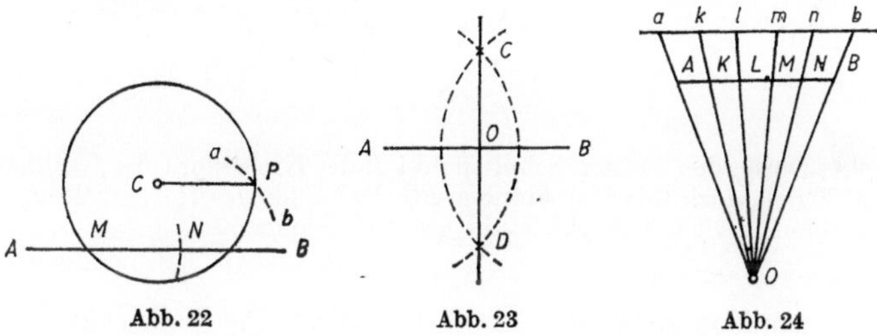

Abb. 22   Abb. 23   Abb. 24

§ 2. Eine gegebene Strecke AB ist in zwei Hälften zu teilen

Aus den Endpunkten A und B ziehen wir mit derselben willkürlich (größer als $\frac{1}{2} AB$) gewählten Zirkelöffnung zwei Bögen und verbinden ihre Schnittpunkte (Abb. 23) C und D. Der Schnittpunkt O der beiden Geraden AB und CD ist der Mittelpunkt der Strecke AB.

§ 3. Eine gegebene Strecke AB ist in eine gegebene Zahl von gleichen Teilen zu teilen

Wir ziehen (Abb. 24) eine Gerade ab parallel zu AB und tragen auf ihr gleiche Strecken in beliebiger Länge in der angegebenen Zahl ab, $ak = kl = ln = mn = nb$. Hierauf ziehen wir die Geraden Aa und

Bb. Von ihrem Schnittpunkt O aus ziehen wir die weiteren Geraden Ok, Ol, Om, On. Diese Geraden schneiden AB in den Punkten K, L, M, N, die die Gerade AB in die geforderte Anzahl von gleich langen Strecken unterteilt (in unserem Beispiel in fünf).

§ 4. Eine gegebene Strecke ist in Teile zu unterteilen, deren Längen proportional zu gegebenen Größen sind

Wir lösen die Aufgabe wie in 3, nur nehmen wir statt der Strecken ab neue Strecken, deren Längen proportional zu den gegebenen Größen sind.

§ 5. Durch den Punkt A ist eine Senkrechte zur Geraden MN zu ziehen

Wir wählen einen beliebigen Punkt O außerhalb der gegebenen Geraden (Abb. 25) und ziehen durch ihn einen Kreis mit dem Radius

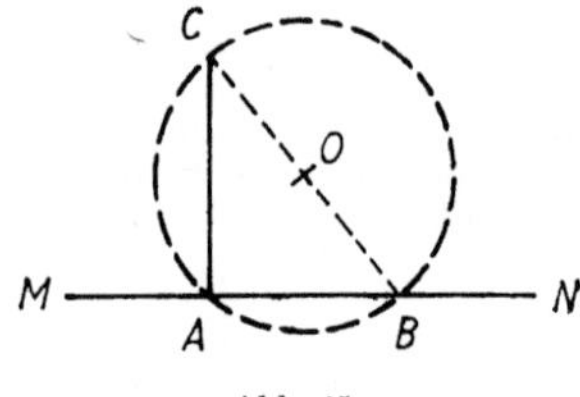

Abb. 25

OA. Durch den zweiten Schnittpunkt B des Kreises mit der Geraden MN ziehen wir den Durchmesser BO. Das Ende des Durchmessers C verbinden wir mit A. CA ist die gesuchte Senkrechte.

§ 6. Von einem gegebenen Punkt ist eine Senkrechte auf die Gerade MN zu fällen

Vom Punkt C aus ziehen wir beliebig eine Gerade CB (Abb. 26). Wir bestimmen den Mittelpunkt O der Strecke CB (s. § 2) und ziehen

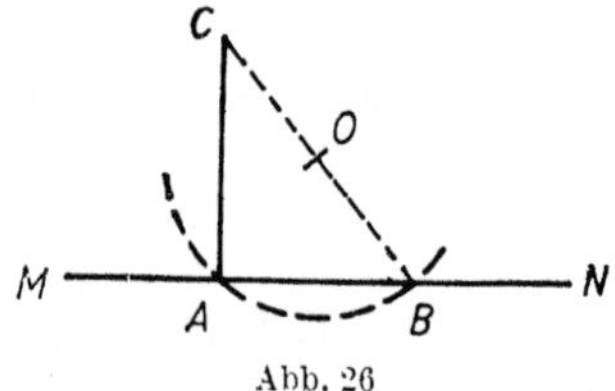

Abb. 26

von diesem Mittelpunkt aus einen Kreis mit dem Radius OB. Der Kreis schneidet MN nochmals im Punkt A. In der Verbindung AC erhalten wir die gesuchte Senkrechte.
Wenn der Punkt C sehr nahe bei der Geraden MN liegt, so wird dieses Verfahren ziemlich ungenau. In solchen Fällen geht man besser so vor: Vom Punkt C aus als Mittelpunkt ziehen wir einen Bogen DE, der die Gerade MN in den Punkten D und E schneidet (Abb. 27).

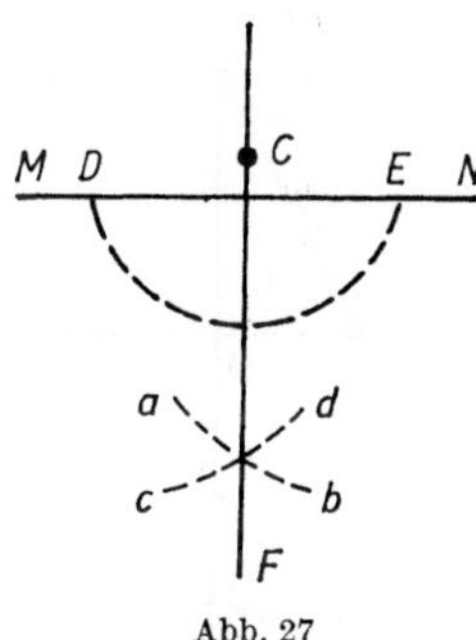

Abb. 27

Mit demselben Radius ziehen wir von E und D als Mittelpunkt aus die Bögen cd und ab, die sich im Punkt F schneiden. Die Verbindung FC liefert die gesuchte Senkrechte.

§ 7. Gegeben sei der Scheitel K und der Strahl KM.
Es ist ein Winkel zu konstruieren,
der gleich dem gegebenen Winkel ABC ist

Vom Scheitel B aus tragen wir den Bogen PQ mit beliebig gewähltem Radius auf (Abb. 28). Mit derselben Zirkelöffnung ziehen wir von K

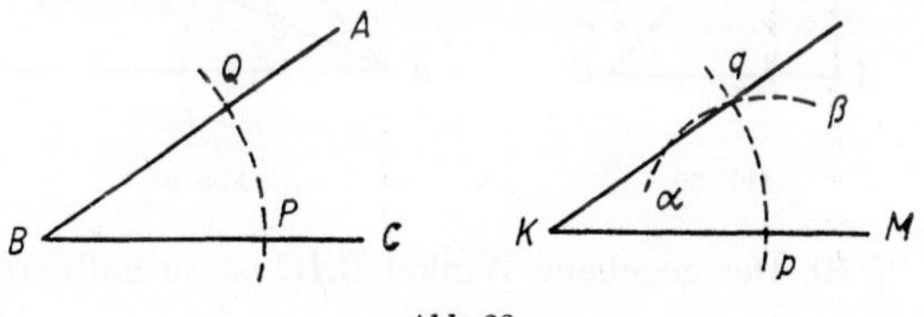

Abb. 28

aus den Bogen pq. Vom Punkt p aus tragen wir mit dem Radius PQ den Bogen $\alpha\beta$ ab. Den Schnittpunkt q der Bögen pq und $\alpha\beta$ verbinden wir mit K. Der Winkel qKM ist der gesuchte Winkel.

§ 8. Es sind ein Winkel von 60°
und ein Winkel von 30° zu konstruieren

Von den Endpunkten A und B einer beliebigen Strecke (Abb. 29) aus beschreiben wir mit dem Radius AB zwei Bögen. Ihre Schnittpunkte C und D verbinden wir durch eine Gerade, die die Strecke AB in ihrem Mittelpunkt O schneidet. Den Punkt A verbinden wir mit C. $\sphericalangle CAO = 60°$, $\sphericalangle ACO = 30°$.

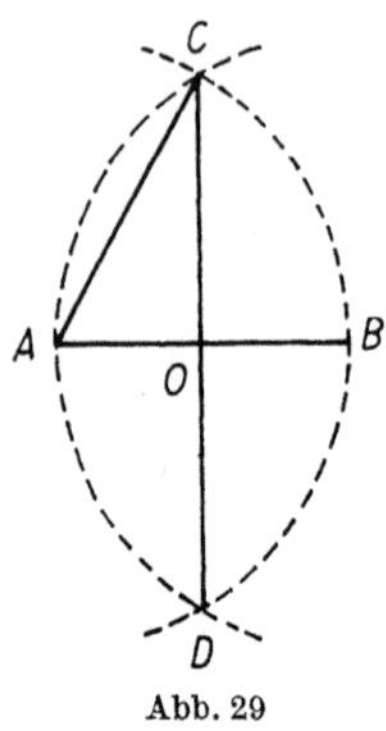

Abb. 29

§ 9. Es ist ein Winkel von 45° zu konstruieren

Auf dem Schenkel eines rechten Winkels (Abb. 30) tragen wir zwei gleiche Strecken AB und AC ab und verbinden die Endpunkte C und B. Die Gerade BC bildet mit AC und mit AB einen Winkel von 45°.

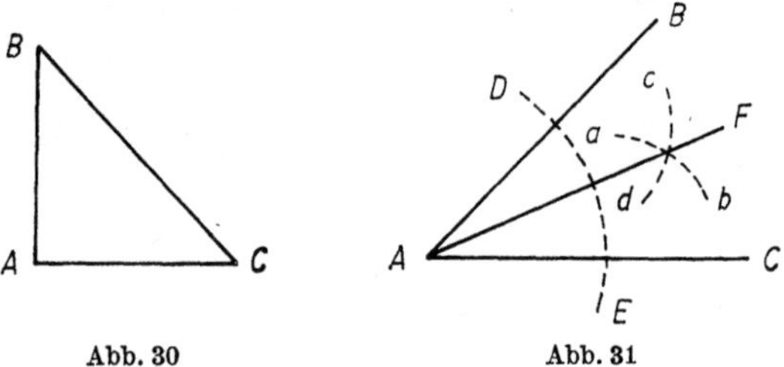

Abb. 30   Abb. 31

§ 10. Der gegebene Winkel BAC ist zu halbieren

Vom Scheitel A aus tragen wir mit beliebigem Radius den Bogen DE auf (Abb. 31). In den Schnittpunkten D und E mit den Schenkeln AB und AC beschreiben wir mit beliebigem, aber in beiden Fällen gleichem Radius die Bögen ab und cd. Ihren Schnittpunkt verbinden wir mit A. Die Gerade AF halbiert den Winkel BAC.

§ 11. Ein gegebener Winkel BAC
ist in drei gleiche Teile zu teilen

Mit Zirkel und Lineal allein ist die Lösung dieser Aufgabe exakt nicht möglich. Mit Hilfe von Zirkel und markiertem Lineal (z. B. mit einer Zentimetereinteilung) kann man die Konstruktion so durchführen (Abb. 32). Wir ziehen vom Punkt A aus mit beliebigem Radius einen

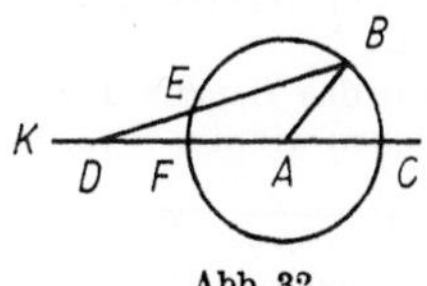

Abb. 32

Kreis. Wir verlängern AC nach der Seite von A hin. Wir legen nun das Lineal so, daß es durch den Punkt B geht, und drehen es solange, bis die Strecke ED zwischen Kreis und der Geraden AK gleich dem Radius AC wird. Der Winkel EDF ist dann ein Drittel des Winkels BAC.

§ 12. Durch zwei gegebene Punkte A und B
ist ein Kreis mit gegebenem Radius r zu ziehen

Mit dem Radius r ziehen wir von den Punkten A und B aus die Bögen ab und cd (Abb. 33). Ihr Schnittpunkt ist der Mittelpunkt des gesuchten Kreises.

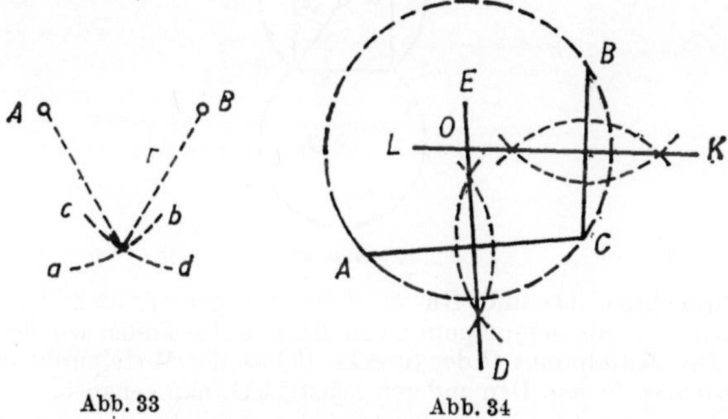

Abb. 33   Abb. 34

§ 13. Durch drei (nicht auf einer Geraden liegende) Punkte
ist ein Kreis zu ziehen

Wir ziehen durch die Mittelpunkte (Abb. 34) der Strecken AC und BC die Senkrechten ED und KL. Der Schnittpunkt O dieser Senkrechten ist der Mittelpunkt des gesuchten Kreises.

§ 14. Der Mittelpunkt eines gegebenen Kreisbogens
ist zu bestimmen

Auf dem gegebenen Bogen wählen wir drei Punkte (nach Möglichkeit weit voneinander entfernt). Hierauf gehen wir wie bei der letzten Aufgabe vor.

§ 15. Ein gegebener Kreisbogen ist zu halbieren

Wir verbinden die Enden des Bogens durch die Sehne. Durch den Mittelpunkt der Sehne ziehen wir eine Senkrechte (s. § 2). Sie halbiert Bogen und Sehne.

§ 16. Der geometrische Ort aller Punkte ist zu bestimmen,
von denen aus man eine gegebene Strecke AB
unter demselben Winkel sieht

Der gesuchte Ort wird durch zwei gleiche Kreisbögen dargestellt, die in den Punkten A und B enden (Abb. 35). Die Punkte A und B selbst gehören nicht mehr dazu. Die Mittelpunkte dieser Bögen findet man so: Wir ziehen in den Endpunkten der Strecke AB die

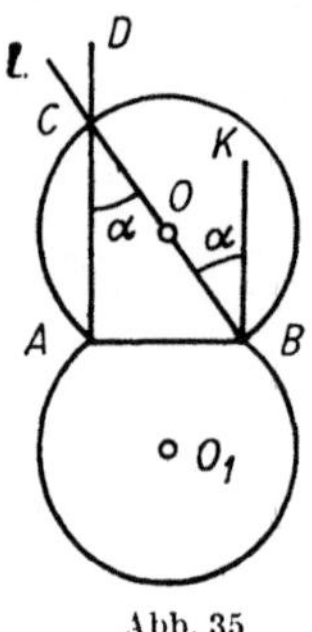

Abb. 35

Senkrechten AD und BK (s. § 5). Wir konstruieren den Winkel $KBL = \alpha$. Als Schnittpunkt von BL mit AD finden wir den Punkt C. Der Mittelpunkt O der Strecke BC ist der Mittelpunkt eines der gesuchten Bögen. Den anderen konstruiert man genauso.

§ 17. Durch einen gegebenen Punkt A sind die Tangenten
an einen gegebenen Kreis zu legen

Wenn der Punkt A auf dem Kreis liegt (Abb. 36), so ziehen wir die Senkrechte BAC auf den Radius OA (s. § 5). CB ist die gesuchte Tangente.

Wenn A nicht auf dem Kreis liegt (Abb. 37), so halbieren wir OA (s. § 2) und ziehen mit dem Radius BO aus dem Mittelpunkt B den Bogen CD. Die Punkte D und C verbinden wir mit A. Die Geraden AD und AC sind die gesuchten Tangenten.

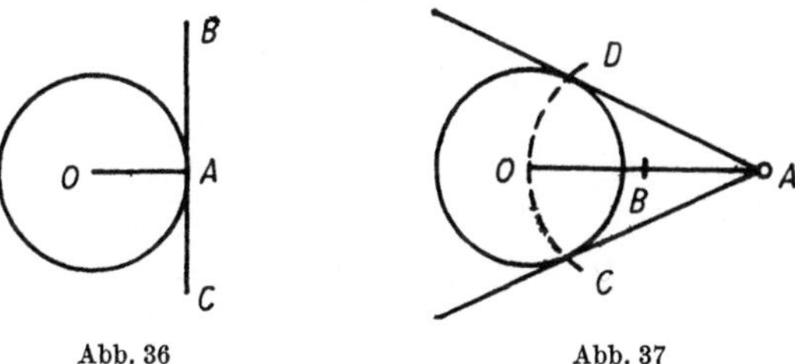

Abb. 36   Abb. 37

§ 18. Zu zwei gegebenen Kreisen ist die gemeinsame äußere Tangente zu konstruieren

a) Wenn die Radien der gegebenen Kreise gleich sind, so hat die Aufgabe immer zwei Lösungen (Abb. 38). Wir ziehen durch die Mittelpunkte A und B die Durchmesser KK_1 und LL_1 senkrecht zur Verbindungslinie zwischen A und B. Die Geraden KL und K_1L_1 bilden die gesuchten Lösungen.

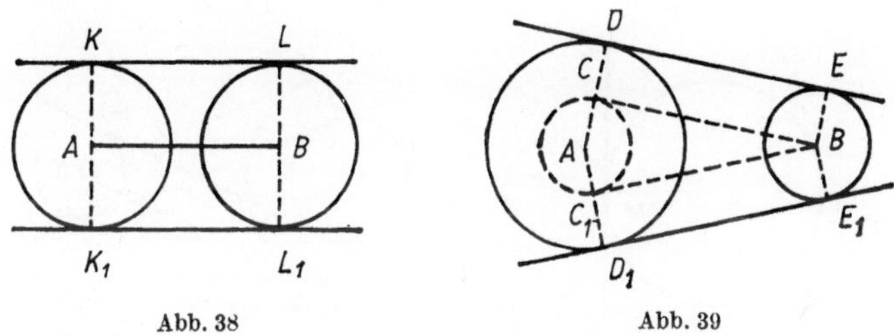

Abb. 38   Abb. 39

b) Wenn die Radien der beiden Kreise nicht gleich sind, so gelte $R > r$. Aus dem Mittelpunkt des größeren Kreises ziehen wir einen Kreis mit dem Radius $R - r = AC$ (Abb. 39). An diesen Kreis legen wir die Tangente aus dem Mittelpunkt B des kleineren Kreises (§ 17). Wir verbinden den Mittelpunkt A mit dem Berührungspunkt C der Geraden. Wir verlängern diese Verbindungslinie bis zum Schnitt mit dem größeren Kreis in D. Senkrecht zu BC ziehen wir die Gerade BE und verbinden deren Schnittpunkt E mit dem kleineren Kreis mit D. Die Gerade DE ist die gesuchte Tangente. Die Aufgabe hat zwei Lösungen (DE und D_1E_1), wenn der kleinere Kreis nicht ganz im Inneren des größeren Kreises liegt. Wenn dieser letzte Fall eintritt, so hat die Aufgabe überhaupt keine Lösung (Abb. 40). Wenn sich die Kreise jedoch von innen berühren, so hat die Aufgabe genau eine Lösung (Abb. 41): durch den Berührungspunkt M ziehen wir KL senkrecht auf AM.

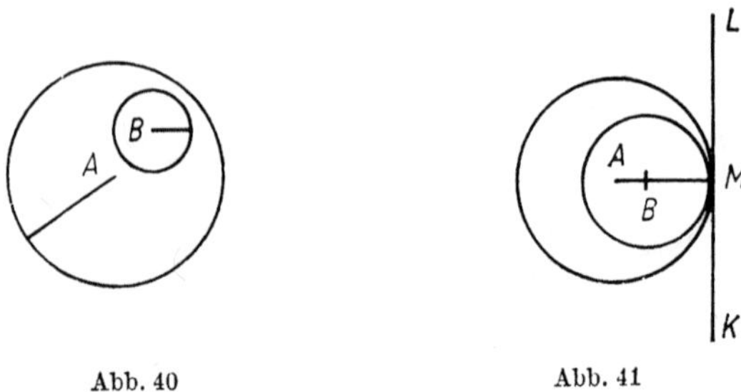

Abb. 40   Abb. 41

§ 19. An zwei gegebene Kreise sind die gemeinsamen inneren Tangenten zu legen

Die Aufgabe hat keine Lösung, wenn einer der Kreise im Inneren des anderen liegt. Sie hat auch keine Lösung, wenn sich die beiden Kreise schneiden. Wenn sich die Kreise von außen berühren (Abb. 42), so gibt es genau eine Lösung: durch den Punkt M ziehen wir die Senkrechte KL auf AB.

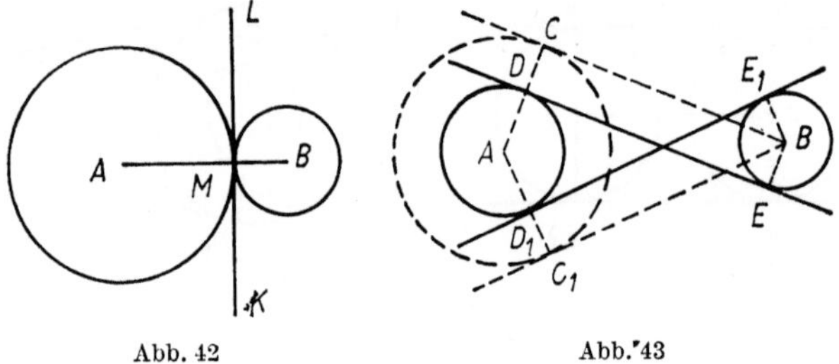

Abb. 42   Abb. 43

In den übrigen Fällen existieren zwei Lösungen (DE und D_1E_1 in Abb. 43). Um den Mittelpunkt A ziehen wir einen Kreis, dessen Radius gleich der Summe der Radien der beiden gegebenen Kreise ist. An diesen Kreis legen wir vom Mittelpunkt B aus die Tangente (§ 17). Den Berührungspunkt C und den Punkt A verbinden wir durch die Gerade AC. Diese schneidet den Kreis (A) im Punkt D. Von B aus ziehen wir den Radius BE senkrecht auf BC. Seinen Endpunkt E verbinden wir mit D. ED ist die gesuchte Tangente. Ebenso konstruiert man die andere Tangente E_1D_1.

§ 20. Um ein gegebenes Dreieck *ABC* ist ein Kreis zu konstruieren

Wir legen einen Kreis durch die Punkte A, B, C (s. § 13).

§ 21. In ein gegebenes Dreieck *ABC* ist ein Kreis zu konstruieren

Wir halbieren zwei Winkel des gegebenen Dreiecks (Abb. 44), zum Beispiel die Winkel in A und C (s. § 10). Vom Schnittpunkt O der beiden Winkelhalbierenden aus ziehen wir $OD \perp AC$ (s. § 6). Mit dem Radius OD ziehen wir den gesuchten Kreis.

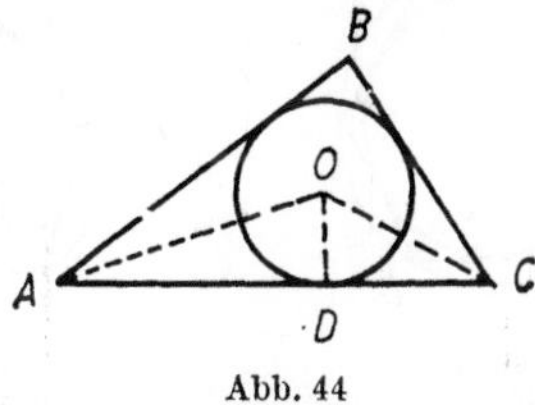

Abb. 44

§ 22. Um ein gegebenes Rechteck (oder Quadrat) *ABCD* ist ein Kreis zu schreiben

Wir ziehen die Diagonalen BD und AC (Abb. 45). Von ihrem Schnittpunkt O aus ziehen wir einen Kreis mit dem Radius OA.
Einem schiefwinkligen Parallelogramm kann man keinen Kreis umschreiben.

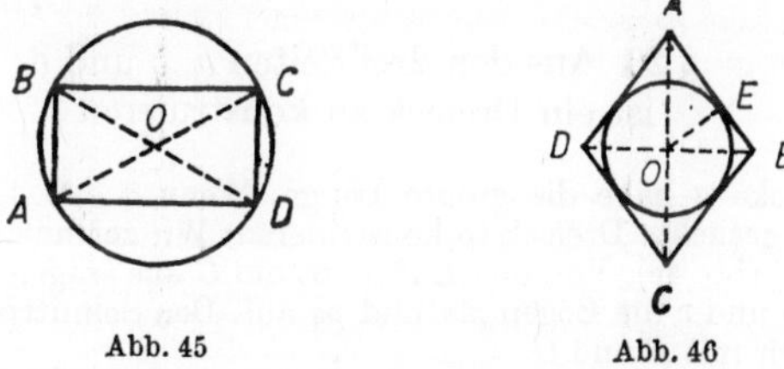

Abb. 45   Abb. 46

§ 23. In einen Rhombus (oder ein Quadrat) *ABCD* ist ein Kreis zu konstruieren

Vom Schnittpunkt O der Diagonalen aus ziehen wir $OE \perp AB$ (Abb. 46). Der gesuchte Kreis hat den Mittelpunkt O und den Radius OE. Einem ungleichseitigen Parallelogramm kann man keinen Kreis einschreiben.

§ 24. Um ein gegebenes regelmäßiges Vieleck ist ein Kreis zu konstruieren

Wenn die Anzahl der Seiten gerade ist (Abb. 47), so verbinden wir zwei beliebige gegenüberliegende Ecken durch die Geraden AB und CD. Von ihrem Schnittpunkt O aus zeichnen wir einen Kreis mit dem Radius OA.

Wenn die Anzahl der Seiten ungerade ist (Abb. 48), so ziehen wir von zwei beliebigen Ecken K und M aus die Senkrechten KL und MN auf die gegenüberliegenden Seiten. Vom Schnittpunkt O aus zeichnen wir einen Kreis mit dem Radius OK.

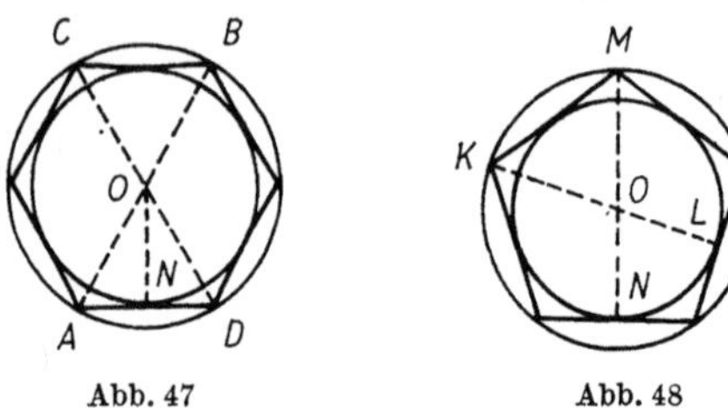

Abb. 47   Abb. 48

§ 25. In ein gegebenes regelmäßiges Vieleck ist ein Kreis zu konstruieren

Den Mittelpunkt des Kreises findet man wie bei der Aufgabe § 24. Vom Schnittpunkt O aus ziehen wir die Senkrechte ON auf eine der Seiten (Abb. 47). Um O zeichnen wir einen Kreis mit dem Radius ON (oder OL in Abb. 48).

§ 26. Aus den drei Seiten a, b und c ist ein Dreieck zu konstruieren

Die Strecke a habe die größte Länge. Wenn $a < b + c$, so kann man das gesuchte Dreieck so konstruieren: Wir zeichnen die Strecke $BC = a$ (Abb. 49). Von den Enden B und C aus tragen wir mit den Radien b und c die Bögen mn und pq auf. Den Schnittpunkt A verbinden wir mit B und C.

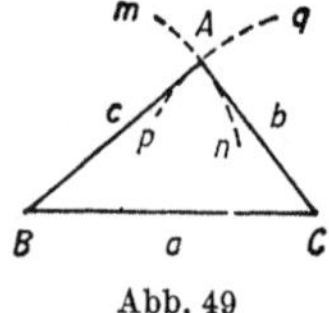

Abb. 49

Wenn $a > b + c$, so hat die Aufgabe keine Lösung. Im Falle $a = b + c$ ergibt sich ein „entartetes Dreieck". Alle seine drei Ecken liegen auf einer Geraden.

§ 27. Aus den gegebenen Seiten a und b
und dem Winkel α
ist ein Parallelogramm zu konstruieren

Wir konstruieren den Winkel $\measuredangle\, A = \alpha$ (s. § 7). Auf seinen Schenkeln tragen wir die Strecken $AC = a$ und $AB = b$ auf (Abb. 50). Mit dem Radius a ziehen wir von B aus den Bogen mn, mit dem Radius b von C aus den Bogen pq. Den Schnittpunkt D dieser Bögen verbinden wir mit C und B.

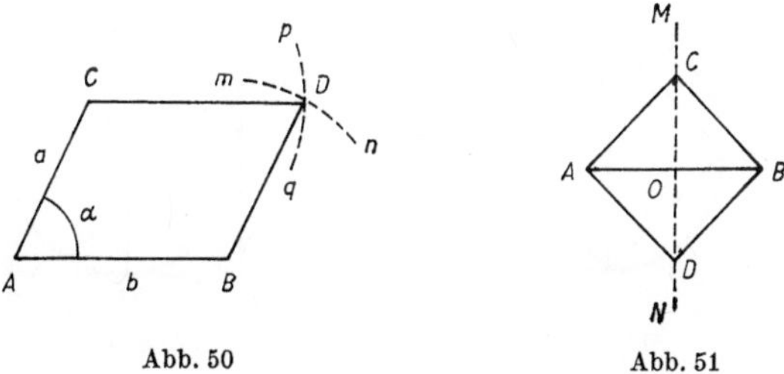

Abb. 50   Abb. 51

§ 28. Aus gegebener Grundlinie und Höhe
ist ein Rechteck zu konstruieren

Wir gehen vor wie bei der letzten Aufgabe. Den Winkel α konstruieren wir wie in § 5.

§ 29. Es ist ein Quadrat mit gegebener Seitenlänge
zu konstruieren

Wir gehen so vor wie unter § 27 und § 28.

§ 30. Es ist ein Quadrat
mit gegebener Diagonale AB zu konstruieren

Durch den Mittelpunkt von AB (Abb. 51) ziehen wir die Senkrechte MN zu AB (s. § 2). Vom Schnittpunkt O der Senkrechten mit AB aus tragen wir in Richtung MN die Strecken OC und OD auf, deren Länge gleich OA ist. $ACBD$ ist das gesuchte Quadrat.

§ 31. In einen gegebenen Kreis
ist ein Quadrat zu konstruieren

Wir ziehen zwei aufeinander senkrechte Durchmesser AB und CD. $ACBD$ ist das gesuchte Quadrat (Abb. 52).

§ 32. Um einen gegebenen Kreis
ist ein Quadrat zu konstruieren

Wir ziehen zwei zueinander senkrechte Durchmesser AB und CD (Abb. 53). Von ihren Enden als Mittelpunkt aus zeichnen wir vier Halbkreise mit den Radien OA. Ihre Schnittpunkte F, G, H und E bilden die Ecken des gesuchten Quadrats.

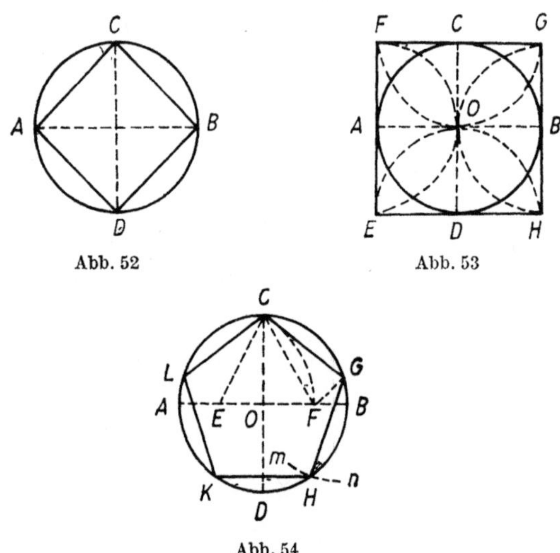

Abb. 52   Abb. 53

Abb. 54

§33. In einen gegebenen Kreis
ist ein regelmäßiges Fünfeck zu konstruieren

Wir ziehen zwei zueinander senkrechte Durchmesser AB und CD (Abb. 54). Den Radius OA halbieren wir, der Halbierungspunkt ist E. Von E aus ziehen wir mit dem Radius EC den Bogen CF, der den Durchmesser AB im Punkt F schneidet. Von C aus ziehen wir mit dem Radius CF den Bogen FG, der den gegebenen Kreis im Punkt G schneidet. CG ($= CF$) ist eine Seite der gesuchten Figur. Von G aus ziehen wir mit demselben Radius den Bogen mn und erhalten noch eine Ecke H der gesuchten Figur usw.

§ 34. In einen gegebenen Kreis sind ein regelmäßiges Dreieck und ein regelmäßiges Sechseck zu konstruieren

Wir nehmen den Radius des Kreises in den Zirkel und unterteilen den Kreis durch die äquidistanten Punkte A, B, C, D, E, F (Abb. 55). Wir verbinden die Punkte A, B, C, D, E, F der Reihe nach und erhalten ein regelmäßiges Sechseck. Verbindet man nur jeden zweiten Punkt, so erhält man ein regelmäßiges (gleichseitiges) Dreieck.

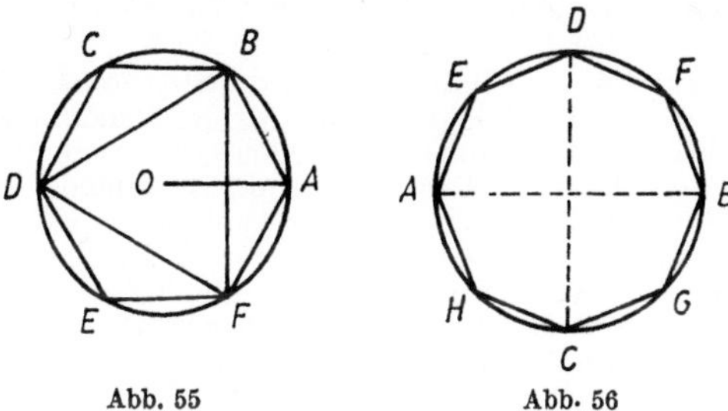

Abb. 55   Abb. 56

§ 35. In einen Kreis ist ein regelmäßiges Achteck zu konstruieren

Wir ziehen zwei zueinander senkrechte Durchmesser AB und CD (Abb. 56). Wir halbieren die Bögen AD, DB, BC, CA durch die Punkte E, F, G, H (§ 15) und verbinden der Reihe nach die acht Punkte.

§ 36. Um einen Kreis sind ein regelmäßiges Dreieck, Fünfeck, Sechseck und Achteck zu konstruieren

Wir markieren auf dem Kreis (Abb. 57) die Ecken $A, B, \ldots, F$ des entsprechenden eingeschriebenen regelmäßigen Vielecks (s. § 33—36). Wir zeichnen die Radien $OA, OB, \ldots, OF$ und verlängern sie. Den

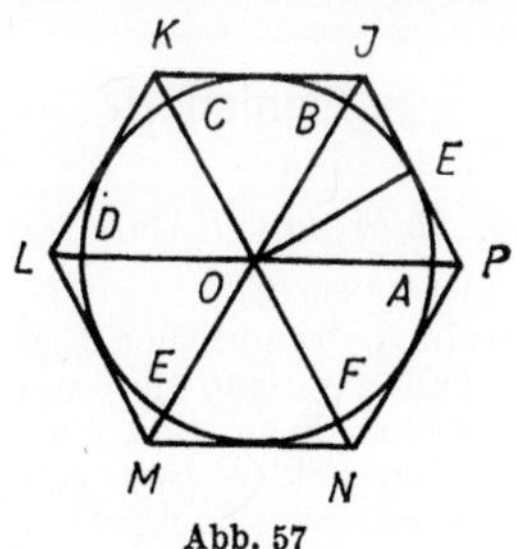

Abb. 57

Bogen AB halbieren wir durch den Punkt E (s. § 15). Durch E ziehen wir $JP \perp OE$. Die Strecke JP zwischen den benachbarten verlängerten Radien ist die Seitenlänge der gesuchten Figur. Auf der Verlängerung der übrigen Radien tragen wir nun die Strecken OK, OL, ..., ON ab, die alle gleich OP sind. Die Punkte J, K, L, ..., N, P verbinden wir der Reihe nach. $JKLM \ldots NP$ ist das gesuchte Vieleck.

§ 37. Es ist ein regelmäßiges n-Eck
mit gegebener Seitenlänge a zu konstruieren

Wir konstruieren einen Halbkreis über der Strecke BK mit der Länge 2a (Abb. 58). Diesen Halbkreis teilen wir durch die Punkte C, D, E, F, G (Scheitel eines regelmäßigen $2n$-Ecks, in unserer Zeichnung ist $n = 6$) in gleiche Teile. Den Mittelpunkt A verbinden wir nun mit allen Teilungspunkten außer mit den zwei letzten (K und G). Vom Punkt B aus ziehen wir mit dem Radius AB den Bogen ab, der den Strahl AC im Punkt L schneidet. Vom Punkt L aus ziehen wir mit demselben Radius den Bogen cd, der den Strahl AD im Punkt M schneidet usw. Die Punkte B, L, M, N usw. verbinden wir der Reihe nach. $ABLMNF$ ist das gesuchte Vieleck.

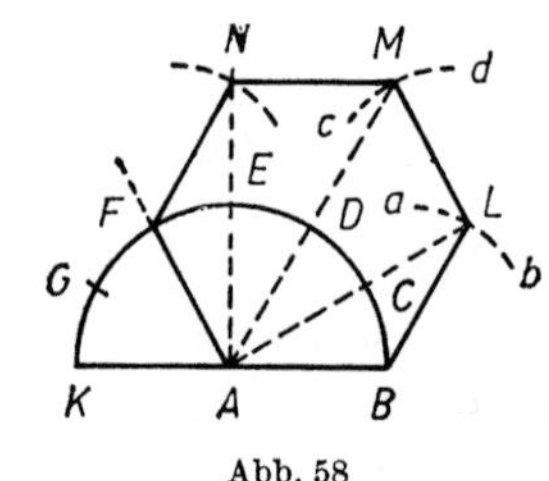

Abb. 58

Diese Aufgabe kann man nicht immer mit Zirkel und Lineal allein lösen. Für $n = 7$ oder $n = 9$ ist dies zum Beispiel unmöglich, da man mit Zirkel und Lineal allein einen Halbkreis nicht in 7 oder 9 gleiche Teile teilen kann.

B. Planimetrie

§ 1. Der Gegenstand der Geometrie

Die Geometrie untersucht die räumlichen Eigenschaften von Objekten und sieht dabei von allen übrigen Merkmalen ab. Ein Gummiball mit einem Durchmesser von 25 cm und eine Eisenkugel mit demselben Durchmesser unterscheiden sich zum Beispiel durch das Gewicht, die Farbe, die Härte usw. Aber alle diese Merkmale des

Balles und der Kugel bleiben in der Geometrie ohne Beachtung. Ihre räumlichen Eigenschaften hingegen (Form und Größe) sind gleich. Vom Standpunkt der Geometrie aus stellen beide eine Kugel mit dem Durchmesser 25 cm dar.

Ein Gegenstand, bei dem man von allen seinen Eigenschaften, außer von den räumlichen, absieht, heißt *geometrischer Körper*. Eine Kugel ist ein Beispiel für einen geometrischen Körper.

Für das Weitere erhalten wir auf dem Wege der Abstraktion den Begriff der *geometrischen Fläche*, der *geometrischen Linie* oder *Kurve* und des *geometrischen Punktes*. Eine Fläche trennen wir begrifflich von dem Körper, zu dem sie gehört, und schreiben ihr keine Dicke zu. Einer Linie schreiben wir weder Dicke noch Breite zu, und einen Punkt betrachten wir überhaupt als dimensionslos. Wir sprechen davon, daß ein Punkt als Begrenzung einer Linie dienen kann (oder als Teil davon), eine Linie als Begrenzung einer Fläche, eine Fläche als Begrenzung eines Körpers. Wir sprechen auch davon, daß sich ein Punkt bewegen kann und durch seine Bewegung eine Linie oder Kurve erzeugt. Eine Kurve kann durch ihre Bewegung eine Fläche erzeugen, eine Fläche durch Bewegung einen Körper.

In der Natur gibt es keine Punkte ohne Ausdehnung, aber es gibt Gegenstände von so geringen Ausmaßen, daß man sie unter gewissen Bedingungen wie geometrische Punkte behandeln kann. In der Natur gibt es auch keine geometrischen Linien und keine geometrischen Flächen. Aber alle in der Geometrie gefundenen Eigenschaften von Linien und Flächen erhalten vielfältige Anwendbarkeit in Wissenschaft und Technik. Dies beruht darauf, daß die geometrischen Begriffe natürliche Erweiterungen der Eigenschaften der realen Welt sind. Die Abstraktheit der geometrischen Begriffe dient auch dazu, daß man diese Eigenschaften in ihrer wahren Form erkennt.

§ 2. Historische Bemerkungen
zur Entwicklung der Geometrie

Die ersten geometrischen Begriffe prägten bereits die Menschen im **frühesten Altertum. Sie entstanden durch die Notwendigkeit der** Definition von Rauminhalten verschiedener Objekte (Gefäße, Speicher usw.) und von Flächeninhalten von Landteilen. Die ältesten uns bekannten Schriftdokumente stammen aus der Zeit vor rund 4000 Jahren und enthalten Regeln für die Bestimmung von Flächeninhalten und Rauminhalten. Vor etwa zweieinhalbtausend Jahren entlehnten die Griechen das geometrische Wissen von den Ägyptern und Babyloniern. Ursprünglich wurde dieses Wissen in der Hauptsache bei der Landvermessung benötigt. Daher kommt auch die griechische Bezeichnung „Geometria“, was „Landvermessung“ bedeutet.

Die griechischen Denker fanden zahlreiche geometrische Eigenschaften und begründeten ein harmonisches System von geometrischen Begriffen. Auf diese führten sie einfache geometrische Eigenschaften zurück, die durch die Erfahrung nahegelegt wurden.

Die übrigen Eigenschaften leiteten sie aus diesen einfachen Eigenschaften durch logische Überlegungen her.

Dieses System erhielt um 300 v. u. Z. seine endgültige Form in den „Elementen" von Euklid[1]), in der auch die Grundlagen der theoretischen Arithmetik enthalten sind. Der geometrische Teil der „Elemente" entspricht dem Inhalt und dem Aufbau nach den heutigen Schulbüchern über Geometrie.

Zur Sprache kam dabei jedoch weder das Volumen noch die Fläche einer Kugel, noch das Verhältnis des Kreisumfangs zu seinem Durchmesser (obwohl man bereits wußte, daß die Kreisfläche proportional dem Quadrat des Durchmessers ist). Näherungswerte für dieses Verhältnis kannte man schon lange vor Euklid aus Experimenten. Aber erst in der Mitte des dritten Jahrhunderts v. u. Z. bewies Archimedes streng, daß das Verhältnis von Kreisumfang zu Durchmesser (d. h. die Zahl π) zwischen $3\frac{1}{8}$ und $3\frac{10}{11}$ liegt. Archimedes bewies auch, daß das Volumen einer Kugel zwei Drittel des Volumens des umgeschriebenen Zylinders ausmacht und daß die Oberfläche der Kugel ebenfalls nur zwei Drittel der Oberfläche dieses Zylinders beinhaltet.

Die Methoden, die Archimedes zur Lösung dieser Probleme verwendete, bilden den Keim für die Methoden der höheren Mathematik. Diese Methoden verwendete Archimedes zur Lösung von zahlreichen geometrischen und mechanischen Problemen, die für das Bauwesen und die Seefahrt äußerst wichtig waren. Insbesondere bestimmte er das Volumen und den Schwerpunkt vieler Körper und studierte Probleme des Gleichgewichts schwimmender Körper verschiedener Form.

Die griechischen Geometer untersuchten die Eigenschaften zahlreicher für Theorie und Praxis wichtiger Kurven. Besonders gründlich untersuchten sie die Kegelschnitte (s. II, B, 9). Im zweiten Jahrhundert v. u. Z. bereicherte Apollonios die Theorie der Kegelschnitte um viele wichtige Entdeckungen, die während eines Zeitraums von 18 Jahrhunderten unübertroffen blieben.

Zur Untersuchung der Kegelschnitte verwendete Apollonios eine Koordinatenmethode (s. IV, 6). Zur Untersuchung beliebiger ebener Kurven wurde diese Methode erst in den 30er Jahren des 17. Jahrhunderts von den französischen Mathematikern Fermat (1601—1655) und Descartes (1596—1650) wieder verwendet. Für technische Anwendungen reichten in dieser Zeit ebene Kurven leicht aus. Erst hundert Jahre später wurde die Koordinatenmethode, bedingt durch die wachsenden Bedürfnisse der Astronomen, Geodäten und Mechaniker, auch zur Untersuchung von gekrümmten Flächen und Kurven auf solchen Flächen angewandt.

Eine systematische Entwicklung der Koordinatenmethode im Raum erfolgte 1748 durch den Mathematiker Euler.

Mehr als zweitausend Jahre lang betrachtete man das Euklidische System als unabänderlich. Im Jahre 1826 ersann jedoch der russische Mathematiker N. N. Lobatschewski ein neues geometrisches System.

---

[1]) Die „Elemente" sind in alle Kultursprachen der Welt übersetzt worden.

Seine Postulate unterscheiden sich von den EUKLIDischen Postulaten nur in einem Punkt[1]). Aber aus diesem Unterschied ergeben sich zahlreiche wesentliche Besonderheiten.

In der Geometrie von LOBATSCHEWSKI ist zum Beispiel die Summe der Winkel eines Dreiecks immer kleiner als 180° (in der Geometrie von EUKLID ist diese Summe gleich 180°). Dabei ist die Abweichung von 180° um so größer, je größer die Fläche des Dreiecks ist. Man könnte meinen, daß die Erfahrung dieser und weiterer Folgerungen der LOBATSCHEWSKIschen Geometrie widerspricht. Dies ist aber nicht so. Durch unmittelbare Messung der Winkel eines Dreiecks finden wir, daß ihre Summe ungefähr 180° ergibt. Die genaue Summe können wir infolge der Unzulänglichkeit unserer Meßinstrumente nicht bestimmen. Außerdem sind alle jene Dreiecke, die unserer Messung zugänglich sind, viel zu klein, als daß man eine Abweichung von der Winkelsumme 180° beobachten könnte.

Bei der weiteren Entwicklung der genialen Idee von LOBATSCHEWSKI zeigte sich, daß die EUKLIDische Geometrie zur Untersuchung vieler Probleme der Astronomen und Physiker nicht ausreicht, da man es dort mit Gebilden von ungemein großen Abmessungen zu tun hat. Unter gewöhnlichen Versuchsbedingungen bleibt die EUKLIDische Geometrie jedoch weiterhin vollständig ausreichend.

§ 3. Theoreme, Axiome, Definitionen

Überlegungen, durch die man eine gewisse Beziehung nachweist, nennt man *Beweise*. Bewiesene Beziehungen nennt man *Theoreme*. Beim Beweis eines Theorems aus der Geometrie stützt man sich oft auf bereits frühere bewiesene Beziehungen. Einige davon erweisen sich selbst wieder als Theoreme. Andere jedoch betrachtet man als Grundsätze der Geometrie und nimmt sie ohne Beweis als wahr hin. Beziehungen, die man ohne Beweis als richtig betrachtet, heißen *Axiome*.

Die Axiome wurden durch Experimente nahegelegt, und die Experimente sind es andererseits wieder, durch die die Axiome in ihrer Gesamtheit auf ihre Gültigkeit geprüft werden. Die Probe besteht darin, daß man alle Theoreme der Geometrie auf ihre Übereinstimmung mit der Erfahrung untersucht. Eine Übereinstimmung könnte nicht vorhanden sein, wenn die Axiome falsch sind.

Ein Axiomensystem kann man auf verschiedene Arten auswählen. Man muß nur darauf achten, daß die ausgewählten Axiome hinreichen, um alle übrigen geometrischen Beziehungen herzuleiten. In der Geometrie ist man bestrebt, die Anzahl der Axiome möglichst klein zu halten, um die logischen Verknüpfungen zwischen den einzelnen geometrischen Beziehungen klarer werden zu lassen.

Die Axiome wählt man meist aus einer Anzahl von einfachen Beziehungen aus. Im übrigen kann man bezüglich der Einfachheit dieser oder jener Beziehungen verschiedener Meinung sein.

---

[1]) In der Geometrie von EUKLID gibt es durch einen Punkt A nur eine Gerade, die mit einer gegebenen Geraden BC in einer Ebene liegt und diese Gerade nicht schneidet. In der Geometrie von LOBATSCHEWSKI gibt es unendlich viele derartige Geraden.

Einige Begriffe in der Geometrie betrachten wir als Grundbegriffe, deren Bedeutung man nur durch die Erfahrung erklären kann (zum Beispiel den Begriff des Punktes). Alle übrigen Begriffe erklären wir, indem wir sie auf die Grundbegriffe zurückführen. Solche Erklärungen heißen *Definitionen*. Jede geometrische Definition stützt sich entweder unmittelbar auf die Grundbegriffe oder auf Begriffe, die bereits früher definiert wurden.

Geometrische Begriffe kann man auf verschiedene Arten definieren. Zum Beispiel kann man den Durchmesser eines Kreises als Sehne durch den Mittelpunkt oder als Sehne größter Länge definieren. Zum Zwecke der Definition verwendet man bevorzugt einfache Beziehungen. Im übrigen ist es hier auch nicht möglich, allgemeine Einheitlichkeit zu sichern.

§ 4. Die Gerade, der Strahl, die Strecke

Eine gerade Linie denkt man sich nach beiden Seiten hin bis ins Unendliche verlängert. In der Geometrie bedeutet der Name „Gerade" gewöhnlich eine gerade Linie, die nach keiner Seite hin begrenzt ist. Eine gerade Linie, die nach einer Seite hin begrenzt ist, nach der anderen Seite aber nicht, nennt man *Halbgerade* oder *Strahl*. Eine gerade Linie, die nach beiden Seiten hin begrenzt ist, heißt *Strecke*.

§ 5. Die Winkel

Ein Winkel ist eine Figur (Abb. 59), die von zwei von einem Punkt O (*Scheitel des Winkels*) ausgehenden Strahlen OA und OB (*Schenkel des Winkels*) gebildet wird.

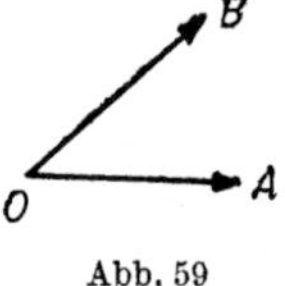

Abb. 59

Als *Winkelmaß* dient die Größe der Drehung um den Scheitel O, die den Strahl OA in die Lage OB bringt. Weite Verbreitung besitzen zwei Maßsysteme für die Winkelmessung: *das Bogenmaß* und *das Gradmaß*. Sie unterscheiden sich durch die Wahl der Maßeinheit. Näheres über das Bogenmaß siehe V, 3.

Das Gradmaß zur Winkelmessung. Hier verwendet man als Maßeinheit die Drehung des Strahls um den 360sten Teil der vollen Umdrehung — diese Drehgröße heißt ein *Grad* (Bezeichnung °). Eine volle Drehung entspricht so 360°. Ein Grad unterteilt man in 60 *Minuten* (Bezeichnung ′), eine Minute in 60 *Sekunden* (Bezeichnung ″). Die Zeichenfolge 42°33′21″ bedeutet 42 Grad, 33 Minuten und 21 Sekunden.

Ein Winkel von 90° (eine Vierteldrehung) heißt *rechter Winkel*
(Abb. 60). Man bezeichnet ihn durch den Buchstaben *d*.
Ein Winkel, der kleiner als 90° ist, heißt *spitzer Winkel* (*AOB* in
Abb. 59). Ein Winkel, der größer als 90° ist, heißt *stumpfer Winkel*
(Abb. 61). Gerade Linien, die einen rechten Winkel einschließen,
heißen zueinander *senkrecht*.
Vorzeichen eines Winkels. Oft ist es wichtig anzuzeigen, in welcher
Richtung die Drehung des Strahls erfolgt. Gewöhnlich zählt man das
Winkelmaß positiv, wenn die Drehung im Gegenuhrzeigersinn er-
folgt, und negativ, wenn der entgegengesetzte Drehsinn vorliegt.
Wenn zum Beispiel der Strahl *OA* in die Lage *OB* übergeht, wie es
in Abb. 62 angegeben ist, so gilt $\sphericalangle AOB = +90°$. In Abb. 63 gilt

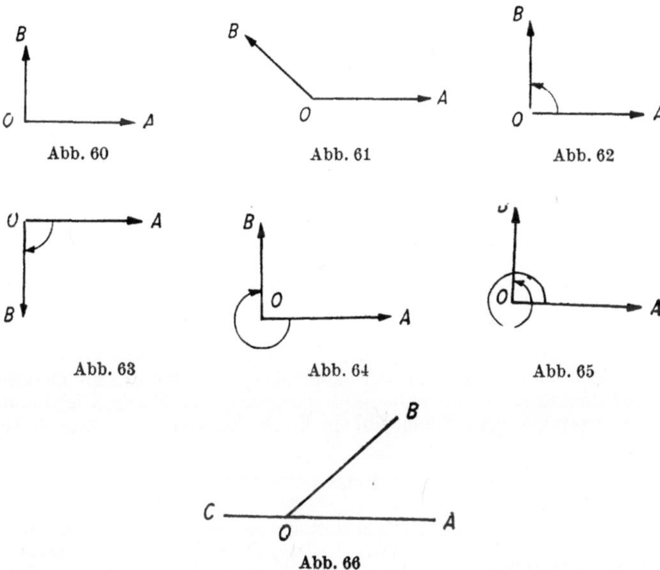

Abb. 60 Abb. 61 Abb. 62

Abb. 63 Abb. 64 Abb. 65

Abb. 66

$\sphericalangle AOB = -90°$. In Abb. 64 gilt $\sphericalangle AOB = -270°$. Einer einzigen
Lage von zwei Strahlen können in Abhängigkeit vom Charakter der
Drehung verschiedene Winkelmaße entsprechen. Dem Winkel *AOB*
in Abb. 65 kann man zum Beispiel +450° zuordnen. Zu Beginn der
Entwicklung der Geometrie wurden Winkelmaße stets als positiv
betrachtet. Mehrfache Drehungen ließ man außer acht, so daß das
Winkelmaß stets kleiner als 180° war.
Nebenwinkel (Abb. 66) werden durch ein Paar von Winkeln *AOB*
und *COB* mit dem gemeinsamen Scheitel *O* und dem gemeinsamen
Schenkel *OB* gebildet. Die beiden anderen Schenkel *OA* und *OC*
liegen in einer Geraden und haben entgegengesetzte Richtung. Die
Summe von Nebenwinkeln ist 180° (2*d*).

Scheitelwinkel werden durch ein Winkelpaar gebildet, das einen gemeinsamen Scheitel besitzt und dessen Schenkel paarweise auf einer Geraden liegen und nach entgegengesetzten Richtungen weisen. In Abb. 67 sind $\sphericalangle AOC$ und $\sphericalangle DOB$ (sowie $\sphericalangle COB$ und $\sphericalangle AOD$) Scheitelwinkel. Scheitelwinkel haben gleiches Winkelmaß ($\sphericalangle AOC = \sphericalangle BOD$).

Oft sagt man: „*der Winkel zwischen zwei Geraden*". Dabei meint man einen der vier durch die beiden Geraden gebildeten Winkel (meist den spitzen).

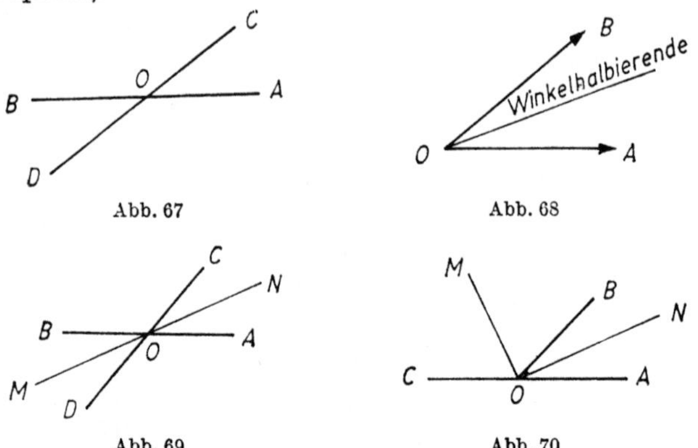

Abb. 67   Abb. 68

Abb. 69   Abb. 70

Unter der *Winkelhalbierenden* eines Winkels versteht man einen Strahl, der den Winkel in zwei Hälften teilt (Abb. 68). Die Winkelhalbierenden OM und ON der beiden Scheitelwinkel in Abb. 69 liegen auf einer Geraden und haben entgegengesetzte Richtung. Die Winkelhalbierenden von Nebenwinkeln (Abb. 70) stehen senkrecht aufeinander.

§ 6. Das Vieleck

Eine ebene Figur, die durch eine geschlossene Reihe von geradlinigen Strecken gebildet wird, heißt *Vieleck*. In Abb. 71 ist das Sechseck $ABCDEF$ dargestellt. Die Punkte A, B, C, D, E, F heißen *Ecken* des Vielecks. Die Winkel bei diesen Punkten bezeichnet man durch

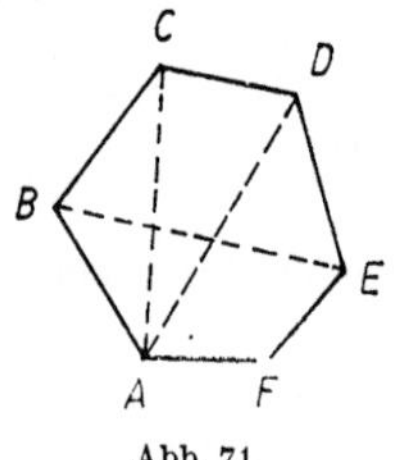

Abb. 71

$\not< A$, $\not< B$, ..., $\not< F$. Die Strecken AC, AD, BE usw. heißen *Diagonalen*. AB, BC, CD usw. bezeichnet man als *Seiten* des Vielecks. Die Summe der Seitenlängen $AB + BC + \cdots + FA$ heißt *Umfang* und wird durch p bezeichnet, manchmal auch durch $2p$ (dann ist p der halbe Umfang).

In der elementaren Geometrie betrachtet man nur einfache Vielecke, z. B. solche, deren Seiten sich nicht gegenseitig schneiden. Ein Vieleck, dessen Seiten sich überschneiden, heißt *sternförmig* (Abb. 72).

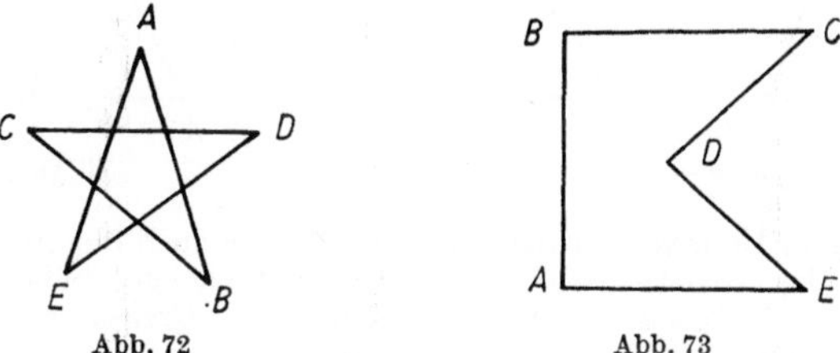

Abb. 72   Abb. 73

Wenn alle Diagonalen im Inneren des Vielecks liegen, so heißt das Vieleck *konvex*. Das Sechseck in Abb. 71 ist konvex, das Fünfeck in Abb. 73 nicht (die Diagonale EC liegt nicht im Inneren).

Die Summe der Innenwinkel eines konvexen Vielecks ist gleich $180°\,(n-2)$, wobei n die Anzahl der Seiten des Vielecks ist.

§ 7. Das Dreieck

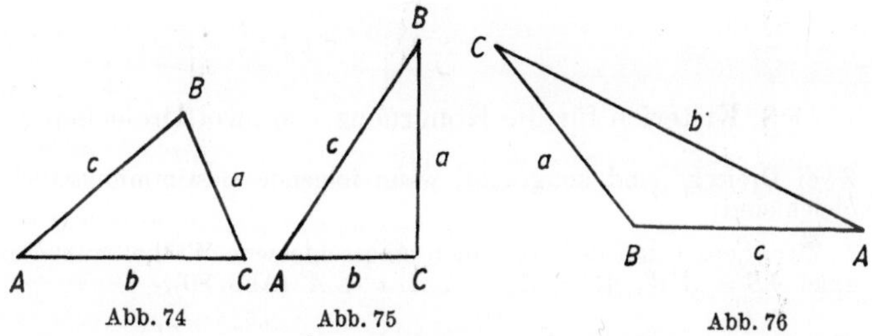

Abb. 74   Abb. 75   Abb. 76

Ein *Dreieck* ist ein Vieleck mit drei Seiten. Die Seiten eines Dreiecks bezeichnet man oft durch kleine Buchstaben, die den Namen der gegenüberliegenden Ecken entsprechen. Wenn alle drei Winkel spitz sind, so heißt das Dreieck *spitzwinklig* (Abb. 74). Wenn einer der Winkel ein rechter Winkel ist, so spricht man von einem *rechtwinkligen* Dreieck (Abb. 75), wenn ein Winkel stumpf ist, von einem *stumpfwinkligen* Dreieck (Abb. 76, $\not< B$). Die Seiten eines rechtwinkligen Dreiecks, welche den rechten Winkel einschließen, bezeichnet man als *Katheten* (a, b), die dem rechten Winkel gegenüberliegende Seite als *Hypothenuse* (c).

Ein Dreieck ABC heißt *gleichschenklig* (Abb. 77), wenn zwei seiner Seiten gleich sind ($b = c$). Es heißt *gleichseitig* (Abb. 78), wenn alle drei Seiten gleich sind ($a = b = c$). Die zwei gleichen Seiten eines gleichschenkligen Dreiecks heißen *Seiten*, die dritte heißt *Grundlinie*.

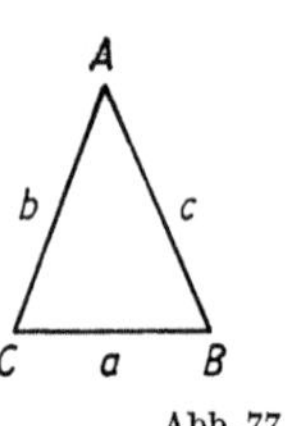 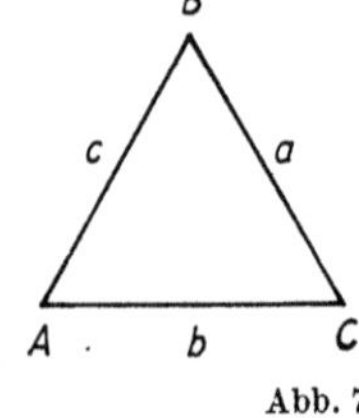 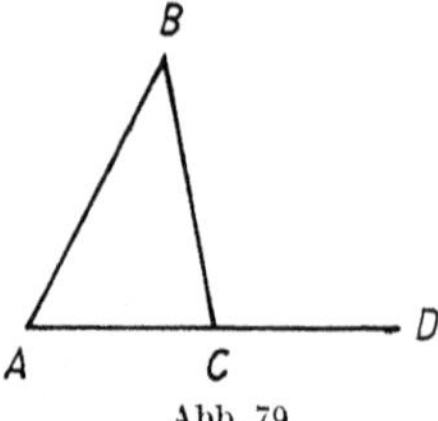

Abb. 77   Abb. 78   Abb. 79

In jedem Dreieck liegt dem größeren Winkel auch die größere Seite gegenüber. Gleichen Seiten liegen gleiche Winkel gegenüber und umgekehrt. Insbesondere ist ein gleichseitiges Dreieck auch gleichwinklig und umgekehrt.

In jedem Dreieck ist die Summe der Winkel 180°. In einem gleichseitigen Dreieck ist jeder Winkel gleich 60°.

Verlängert man eine Seite des Dreiecks (AC in Abb. 79), so erhält man einen *Außenwinkel* $\sphericalangle BCD$. Jeder Außenwinkel ist gleich der Summe der nicht anliegenden Innenwinkel: $\sphericalangle BCD = \sphericalangle A + \sphericalangle B$. Jede Seite eines Dreiecks ist kleiner als die Summe und größer als die Differenz der beiden anderen Seiten ($a < b + c$, $a > b - c$).

Der Flächeninhalt eines Dreiecks ist gleich dem Produkt aus der halben Grundlinie und der Höhe (über die Höhe eines Dreiecks s. § 9):

$$S = \frac{ah_a}{2}.$$

§ 8. Kriterien für die Kongruenz von zwei Dreiecken

Zwei Dreiecke sind kongruent, wenn folgende Bestimmungsstücke gleich sind:

1. Zwei Seiten und der von ihnen eingeschlossene Winkel, zum Beispiel $AB = A'B'$, $AC = A'C'$, $\sphericalangle A = \sphericalangle A'$ (Abb. 80).

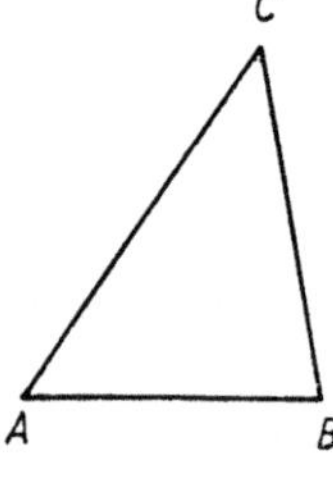 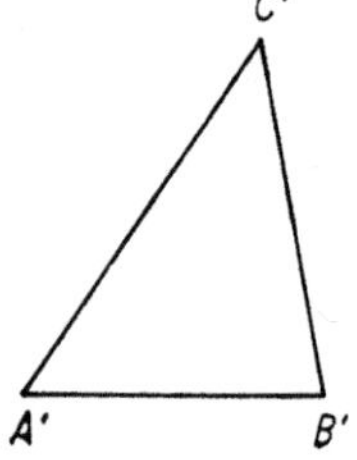

Abb. 80

2. Zwei Winkel und die zu ihnen gehörende Seite, zum Beispiel $\sphericalangle A = \sphericalangle A'$, $\sphericalangle C = \sphericalangle C'$, $AC = A'C'$.

2a. Zwei Winkel und die einem Winkel gegenüberliegende Seite, zum Beispiel $\sphericalangle A = \sphericalangle A'$, $\sphericalangle B = \sphericalangle B'$, $AC = A'C'$.

3. Drei Seiten: $AB = A'B'$, $BC = B'C'$, $AC = A'C'$.

4. Zwei Seiten und der Winkel, der der größeren Seite gegenüberliegt, zum Beispiel $AB = A'B'$, $BC = B'C'$, $\sphericalangle A = \sphericalangle A'$. Wenn der Winkel, der der kleineren Seite gegenüberliegt gleich ist, so brauchen die Dreiecke noch nicht gleich zu sein. Zum Beispiel sind die Dreiecke LMN und $L'M'N'$ in Abb. 81 nicht kongruent, obwohl $LM = L'M'$, $LN = L'N'$ und $\sphericalangle M = \sphericalangle M'$. Hier liegen die Winkel $\sphericalangle M$, $\sphericalangle M'$ der kleineren Seite gegenüber.

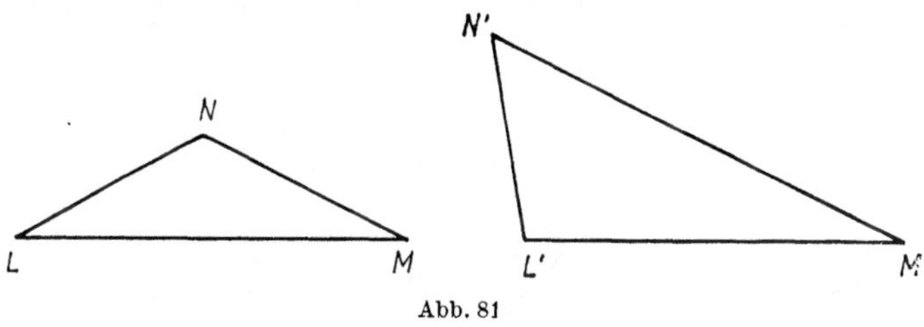

Abb. 81

§ 9. Bemerkenswerte Linien und Punkte im Dreieck

Jede Senkrechte von einer Ecke eines Dreiecks aus auf die gegenüberliegende Seite oder auf deren Verlängerung heißt *Höhe* des Dreiecks. Die Seite, auf die man die Höhe fällt, wird dann als *Grundlinie* des Dreiecks bezeichnet. Im stumpfwinkligen Dreieck ABC in Abb. 82 führen die zwei Höhen AD und BE auf die Verlängerung der

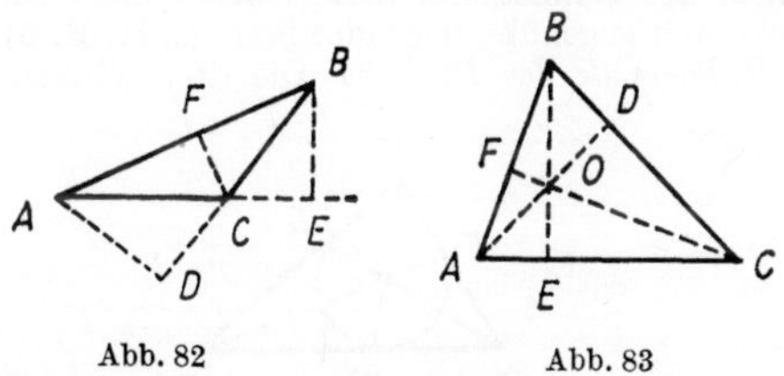

Abb. 82   Abb. 83

gegenüberliegenden Seiten und liegen außerhalb des Dreiecks. Die dritte Höhe CF liegt im Inneren. In einem spitzwinkligen Dreieck (Abb. 83) liegen alle Höhen im Inneren. In einem rechtwinkligen Dreieck dienen auch die Katheten als Höhen. Die drei Höhen eines Dreiecks schneiden sich immer in einem Punkt, dem *Orthozentrum*. Bei einem stumpfwinkligen Dreieck liegt das Orthozentrum außerhalb

des Dreiecks, bei einem rechtwinkligen Dreieck fällt es mit dem
Scheitel des rechten Winkels zusammen.
Die Höhe eines Dreiecks auf die Seite a bezeichnet man durch h_a.
Sie ergibt sich aus den drei Seiten mit Hilfe der Formel

$$h_a = 2\,\frac{\sqrt{p(p-a)\,(p-b)\,(p-c)}}{a}\,,$$

wobei

$$p = \frac{a+b+c}{2}\,.$$

Die Strecken, die die Ecken des Dreiecks mit den Mittelpunkten der
gegenüberliegenden Seiten verbinden, heißen *Mittellinien* des Dreiecks. Die drei Mittellinien (*AD*, *BE* und *CF* in Abb. 84) schneiden

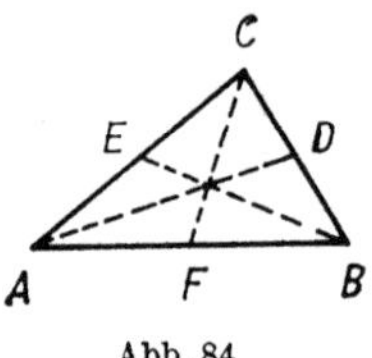

Abb. 84

sich in einem Punkt, der immer im Inneren des Dreiecks liegt und
sich als dessen Schwerpunkt erweist. Dieser Punkt teilt jede der
Mittellinien im Verhältnis 2:1 (von den Ecken aus gesehen). Die
Mittellinie von der Ecke A aus zur gegenüberliegenden Seite a bezeichnet man durch m_a. Sie ergibt sich aus den Seiten des Dreiecks
mit Hilfe der Formel

$$m_a = \frac{1}{2}\,\sqrt{2b^2 + 2c^2 - a^2}\,.$$

Die Abschnitte der Winkelhalbierenden der Winkel eines Dreiecks
zwischen Ecke und gegenüberliegender Seite (s. II, B, 5) nennt man
auch *Winkelhalbierende des Dreiecks*. Die drei Winkelhalbierenden

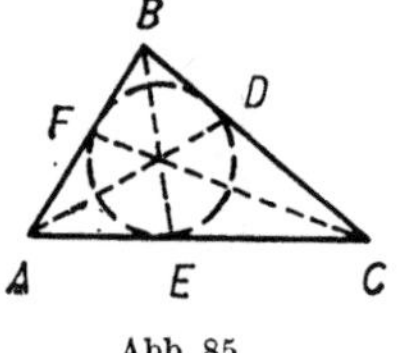

Abb. 85

(*AD*, *BE*, *CF* in Abb. 85) schneiden sich immer in einem Punkt, der
immer im Inneren des Dreiecks liegt und sich als Mittelpunkt des
eingeschriebenen Kreises erweist (s. II, B, 19). Die Winkelhalbierende
des Winkels A bezeichnet man durch β_a. Sie ergibt sich aus den Seiten

des Dreiecks durch die Formel

$$\beta_a = \frac{2}{b + c}\,\sqrt{bcp(p - a)},$$

worin p den halben Durchmesser bedeutet. Die Winkelhalbierende teilt die gegenüberliegende Seite in Teile, die proportional den zum Winkel gehörenden Seiten sind. In Abb. 85 gilt $A\bar{E} : EC = AB : BC$.

Beispiel. $AB = 30$ cm, $BC = 40$ cm, $AC = 49$ cm. Man bestimme AC und EC. Die zwei Teile, in die man $AC = 49$ cm zerlegen muß, (AE und EC) verhalten sich wie $30 : 40$ oder wie $3 : 4$. Nimmt man als Maßstabseinheit eine Strecke x, die in AE dreimal und in EC viermal enthalten ist, so haben wir $AC = 3x + 4x = 7x$, $x = AC : 7 = 49 : 7 = 7$. Daraus folgt $AE = 3x = 21$, $EC = 4x = 28$. Die drei Senkrechten durch die Mittelpunkte der drei Seiten (D, E, F in den Abb. 86, 87, 88) schneiden sich in einem Punkt, der sich als

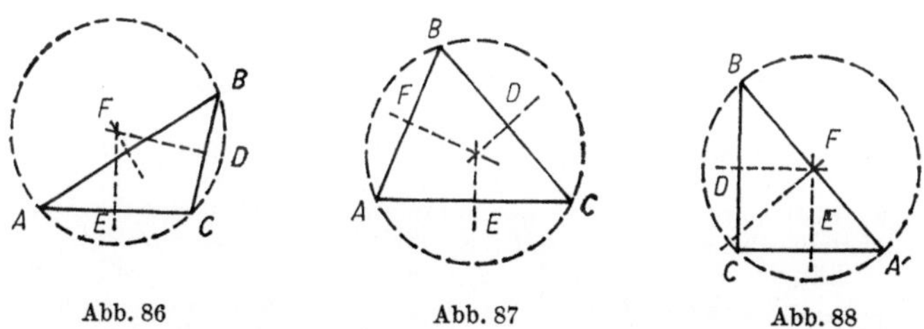

Abb. 86   Abb. 87   Abb. 88

Mittelpunkt des umgeschriebenen Kreises erweist (IV, B, 19). Bei einem stumpfwinkligen Dreieck liegt dieser Punkt außerhalb des Dreiecks (Abb. 86), bei einem spitzwinkligen Dreieck liegt er im Inneren (Abb. 87), bei einem rechtwinkligen Dreieck ist es der Mittelpunkt der Hypotenuse (Abb. 88).
Bei einem gleichschenkligen Dreieck fallen die Höhe, die Mittellinie, die Winkelhalbierende und die Senkrechte auf die Grundlinie zusammen (Grundlinie ist immer die Seite, die von den beiden anderen verschieden ist). **In einem gleichseitigen Dreieck gilt das für alle drei** Seiten. In allen übrigen Fällen fällt keine der erwähnten Linien mit einer anderen zusammen. Das Orthozentrum, der Schwerpunkt, der Mittelpunkt des eingeschriebenen Kreises und der Mittelpunkt des umgeschriebenen Kreises fallen nur beim gleichseitigen Dreieck zusammen.

§ 10. Rechtwinklige Projektionen;
Beziehungen zwischen den Seiten eines Dreiecks

Unter der *rechtwinkligen Projektion* (oder kurz *Projektion*) eines Punktes auf eine Gerade versteht man den Fußpunkt der Senkrechten von diesem Punkt auf die Gerade. In Abb. 89 sind die Punkte a, b, c, d die Projektionen der Punkte A, B, C, D auf die Gerade MN.

Unter der Projektion einer Strecke AB auf die Gerade MN versteht man die Strecke ab der Geraden MN, die von den Projektionen a und b der Endpunkte der Strecke AB begrenzt wird. Die Strecke bc ist die Projektion von BC usw. Man schreibt: $ab = \mathrm{Pr}_{MN}AM$ oder kürzer: $ab = \mathrm{Pr}\,AB$.

Die Summe der Projektionen der Glieder einer gebrochenen Linie ist gleich der Projektion der abschließenden Strecke. In Abb. 89 gilt $\mathrm{Pr}\,AD = \mathrm{Pr}\,AB + \mathrm{Pr}\,BC + \mathrm{Pr}\,CD$. Zum allgemeinen Beweis dieser Regel muß man die Projektion von Strecken als *algebraische Größen* betrachten. Die Projektionen ab einer Strecke AB zählt man *positiv*. wenn b rechts von a liegt, und *negativ*, wenn b links von a

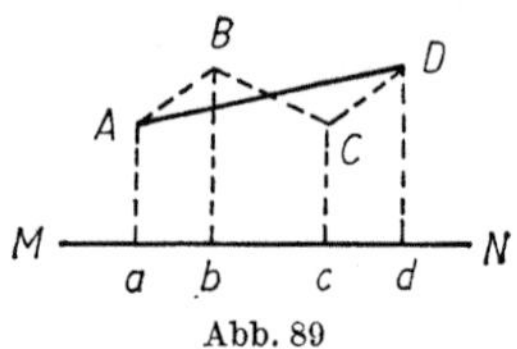

Abb. 89

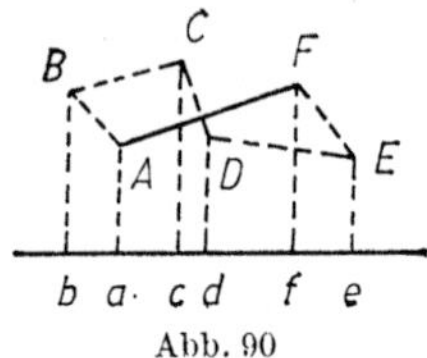

Abb. 90

liegt. So ist zum Beispiel in Abb. 90 $\mathrm{Pr}\,AB = ab$ negativ. Die Größen $\mathrm{Pr}\,BC = bc$, $\mathrm{Pr}\,CD = cd$, $\mathrm{Pr}\,DE = de$ sind positiv, $\mathrm{Pr}\,EF = ef$ ist negativ. Die (algebraische) Summe der Projektionen der Glieder der gebrochenen Linie $ABCDEF$ erhalten wir daher durch Addition der Längen der Strecken bc, cd, de und anschließender Subtraktion der Längen der Strecken ab und ef. Wir erhalten eine Größe, die gleich af ist, der Projektion der abschließenden Strecke AF.

Das Quadrat der Seite eines Dreiecks ist gleich der Summe der Quadrate der beiden anderen Seiten weniger dem doppelten Produkt einer Seite mit der Projektion der anderen Seite auf diese eine Seite. Bei der Bezeichnungsweise wie in Abb. 91 und 92 haben wir:

$$a^2 = b^2 + c^2 - 2b\,\mathrm{Pr}_{AC}AB. \tag{1}$$

Wenn x die Länge der Projektion bezeichnet (eine positive Zahl), so gilt bei einem spitzen Winkel in A ($\mathrm{Pr}_{AC}AB = x$, Abb. 91)

$$a^2 = b^2 + c^2 - 2bx, \tag{2}$$

und bei einem stumpfen Winkel in A ($\mathrm{Pr}_{AC}AB = -x$, Abb. 92)

$$a^2 = b^2 + c^2 + 2bx. \tag{3}$$

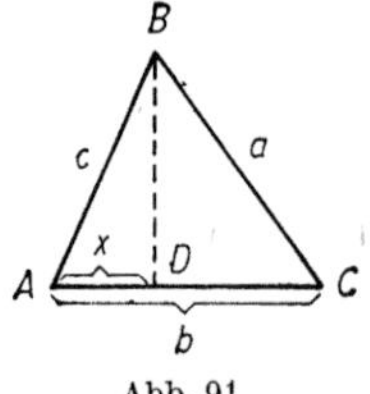

Abb. 91

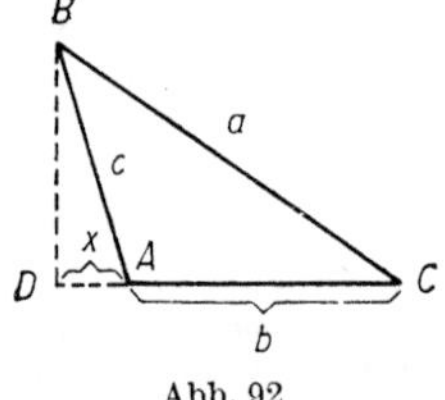

Abb. 92

Wenn in A ein rechter Winkel vorliegt (Abb. 93), so ist $\mathrm{Pr}_{AC}AB = 0$, und wir haben

$$a^2 = b^2 + c^2. \tag{4}$$

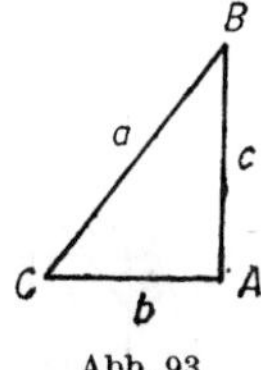

Abb. 93

Das Quadrat der Hypotenuse ist gleich der Summe der Quadrate der Katheten (der sogenannte *Pythagoräische Lehrsatz*). Der Pythagoräische Lehrsatz findet häufig Verwendung bei verschiedensten theoretischen und praktischen Problemen.
Formel (1) läßt sich auch in der Form

$$a^2 = b^2 + c^2 - 2bc \cos \measuredangle A$$

schreiben (s. III, 22).

§ 11. Parallele Gerade

Zwei Geraden AB und CD (Abb. 94) heißen *parallel*, wenn sie in einer Ebene liegen und sich nicht schneiden, wie weit man sie auch verlängert. Bezeichnung: $AB\|CD$. Alle Punkte der einen Geraden haben von der anderen Geraden denselben Abstand.

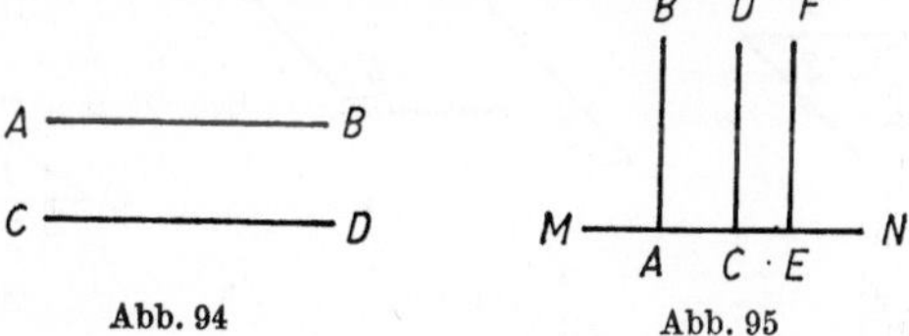

Abb. 94　　　　Abb. 95

Alle Geraden, die zur Geraden AB parallel sind, sind auch untereinander parallel.
Von zwei parallelen Geraden sagt man, sie bilden den Winkel Null (im wahren Sinne des Wortes bilden sie überhaupt keinen Winkel). Wenn zwei Strahlen zu parallelen Geraden gehören, so setzt man den Winkel zwischen ihnen gleich Null, wenn sie gleiche Richtungen haben, man setzt ihn gleich 180°, wenn sie verschiedene Richtung haben.
Alle Senkrechten (AB, CD, EF, Abb. 95) auf die eine Gerade MN sind untereinander parallel. Umgekehrt ist eine Gerade MN, die senkrecht auf einer der parallelen Geraden steht, auch senkrecht zu

allen anderen. Die Strecken aller Senkrechten zu zwei parallelen Geraden, die von diesen Geraden abgeschnitten werden, sind gleich lang. Ihre gemeinsame Länge ist der Abstand zwischen den parallelen Geraden.

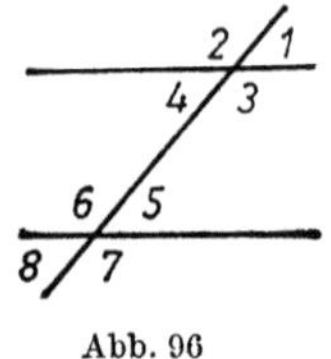

Abb. 96

Beim Schnitt von zwei parallelen Geraden mit einer dritten Geraden entstehen acht Winkel (Abb. 96):

1. Gegenwinkel (1 und 5, 2 und 6, 3 und 7, 4 und 8). Diese Winkel sind paarweise gleich ($\sphericalangle\,1 = \sphericalangle\,5$, $\sphericalangle\,2 = \sphericalangle\,6$, $\sphericalangle\,3 = \sphericalangle\,7$, $\sphericalangle\,4 = \sphericalangle\,8$).

2. Innere kreuzweise angeordnete Winkel (4 und 5, 3 und 6), sie sind paarweise gleich.

3. Äußere kreuzweise angeordnete Winkel (1 und 8, 2 und 7), sie sind ebenfalls paarweise gleich.

4. Innere Winkel mit gleichem Schenkel (3 und 5, 4 und 6), ihre Summe ist 180° ($\sphericalangle\,3 + \sphericalangle\,5 = 180°$, $\sphericalangle\,4 + \sphericalangle\,6 = 180°$).

5. Äußere Winkel mit gleichem Schenkel (1 und 7, 2 und 8), ihre Summe ist 180° ($\sphericalangle\,1 + \sphericalangle\,7 = 180°$, $\sphericalangle\,2 + \sphericalangle\,8 = 180°$).

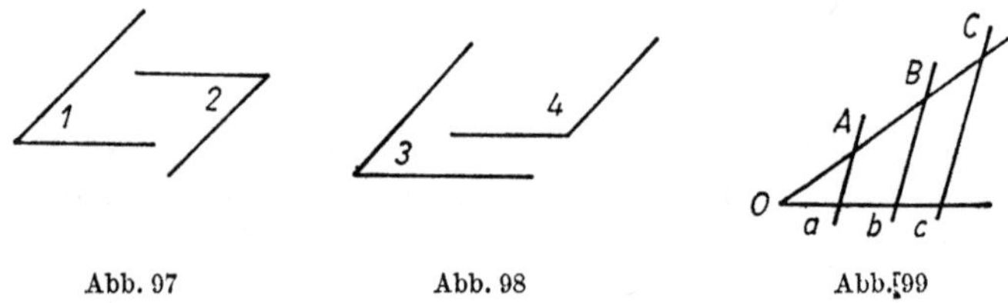

Abb. 97　　　　　　Abb. 98　　　　　　Abb. 99

Winkel, deren *Schenkel paarweise parallel* sind, sind entweder gleich (wenn beide spitz oder beide stumpf sind) oder ihre Summe ist 180°. In Abb. 97 gilt $\sphericalangle\,1 = \sphericalangle\,2$, in Abb. 98 $\sphericalangle\,3 + \sphericalangle\,4 = 180°$. Winkel mit paarweise aufeinander senkrechten Schenkeln sind entweder gleich oder ihre Summe ist 180°.
Beim Schnitt der Schenkel eines Winkels durch parallele Gerade (Abb. 99) sind die Abschnitte auf den beiden Schenkeln proportional:

$$\frac{OA}{Oa} = \frac{OB}{Ob} = \frac{OC}{Oc} = \frac{AB}{ab} = \frac{BC}{bc} = \frac{AC}{ac} \text{ usw.}$$

§ 12. Parallelogramme und Trapeze

Unter einem Parallelogramm ($ABCD$ in Abb. 100) versteht man ein Viereck, dessen gegenüberliegende Seiten paarweise parallel sind. Die gegenüberliegenden Seiten eines Parallelogramms sind gleich:

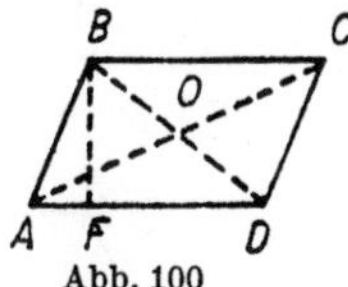
Abb. 100

$AB = CD$, $AD = BC$. Beliebige zwei gegenüberliegende Seiten kann man als Grundlinie betrachten. Der Abstand zwischen ihnen (längs einer Senkrechten gemessen) heißt Höhe (BF). Die Diagonalen eines Parallelogramms halbieren sich gegenseitig ($AO = OC$, $BO = OD$). Gegenüberliegende Winkel eines Parallelogramms sind gleich ($\sphericalangle A = \sphericalangle C$, $\sphericalangle B = \sphericalangle D$). Die Summe der Quadrate der Diagonalen ist gleich der Summe der Quadrate der Seiten:

$$AC^2 + BD^2 = AB^2 + BC^2 + CD^2 + AD^2 = 2(AB^2 + BC^2).$$

Der Flächeninhalt S eines Parallelogramms ist gleich dem Produkt aus Grundlinie (a) und Höhe (h_a):

$$S = ah_a.$$

Merkmale eines Parallelogramms. Das Viereck $ABCD$ ist ein Parallelogramm, wenn eine der folgenden Eigenschaften vorhanden ist:

1. Gegenüberliegende Seiten sind paarweise gleich ($AB = CD$, $BC = DA$).

2. Zwei gegenüberliegende Seiten sind gleich und parallel ($AB = CD$, $AB \| CD$).

3. Die Diagonalen halbieren sich gegenseitig.

4. Die gegenüberliegenden Winkel sind paarweise gleich ($\sphericalangle A = \sphericalangle C$, $\sphericalangle B = \sphericalangle D$).

Wenn einer der Winkel eines Parallelogramms ein rechter Winkel ist, so sind auch alle anderen rechte Winkel. Derartige Parallelogramme heißen *Rechtecke* (Abb. 101). Die Seiten eines Rechtecks (a, b) dienen als Höhen. Der Flächeninhalt eines Rechtecks ist gleich dem Produkt seiner Seiten: $S = a \cdot b$.

Bei einem Rechteck sind die Diagonalen gleich: $AC = BD$.

In einem Rechteck ist das Quadrat der Diagonalen gleich der Summe der Quadrate der Seiten: $AC^2 = AD^2 + DC^2$.

Wenn bei einem Parallelogramm alle Seiten gleich lang sind, so bezeichnet man es als *Rhombus* (Abb. 102).

Bei einem Rhombus stehen die Diagonalen senkrecht aufeinander ($AC \perp BD$) und halbieren die Winkel des Rhombus ($\sphericalangle DCA = \sphericalangle BCA$ usw.).

12 Wygodski

Der Flächeninhalt eines Rhombus ist halb so groß wie das Produkt aus seinen Diagonalen:

$$S = \frac{1}{2} d_1 \cdot d_2 \ (AC = d_1, \ BD = d_2).$$

Unter einem *Quadrat* versteht man ein Parallelogramm mit rechten Winkeln und vier gleichen Seiten (Abb. 103). Ein Quadrat ist ein Sonderfall eines Rechtecks und ein Sonderfall eines Rhombus. Es hat daher alle oben angeführten Eigenschaften.

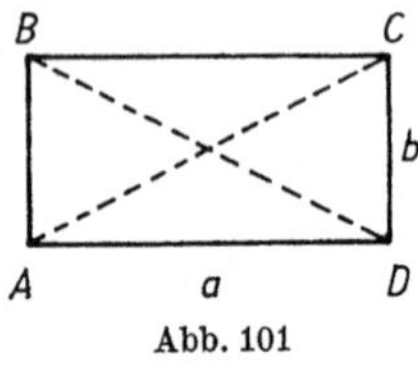
Abb. 101

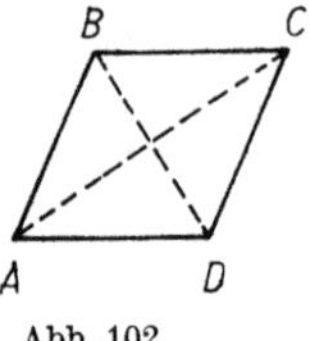
Abb. 102

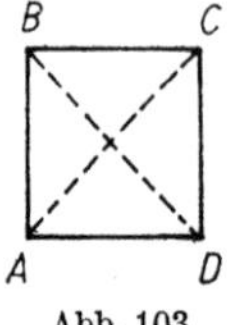
Abb. 103

Unter einem *Trapez* versteht man ein Viereck, bei dem zwei gegenüberliegende Seiten parallel sind ($BC \parallel AD$, Abb. 104). Ein Parallelogramm ist ein Sonderfall eines Trapezes.

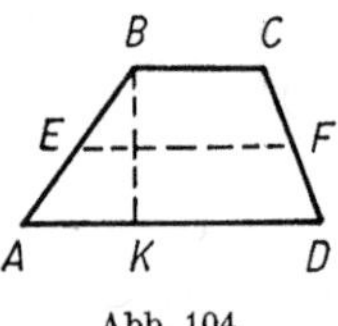
Abb. 104

Die parallelen Seiten heißen *Grundlinien* des Trapezes, die beiden anderen (AB, CD) bezeichnet man als seine *Seiten*. Der Abstand zwischen den Grundlinien (längs einer Senkrechten gemessen) heißt *Höhe* (BK). Die Strecke EF, welche die Mittelpunkte der Seiten verbindet, heißt *Mittellinie des Trapezes*.
Die Mittellinie des Trapezes ist gleich der halben Summe aus den Grundlinien:

$$EF = \frac{1}{2} \ (AD + BC).$$

Außerdem ist sie parallel zu den Grundlinien: $EF \parallel AD$.
Der Flächeninhalt eines Trapezes ist gleich dem Produkt aus der Mittellinie und der Höhe:

$$S = \frac{1}{2} \ (a + b) \, h \ (AD = a, BC = b, BK = h).$$

Ein Dreieck bildet einen Grenzfall eines Trapezes („entartetes Trapez"). Es entsteht, wenn eine der Grundlinien nur aus einem

Punkt besteht (Abb. 105). Ein entartetes Trapez besitzt alle Eigenschaften eines Trapezes; zum Beispiel: die Linie, welche die Mittelpunkte E und F der Seiten des Dreiecks ABC verbindet (Mittellinie des Trapezes) ist parallel zur Seite AD und halb so lang.

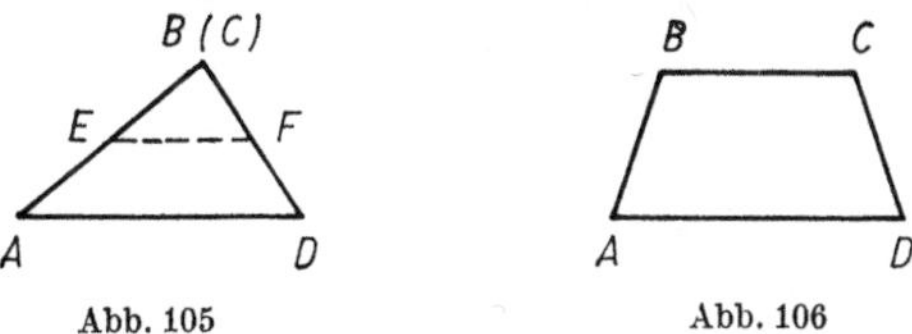

Abb. 105   Abb. 106

Ein Trapez mit gleich langen Seiten heißt (wenn diese Seiten nicht parallel sind) *gleichseitiges Trapez* ($AB = CD$, Abb. 106). Bei einem gleichseitigen Trapez sind die Winkel bei den Grundlinien gleich groß ($\sphericalangle A = \sphericalangle D, \sphericalangle B = \sphericalangle C$).

§ 13. Ähnliche ebene Figuren, Kriterien für die Ähnlichkeit von Dreiecken

Wenn man alle Dimensionen einer ebenen Figur im selben Verhältnis (dem *Ähnlichkeitsverhältnis*) ändert (vergrößert oder verkleinert), so bezeichnet man die alte und die neue Figur als *ähnliche Figuren*. Zum Beispiel stellen eine Landkarte und eine Fotoaufnahme ähnliche Figuren dar.

In zwei ähnlichen Figuren sind entsprechende Winkel gleich, d. h., wenn die Punkte A, B, C, D der einen Figur den Punkten a, b, c, d der anderen Figur entsprechen, so gilt $\sphericalangle ABC = \sphericalangle abc, \sphericalangle BCD = \sphericalangle bcd$ usw.

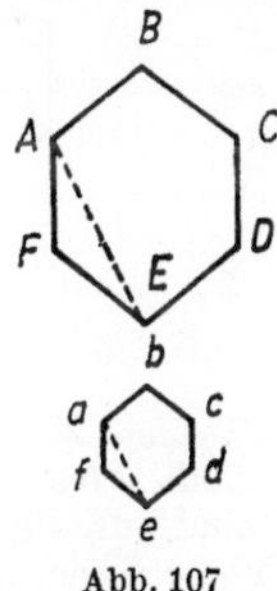

Abb. 107

Zwei Vielecke ($ABCDEF$ und $abcdef$, Abb. 107) sind ähnlich, wenn sie gleiche Winkel haben ($\sphericalangle A = \sphericalangle a, \sphericalangle B = \sphericalangle b, \ldots, \sphericalangle F = \sphericalangle f$) und wenn die entsprechenden Seiten proportional sind $\left(\frac{AB}{ab} = \cdots\right)$. Dies garantiert dieselbe Proportionalität in allen

12*

anderen Teilen des Vielecks. Zum Beispiel stehen die Diagonalen AE und ae im gleichen Verhältnis wie die Seiten $\left(\dfrac{AE}{ae} = \dfrac{AB}{ab}\right)$.

Die Proportionalität der Seiten allein ist jedoch für die Ähnlichkeit zweier Vielecke noch nicht hinreichend. Das Viereck in Abb. 108

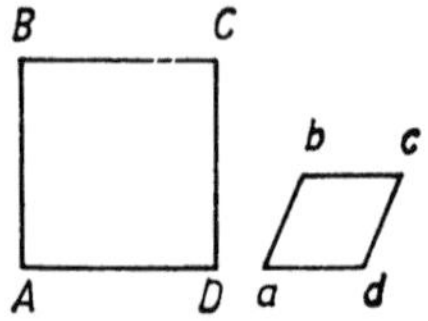

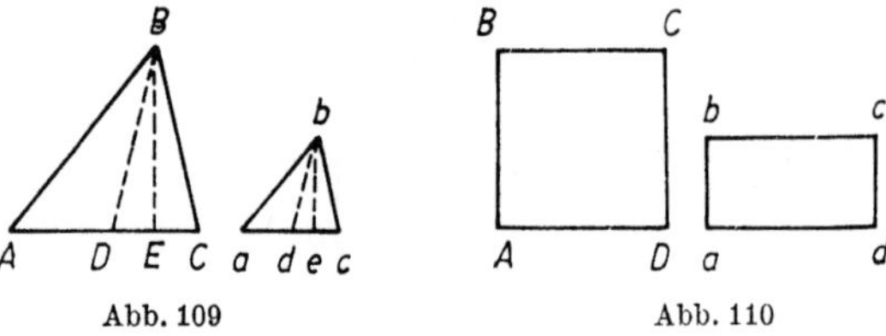

Abb. 108

zum Beispiel (das Quadrat $ABCD$) hat Seiten, die proportional zu den Seiten des Vierecks $abcd$ (Rhombus) sind. Jede Seite des Quadrats ist doppelt so lang wie eine Seite des Rhombus. Jedoch ist die Diagonale des Quadrats mehr als doppelt so groß wie die Diagonale des Rhombus. Der Grund liegt darin, daß die Winkel des Rhombus $abcd$ nicht gleich den Winkeln des Quadrats $ABCD$ sind.

Für die Ähnlichkeit von Dreiecken hingegen ist die Proportionalität der Seiten hinreichend: *Zwei Dreiecke sind ähnlich, wenn ihre Seiten proportional sind.* Wenn etwa die Seiten des Dreiecks ABC (Abb. 109) doppelt so groß sind wie die Seiten des Dreiecks abc, so ist auch die Winkelhalbierende BD doppelt so lang wie die Winkelhalbierende bd, die Höhe BE doppelt so lang wie die Höhe be usw. Außerdem sind die entsprechenden Winkel gleich ($\sphericalangle A = \sphericalangle a$, $\sphericalangle B = \sphericalangle b$, $\sphericalangle C = \sphericalangle c$).

Abb. 109   Abb. 110

Wenn die einander entsprechenden Winkel von zwei Dreiecken gleich sind, so sind die Dreiecke ähnlich (es genügt, wenn man weiß, daß zwei Winkelpaare gleich sind, da die Winkelsumme im Dreieck immer 180° ist). Für beliebige Vielecke ist auch dieses Kriterium nicht hinreichend. Zum Beispiel haben das Quadrat $ABCD$ und das Rechteck $abcd$ in Abb. 110 gleiche Winkel. Sie sind jedoch nicht ähnlich.

Dreiecke sind auch ähnlich, wenn zwei ihrer Seiten proportional sind und die von diesen Seiten eingeschlossenen Winkel gleich sind (d. h. wenn $AB/ab = BC/bc$ und $\sphericalangle B = \sphericalangle b$).

Zwei Kreise sind immer ähnlich (einer der Kreise ist ein vergrößertes oder verkleinertes Bild des anderen).

Die Flächeninhalte ähnlicher Figuren (insbesondere von Vielecken) *sind proportional den Quadraten entsprechender Strecken* (z. B. der Seiten). Insbesondere verhalten sich die Flächeninhalte von Kreisen wie die Quadrate der Radien oder der Durchmesser.

Beispiel. Eine kreisförmige metallische Scheibe mit einem Durchmesser von 20 cm wiegt 2,4 kg. Wieviel wiegt eine aus ihr herausgeschnittene Scheibe mit einem Durchmesser von 10 cm?

Bei der Lösung dieser Aufgabe könnte man leicht den folgenden Fehler machen: der Durchmesser der kleinen Scheibe ist nur halb so groß wie der Durchmesser der großen, also wiegt die kleine Scheibe nur halb so viel, d. h. 1,2 kg.

Die richtige Lösung lautet: Da das Material der Scheibe und ihre Dicke überall dieselbe ist, ist das Gewicht der Scheibe proportional dem Flächeninhalt. Das Verhältnis der Flächeninhalte beider Scheiben ist aber $\left(\dfrac{10}{20}\right)^2 = \dfrac{1}{4}$. Die kleine Scheibe wiegt also $2{,}4 \cdot \dfrac{1}{4} = 0{,}6$ (kg).

§ 14. Geometrische Örter. Der Kreis und die Kreislinie

Unter dem *geometrischen Ort von Punkten* (die eine gewisse Eigenschaft besitzen) versteht man die Gesamtheit aller Punkte, die den gegebenen Bedingungen genügen.

Eine Kreislinie ist der geometrische Ort aller Punkte der Ebene, die von einem Punkt der Ebene (Mittelpunkt) gleichen Abstand haben. Alle Strecken, die den Mittelpunkt mit einem Punkt der Kreislinie verbinden, heißen *Radien* (Bezeichnungsweise: r oder R). Ein Teil der Kreislinie (zum Beispiel AmD in Abb. 111) wird als *Bogen* bezeichnet.

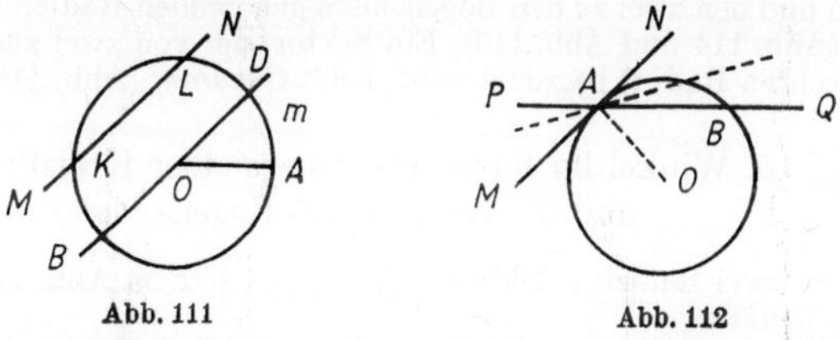

Abb. 111   Abb. 112

Eine Gerade MN durch zwei Punkte der Kreislinie heißt *Sekante*. Der Abschnitt KL der Sekante, der im Inneren der Kreislinie liegt, heißt *Sehne*. Bei Annäherung der Sehne an den Mittelpunkt wird sie größer. Eine Sehne BD durch dem Mittelpunkt O heißt *Durchmesser* (Bezeichnung: d oder D). Ein Durchmesser ist doppelt so lang wie ein Radius ($d = 2r$).

Ein *Kreis* ist der Bereich der Ebene, der innerhalb einer Kreislinie liegt.

Die Tangente. Die Sekante PQ (Abb. 112) verlaufe durch die Punkte A und B einer Kreislinie. Der Punkt B bewege sich längs der Kreislinie und nähere sich dem Punkt A. Die Sekante PQ ändert dabei ihre Lage, indem sie sich um den Punkt A dreht. Je näher der Punkt B an den Punkt A heranrückt, um so näher kommt die Sekante PQ einer gewissen Grenzlage MN. Die Gerade MN heißt *Tangente* an die Kreislinie im Punkt A. Die Tangente und die Kreislinie haben nur einen gemeinsamen Punkt. Man kann die Tangente als entartete Sekante auffassen.

Die Tangente an die Kreislinie steht senkrecht zum Radius OA vom Mittelpunkt O zum Berührungspunkt A.

Von den Punkten außerhalb des Kreises kann man zwei Tangenten an die Kreislinie legen (s. Abb. 119).

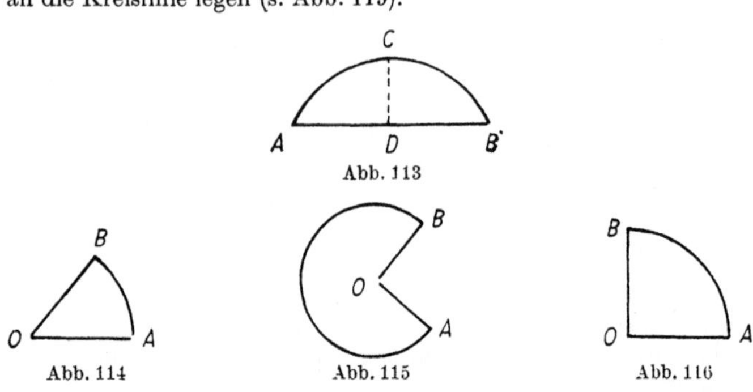

Abb. 113

Abb. 114 Abb. 115 Abb. 116

Unter einem *Segment* versteht man jenen Teil eines Kreises, der durch einen Bogen ACB und die dazu gehörende Sehne AB (Abb. 113) begrenzt ist. Den Abstand DC vom Mittelpunkt D des Bogens ACB zum Mittelpunkt C der Sehne AB heißt Höhe des Segments. Unter einem *Sektor* versteht man jenen Teil des Kreises, der von einem Bogen und den zwei zu den Bogenenden gehörenden Radien begrenzt wird (Abb. 114 und Abb. 115). Ein Sektor, der von zwei zueinander senkrechten Radien begrenzt wird, heißt *Quadrant* (Abb. 116).

§ 15. Winkel im Kreis; die Länge einer Kreislinie und die Länge eines Bogens

Ein von zwei Radien gebildeter Winkel ($\sphericalangle AOB$ in Abb. 117) heißt *Zentralwinkel*.

Ein Winkel zwischen zwei Sehnen, die von selben Punkt der Kreislinie ausgehen (CA und CB in Abb. 118, $\sphericalangle ACB$), heißt *eingeschriebener Winkel*.

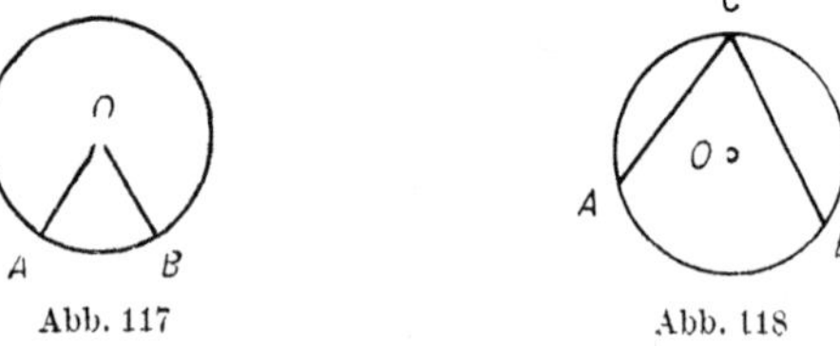

Abb. 117 Abb. 118

Ein Winkel zwischen zwei Tangenten CA und CB, die vom selben Punkt ausgehen, heißt *umschriebener Winkel* ($\sphericalangle ACB$ in Abb. 119). Die Länge eines Bogens, der vom Ende eines Radius beschrieben wird, ist proportional dem entsprechenden Zentralwinkel. Daher kann man die Bögen einer festen Kreislinie wie die Winkel in Grad messen (II, B, 5). Als 1° eines Bogens nimmt man $\frac{1}{360}$stel des Kreisumfangs (d. h. einen Bogen, dessen Zentralwinkel 1° ist). Die gesamte Kreislinie hat 360°, ein halber Kreisbogen hat 180°.

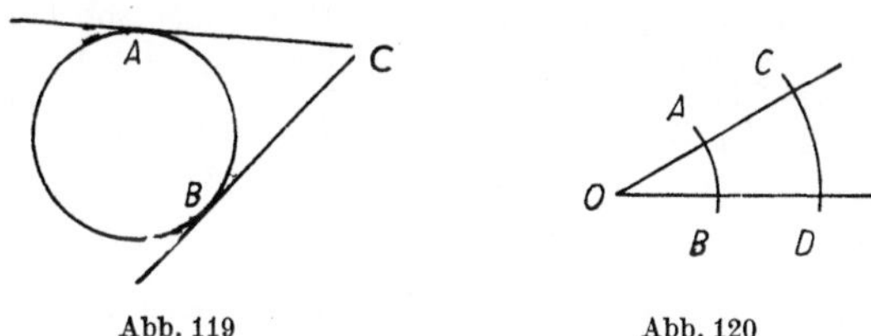

<table>
<tr><td>Abb. 119</td><td>Abb. 120</td></tr>
</table>

Zur Vermeidung eines häufig begangenen Fehlers sei bemerkt, daß die Größe des Zentralwinkels nicht von der Länge des Radius abhängt, während der entsprechende Bogen proportional dem Radius ist. Der Zentralwinkel in Abb. 120 bewahrt seine Größe unabhängig davon, mit welchen Radien er gebildet wird, mit den Radien OC und OD oder mit den halb so großen Radien OA und OB. Die Bögen AB und CD hingegen, die beide dasselbe Gradmaß haben, sind nicht längengleich. Der Bogen AB ist kürzer als der Bogen CD.
Die Längen der Bögen sind proportional: 1. dem Radius und 2. der Größe des entsprechenden Zentralwinkels.
Die Länge p der Kreislinie ist ungefähr gleich dem $3\frac{1}{7}$fachen der Länge des Durchmesser: $p \approx 3\frac{1}{7} d$. Den exakten Wert des Verhältnisses $\frac{p}{d}$ bezeichnet man durch den griechischen Buchstaben π („pi"):

$$\frac{p}{d} = \pi; \tag{1}$$

$3\frac{1}{7}$ ist ein (etwas zu großer) Näherungswert für die Zahl π. Die Zahl π ist irrational (s. I, 27), d. h., sie läßt sich nicht in Form eines Bruches darstellen. Mit einer Genauigkeit bis auf fünf Dezimalstellen lautet sie 3,14159. Für die Praxis genügt der (etwas zu kleine) Näherungswert 3,14.
Formel (1) liefert

$$p = \pi d \tag{2}$$

oder

$$p = 2\pi r \quad (\pi \approx 3{,}14). \tag{3}$$

Die Länge eines Bogens von 1° ist

$$p_{1°} = \frac{2\pi r}{360} = \frac{\pi r}{180}.\tag{4}$$

Die Länge eines Bogens von $n°$ ist

$$p_{n°} = \frac{\pi r n}{180}.\tag{5}$$

Die Formeln (2) bis (5) (die man leicht aus Formel (1) herleiten kann) haben große theoretische und praktische Bedeutung.

Beispiel 1. Aus einer 2,4 m langen Eisenstange soll ein Faßring verfertigt werden. Die Nietstelle ist 0,2 m lang. Man bestimme den Radius des Rings.

Die Länge der Kreislinie ist $2,4 - 0,2 = 2,2$ (m). Aus Formel (3) folgt

$$r = \frac{p}{2\pi} \approx \frac{2,2}{6,3} \approx 0,35 \ (\text{m}).$$

Beispiel 2. Der Durchmesser des Triebrads einer Dampfmaschine ist 1,5 m. Wieviele Umdrehungen pro Minute macht das Rad bei einer Geschwindigkeit des Eisenbahnzuges von 30 km/Std.?

In einer Minute legt das Rad $30:60 = \frac{1}{2}$ km, d. h. 500 m zurück.

Der innerhalb einer Umdrehung zurückgelegte Weg ist gleich der Länge seines Umfangs $p \cdot p = \pi d \approx 3,14 \cdot 1,5 \approx 4 \cdot 71$ m. Die gesuchte Zahl der Umdrehungen ist $500:4,71 \approx 106$.

Der Flächeninhalt eines Kreises ist gleich dem Produkt aus dem halben Umfang mit dem Radius:

$$S = p \cdot \frac{r}{2} \quad oder \quad S = \pi r^2.$$

Der Flächeninhalt eines Sektors (S_{Sekt}) ist gleich dem Produkt aus der halben Bogenlänge (p_{Sekt}) mit dem Radius (r):

$$S_{\text{Sekt}} = p_{\text{Sekt}} \frac{r}{2}.$$

Der Flächeninhalt eines Sektors mit einem Bogen von $n°$ ist

$$S_{n°} = \frac{\pi r^2 n}{360}.$$

Den Flächeninhalt eines *Segments* findet man in der Differenz der Flächeninhalte des Sektors $AOBm$ und des Dreiecks AOB (Abb. 121).

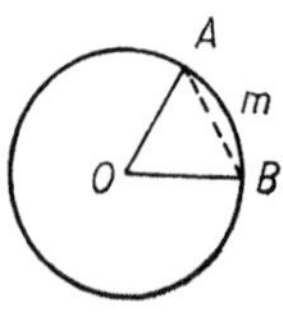

Abb. 121

§ 16. Messung der Winkel im Kreis

Ein eingeschriebener Winkel ist halb so groß wie der Zentralwinkel, der zum selben Bogen gehört. In Abb. 122 gilt $\sphericalangle ACB = \dfrac{1}{2} \sphericalangle AOB$.

Daher sind alle zum selben Bogen gehörenden eingeschriebenen Winkel gleich groß. In Abb. 123 gilt $\sphericalangle ACB = \sphericalangle ADB = \sphericalangle AEB$. Die Sehne AB sieht man daher aus allen Punkten des in ihren Endpunkten endenden Bogens unter demselben Winkel. Man sagt, der Bogen $ACDEB$ enthalte einen bestimmten Winkel. Der Halbkreis enthält zum Beispiel einen Winkel von 90° (Abb. 124).

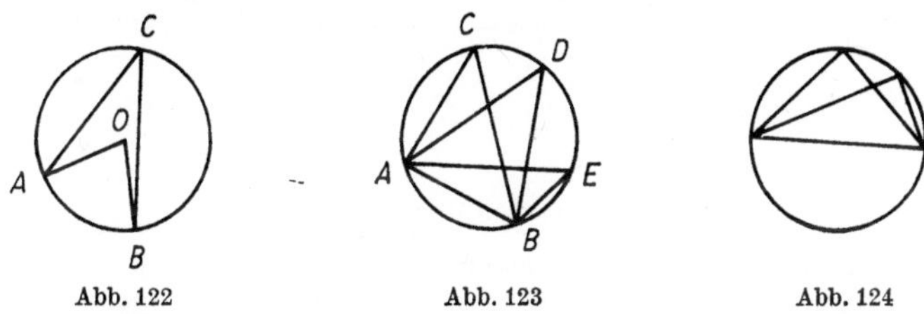

Abb. 122   Abb. 123   Abb. 124

Der Winkel zwischen zwei Sehnen (z. B. $\sphericalangle AOB$ in Abb. 125) ist gleich der halben Summe der Bögen, die von seinen Schenkeln begrenzt werden (wenn man diese nach beiden Seiten hin verlängert). Ein eingeschriebener Winkel kann als Sonderfall betrachtet werden (einer der Bögen ist Null).

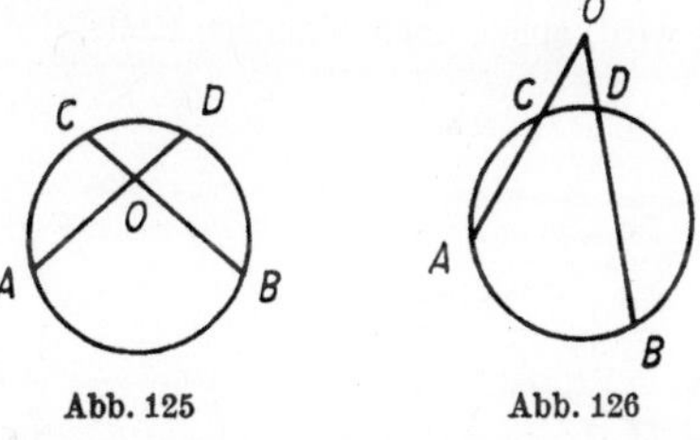

Abb. 125   Abb. 126

Der Winkel zwischen zwei Sekanten ($\sphericalangle AOB$ in Abb. 126) ist gleich der halben Differenz aus den von seinen Schenkeln begrenzten Bögen $\left(\dfrac{1}{2}\left(\overset{\frown}{AB} - \overset{\frown}{CD}\right)\right)$. Ein eingeschriebener Winkel kann als Sonderfall betrachtet werden ($\overset{\frown}{CD} = 0$). Betrachtet man die Tangente als Sonderfall einer Sekante (II, B, 14), so kommt man zum folgenden Ergebnis: *der Winkel zwischen einer Tangente und einer Sehne* (z. B. $\sphericalangle ABC$ in Abb. 127) *ist gleich dem halben Bogen*, der von den beiden Linien begrenzt wird $\left(\dfrac{1}{2}\overset{\frown}{AB}\right)$. *Der Winkel zwischen einer Tangente und einer Sekante* (z. B. $\sphericalangle BOA$ in Abb. 128) ist gleich der halben Differenz $\frac{1}{2}\left(\overset{\frown}{BA} - \overset{\frown}{DA}\right)$ aus den von den Schenkeln eingeschlossenen Bögen. *Der umgeschriebene Winkel* ($\sphericalangle COA$ in Abb. 128) ist gleich der halben Differenz $\frac{1}{2}\left(\overset{\frown}{CBA} - \overset{\frown}{CDA}\right)$ aus den zwischen den Seiten eingeschlossenen Bögen.

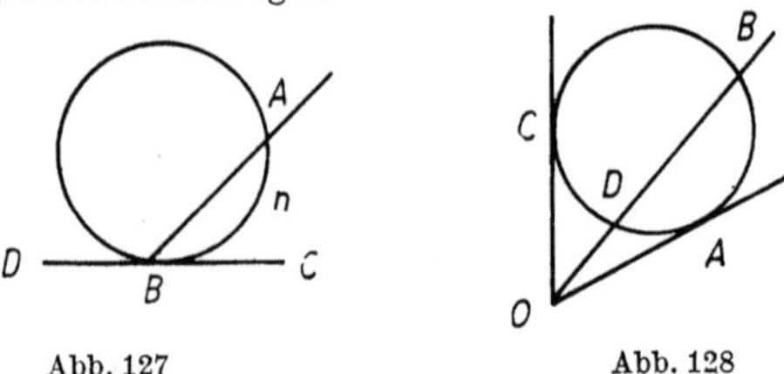

Abb. 127   Abb. 128

§ 17. Die Potenz eines Punktes

Unter der *Potenz eines Punktes* bezüglich einer gegebenen Kreislinie mit dem Radius r versteht man die Größe $d^2 - r^2$, wobei d der Abstand OC des Punktes vom Mittelpunkt der Kreislinie ist. Die Potenz eines äußeren Punktes ist positiv, die eines inneren Punktes ist negativ. Für die Punkte der Kreislinie selbst ist der Grad gleich Null.

Den Absolutbetrag der Potenz $|d^2 - r^2|$ bezeichnet man durch p^2, so daß für äußere Punkte $p^2 = d^2 - r^2$ und für innere Punkte $p^2 = r^2 - d^2$. Die Größen p^2 und p (von denen die zweite positiv vorausgesetzt wird) spielen eine wichtige Rolle.

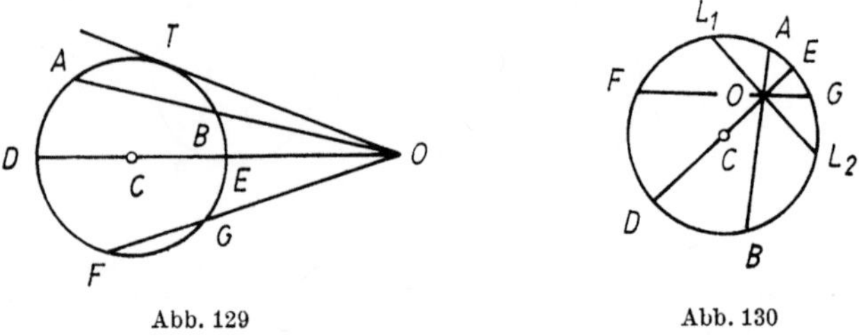

Abb. 129   Abb. 130

Wir ziehen durch einen Punkt O (Abb. 129 und Abb. 130) alle möglichen Sekanten (AB, DE, FG usw.). Die Produkte der Längen der Sekantenabschnitte zwischen dem Punkt O und ihren Schnittpunkten mit der Kreislinie ($OA \cdot OB$, oder $OD \cdot OE$, oder $OF \cdot OG$ usw.) sind alle gleich groß, und zwar ist jedes dieser Produkte gleich p^2. Besonders wichtig ist der Fall einer Sekante durch den Mittelpunkt (s. Beispiele weiter unten).

Wenn O ein äußerer Punkt ist (Abb. 129), so betrachten wir die Tangenten als entartete Sekanten und haben $OT^2 = p^2$, d. h., *der Absolutbetrag der Potenz eines Punktes ist gleich dem Quadrat aus der Länge der Tangente.* Die Größe p ist daher gleich der Länge der Tangente OT.

Wenn O ein innerer Punkt ist (Abb. 130), so ziehen wir senkrecht zum Durchmesser DE eine Sehne L_1L_2 durch O und erhalten $OL_1 = OL_2$, so daß $OL_1^2 = p^2$, d. h., *die Potenz eines Punktes ist gleich dem Quadrat der größten Halbsehne durch diesen Punkt.* Die Größe p ist daher gleich der Länge der Halbsehne OL_1.

Beispiel. Wie weit sieht man von einem Flugzeug aus, das 2 km über dem Meeresspiegel fliegt? (Erddurchmesser $\approx$ 12700 km.)

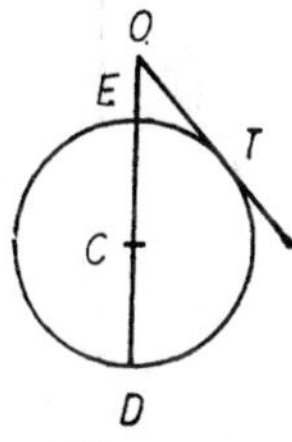

Abb. 131

In Abb. 131 ist eine (schematische) Darstellung eines Schnitts durch die Erde gegeben. O ist der Ort, in dem sich das Flugzeug befindet, $OE = 2$ km, $ED \approx 12700$ km. Der am weitesten entfernte Punkt der Erde, den man vom Flugzeug aus sehen kann, ist der Punkt T. OT ist die Tangente an die Kreislinie ETD; $OT = p$. Andererseits gilt $p^2 = OE \cdot OD \approx 2 \cdot 12700$. Daraus folgt

$$p = \sqrt{25400} \approx 160 \text{ km.}$$

§ 18. Die Potenzlinie; der Potenzpunkt

Der geometrische Ort aller Punkte M (Bild 132, 133, 134, 135, 136), welche dieselbe Potenz bezüglich zwei gegebener Kreislinien O_1 und O_2 haben ($MK_1 = MK_2$), ist eine Gerade AB senkrecht auf die Verbindungslinie der Mittelpunkte dieser Kreise.

Diese Gerade heißt *Potenzlinie* der Kreise O_1 und O_2. Die Abstände d_1 und d_2 der Potenzlinien von den Mittelpunkten O_1 und O_2 der gegebenen Kreise erhält man durch die Formeln

$$d_1 = O_1N = \frac{d}{2} + \frac{r_1^2 - r_2^2}{2d},$$

$$d_2 = NO_2 = \frac{d}{2} + \frac{r_2^2 - r_1^2}{2d},$$

wobei d der Abstand O_1O_2 zwischen den Mittelpunkten der Kreise und r_1 und r_2 die Radien der Kreise sind. Weit einfacher findet man die Potenzlinie durch Konstruktion. Wenn sich die Kreise O_1 und O_2 in den Punkten C und D schneiden, so hat jeder dieser Punkte be-

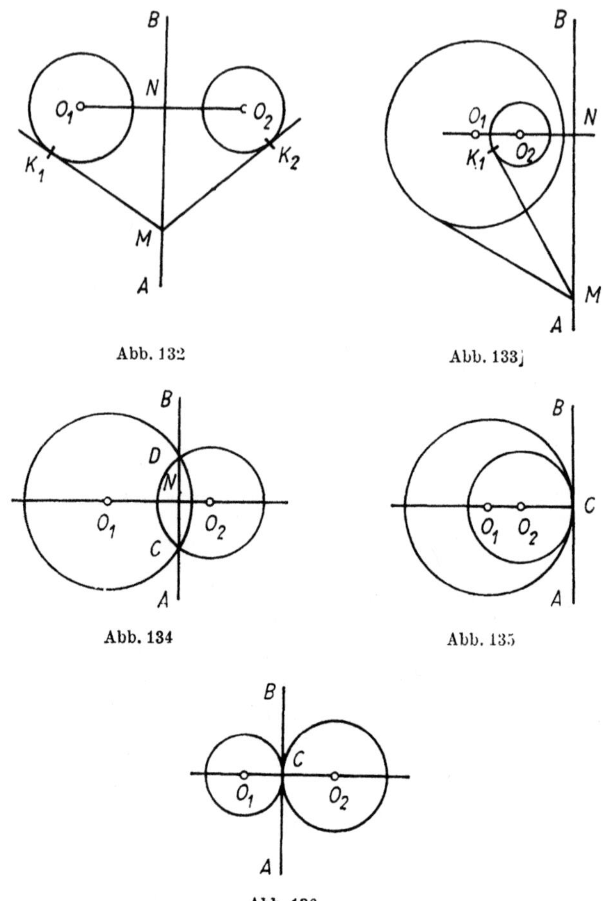

Abb. 132　　　　　　　　Abb. 133

Abb. 134　　　　　　　　Abb. 135

Abb. 136

züglich beider Kreise die Potenz Null. Die Potenzlinie verläuft daher durch C und D (Abb. 134). Wenn sich die Kreise im Punkt C berühren (Abb. 135 und Abb. 136), so dient die Potenzlinie als gemeinsame Tangente. Die Potenzlinie von zwei sich nicht schneidenden Kreisen kann man auf die folgende Art finden. Wir konstruieren

(Abb. 137) einen Hilfskreis O_3, der die Kreislinie O_1 in den Punkten C und D und die Kreislinie O_2 in den Punkten E und F schneidet. Die Geraden CD und EF sind die Potenzlinien der Kreispaare O_1, O_3 und O_2, O_3. Ihr Schnittpunkt P hat daher bezüglich O_1 und O_3 und bezüglich O_2 und O_3 dieselbe Potenz. Also hat er auch dieselbe Potenz bezüglich O_1 und O_2, d. h., er liegt auf der Potenzlinie von O_1

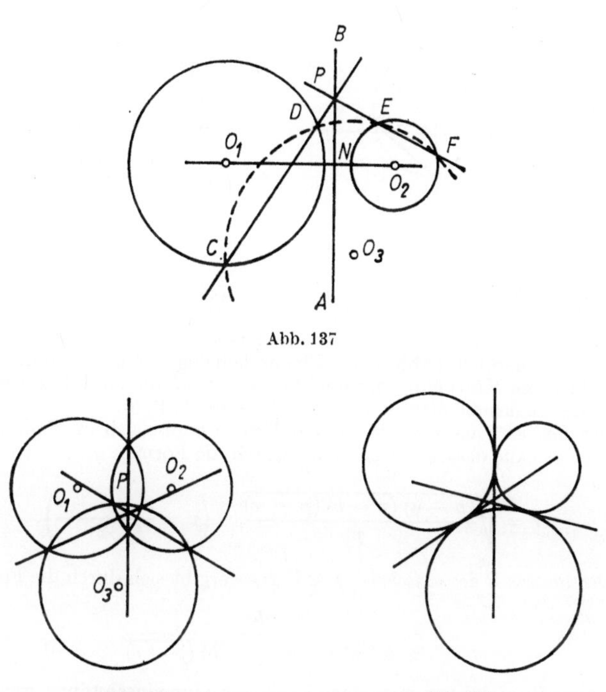

Abb. 137

Abb. 138   Abb. 139

und O_2. Wir konstruieren nun auf dieselbe Art einen weiteren Punkt oder wir ziehen von P aus die Senkrechte auf O_1O_2 und haben damit die gesuchte Potenzlinie.

Diese Überlegung zeigt, daß sich die drei Potenzlinien der drei Paare von Kreisen aus O_1, O_2, O_3 in einem Punkt schneiden. Dieser Punkt heißt *Potenzpunkt* der Kreise O_1, O_2, O_3. Insbesondere schneiden sich die drei gemeinsamen Sehnen von drei sich paarweise schneidenden Kreislinien (Bild 138) in einem Punkt. Auch die drei gemeinsamen Tangenten von drei sich paarweise berührenden Kreisen (Abb. 139) schneiden sich in einem Punkt.

§ 19. Eingeschriebene und umschriebene Vielecke

Unter einem *dem Kreis eingeschriebenen Vieleck* versteht man ein
Vieleck, dessen Ecken auf der Kreislinie liegen (Abb. 140). Ein *dem
Kreis umschriebenes Vieleck* ist ein Vieleck, dessen Seiten die Kreis-
linie berühren (Abb. 141).

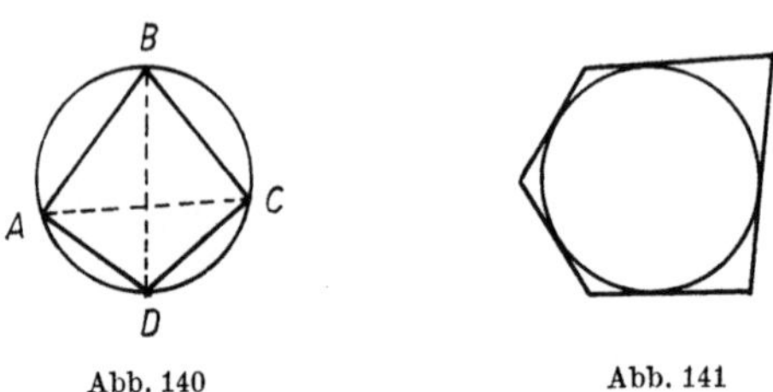

Abb. 140   Abb. 141

Eine einem *Vieleck umschriebene Kreislinie* ist eine Kreislinie, die
durch die Ecken des Vielecks verläuft (Abb. 140). Eine *einem Vieleck eingeschriebene Kreislinie* ist eine Kreislinie, welche die Seiten des
Vielecks berührt (Abb. 141). Einem beliebigen Vieleck kann man
nicht einen Kreis ein- oder umschreiben. Im Falle eines Dreiecks ist
immer beides möglich (s. II. A 20—21 und II, B, 9).
Der Radius r des eingeschriebenen Kreises ergibt sich im Falle eines
Dreiecks aus dessen Seiten *a*, *b*, *c* durch die Formel

$$ r = \sqrt{\frac{(p-a)\,(p-b)\,(p-c)}{p}} \qquad \left(p = \frac{a+b+c}{2}\right). $$

Der Radius R des umschriebenen Kreises ergibt sich durch die Formel

$$ R = \frac{abc}{4\,\sqrt{p(p-a)\,(p-b)\,(p-c)}}. $$

Einem Viereck kann man einen Kreis nur dann einschreiben, wenn die
Summen der gegenüberliegenden Seiten gleich sind. Unter allen
Parallelogrammen hat nur der Rhombus (und insbesondere das
Quadrat) diese Eigenschaft. Als Mittelpunkt des eingeschriebenen
Kreises dient der Schnittpunkt der Diagonalen.
Einem Viereck kann man einen Kreis nur dann umschreiben, wenn
die Summe gegenüberliegender Winkel gleich 180° ist. Unter allen
Parallelogrammen hat nur das Rechteck diese Eigenschaft. Als
Mittelpunkt des umschriebenen Kreises dient der Schnittpunkt der
Diagonalen.
Einem Trapez kann man nur dann einen Kreis umschreiben, wenn es
gleichseitig ist. *In einem konvexen Viereck, das einem Kreis ein-
geschrieben ist, ist das Produkt der beiden Diagonalen gleich der*

Summe der Produkte gegenüberliegender Seiten (Satz von PTOLOMÄUS). In Abb. 140 gilt

$$AC \cdot BD = AB \cdot DC + AD \cdot BC.$$

§ 20. Regelmäßige Vielecke

Unter einem *regelmäßigen Vieleck* versteht man ein Vieleck mit gleichen Seiten und Winkeln. In Abb. 142 ist ein regelmäßiges Sechseck und in Abb. 143 ein regelmäßiges Achteck dargestellt.

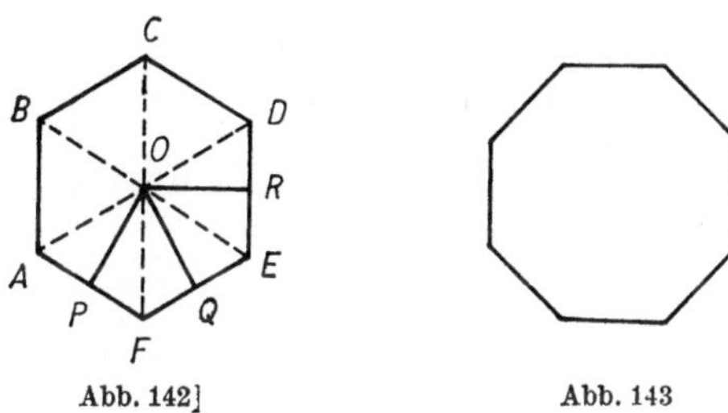

Abb. 142]   Abb. 143

Ein regelmäßiges Viereck ist ein Quadrat, ein regelmäßiges Dreieck ist ein gleichseitiges Dreieck. Jeder Winkel in einem regelmäßigen n-Eck ist gleich $\dfrac{180°(n-2)}{n}$.

Der Punkt O im Inneren eines regelmäßigen Vielecks (Abb. 142), der von allen Ecken denselben Abstand hat ($OA = OB = OC$ usw.), heißt *Mittelpunkt* des regelmäßigen Vielecks. Der Mittelpunkt ist auch von allen Seiten des regelmäßigen Vielecks gleich weit entfernt ($OP = OQ = OR$ usw.).

Die Strecken OP, OQ usw. heißen *Apotheten*, die Strecken OA, OB usw. *Radien* des regelmäßigen Vielecks.

Der Flächeninhalt eines regelmäßigen Vielecks ist gleich dem Produkt des halben Umfangs mit der Apothete:

$$S = ph,$$

wobei

$$p = \frac{1}{2}(AB + BC + CD + \cdots), \quad h = OP.$$

Einem regelmäßigen Vieleck kann man einen Kreis ein- und umschreiben. Der Mittelpunkt des ein- und umschriebenen Kreises fällt mit dem Mittelpunkt des regelmäßigen Vielecks zusammen. Der Radius des umschriebenen Kreises ist gleich dem Radius des regelmäßigen Vielecks. Der Radius des eingeschriebenen Kreises ist gleich seiner Apothete. (Bezüglich der Konstruktion des eingeschriebenen und umschriebenen Kreises s. II, A, 30—38). Die Seite b_n des regelmäßigen umschriebenen Vielecks drückt man durch die Seite a_n des regelmäßigen eingeschriebenen Vielecks derselben Seitenzahl mit Hilfe folgender Formel aus:

$$b_n = R a_n : \sqrt{R^2 - \frac{1}{4} a_n} \quad (R = \text{Radius des Kreises}).$$

Die folgenden Formeln liefern Beziehungen zwischen den Seiten einiger regelmäßiger Vielecke und dem Radius des umschriebenen Kreises:

$$a_3 = R \sqrt{3} \approx 1,7321\,R;$$
$$a_4 = R \sqrt{2} \approx 1,4142\,R;$$
$$a_5 = R \sqrt{\frac{5 - \sqrt{5}}{2}} \approx 1,1755\,R;$$
$$a_6 = R;$$
$$a_8 = R \sqrt{2 - \sqrt{2}} \approx 0,7654\,R;$$
$$a_{10} = R \frac{\sqrt{5} - 1}{2} \approx 0,6180\,R;$$
$$a_{12} = R \sqrt{2 - \sqrt{3}} \approx 0,5176\,R;$$
$$a_{15} = \frac{1}{4} R \left[\sqrt{10 + 2\sqrt{5}} - \sqrt{3}\,(\sqrt{5} - 1) \right] \approx 0,4158\,R.$$

Die Ausdrücke a_3, a_4, a_6 werden in der Praxis oft gebraucht. Die Seiten der übrigen Vielecke kann man immer aus den trigonometrischen Formeln mit Hilfe von Tabellen berechnen (s. III, 13). Bei den meisten Vielecken läßt sich das Verhältnis $a_n : R$ nicht durch eine algebraische Formel ausdrücken, auch nicht mit Hilfe mehrfacher Radikale.

Beispiel. Kann man aus einem Balken, der einen Durchmesser von 40 cm hat, einen quadratischen Balken mit einer Seitenlänge von 36 cm verfertigen?

Den Querschnitt des Balkens betrachten wir als Kreis mit dem Radius $R = \dfrac{40}{2} = 20\,(\text{cm})$.

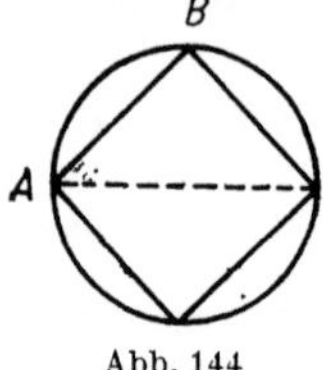

Abb. 144

Das größte Quadrat, das man in diesem Kreis unterbringt, ist das ihm eingeschriebene Quadrat. Seine Seite AB (Abb. 144) ist gleich $20\sqrt{2} \approx 20 \cdot 1,41 \approx 28$ cm. Eine Balkenbreite von 36 cm ist daher nicht möglich.

§ 21. Der Flächeninhalt ebener Figuren

In diesem Paragraphen geben wir eine Zusammenfassung wichtiger Formeln für die Flächeninhalte ebener Figuren (einige davon haben wir bereits in früheren Paragraphen angeführt).

Quadrat (Abb. 103 auf Seite 178). a — Seite, d — Diagonale:

$$S = a^2 = \frac{d^2}{2}.$$

Rechteck (Abb. 101 auf Seite 178). a, b — Seiten:

$$S = ab.$$

Rhombus (Abb. 102). a — Seite, d_1, d_2 — Diagonalen, α — einer der Winkel (der spitze oder der stumpfe):

$$S = \frac{d_1 d_2}{2} = a^2 \sin \alpha.$$

Parallelogramm (Abb. 100 auf Seite 177). a, b — Seiten, α — einer der Winkel (der spitze oder der stumpfe), h — Höhe:

$$S = ah = ab \sin \alpha.$$

Trapez (Abb. 104 auf Seite 178/179). a, b — Grundlinien, h — Höhe, c — Mittellinie:

$$S = \frac{a + b}{2}\, h = ch.$$

Beliebiges Viereck. d_1, d_2 — Diagonalen, α — Winkel zwischen den Diagonalen (Abb. 145):

$$S = \frac{1}{2}\, d_1 d_2 \sin \alpha.$$

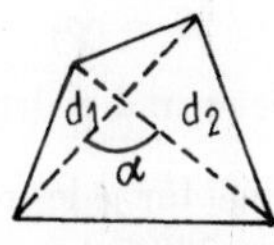

Abb. 145

Ein Viereck, dem man einen Kreis umschreiben kann (II, A, 22). a, b, c, d — Seiten:

$$p = \frac{a + b + c + d}{2};$$

$$S = \sqrt{(p - a)(p - b)(p - c)(p - d)}.$$

13 Wygodski

Rechtwinkliges Dreieck (Abb. 93 auf Seite 175). a, b — Katheten:

$$S = \frac{1}{2} \, ab.$$

Gleichschenkliges Dreieck (Abb. 77 auf Seite 170). a — Grundlinie, b — Seite:

$$S = \frac{1}{2} \, a \, \sqrt{b^2 - \frac{a^2}{4}}.$$

Beliebiges Dreieck. a, b, c — Seiten, a — Grundlinie, h — Höhe, A, B, C — die den Seiten a, b, c gegenüberliegenden Winkel.

$$p = \frac{a + b + c}{2} \text{ (Abb. 146);}$$

$$S = \frac{1}{2} \, ah = \frac{1}{2} \, ab \sin C = \frac{a^2 \sin B \sin C}{2 \sin A} = \frac{h^2 \cdot \sin A}{2 \sin B \sin C}$$

$$= \sqrt{p(p - a)\,(p - b)\,(p - c)}.$$

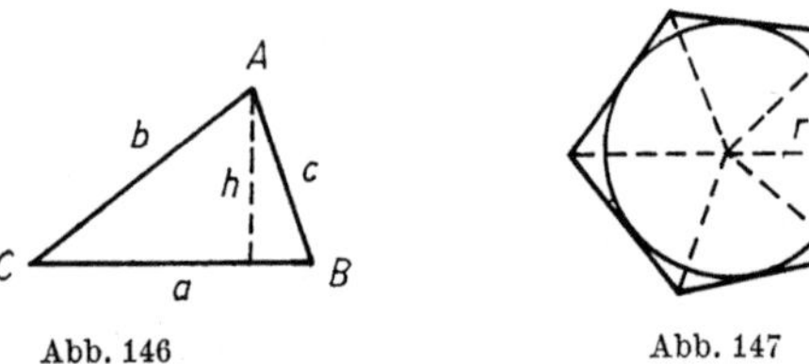

Abb. 146   Abb. 147

Ein Vieleck, dessen Flächeninhalt man bestimmen will, zerlegt man auf beliebige Art in Dreiecke, zum Beispiel durch die Diagonalen. Ein Vieleck, das einem Kreis umschrieben ist, zerlegt man am besten durch die Verbindungslinien zwischen dem Kreismittelpunkt und seinen Ecken (Abb. 147). Dann haben wir:

$$S = rp,$$

wobei r der Radius des Kreise und p der halbe Umfang des Vielecks sind.
Insbesondere gilt diese Formel für jedes regelmäßige Vieleck.
Regelmäßiges Sechseck. a — Seite:

$$S = \frac{3}{2} \, \sqrt{3} \, a^2.$$

Kreis. d — Durchmesser, r — Radius, C — Umfang des Kreises.

$$S = \frac{1}{2} \, Cr = \pi r^2 \, (\approx 3{,}142 \, r^2) = \pi \, \frac{d^2}{4} \, (\approx 0{,}785 \, d^2).$$

Sektor. r — Radius, n — Gradmaß des Zentralwinkels, $p_{n°}$ — Länge des Bogens (Abb. 148):

$$S = \frac{1}{2}\,rp_{n°} = \frac{\pi r^2 n}{360}.$$

Kreisring. R, r — äußerer und innerer Radius (Abb. 149), D, d — äußerer und innerer Durchmesser, $\bar{r}$ — mittlerer Radius, k — Breite des Kreisrings:

$$S = \pi(R^2 - r^2) = \frac{\pi}{4}\,(D^2 - d^2) = 2\pi\bar{r}k.$$

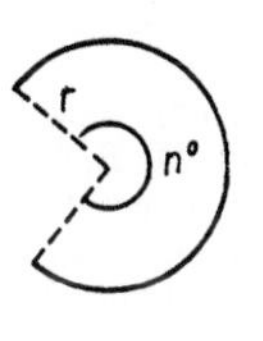

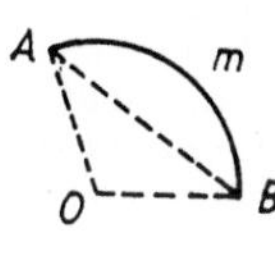

<table>
<tr><td>Abb. 148</td><td>Abb. 149</td><td>Abb. 150</td></tr>
</table>

Segment. Den Flächeninhalt eines Segments (Abb. 150) findet man durch die Differenz der Flächeninhalte des Sektors $OAmB$ und des Dreiecks AOB. Wenn a die Grundlinie des Segments und h seine Höhe ist, so erhält man den Flächeninhalt näherungsweise durch die Formel

$$S \approx \frac{2ah}{3}.$$

C. Stereometrie

§ 1. Allgemeine Bemerkungen

Die *Stereometrie* untersucht die geometrischen Eigenschaften räumlicher Körper und Figuren. Eine wichtige Methode zur Lösung von stereometrischen Aufgaben besteht in der Betrachtung ebener Linien und Figuren, und zwar sowohl solcher, die unmittelbar Gegenstand der Untersuchung sind, als auch solcher, die man nur als Hilfsgebilde einführt. Daher ist es sehr wichtig, daß man zahlreiche ebene Figuren auch in räumlicher Hinsicht zu unterscheiden und einzuteilen lernt.

§ 2. Grundbegriffe

Ähnlich wie in der Planimetrie unter allen Linien eine durch besondere Einfachheit ausgezeichnet ist, nämlich die Gerade, so gibt es in der Stereometrie eine besonders einfache Fläche, *die Ebene*. Die *Ebene* und die *Gerade* sind die Elemente der Stereometrie.

*Durch beliebige drei Punkte eines Raumes, die nicht auf einer Gerade
liegen, kann man eine und nur eine Ebene legen.* Durch drei Punkte
die auf einer Geraden liegen gibt es unendlich viele Ebenen, die ei
sogenanntes *Ebenbüschel* bilden. Die Gerade, durch die jede Eben
des Büschels verläuft, heißt *Büschelachse.*
Durch eine beliebige Gerade und einen nicht auf ihr liegenden Punk
kann man eine und nur eine Ebene legen.
Durch zwei Geraden kann man nicht immer eine Ebene legen. Zw
Gerade, durch die man keine Ebene legen kann, heißen *windschie*
Beispiel. Eine horizontale Gerade auf einer Zimmerwand und ein
vertikale Gerade auf der gegenüberliegenden Wand sind winc
schief.
Windschiefe Geraden schneiden sich nicht, wie weit man sie auch ve
längert, aber sie sind nicht parallel.
Zwei Geraden sind nur dann *parallel,* wenn man durch sie eine Eben
legen kann (und sie in dieser Ebene parallel sind, vgl. II, B, 11).
Der Unterschied zwischen parallelen Geraden und windschiefe
Geraden ist besonders daraus ersichtlich, daß parallele Geraden imme
dieselbe Richtung haben, während windschiefe Geraden verschieden
Richtungen haben.
Alle Punkte einer von zwei parallelen Geraden befinden sich ir
gleichen Abstand von der anderen Geraden (den Abstand mißt ma
längs einer Senkrechten). Die Punkte einer von zwei windschiefe
Geraden befinden sich in verschiedenen Abständen von der zweite
Geraden.
Durch zwei sich schneidende Gerade kann man immer eine und nu
eine Ebene legen.
Unter dem *Abstand zwischen zwei windschiefen Geraden* versteht ma
die Länge der Strecke MN, welche das am nächsten liegende Paa

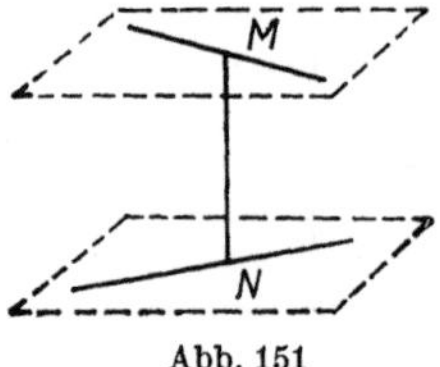

Abb. 151

von Punkten M und N auf den beiden windschiefen Geraden ver
bindet (s. Abb. 151). Die Gerade MN steht senkrecht auf beide
Geraden.
Den Abstand zwischen zwei parallelen Geraden definiert man wi
in der Planimetrie. Zwei sich schneidende Geraden haben den Ab
stand Null.
Zwei Ebenen können sich schneiden (in einer Geraden) oder nicht
Zwei sich nicht schneidende Ebenen heißen *parallel.*
Eine Gerade und eine Ebene können sich ebenfalls schneiden (i
einem Punkt) oder nicht. Im zweiten Fall sagt man, die Gerade se
parallel zur Ebene (oder die Ebene sei *parallel zur Geraden*).

§ 3. Winkel

Den Winkel zwischen zwei sich schneidenden Geraden bestimmt man
so wie in der Planimetrie (da man durch zwei derartige Geraden
immer eine Ebene legen kann). Einen Winkel zwischen zwei parallelen
Geraden nimmt man gleich Null an (oder gleich 180°, siehe II, B, 11).
Einen Winkel zwischen zwei windschiefen Geraden AB und *CD*
(Abb. 152)[1]) definiert man so: Durch einen beliebigen Punkt O ziehen
wir einen Strahl $OM \| AB$ und einen Strahl $ON \| CD$. Als Winkel
zwischen AB und CD betrachtet man den Winkel NOM. Mit anderen
Worten, man verschiebt die Geraden AB und CD parallel zu sich
solange, bis sie sich schneiden. Insbesondere kann man O auf einer
der beiden Geraden selbst wählen, die dann in Ruhe bleiben kann.

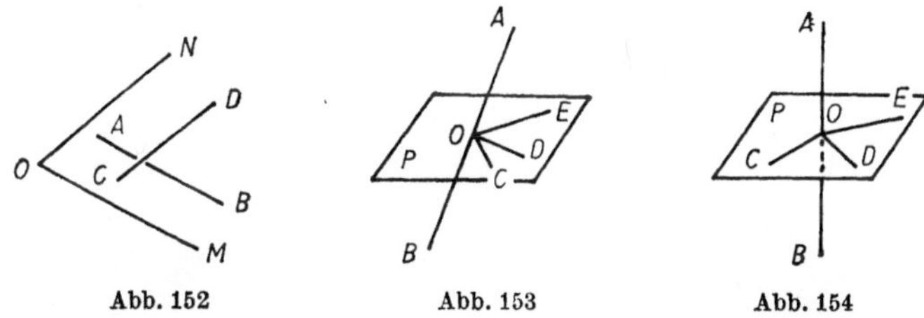

Abb. 152   Abb. 153   Abb. 154

Eine Gerade AB, die eine Ebene P im Punkt O schneidet, bildet mit
verschiedenen Geraden OC, OD, OE, die in dieser Ebene liegen und
durch O verlaufen, im allgemeinen verschiedene Winkel (Winkel
AOC, AOD, AOE in Abb. 153). Wenn sie zu zwei derartigen Geraden senkrecht steht (zum Beispiel zu OE und OD), so ist sie auch
zu allen anderen Geraden durch O senkrecht (zum Beispiel zu OC).
In diesem Fall ist die Gerade OA (Abb. 154) *senkrecht zur Ebene P*
und die Ebene P senkrecht zur Geraden AB.
Unter der *rechtwinkligen Projektion* (oder kurz *Projektion*) eines
Punktes A auf die Ebene P versteht man den Fußpunkt C einer
Senkrechten vom Punkt A auf die Ebene P. Die Projektion einer
Strecke AB auf die Ebene P ist die Strecke CD, deren Endpunkte die
Projektionen der Endpunkte der Strecke AB sind (Abb. 155). Pro-
jektionen gehören zu den grundlegenden Untersuchungsmethoden
der Geometrie (s. II, C, 4). Mit Hilfe von Projektionen definiert man
auch den Winkel zwischen Geraden und Ebenen.
Als *Winkel zwischen der Geraden OA und der Ebene P* bezeichnet man
den von der Geraden OA und ihrer Projektion OB auf die Ebene P
gebildeten Winkel (Abb. 156). Wenn die Gerade MN parallel zur

---

[1]) Auf der Geraden AB (und auf der Geraden CD) kann man willkürlich eine Richtung festlegen, von A nach B oder von B nach A (von C nach D oder von
D nach C). Im ersten Fall bezeichnet man die Gerade durch AB, im zweiten durch
BA.

Ebene P verläuft (Abb. 157), so ist sie auch parallel zu ihrer Projektion, und der Winkel zwischen MN und der Ebene P ist Null.

Eine aus zwei Halbebenen P und Q durch die Gerade CD (Abb. 158) gebildete Figur heißt *Zweiflachwinkel*. Die Gerade CD heißt *Kante* des Zweiflachwinkels. Die Ebenen P und Q bezeichnet man als seine *Flächen*.

Eine Ebene R senkrecht zur Kante eines Zweiflachwinkels liefert im Schnitt mit P und Q den Winkel AOB, den man als *linearen Winkel* des Zweiflachwinkels bezeichnet.

Als Maß für einen Zweiflachwinkel verwendet man die Größe des dazu gehörenden linearen Winkels.

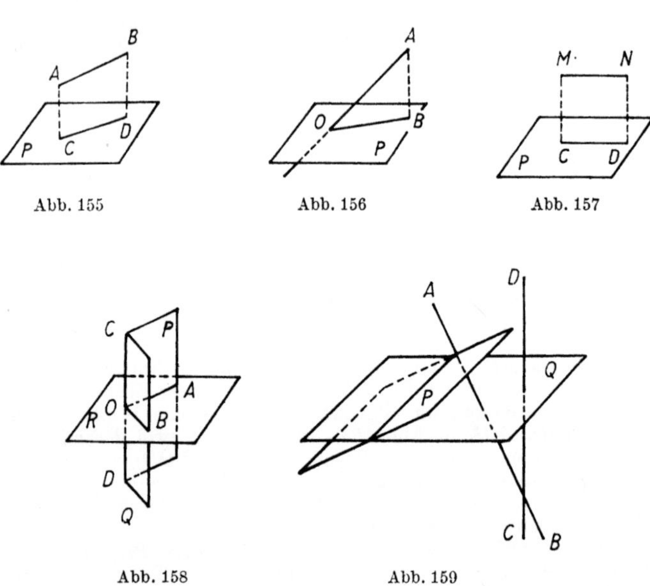

Abb. 155   Abb. 156   Abb. 157

Abb. 158   Abb. 159

Oft spricht man auch vom Winkel zwischen zwei Ebenen, ähnlich wie man in der Planimetrie vom „Winkel zwischen zwei Geraden" spricht. Man meint dabei einen der vier von den zwei Ebenen gebildeten Winkel (gewöhnlich einen spitzen).

Als (spitzen) *Winkel zwischen zwei parallelen Ebenen* nimmt man den Nullwinkel. Eigentlich bilden solche Ebenen überhaupt keinen Winkel.

Zwei Ebenen, die einen rechten Winkel bilden, heißen *senkrecht zueinander*.

Die Winkel, die von zwei Geraden AB und CD gebildet werden, die ihrerseits senkrecht auf den Ebenen P und Q stehen (Abb. 159), sind gleich den Winkeln zwischen P und Q.

§ 4. Projektionen

Auf eine Ebene kann man nicht nur eine Gerade, sondern eine beliebige ebene oder nicht ebene Linie projizieren. Es sei $ABCDE$ (Abb. 160) irgendeine Linie (eine Kurve oder ein gebrochener Linienzug). Ein Punkt soll diese Linie stetig durchlaufen. Wenn der Punkt der Reihe nach in die Positionen A, B, C, D usw. gelangt, so entspricht seine Projektion den Positionen a, b, c, d usw. Die Linie $abcde$, die von der Projektion des sich längs $ABCDE$ bewegenden Punktes beschrieben wird, heißt Projektion der Linie $ABCDE$. Die Form der Projektionslinie, die von der Form der Linie $ABCDE$ abhängt, legt jedoch nicht die Form der projizierten Linie fest. Wenn man aber die Projektionen einer Linie $ABCDE$ auf zwei Ebenen kennt, so ist dadurch auch die Form der Linie $ABCDE$ festgelegt[1]). Diese Tatsache begründet die Hauptmethode der darstellenden Geometrie, in der man geometrische Figuren mit Hilfe ihrer Projektionen auf zwei zueinander senkrechte Ebenen untersucht.

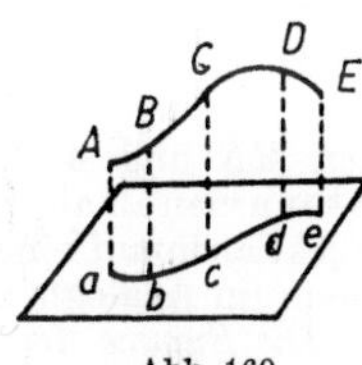

Abb. 160

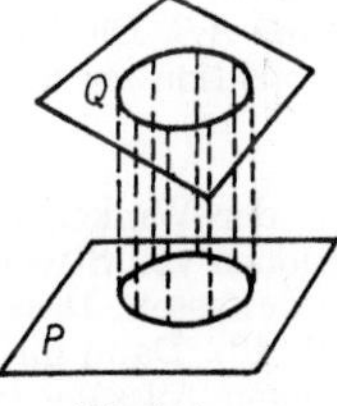

Abb. 161

Bei der Projektion einer Kurve auf eine Ebene erfährt deren Form eine Änderung. Projiziert man zum Beispiel einen Kreis (Abb. 161) auf eine Ebene Q, die parallel zur Ebene P verläuft, so ist die Projektionskurve eine *Ellipse*.

Wenn man eine geschlossene, in einer Ebene Q liegende Kurve auf die Ebene P projiziert, so steht die von der Projektionskurve begrenzte Fläche mit der von der projizierten Kurve umschlossenen Fläche in der Beziehung

$$S_1 = S \cos \alpha,$$

wobei α der Winkel zwischen den Ebenen P und Q ist.

Eine analoge Formel gilt für die Länge a einer Strecke AB (Abb. 155 auf Seite 198) und die Länge a_1 ihrer Projektion CD auf die Ebene P:

$$a_1 = a \cos \alpha.$$

Dabei ist α der Winkel zwischen der Geraden AB und der Ebene P. Oft verwendet man auch die Projektionen von Punkten und Strecken auf eine Gerade (*Projektionsachse*).

---

[1]) Mit Ausnahme gewisser Sonderfälle.

Gegeben sei eine Gerade AB und ein Punkt M (Abb. 162). Wir legen durch M eine Ebene senkrecht zu AB. Sie schneidet AB in einem gewissen Punkt m. Der Punkt m heißt *Projektion des Punktes M auf die Gerade AB.*

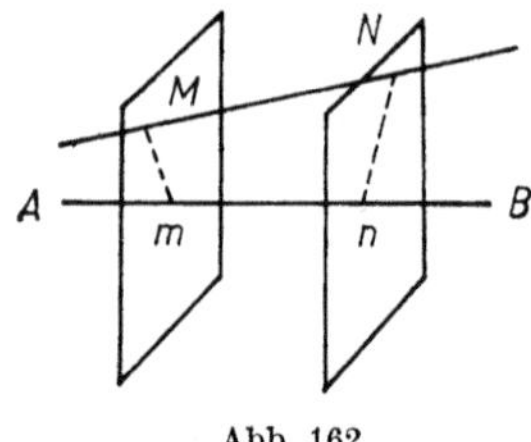

Abb. 162

Die Projektionen der Endpunkte M und N einer Strecke MN auf die Gerade AB bestimmen zwei Punkte m und n. Die von diesen Punkten begrenzte Strecke bezeichnen wir als Projektion der Strecke MN auf die Gerade AB. Die Länge a der Strecke MN steht mit der Länge a_1 ihrer Projektion mn in der Beziehung

$$a_1 = a \cos \alpha,$$

wobei α der Winkel zwischen den Geraden MN und AB ist. Die Projektionen von Strecken auf eine Gerade kann man als algebraische Größen auffassen. Dasselbe gilt für die Projektionen auf eine Ebene (s. II, B, 10). Dann gilt das folgende Theorem (in Analogie zur entsprechenden Aussage in der Planimetrie): *Die Summe der Projektionen der Glieder eines Linienzugs ist gleich der Projektion der abschließenden Strecke.*

§ 5. Vielflachwinkel

Wenn durch einen Punkt O (Abb. 163) mehrere Ebenen AOB, BOC, COD usw. verlaufen, die sich der Reihe nach in den Geraden OB, OC, OD usw. schneiden (die letzte Ebene AOE schneidet die erste in der Geraden OA), so heißt die dadurch gebildete Figur *Vielflachwinkel*. Der Punkt O heißt *Scheitel* des Vielflachwinkels.

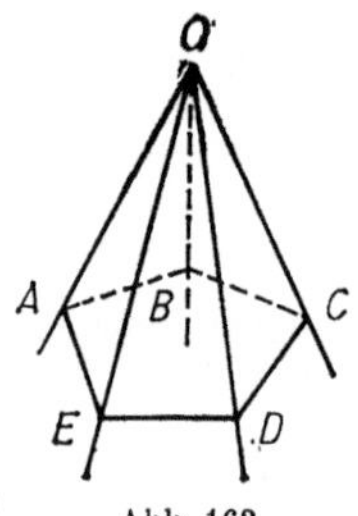

Abb. 163

Die Ebenen, die an der Bildung eines Vielflachwinkels beteiligt sind, bezeichnet man als dessen *Flächen*. Die Geraden, in denen sich die Ebenen schneiden, heißen *Kanten* des Vielflachwinkels. Die Winkel *AOB*, *BOC* usw. heißen seine *ebenen Winkel*.

Ein Vielflachwinkel hat mindestens drei Flächen (*Dreiflachwinkel* in Abb. 164). Jeder ebene Winkel eines Dreiflachwinkels ist kleiner als die Summe und größer als die Differenz der zwei anderen ebenen Winkel.

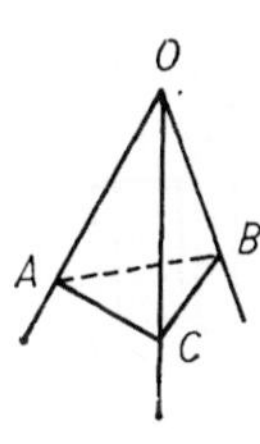

Abb. 164

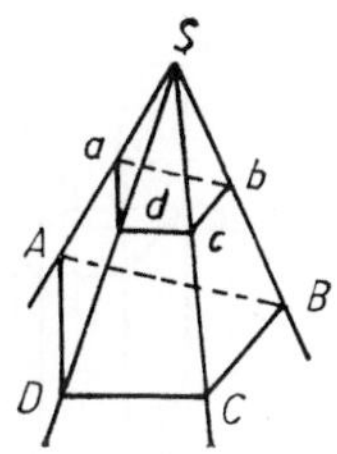

Abb. 165

Jeder Schnitt eines Vielflachwinkels mit einer Ebene, die nicht durch seinen Scheitel verläuft, ergibt ein Vieleck (*ABCDE* in Abb. 163). Wenn diese Vielecke konvex sind, so heißt auch der Vielflachwinkel *konvex*. Bei einem konvexen Vielflachwinkel ist die Winkelsumme der ebenen Winkel nicht größer als 360°.

Parallele Ebenen schneiden von den Kanten eines Vielflachwinkels Strecken ab, die zueinander proportional sind (Abb. 165, $SA : Sa = SB : Sb$ usw.). Außerdem bilden sie ähnliche Vielecke (*ABCD* und *abcd*).

§ 6. Das Vielflach, das Prisma, das Parallelepiped, die Pyramide

Unter einem Vielflach versteht man einen Körper, dessen Seiten aus Ebenenstücken bestehen (aus Vielecken). Diese Vielecke bezeichnet man als *Flächen*, ihre Seiten als *Kanten* und ihre Ecken als *Ecken des Vielflachs*. Die Strecken, welche die Ecken eines Vielflachs verbinden und nicht auf einer seiner Flächen anliegen, heißen *Diagonalen*. Wenn alle Diagonalen im Inneren des Vielflachs liegen, so heißt dieses *konvex*.

Unter einem Prisma versteht man ein Vielflach, bei dem zwei Flächen *ABCDE* und *abcde* (die *Grundflächen des Prismas*) kongruent und die entsprechenden Seiten dieser Flächen parallel sind und bei dem alle übrigen Flächen Parallelogramme bilden (*AabB*, *BbcC* usw.), deren Ebenen alle zu einer Geraden (*Aa* oder *Bb* oder *Cc* usw.) parallel sind. Die Parallelogramme *ABba*, *BCcb* usw. heißen *Seitenflächen* des Prismas. Die Kanten *Aa*, *Bb* usw. heißen *Seitenkanten*. Unter der *Höhe des* Prismas versteht man die Senkrechte *Mm* von einem beliebigen Punkt der einen Grundfläche zur anderen. Ein Prisma heißt *dreiseitig, vierseitig* usw., wenn seine Grundflächen Dreiecke, Vierecke usw. sind.

Wenn die Seitenkanten des Prismas senkrecht auf den Grundflächen stehen, so spricht man von einem *geraden Prisma*. Wenn dies nicht der Fall ist, so heißt das Prisma *schief*. Wenn bei einem geraden Prisma die Grundfläche ein regelmäßiges Vieleck ist, so heißt das Prisma *regelmäßig*. In Abb. 166 ist ein schiefes fünfeckiges Prisma dargestellt, in Abb. 167 ein regelmäßiges sechseckiges Prisma.

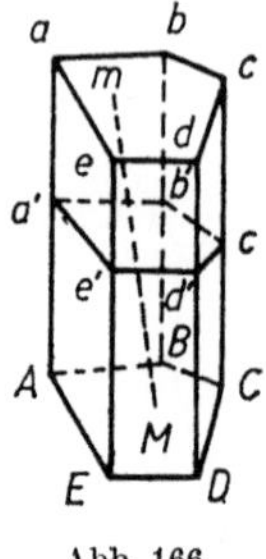

Abb. 166

Abb. 167

Unter einem *senkrechten Schnitt* $a'b'c'd'e'$ durch ein Prisma versteht man einen Schnitt senkrecht zu den Seitenkanten (Abb. 166).

Der Flächeninhalt der Seitenflächen eines Prismas ist gleich dem Produkt aus dem Umfang eines senkrechten Schnitts (p') mit der Länge (l) der Seitenkanten:

$$S_s = p'l.$$

Bei einem geraden Prisma sind die senkrechten Schnitte gleich der Grundfläche, und die Länge der Seitenkanten ist gleich der Höhe h. Also gilt

$$S_s = ph.$$

Das Volumen (V) eines Prismas ist gleich dem Produkt aus dem Flächeninhalt eines senkrechten Schnitts (S') mit der Länge (l) der Seitenkante,

$$V = S'l,$$

oder gleich dem Produkt des Flächeninhalts der Grundfläche mit der Höhe,

$$V = Sl.$$

Unter einem *Parallelepiped* versteht man ein Prisma, dessen Grundflächen Parallelogramme sind (Abb. 168). Ein Parallelepiped hat somit sechs Parallelogramme als Flächen. Gegenüberliegende Flächen sind paarweise gleich und parallel. Ein Parallelepiped hat vier Diagonalen, die sich alle in einem Punkt schneiden und sich gegenseitig halbieren. Als Grundfläche kann eine beliebige Fläche dienen.

Das Volumen ist gleich dem Produkt aus dem Flächeninhalt der Grundfläche mit der Höhe:

$$V = Sh.$$

Wenn die vier Seitenflächen eines Parallelepipeds Rechtecke sind, so spricht man von einem *geraden Parallelepiped* oder *Quader*.

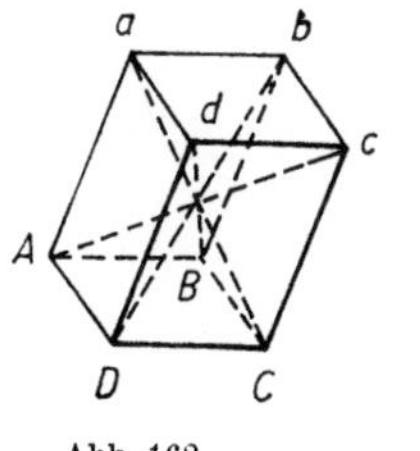

Abb. 168

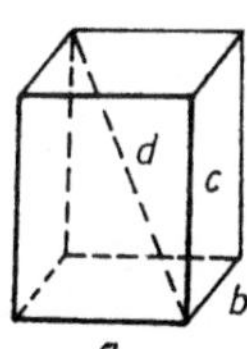

Abb. 169

Ein gerades Parallelepiped, bei dem alle sechs Seiten Rechtecke sind, heißt *rechteckig* (Abb. 169). Das Volumen (V) eines geraden Parallelepipeds ist gleich dem Produkt aus dem Flächeninhalt der Grundfläche (S) mit der Höhe (h):

$$V = Sh.$$

Für ein rechteckiges Parallelepiped gilt außerdem die Formel

$$V = abc,$$

wobei a, b, c die Längen der Kanten sind.
Die Diagonale (d) eines rechteckigen Parallelepipeds steht mit den Kanten in der Beziehung

$$d^2 = a^2 + b^2 + c^2.$$

Ein rechteckiges Parallelepiped, dessen Flächen Quadrate sind, heißt *Würfel*. Alle Kanten eines Würfels sind gleich lang. Das Volumen (V) eines Würfels erhält man durch die Formel

$$V = a^3,$$

wobei a die Kantenlänge ist.
Unter einer *Pyramide* versteht man ein Vielflach, bei dem eine Fläche, die *Grundfläche* der Pyramide, ein beliebiges Vieleck ($ABCDE$ in Abb. 170) ist, während die übrigen Flächen — die Seitenflächen — Dreiecke mit einer gemeinsamen Ecke S sind, die man als *Spitze* der Pyramide bezeichnet. Die Senkrechte SO von der Spitze auf die Grundfläche heißt *Höhe* der Pyramide. Eine Pyramide heißt *dreieckig, viereckig* usw., wenn die Grundfläche ein Dreieck, Viereck usw. darstellt. Eine dreieckige Pyramide ist ein Vierflach (Tetraeder), eine viereckige Pyramide ein Fünfflach usw.

Eine Pyramide heißt *regelmäßig*, wenn die Grundfläche ein regelmäßiges Vieleck ist (Abb. 171) und der Höhenfußpunkt in den Mittelpunkt der Grundfläche fällt. Bei einer regelmäßigen Pyramide sind alle Kanten gleich lang. Alle Seitenflächen sind kongruente gleichschenklige Dreiecke. Die Höhe (SF) einer Seitenfläche heißt *Apothete* der regelmäßigen Pyramide.

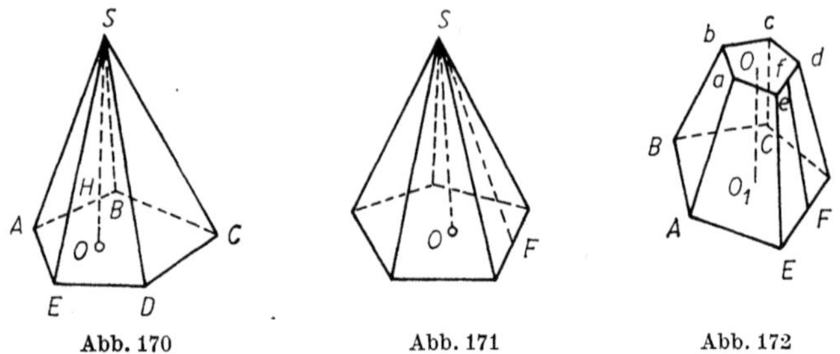

Abb. 170   Abb. 171   Abb. 172

Der Inhalt der Seitenflächen einer regelmäßigen Pyramide ist gleich dem Produkt aus dem halben Umfang der Grundfläche $\left(\dfrac{p}{2}\right)$ mit der Apothete (a):

$$S_s = \frac{pa}{2}.$$

Das Volumen einer beliebigen Pyramide ist gleich ein Drittel des Produkts aus dem Inhalt der Grundfläche (S) mit der Höhe (h):

$$V = \frac{Sh}{3}.$$

Zieht man in einer Pyramide einen Schnitt *abcd* parallel zur Grundfläche *ABCDE* (Abb. 172), so nennt man den zwischen diesem Schnitt und der Grundfläche sowie den entsprechenden Teilen der Seitenflächen eingeschlossenen Körper einen *Pyramidenstumpf*. Die parallelen Flächen des Pyramidenstumpfs heißen seine Grundflächen (*ABCDE* und *abcde*), der Abstand zwischen den Grundflächen (OO_1) heißt *Höhe*. Ein Pyramidenstumpf heißt *regelmäßig*, wenn die Pyramide, aus der er erhalten wurde, regelmäßig ist. Alle Seitenflächen eines regelmäßigen Pyramidenstumpfs sind gleichseitige Trapeze. Die Höhe *Ff* der Seitenflächen heißt *Apothete* des Pyramidenstumpfs.

Der Inhalt der Seitenflächen eines regelmäßigen Pyramidenstumpfes ist gleich dem Produkt aus der halben Summe des Umfangs beider Grundflächen mit der Apothete:

$$S_s = \frac{1}{2}\,(p_1 + p_2)\,a.$$

Dabei bedeuten p_1, p_2 den Umfang der Grundflächen und a die Apothete.

Das Volumen V eines beliebigen Pyramidenstumpfs ist gleich einem Drittel des Produkts aus der Höhe mit der Summe aus den Flächeninhalten der oberen und unteren Grundfläche und dem geometrischen Mittel aus diesen beiden Inhalten,

$$V = \frac{1}{3} h(S_1 + \sqrt{S_1 S_2} + S_2).$$

Dabei bedeutet S_1 den Inhalt der Fläche $ABCDE$, S_2 den Inhalt von $abcde$ und h die Höhe OO_1.

Insbesondere ist das Volumen eines regelmäßigen viereckigen Pyramidenstumpfs gleich

$$V = \frac{1}{3} h(a^2 + ab + b^2).$$

Dabei sind a und b die Seitenlängen der als Grundflächen dienenden Quadrate.

§ 7. Der Zylinder

Unter einer *zylindrischen Fläche* versteht man eine Fläche, die durch die Bewegung einer Geraden erzeugt wird (AB in Abb. 173), die stets dieselbe Richtung beibehält und eine gegebene Kurve MN schneidet. Die Kurve MN heißt *Leitlinie*. Die Geraden, die den verschiedenen

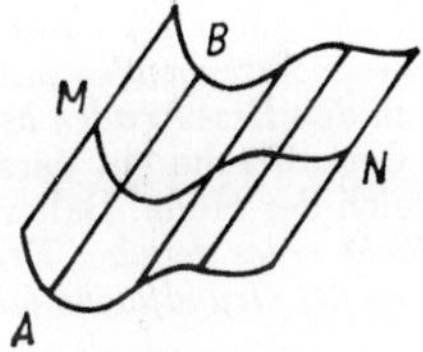

Abb. 173

Positionen der Geraden AB entsprechen, heißen *Erzeugende* der zylindrischen Fläche. Ein Körper, der von einer Zylinderfläche (mit geschlossener Leitlinie) und von zwei parallelen Ebenen begrenzt wird, heißt *Zylinder* (Abb. 174). Die Teile der parallelen Ebenen, die den Zylinder begrenzen ($ABCDE$ und $abcde$) heißen seine *Grundflächen*. Der Abstand zwischen den Grundflächen heißt *Höhe* des Zylinders (MN in Abb. 174).

Ein Prisma ist ein Sonderfall eines Zylinders (die Erzeugenden verlaufen parallel zu den Seitenkanten, und die Leitlinie ist das die Grundfläche begrenzende Vieleck). Andererseits kann man einen beliebigen Zylinder als Grenzfall eines Prismas auffassen, bei dem die Anzahl der Seitenflächen unendlich groß ist. Ein Zylinder unterscheidet sich praktisch nicht von derartigen Prismen. Alle Eigenschaften der Prismen gelten auch für Zylinder (s. unten).

Ein Zylinder heißt *gerade*, wenn seine Erzeugenden senkrecht zu den Grundflächen stehen, andernfalls heißt er *schief*. Ein Zylinder heißt *Kreiszylinder* wenn seine Grundflächen Kreise sind (Abb. 175). Ein gerader Kreiszylinder kann als entartetes regelmäßiges Prisma betrachtet werden. Einen geraden Kreiszylinder kann man durch Drehung eines Rechtecks um eine seiner Seiten erhalten. Deshalb heißt ein gerader Kreiszylinder auch *Rotationszylinder*.

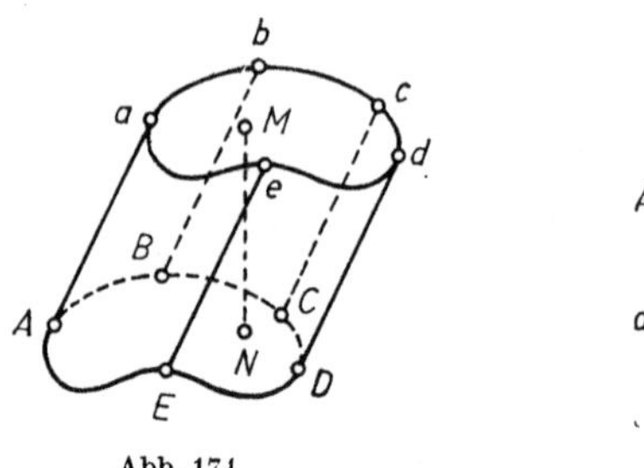

Abb. 174

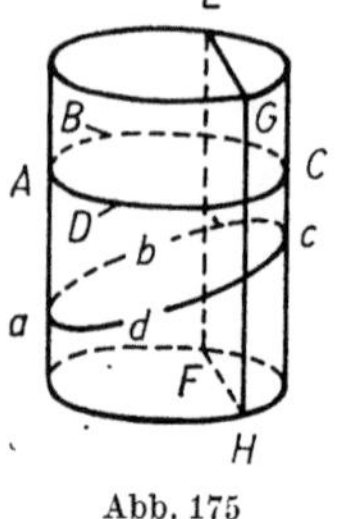

Abb. 175

Die Schnitte der Seitenfläche eines Kreiszylinders mit einer Ebene parallel zur Grundfläche (*ABCD* in Abb. 175) sind Kreise mit gleichem Radius. Ein Schnitt parallel zu den Erzeugenden ergibt ein Paar von parallelen Geraden (*EF* und *HG*). Schnitte, die weder parallel zur Grundfläche noch parallel zu den Erzeugenden sind, ergeben Ellipsen (*abcd*, s. II, C, 4).

Der Inhalt der Seitenfläche (Mantel) eines Zylinders ist gleich dem Produkt aus der Länge einer Erzeugenden mit der Länge der Kurve, die einen Schnitt senkrecht zu den Erzeugenden begrenzt. Für einen geraden Zylinder ist auch die Grundfläche ein derartiger Schnitt, und jede der Erzeugenden ist gleich der Höhe. Daher gilt:

Der Inhalt der Seitenfläche eines geraden Kreiszylinders ist gleich dem Produkt aus dem Umfang der Grundfläche mit der Höhe:

$$S_s = 2\pi r h.$$

Das Volumen eines beliebigen Zylinders ist gleich dem Produkt aus dem Inhalt der Grundfläche und der Höhe:

$$V = Sh.$$

Für einen Kreiszylinder gilt

$$V = \pi r^2 h \quad (r - \text{Radius der Grundfläche}).$$

§ 8. Der Kegel

Unter einer Kegelfläche versteht man eine Fläche, die durch die Bewegung einer Geraden (*AB* in Abb. 176) erzeugt wird, die dabei stets durch einen festen Punkt (*S*) verläuft und eine gegebene Kurve *MN* schneidet.

Die Kurve MN heißt *Leitlinie*. Die Geraden, die den verschiedenen Positionen der Geraden AB entsprechen, heißen *Erzeugende* der Kegelfläche. Der Punkt S heißt *Scheitel* der Kegelfläche. Die Kegelfläche besitzt zwei Hälften, eine wird vom Strahl SA und die andere vom Strahl SB beschrieben.

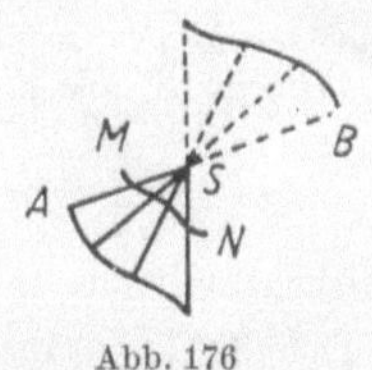

Abb. 176

Oft versteht man unter der Kegelfläche auch nur eine dieser Hälften. Unter einem *Kegel* versteht man einen Körper, der von der Hälfte einer Kegelfläche (mit geschlossener Leitlinie) und einer diese Fläche schneidenden Ebene ($ABCDEFGHJ$ in Abb. 177) begrenzt wird, die nicht durch den Scheitel S verläuft. Den Teil der Ebene, der innerhalb der Kegelfläche liegt, nennt man *Grundfläche* des Kegels. Die Senkrechte SO vom Scheitel auf die Grundfläche nennt man *Höhe* des Kegels.

Eine Pyramide ist ein Sonderfall eines Kegels (als Leitlinie dient ein Vieleck). Andererseits ist jeder Kegel Grenzfall einer Pyramide.

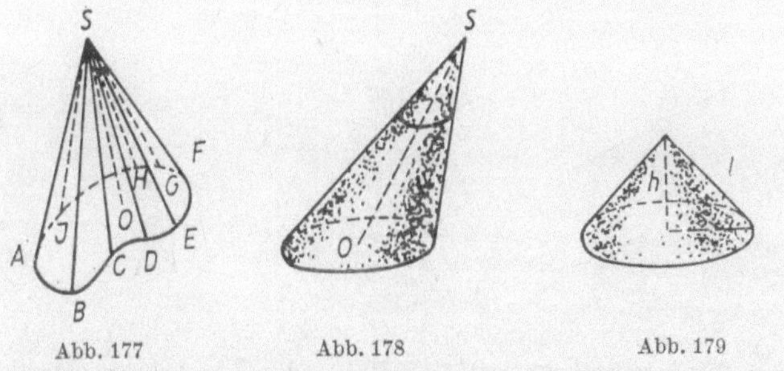

Abb. 177   Abb. 178   Abb. 179

Ein Kegel heißt *Kreiskegel*, wenn seine Grundfläche ein Kreis ist (Abb. 178).

Die Gerade SO zwischen Scheitel des Kegels und dem Mittelpunkt der Grundfläche heißt *Kegelachse*. Wenn die Höhe eines Kreiskegels in den Mittelpunkt der Grundfläche fällt, so spricht man von einem *geraden Kreiskegel* (Abb. 179). Einen geraden Kreiskegel erhält man auch durch Drehung eines rechtwinkligen Dreiecks um eine seiner Katheten. Ein gerader Kreiskegel heißt daher oft auch *Rotationskegel*.

Der Schnitt eines Kreiskegels mit einer Ebene parallel zur Grundfläche ist ein Kreis (Abb. 178). Über die Schnitte mit Ebenen, die nicht parallel zur Grundfläche verlaufen, siehe § 9.

Die Seitenfläche eines geraden Kreiskegels ist gleich dem Produkt aus dem halben Umfang der Grundfläche (C) mit der Länge (l) der Erzeugenden:

$$S_s = \frac{1}{2}\, Cl = \pi rl \quad (r - \text{Radius der Grundfläche}).$$

Das Volumen eines beliebigen Kegels ist gleich ein Drittel des Produkts aus dem Inhalt der Grundfläche (S) und der Höhe (h):

$$V = \frac{1}{3}\, Sh.$$

Für einen geraden Kreiskegel gilt:

$$V = \frac{1}{3}\, Sh = \frac{1}{3}\, \pi r^2 h.$$

§ 9. Kegelschnitte

Unter den *Kegelschnitten* versteht man die Schnittkurven verschiedener Ebenen mit der Seitenfläche eines Kreiskegels (der nicht unbedingt gerade sein muß). Die Kegelfläche denkt man sich dabei vom Scheitel aus unbegrenzt nach beiden Seiten verlängert.

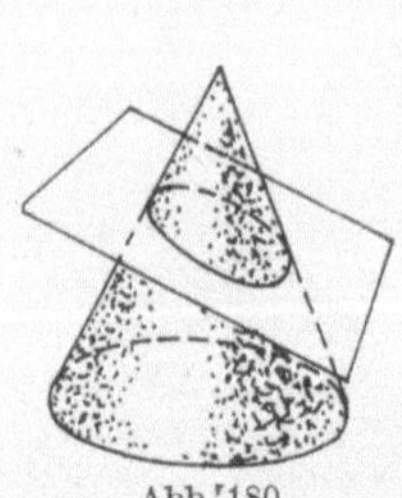
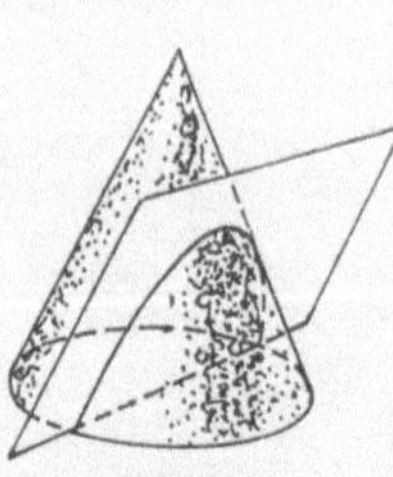
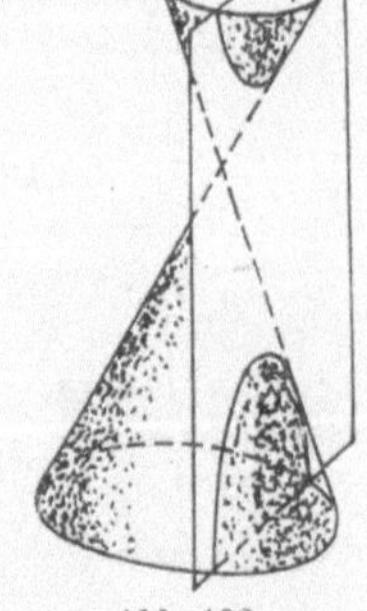

Abb. 180   Abb. 181   Abb. 182

Wenn die Schnittebene nur eine Hälfte des Kreiskegels schneidet und nicht parallel zu einer Erzeugenden verläuft, so ist der entsprechende Kegelschnitt eine *Ellipse* (Abb. 180, vgl. II, C, 4). In Ausnahmefällen ergibt sich statt einer Ellipse ein Kreis[1]).

Wenn die Schnittebene nur eine Hälfte eines Kreiskegels schneidet und parallel zu einer Erzeugenden verläuft (Abb. 181), so ergibt sich als Schnitt eine (nach einer Richtung hin) unbegrenzte Kurve, die man *Parabel* nennt.

Wenn die Schnittebene beide Hälften eines Kreiskegels schneidet (Abb. 182), so erhält man als Schnittlinie eine nach beiden Seiten hin

---

[1]) Zum Beispiel sind alle zur Grundfläche eines geraden Kreiskegels parallelen Schnitte Kreise.

unbegrenzte Kurve, die man *Hyperbel* nennt. Insbesondere erhält man eine Hyperbel, wenn die Schnittebene parallel zur Kegelachse verläuft.

Kegelschnitte sind sowohl in theoretischer als auch in praktischer Hinsicht äußerst interessante Kurven. In der Technik verwendet man elliptische Zahnräder und parabolische Scheinwerfer. Die Planeten und einige Kometen bewegen sich längs Ellipsen. Einige Kometen bewegen sich längs Parabeln und Hyperbeln.

Die wichtigsten Eigenschaften der Kegelschnitte werden in jedem Schulbuch über analytische Geometrie behandelt.

§ 10. Die Kugel

Unter einer *Kugelfläche* oder *Sphäre* versteht man den geometrischen Ort aller Raumpunkte, die von einem Punkt — dem *Mittelpunkt* der Kugelfläche (Punkt O in Abb. 183) — denselben Abstand haben. Den *Radius OE* und den *Durchmesser EG* einer Kugelfläche definiert man so wie bei einer Kreislinie (II, B, 14).

Ein von einer Kugelfläche begrenzter Körper heißt Kugel.

Eine Kugelfläche kann man durch Drehung einer Kreislinie um einen ihrer Durchmesser erzeugen.

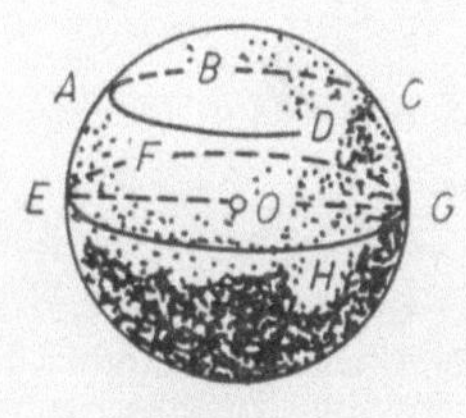

Abb. 183

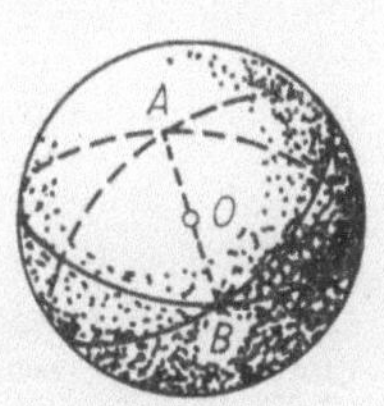

Abb. 184

Alle ebenen Schnitte einer Kugel sind Kreise ($ABCD$ in Abb. 183). Wenn sich die Schnittebene dem Mittelpunkt der Kugel nähert, so werden die Radien der Schnittkreise größer. Den größten Kreis erhält man im Schnitt mit einer Ebene, die durch den Mittelpunkt O der Kugel verläuft. Ein derartiger Kreis halbiert sowohl die Kugel als auch die Kugelfläche und heißt *größter Kugelkreis*. Der Radius eines größten Kugelkreises ist gleich dem Radius der Kugel.

Jedes Paar von größten Kugelkreisen schneidet sich längs eines Kugeldurchmessers (AB in Abb. 184), der auch für beide sich schneidende Kreise als Durchmesser dient.

Durch zwei Punkte einer Kugelfläche, die an den Enden eines Durchmessers liegen (zum Beispiel die Pole der Erdkugel), kann man unendlich viele größte Kugelkreise legen (Meridiane). Durch zwei Punkte, die nicht durch einen Durchmesser verbunden sind, kann man einen und nur einen größten Kreis legen.

Der kürzeste Abstand zwischen zwei Punkten einer Kugelfläche ist gleich der Länge des Bogens (auf dem kleineren Halbkreis) des größten Kugelkreises durch die zwei Punkte.

Der Inhalt einer Kugelfläche ist gleich dem vierfachen Inhalt eines größten Kugelkreises (Abb. 185):

$$S = 4\pi R^2 \quad (R - \text{Kugelradius}).$$

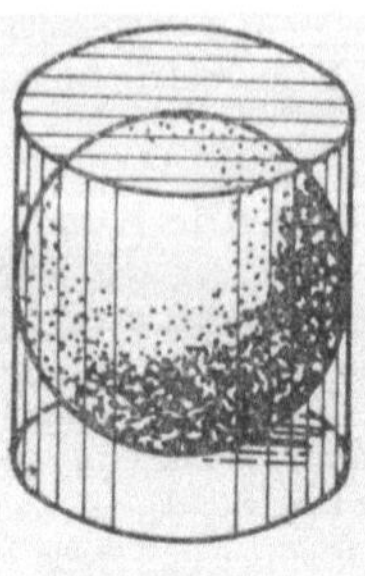

Abb. 185

Das Volumen einer Kugel ist gleich dem Volumen einer Pyramide, deren Grundfläche denselben Inhalt hat wie die Kugelfläche und deren Höhe gleich dem Radius ist:

$$V = \frac{1}{3}\, RS = \frac{4}{3}\, \pi R^3.$$

§ 11. Sphärische Vielecke

Unter einem *sphärischen Vieleck* versteht man eine Figur, die aus einer geschlossenen Folge von Bögen größter Kugelkreise besteht. Kein Bogen darf länger sein als der halbe Umfang eines größten Kreises. In Abb. 186 ist ein sphärisches Fünfeck abgebildet.

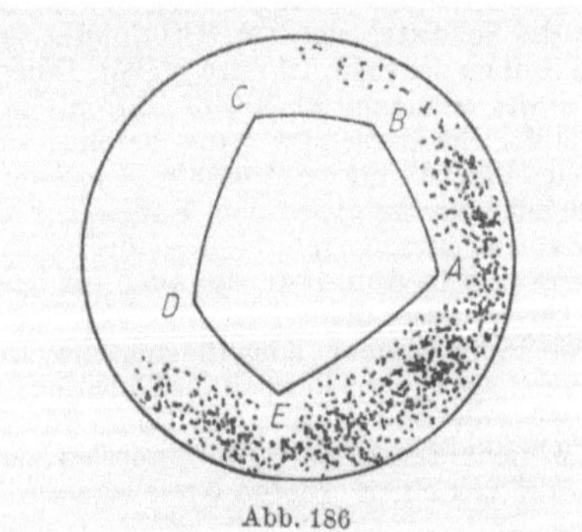

Abb. 186

Die Bögen AB, BC usw. heißen *Seiten* des sphärischen Vielecks. Die Punkte A, B, C usw. heißen *Ecken*.

Ein sphärisches Vieleck heißt *konvex*, wenn alle seine Seiten auf einer der beiden Halbkugeln liegen, die von einem größten Kugelkreis durch eine beliebige Seite abgegrenzt werden. Das Vieleck $ABCDE$ in Abb. 186 ist konvex. Das Vieleck $LMNP$ in Abb. 187 ist nicht konvex. Sein Umriß liegt auf beiden Halbkugeln, die vom größten Kugelkreis durch die Seite MN (oder durch die Seite NP) gebildet werden.

Bemerkung. In der elementaren Geometrie betrachtet man nur *einfache* sphärische Vielecke, d. h. Vielecke, deren Umriß sich nicht selbst schneidet. Jedes einfache Vieleck teilt die Kugelfläche in zwei Bereiche. Einen davon kann man als inneren, den anderen als äußeren

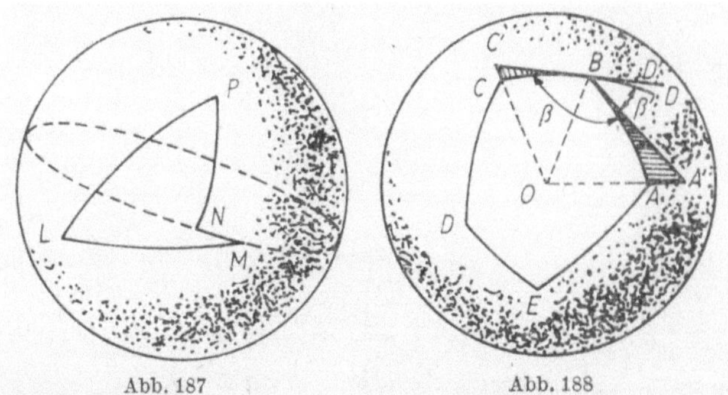

Abb. 187   Abb. 188

Bereich betrachten. Wenn die beiden Flächenbereiche nicht gleich sind, so nimmt man als inneren Bereich meist den mit dem kleineren Inhalt.

Den inneren Winkel eines sphärischen Vielecks, zum Beispiel den Winkel ABC, in Abb. 188 durch β bezeichnet, mißt man durch den linearen Winkel $A'BC'$, der von den Strahlen BA' und BC' gebildet wird, welche die Seiten BA und BC tangieren. Auch die äußeren Winkel eines sphärischen Vielecks, zum Beispiel den Winkel $D''BA$, in Abb. 188 durch β' bezeichnet, mißt man mit Hilfe des entsprechenden linearen Winkels. Die Summe aus einem inneren und dem dazugehörenden äußeren Winkel ist 180°, d. h. π Radiant.[1]

Ein ebenes Vieleck hat mindestens drei Seiten. Ein sphärisches Vieleck kann auch nur zwei Seiten haben. In Abb. 189 ist ein sphärisches Zweieck dargestellt. Die inneren Winkel α, β eines sphärischen Zweiecks sind immer gleich groß.

Der Inhalt eines sphärischen Zweiecks mit einem Innenwinkel von α Radiant ergibt sich aus der Formel

$$S = 2R^2\alpha,$$

wobei R der Kugelradius ist.

---

[1] Vgl. S. 231.

Ein Zweieck, dessen Innenwinkel ein rechter Winkel ist (ein Viertel der Kugelfläche) hat den Flächeninhalt $2R^2 \cdot \dfrac{\pi}{2} = R^2\pi$, d. h., sein Inhalt ist genau so groß wie der eines größten Kugelkreises (vg . II, B, 14).

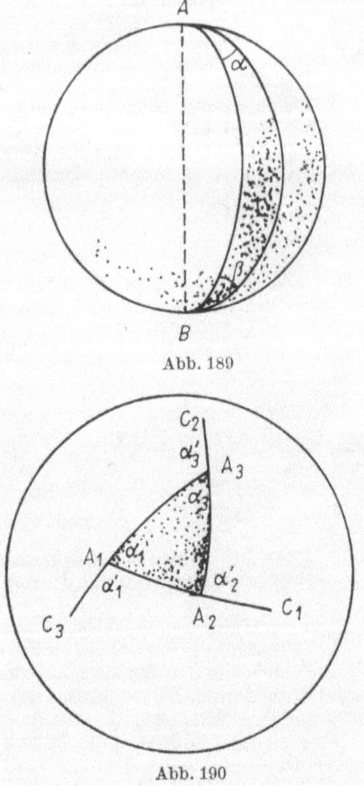

Abb. 189

Abb. 190

In einem sphärischen Dreieck ist die Summe der Innenwinkel immer größer als 180°. Der Flächeninhalt des Dreiecks ist proportional der Differenz dieser Winkelsumme gegenüber 180°. Mit den Innenwinkeln von α_1, α_2, α_3 Radiant (Abb. 190) gilt

$$S = R^2(\alpha_1 + \alpha_2 + \alpha_3 - \pi).\tag{1}$$

Die Summe der Außenwinkel eines sphärischen Dreiecks ist immer kleiner als 360°. Wenn α_1', α_2', α_3' die in Radiant gemessenen Außenwinkel sind, so gilt

$$S = R^2[2\pi - (\alpha_1' + \alpha_2' + \alpha_3')].\tag{2}$$

Diese Formel läßt sich auf beliebige sphärische Vielecke erweitern. Es gilt nämlich

$$S = R^2[2\pi - (\alpha_1' + \alpha_2' + \cdots + \alpha_n')],$$

d. h., das Verhältnis des Flächeninhalts eines sphärischen Vielecks zum Quadrat des Kugelradius ist gleich der Differenz zwischen 2π und der Summe der Außenwinkel.

Beispiel. Wir betrachten ein sphärisches Dreieck, das durch drei aufeinander senkrechte größte Kugelkreise gebildet wird (Abb. 191). Die Summe der Innenwinkel ist $\dfrac{3\pi}{2}$. Aus Formel (1) finden wir

$$S = \frac{1}{2}\,\pi R^2.$$

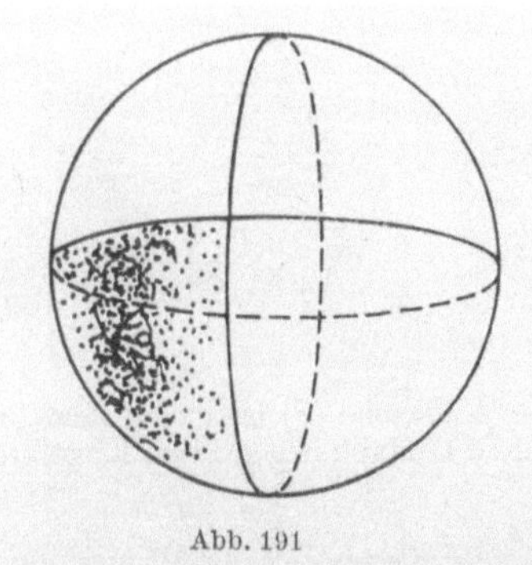

Abb. 191

Dasselbe Ergebnis erhalten wir, wenn wir berücksichtigen, daß das gegebene Dreieck ein Achtel der Kugelfläche ausmacht (vgl. II, C, 10). Auch die Summe der Außenwinkel des gegebenen Dreiecks ist $\dfrac{3\pi}{2}$. Aus Formel (2) erhalten wir wieder $S = \dfrac{R^2\pi}{2}$.

§ 12. Teile der Kugel

Der Kugelteil, der von einer beliebigen Ebene ($ABCD$ in Abb. 192) abgeschnitten wird, heißt *Kugelabschnitt* oder *Kugelsegment*.
Der Kreis $ABCD$ heißt Grundfläche des Kugelsegments. Die Strecke MN, d. h. die Länge der Senkrechten vom Mittelpunkt der Grundfläche bis zu ihrem Schnitt mit der Kugelfläche, heißt *Höhe* des Kugelsegments. Den Punkt M nennt man *Scheitel*.
Die gekrümmte Oberfläche des Kugelsegments heißt *Kugelkappe* oder *Kalotte*. Ihr Inhalt ist gleich dem Produkt aus der Höhe und

dem Umfang eines größten Kugelkreises:

$$S = 2\pi R h \quad (R - \text{Radius der Kugel, } h = MN).$$

Das Volumen des Kugelsegments erhält man so:

$$V = \pi h^2 \left(R - \frac{1}{3} h \right) \quad \text{oder} \quad V = \frac{1}{6} \pi h (h_2 + 3r^2).$$

Dabei bedeutet r den Radius der Grundfläche.

Der Teil einer Kugel, der zwischen zwei parallelen Schnittebenen (ABC und DFE in Abb. 193) liegt, heißt *Kugelschicht.* Die gekrümmte Oberfläche einer Kugelschicht heißt *Kugelzone.* Die Kreise ABC und DFE heißen Grundflächen der Kugelschicht. Der Abstand NO zwischen den Grundflächen ist die Höhe der Kugelschicht (und der Kugelzone).

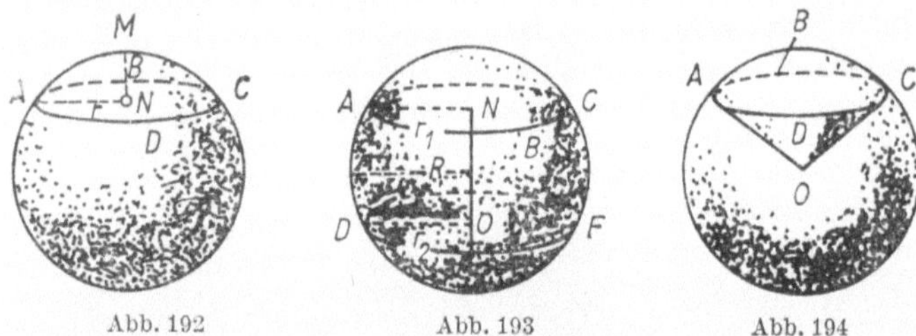

Der *Inhalt der Kugelzone* (S) ist gleich dem Produkt aus der Höhe $h = ON$ mit dem Umfang des größten Kugelkreises:

$$S = 2\pi R h.$$

Das *Volumen einer Kugelschicht* erhält man durch die Formel

$$V = \frac{1}{6} \pi h^3 + \frac{1}{2} \pi (r_1^2 + r_2^2)\, h.$$

Dabei bedeuten r_1 und r_2 die Radien der Grundflächen.

Der Teil der Kugel, der von der gekrümmten Fläche eines Kugelsegments (AC in Abb. 194) und der Kugelfläche $OABCD$ begrenzt wird, als dessen Grundfläche die Grundfläche des Segments ($ABCD$) dient und dessen Scheitel im Kugelmittelpunkt liegt, heißt *Kugelausschnitt* oder *Kugelsektor.*

Den *Inhalt der Oberfläche eines Kugelsektors* berechnet man aus dem Inhalt der Kugelkappe und dem Inhalt der Kegelfläche.

Das *Volumen eines Kugelsektors* ist gleich dem Volumen einer Pyramide, deren Grundfläche denselben Inhalt wie die zum Sektor gehörende Kugelkappe (S) hat und deren Höhe gleich dem Kugelradius ist:

$$V = \frac{1}{3} RS = \frac{2}{3} \pi R^2 h,$$

h bedeutet die Höhe des zum Sektor gehörenden Kugelsegments.

§ 13. Die Tangentialebenen
an Kugel, Zylinder und Kegel

Einen kleinen Bogen einer beliebigen Kurve (zum Beispiel einer
Kreislinie) kann man in der Praxis oft durch einen kleinen Geraden-
abschnitt AT ersetzen, der vom Punkt A aus tangential zum Bogen
AB verläuft (Abb. 195), ohne dabei einen merkbaren Fehler zu
begehen. So sagen wir zum Beispiel, daß wir längs einer Geraden von
einem Ort zu einem anderen gehen. In Wirklichkeit gehen wir dabei
nicht längs einer Geraden, sondern längs des Bogens eines größten
Kugelkreises auf der Erdoberfläche.

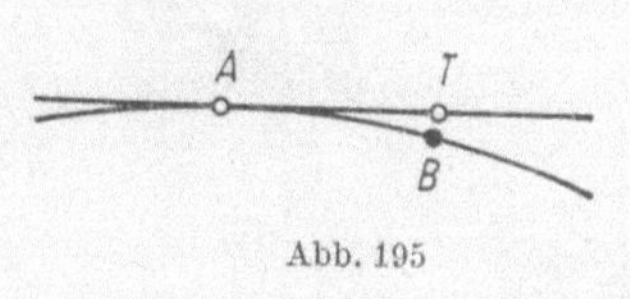

Abb. 195

Ebenso kann man einen kleinen Teil einer gekrümmten Fläche (z. B
einer Kugelfläche) ohne merkbaren Fehler durch ein kleines Stück
der Tangentialebene ersetzen. Diese Tatsache trug dazu bei, daß
Jahrtausende lang die Menschen glaubten, die Erde sei eine Ebene.
Eine exakte Definition der Tangentialebene gibt man in voller Über-
einstimmung mit der früher gegebenen exakten Definition der
Tangente (II, B, 14). Dort haben wir zwei Punkte A und B einer
Kurve (z. B. der Kreislinie) betrachtet. Einer davon hat sich dem

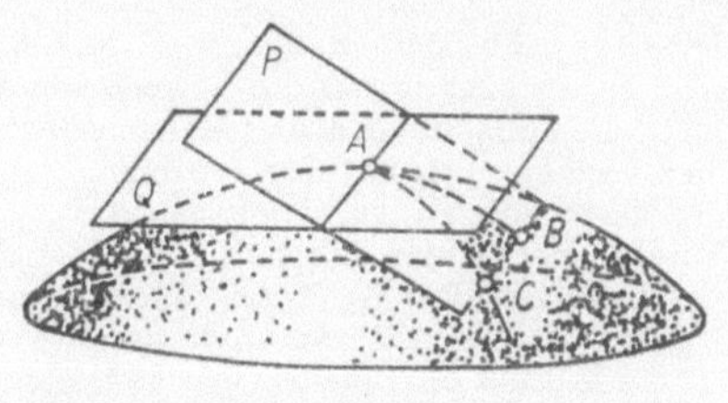

Abb. 196

anderen genähert, und wir haben bemerkt, daß die Gerade AB dabei
einer gewissen Grenzlage zustrebt. Jetzt wählen wir auf einer be-
liebigen Fläche (z. B. einer Kugelfläche) drei Punkte A, B und C
(Abb. 196) und legen durch sie eine Schnittebene P. Die beiden
Punkte B und C sollen sich nun dem Punkt A von verschiedenen
Richtungen nähern. Die Ebene P strebt dabei gegen eine gewisse
Grenzlage Q, unabhängig davon, welche Punkte B und C man gewählt

hat und auf welchem Wege sie sich dem Punkt A nähern. Die Ebene Q heißt *Tangentialebene* (im Punkt A)[1]).

Unter der Tangentialebene einer Fläche im Punkt A versteht man jene Ebene, gegen die die Schnittebene durch drei Punkte A, B und C der Fläche strebt, wenn sich die Punkte B und C von verschiedenen Richtungen dem Punkt A nähern. Es kann vorkommen, daß eine Fläche in einem gewissen Punkt A keine Tangentialebene besitzt. So existiert zum Beispiel im Scheitel einer Kegelfläche keine Tangentialebene.

Die *Tangentialebene* (Q in Abb. 197) *an eine Kugelfläche* steht senkrecht zum Kugelradius OA vom Kugelmittelpunkt O zum Berührungspunkt A. Die Tangentialebene an eine Kugelfläche hat mit dieser Fläche nur einen Punkt gemeinsam.

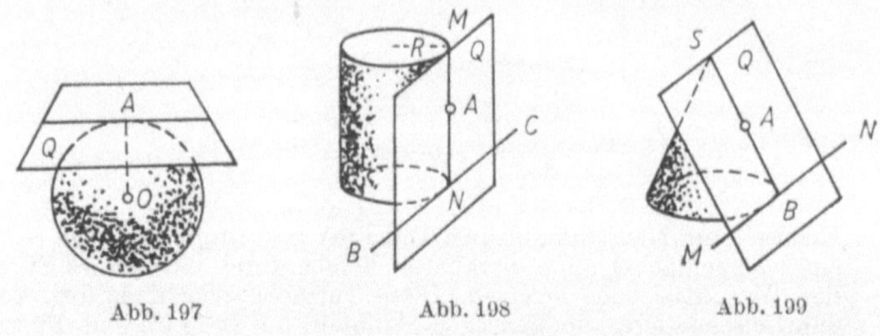

Abb. 197   Abb. 198   Abb. 199

Die *Tangentialebene Q* (Abb. 198) *im Punkt A der Seitenfläche eines Kreiszylinders* geht durch die Erzeugende MN durch den Punkt A und durch die Tangente BC an den Grundkreis im Punkt N, der zur Erzeugenden MN gehört. Diese Tangentialebene hat von allen Punkten der Zylinderachse den Abstand R, der gleich dem Radius des Grundkreises ist.

Die *Tangentialebene Q* (Abb. 199) *im Punkt A einer Kegelfläche* (der nicht der Scheitel S ist) geht durch die Erzeugende SB durch den Punkt A und durch die Tangente MN an die Grundfläche im Punkt B.

Ein Zylinder heißt einem Prisma *eingeschrieben,* wenn die Seitenflächen des Prismas in den Tangentialebenen des Zylinders liegen, während die Grundflächen beider Körper in denselben Ebenen liegen. Ein Zylinder heißt einem Prisma *umschrieben,* wenn die Seitenkanten des Prismas Erzeugende der Zylinderseite sind und die Grundflächen beider Körper in derselben Ebene liegen.

Ebenso definiert man den einer Pyramide *einge- oder umschriebenen Kegel.*

---

[1]) Die Forderung, daß sich B und C von verschiedenen Richtungen dem Punkt A nähern, ist wesentlich. Wenn sich zum Beispiel zwei Reisende dem Nordpol auf demselben Meridian nähern, oder auf zwei Meridianen, von denen einer die Fortsetzung des anderen ist, so ist die Ebene durch den Punkt A und durch die Punkte, in welchen sich die Reisenden befinden, immer gleich der Meridianebene und kann sich daher nicht der Tangentialebene nähern. Es handelt sich dabei immer um dieselbe Schnittebene. Die erwähnte Forderung kann man streng so formulieren: Die Tangenten an die Bögen AC und AB müssen in deren Schnittpunkt A verschiedene Richtungen haben.

§ 14. Raumwinkel

Unter einem *Raumwinkel* versteht man jenen Raumbereich, der von einer Hälfte einer Kegelfläche (II, C, 8) mit geschlossener Leitlinie begrenzt wird. Genauso wie der Winkelbereich zwischen zwei Geraden in der Ebene erstreckt sich auch der Raumwinkel bis ins Unendliche. Ein Vielflachwinkel (IV, C, 5) ist ein Sonderfall eines Raumwinkels. Die Größe des Winkels zwischen zwei Geraden mißt man an Hand eines Bogens. Einen Raumwinkel mißt man mit Hilfe eines Flächenstücks einer Kugel. Wir ziehen um den Scheitel S des Raumwinkels mit beliebigem Radius eine Kugelfläche. Von dieser Kugelfläche schneidet der Raumwinkel einen gewissen Teil heraus ($ABCD$ in Abb. 200). Der Inhalt dieses Teils ändert sich in Abhängigkeit vom

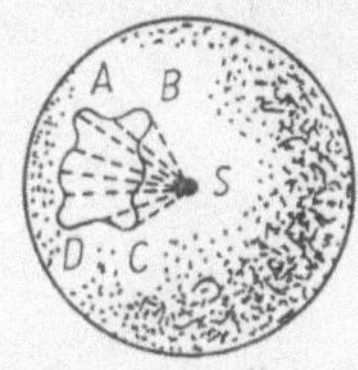

Abb. 200

Radius der Kugelfläche, er bildet jedoch immer denselben Bruchteil des gesamten Inhalts der entsprechenden Kugelfläche. Als Maß für den Raumwinkel dient daher das Verhältnis des Flächeninhalts von $ABCD$ zum Inhalt der gesamten Kugelfläche. Gewöhnlich nimmt man jedoch als Maß für den Raumwinkel das Verhältnis des Inhalts von $ABCD$ zum Inhalt eines Quadrats, dessen Seitenlänge gleich dem Kugelradius ist. Diese Messung eines Raumwinkels gleicht der Messung des Winkels zwischen zwei Geraden durch Radianten (s. III, 3).

Das Maß α eines Raumwinkels mit dem Scheitel S ist daher das Verhältnis vom Inhalt des Flächenstücks, das der Raumwinkel aus einer Kugelfläche mit beliebigem Radius und dem Mittelpunkt S herausschneidet, zum Quadrat des Radius dieser Kugelfläche:

$$\alpha = \frac{Fl(ABCD)}{R^2}.$$

Beispiel 1. Der Raumwinkel, der durch drei zueinander senkrechte Ebenen gebildet wird (z. B. durch zwei Wände und den Deckel einer rechteckigen Schachtel) ist gleich $\dfrac{\pi}{2}$. Wenn man nämlich um den Scheitel S dieses Raumwinkels eine Kugelfläche zieht, schneidet der Raumwinkel ein Achtel davon heraus (Abb. 202). Der Inhalt dieses Flächenstücks ist daher gleich $4\pi R^2 : 8 = \dfrac{\pi R^2}{2}$. Sein Verhältnis zu R^2 ist $\dfrac{\pi}{2}$.

Beispiel 2. Man bestimme den Raumwinkel beim Scheitel eines Kegels, dessen Höhe gleich dem Radius der Grundfläche ist. Wir legen um den Scheitel des Kegels eine Kugel, deren Radius gleich der Länge l der Erzeugenden des Kegels ist (Abb. 202). Die Höhe OD des Kegels läßt sich durch l ausdrücken: $OD = \dfrac{l\sqrt{2}}{2}$. Die Höhe CD des Kugelsegments ABC ist $l - \dfrac{l\sqrt{2}}{2}$. Das Flächenstück, das vom

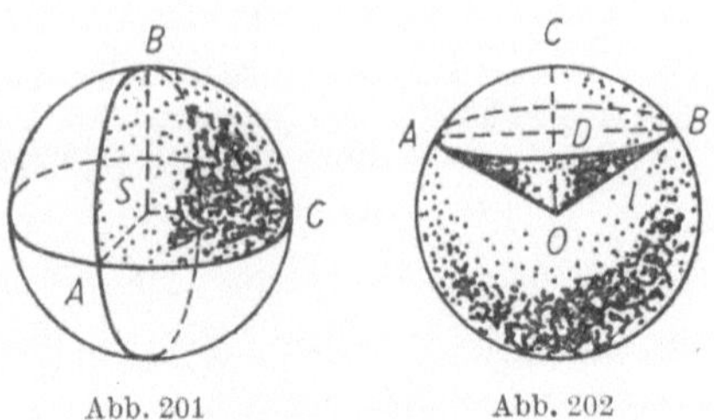

<table>
<tr><td>Abb. 201</td><td>Abb. 202</td></tr>
</table>

Raumwinkel aus der Kugelfläche herausgeschnitten wird, ist die Kugelkappe dieses Segments. Ihr Inhalt ist (II, C, 12)

$$2\pi l \cdot CD = 2\pi l^2 \left(1 - \frac{\sqrt{2}}{2}\right).$$

Die Größe des Raumwinkels ist daher

$$2\pi \left(1 - \frac{\sqrt{2}}{2}\right).$$

Als Maßeinheit für einen Raumwinkel erweist sich ein Winkel, der aus einer Kugelfläche (mit dem Mittelpunkt in seinem Scheitel) ein Flächenstück herausschneidet, dessen Inhalt gleich dem Inhalt eines Quadrats mit dem Radius der Kugelfläche als Seitenlänge ist. Einen derartigen Raumwinkel nennt man *Steradiant*.

§ 15. Regelmäßige Vielflache

Ein Vielflach heißt *regelmäßig*, wenn alle seine Seiten gleiche regelmäßige Vielecke sind und sich in jeder Ecke gleich viele Flächen treffen.

Es gibt zwar unendlich viele einander nicht ähnliche regelmäßige Vielecke, es gibt aber nur endlich viele untereinander nicht ähnliche regelmäßige Vielflache. *Konvexe regelmäßige Vielflache* gibt es nur fünf. (Daneben gibt es vier weitere nicht konvexe Vielflache.) Diese fünf regelmäßigen konvexen Vielflache sind: das *regelmäßige Tetra-*

eder (Vierflach) oder kurz *Tetraeder* (Abb. 203), das *Hexaeder* (Sechsflach), das nicht anderes als einen Würfel darstellt (Abb. 204), das *Oktaeder* (Achtflach, Abb. 205) das *Dodekaeder* (12flach, Abb. 206) und das *Isokaeder* (20flach, Abb. 207).

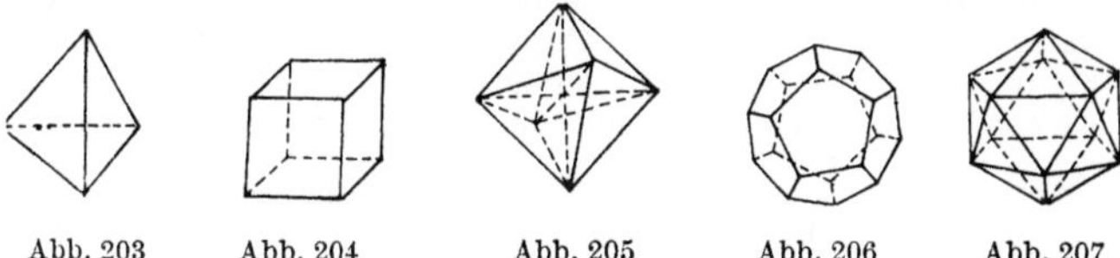

Abb. 203   Abb. 204   Abb. 205   Abb. 206   Abb. 207

Die Anzahl der Ecken und Kanten sowie das Volumen und den Inhalt der Oberflächen, ausgedrückt durch die Kantenlänge a, der regelmäßigen Vielecke findet man aus der folgenden Tabelle:

	Anzahl der Seiten einer Fläche	Anzahl der Kanten in jeder Ecke	Anzahl der Flächen	Anzahl der Ecken	Anzahl der Kanten	Inhalt der Oberfläche	Volumen
1. Tetraeder	3	3	4	4	6	$1{,}73\, a^2$	$0{,}12\, a^3$
2. Hexaeder (Würfel)	4	3	6	8	12	$6{,}00\, a^2$	a^3
3. Oktaeder	3	4	8	6	12	$3{,}46\, a^2$	$0{,}47\, a^3$
4. Dodekaeder	5	3	12	20	30	$20{,}64\, a^2$	$7{,}66\, a^3$
5. Isokaeder	3	5	20	12	30	$8{,}66\, a^2$	$2{,}18\, a^3$

Jedem regelmäßigen Vielflach kann man eine Kugel einschreiben. Jedem regelmäßigen Vielflach kann man auch eine Kugel umschreiben.

§ 16. Symmetrien

Das griechische Wort Symmetrie heißt wörtlich „Gleichmäßigkeit". Unter einer Symmetrie im breitesten Sinne versteht man jede Regelmäßigkeit innerhalb der Struktur eines Körpers oder einer Figur. Die Untersuchung der verschiedenen Symmetrieformen stellt einen umfangreichen und wichtigen Zweig der Geometrie dar, der eng verbunden mit zahlreichen Teilgebieten der Physik und Technik ist, angefangen von der Textilienerzeugung (Gewebemuster) bis zu den heikelsten Problemen über den Aufbau der Materie.

Die einfachsten Symmetrietypen sind:

1. Die Spiegelsymmetrie, die jedem aus täglicher Erfahrung bekannt ist. Wie der Name sagt, setzt die Spiegelsymmetrie einen Gegenstand in Beziehung mit seinem Bild in einem ebenen Spiegel. Die geometrische Definition der Spiegelsymmetrie ist: *Eine Figur* (Abb. 208) *heißt symmetrisch bezüglich einer Ebene P* (*Spiegelebene, Symmetrieebene*), wenn jedem Punkt E der Figur ein ebenfalls zur Figur gehörender Punkt E' entspricht, so daß die Strecke EE' senkrecht zur Ebene P liegt und durch diese Ebene halbiert wird.

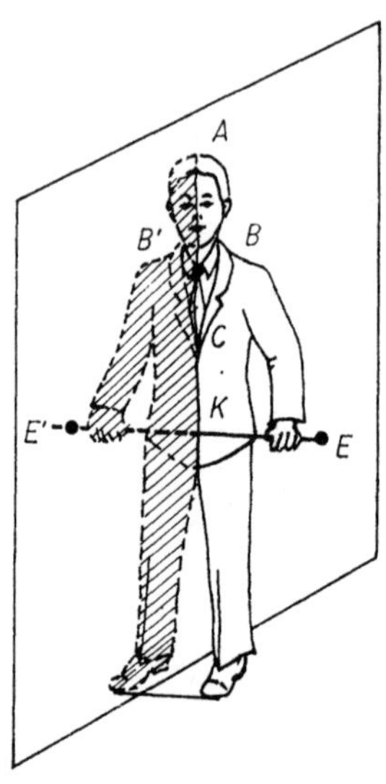

Abb. 208

Man sagt, eine Figur sei spiegelsymmetrisch zu einer anderen, wenn beide Figuren gemeinsam eine spiegelsymmetrische Figur oder einen spiegelsymmetrischen Körper bilden. In Abb. 208 ist die Kurve ABC symmetrisch zur Kurve $AB'C$, der rechte Arm ist symmetrisch zum linken.

Symmetrische Figuren unterscheiden sich bei aller Ähnlichkeit doch wesentlich voneinander. Um sich davon zu überzeugen, schlage man ein Buch auf, stelle es vor einen Spiegel und versuche die Spiegelschrift zu lesen.

Symmetrische Gegenstände darf man daher im wahren Sinne des Wortes nicht als kongruent bezeichnen. Man nennt sie *spiegelgleich*. Im allgemeinen heißen Körper oder Figuren spiegelgleich, wenn man daraus durch entsprechende Verschiebung die beiden Hälften eines spiegelsymmetrischen Körpers oder einer spiegelsymmetrischen Figur bilden kann.

2. Die Zentralsymmetrie. *Figuren oder Körper heißen symmetrisch bezüglich eines Zentrums C*, wenn jedem Punkt *E* dieser Figur (dieses Körpers) ein ebenfalls zur Figur (zum Körper) gehörender Punkt *A* so entspricht, daß die Strecke *EA* durch den Punkt *C* verläuft und durch diesen halbiert wird (Abb. 209). Die aus den beiden Drei-

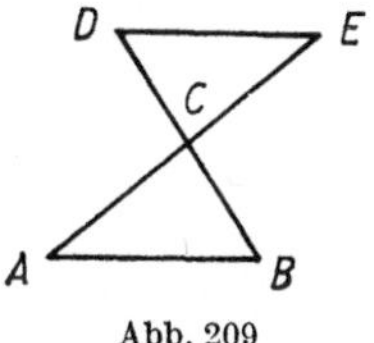

Abb. 209

ecken *ABC* und *EDC* bestehende Figur *ABCDE* in Abb. 209, in der die Dreiecksseiten paarweise gleich sind und zwei Seiten auf der Verlängerung der entsprechenden anderen Seiten liegen, ist zentralsymmetrisch bezüglich *C*. Zwischen entsprechenden Punktepaaren liegen immer gleich lange Strecken. Auch die einander entsprechenden Winkel der zwei Hälften eines zentralsymmetrischen Körpers sind gleich. Aber wie bei der Spiegelsymmetrie kann man auch die zwei Hälften eines zentralsymmetrischen Körpers nicht untereinander vertauschen. Man kann jedoch (durch Drehung um 180° um eine beliebige Achse durch das Symmetriezentrum) einen zentralsymmetrischen Körper in einen dazu spiegelsymmetrisch gelegenen Körper überführen (bezüglich einer Ebene senkrecht zur Drehachse). Die zwei Hälften eines zentralsymmetrischen Körpers sind daher spiegelgleich (s. oben).

Beispiel. Wenn man die Kanten *SA, SB, SC*, ... einer Pyramide *SABCDE* (Abb. 210) nach einer Seite hin um ihre eigene Länge verlängert, so bilden die zwei Pyramiden *SABCDE* und *Sabcde* zusammen einen bezüglich *S* zentralsymmetrischen Körper.

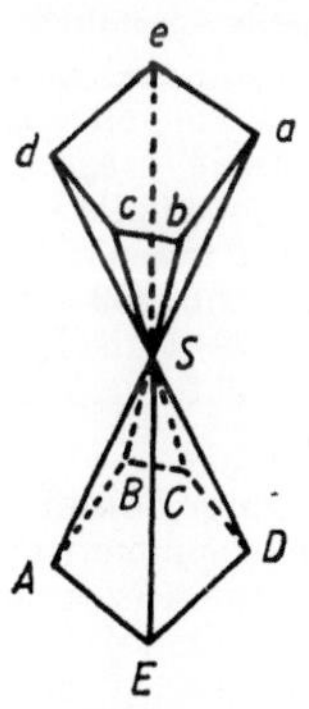

Abb. 210

Wenn die Pyramide $SABCDE$ in Abb. 210 hohl ist und keinen Boden $ABCDE$ hat (pyramidenförmiger Trichter), so erhält man durch Umkehren einen Körper, in den man die Pyramide $Sabcde$ hineinlegen kann. Die beiden Pyramiden $SABCDE$ und $Sabcde$ sind jedoch nur spiegelgleich. In Ausnahmefällen (z. B., wenn die Pyramide $SABCDE$ regelmäßig ist) ist auch Gleichheit möglich.

3. Rotationssymmetrie. *Ein Körper (oder eine Figur) besitzt Rotationssymmetrie,* wenn er durch Drehung um $\dfrac{360°}{n}$ (n — ganze Zahl) um eine gewisse Gerade AB (*Symmetrieachse*) zur Deckung mit sich selbst in der Ausgangslage gebracht werden kann. Wenn n gleich 2, 3, 4 usw. so heißt die Symmetrieachse von *zweiter, dritter* usw. *Ordnung.*

Beispiel. Wir unterteilen einen Kreis in drei Sektoren mit den Zentralwinkeln von 120° (Abb. 211). Wir legen diese Sektoren auf-

Abb. 211

einander und schneiden daraus eine Figur a beliebiger Form aus. Wenn wir nun die Sektoren wieder so wie früher aneinander fügen, erhalten wir eine Figur (Kreis mit drei Ausschnitten), welche eine Symmetrieachse dritter Ordnung besitzt. Bei einer Drehung um 120° gelangt die Figur vollständig mit ihrer Ausgangslage zur Überdeckung.

Im engeren Sinne des Wortes versteht man unter einer Symmetrieachse eine Symmetrieachse zweiter Ordnung und spricht von „axialer Symmetrie", die man so definieren kann: „*Eine Figur (oder ein Körper) besitzt axiale Symmetrie bezüglich einer gewissen Achse,* wenn jedem ihrer Punkte E so ein ebenfalls zur Figur gehörender Punkt F entspricht, daß die Strecke EF senkrecht zur Achse liegt und von dieser halbiert wird. Das in Abb. 209 auf Seite 221 betrachtete Dreieckspaar besitzt (neben der Zentralsymmetrie) auch axiale Symmetrie. Seine Symmetrieachse geht durch den Punkt C und steht senkrecht auf der Zeichenebene.

4. Beispiele für die angegebenen Symmetrieformen. Eine *Kugel* besitzt sowohl Zentralsymmetrie als auch Spiegelsymmetrie und axiale Symmetrie. Symmetriezentrum ist der Mittelpunkt der Kugel. Als Symmetrieebene dient jede Ebene durch einen größten Kugelkreis, als Symmetrieachse jeder beliebige Durchmesser der Kugel.

Ein *gerader Kreiskegel* hat axiale Symmetrie (beliebiger Ordnung). Die Symmetrieachse ist die Kegelachse.

Ein *regelmäßiges fünfeckiges Prisma* hat eine Symmetrieebene, die parallel zu den Grundflächen liegt und von beiden denselben Abstand hat, und eine Symmetrieachse fünfter Ordnung, die mit der Achse des Prismas zusammenfällt. Als Symmetrieebene kann auch eine Ebene dienen, die einen der von den Seitenflächen gebildeten Zweiflachwinkel halbiert.

§ 17. Symmetrie ebener Figuren

1. Spiegelsymmetrie — axiale Symmetrie. Wenn eine ebene Figur ($ABCDE$ in Abb. 212) symmetrisch bezüglich einer Ebene P ist (was nur möglich ist, wenn die Ebenen P und $ABCDE$ senkrecht

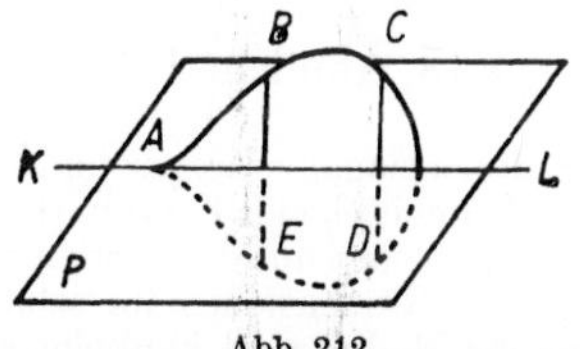

Abb. 212

aufeinander stehen), so ist die Gerade KL, in der sich die erwähnten zwei Ebenen schneiden, eine Symmetrieachse zweiter Ordnung für die Figur $ABCDE$. Wenn umgekehrt eine ebene Figur $ABCDE$ eine Symmetrieachse KL besitzt, die in ihrer Ebene liegt, so ist diese Figur symmetrisch bezüglich einer Ebene P, die durch KL geht und senkrecht zur Figurebene steht. Die Achse KL nennt man daher auch *Spiegelgerade* der ebenen Figur $ABCDE$.

Zwei spiegelsymmetrische ebene Figuren kann man immer zur Überdeckung bringen. Man muß jedoch dazu eine davon (oder beide) aus ihrer gemeinsamen Ebene herausführen.

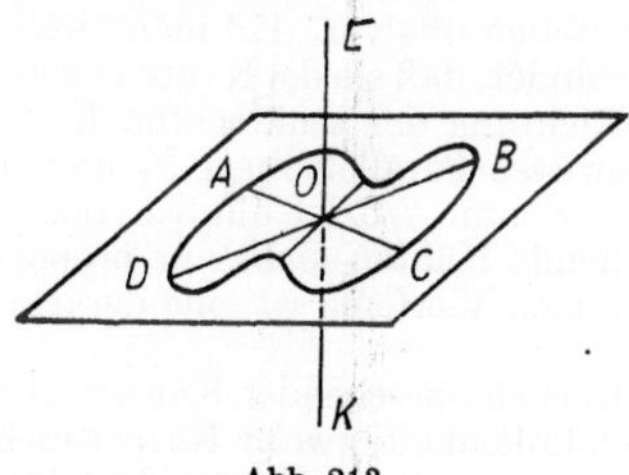

Abb. 213

2. Zentralsymmetrie. Wenn eine ebene Figur ($ABCD$ in Abb. 213) eine Symmetrieachse zweiter Ordnung besitzt, die senkrecht zur Figurenbene steht (Gerade KL in Abb. 213), so ist der Punkt O, in dem *KL* die Figurenebene schneidet, ein Symmetriezentrum für die ebene Figur *ABCD*. Wenn umgekehrt eine ebene Figur *ABCD* ein Symmetriezentrum *O* besitzt (das immer in der Figurenebene liegt), so ist die Gerade durch *O* und senkrecht auf die Figurenebene eine Symmetrieachse zweiter Ordnung. Zwei zentralsymmetrische ebene Figuren kann man daher immer zur Überdeckung bringen, ohne sie aus der gemeinsamen Ebene herauszuführen. Man muß dazu nur eine der Figuren um 180° um das Symmetriezentrum drehen.

Sowohl bei einer spiegelsymmetrischen als auch bei einer zentralsymmetrischen Figur existiert also zusätzlich eine Symmetrieachse. Im ersten Fall liegt diese Symmetrieachse in der Figurebene, im zweiten steht sie senkrecht dazu.

In der Planimetrie spricht man daher nur im ersten Fall von einer Symmetrieachse.

§ 18. Ähnliche Körper

Die Ähnlichkeit dreidimensionaler Körper und Figuren definiert man genau so wie die Ähnlichkeit ebener Figuren (II, B, 13). Zwei Körper heißen *ähnlich*, wenn man einen aus dem anderen durch Vergrößerung oder Verkleinerung aller Dimensionen im selben Verhältnis erhält. Eine Maschine und ihr Modell sind ähnliche Körper. Zwei Körper (oder Figuren) heißen *spiegelähnlich*, wenn man einen davon aus einem zum anderen ähnlichen Körper durch eine Spiegelung erhält (s. II, C, 16). Das Negativ einer Photographie ist zum Beispiel spiegelähnlich zur Photographie selbst.

In ähnlichen und spiegelähnlichen Figuren sind alle einander entsprechenden Winkel gleich. In allen ähnlichen Körpern sind alle Vielflach- und Raumwinkel gleich, in spiegelähnlichen Körpern sind sie spiegelgleich.

Wenn in zwei Vierflachen (d. h. in zwei dreieckigen Pyramiden) entsprechende Kanten proportional sind (oder wenn dies, was dasselbe ist, für die entsprechenden Flächen gilt), so sind sie ähnlich oder spiegelähnlich. Für Vielflache mit mehr Flächen gilt dieser Satz nicht mehr. Wir stellen uns vor, daß man zwölf Eisenstangen durch Scharniere so verbindet, daß sie die Kanten eines Würfels bilden. Nun ändern wir die Richtung der senkrechten Kanten so lange, bis der Würfel in ein gewisses Parallelepiped P_1 übergeht. Dieses Parallelepiped kann weder zum Würfel ähnlich noch spiegelähnlich sein, obwohl entsprechende Kanten nicht nur proportional, sondern sogar gleich sind. Bei einem Vierflach ist eine derartige Verformung nicht möglich.

Die Proportionalität entsprechender Kanten ist also für die Ähnlichkeit (oder Spiegelähnlichkeit) zweier Körper nicht hinreichend.

Zwei Prismen oder zwei Pyramiden sind ähnlich, wenn die Grundfläche und eine der Seitenflächen des einen Körpers ähnlich sind zur entsprechenden Grundfläche und Seitenfläche des anderen und wenn zudem die von den erwähnten Flächen gebildeten Zweiflachwinkel in beiden Körpern gleich sind. Zwei regelmäßige Prismen oder Pyramiden mit derselben Seitenzahl sind ähnlich, wenn das Verhältnis vom

Radius der Grundfläche zur Höhe in beiden Körpern dasselbe ist. Zwei gerade Kreiszylinder oder Kreiskegel sind ähnlich, wenn das Verhältnis vom Radius der Grundfläche zur Höhe in beiden Körpern dasselbe ist.

In ähnlichen Körpern sind die Inhalte aller einander entsprechenden ebenen oder gekrümmten Flächen proportional dem Quadrat beliebiger einander entsprechender Strecken (d. h., das Verhältnis der Flächeninhalte ist proportional dem Quadrat des Ähnlichkeitsverhältnisses).

Die Volumina ähnlicher Körper sowie die Volumina beliebiger einander entsprechender Teile davon sind proportional der dritten Potenz des Ähnlichkeitsverhältnisses.

Durch Verwendung dieser zwei Eigenschaften kann man in zahlreichen Fällen gewisse Rechnungen sehr vereinfachen.

Beispiel. Zum Anstreichen einer halbkugelförmigen Kuppel mit einem Durchmesser von 5 m braucht man 6,5 kg Ölfarbe. Wieviel Ölfarbe braucht man zum Anstrich einer Kuppel mit einem Durchmesser von 8 m?

Die beiden Halbkugeln sind ähnliche Körper. Ihre Oberflächen, und daher auch die zum Anstrich notwendigen Mengen von Ölfarbe, sind proportional dem Quadrat des Durchmessers. Bezeichnet man die gesuchte Menge von Ölfarbe durch x, so haben wir

$$\frac{x}{6,5} = \left(\frac{8}{5}\right)^2, \qquad x = 16,6 \text{ kg}.$$

§ 19. Volumina von Körpern
und Flächeninhalte ihrer Oberflächen

Bezeichnungen: V — Volumen, S — Inhalt der Grundfläche, S_s — Inhalt der Seitenflächen, P — Inhalt der gesamten Oberfläche, h — Höhe, a, b, c — Kantenlängen eines rechteckigen Parallelepipeds, A — Apothete der regelmäßigen Pyramide und des regelmäßigen Pyramidenstumpfs, l — Länge der Erzeugenden eines Kegels, p — Umfang der Grundfläche, r — Radius der Grundfläche, d — Durchmesser der Grundfläche, R — Kugelradius, D — Kugeldurchmesser.

Prisma (gerade oder schief), *Parallelepiped:*

$$V = Sh.$$

Gerades Prisma:

$$S_s = ph.$$

Rechtwinkliges Parallelepiped:

$$V = abc; \quad P = 2(ab + bc + ac).$$

Würfel:

$$V = a^3, \quad P = 6a^2.$$

15 Wygodski

Pyramide (regelmäßig oder unregelmäßig):

$$V = \frac{1}{3}\,Sh.$$

Regelmäßige Pyramide:

$$S_s = \frac{1}{2}\,pA.$$

Pyramidenstumpf (regelmäßig oder unregelmäßig):

$$V = \frac{1}{3}\left(S_1 + \sqrt{S_1 S_2} + S_2\right)h.$$

Regelmäßiger Pyramidenstumpf:

$$S_s = \frac{1}{2}\,(p_1 + p_2)\,A.$$

Kreiszylinder (gerade oder schief):

$$V = Sh = \pi r^2 h = \frac{1}{4}\,\pi d^2 h.$$

Gerader Kreiszylinder:

$$S_s = 2\pi r h = \pi d h.$$

Kreiskegel (gerade oder schief):

$$V = \frac{1}{3}\,Sh = \frac{1}{3}\,\pi r^2 h = \frac{1}{12}\,\pi d^2 h.$$

Gerader Kreiskegel:

$$S_s = \frac{1}{2}\,pl = \pi r l = \frac{1}{2}\,\pi d l.$$

Kreiskegelstumpf (gerade oder schief):

$$V = \frac{1}{3}\,\pi h(r_1^2 + r_1 r_2 + r_2^2) = \frac{1}{12}\,\pi h(d_1^2 + d_1 d_2 + d_2^2).$$

Gerader Kreiskegelstumpf:

$$S_s = \pi(r_1 + r_2)\,l = \frac{1}{2}\,\pi(d_1 + d_2)\,l.$$

Kugel:

$$V = \frac{4}{3}\,\pi R^3 = \frac{1}{6}\,\pi D^3; \quad P = 4\pi R^2 = \pi D^2.$$

Halbkugel:

$$V = \frac{2}{3}\,\pi R^3 = \frac{1}{12}\,\pi D^3, \quad S = \pi R^2 = \frac{1}{4}\,\pi D^2,$$

$$S_s = 2\pi R^2 = \frac{1}{2}\,\pi D^2, \quad P = 3\pi R^2 = \frac{3}{4}\,\pi D^2.$$

Kugelsegment:

$$V = \pi h^2 \left(R - \frac{1}{3}\,h \right) = \frac{\pi h}{6}\,(h^2 + 3r^2),$$

$$S_s = 2\pi R h = \pi(r^2 + h^2), \quad P = \pi(2r^2 + h^2).$$

Kugelschicht:

$$V = \frac{1}{6}\,\pi h^3 + \frac{1}{2}\,\pi(r_1{}^2 + r_2{}^2)\,h, \quad S_s = 2\pi R h.$$

Kugelsektor:

$$V = \frac{2}{3}\,\pi R^2 h'$$

(h' — Höhe des Segments, das zum Sektor gehört).
Hohlkugel:

$$V = \frac{4}{3}\,\pi(R_1{}^3 - R_2{}^3) = \frac{\pi}{6}\,(D_1{}^3 - D_2{}^3);$$

$$P = 4\pi(R_1{}^2 + R_2{}^2) = \pi(D_1{}^2 + D_2{}^2)$$

(R_1 und R_2 sind innerer und äußerer Radius der Kugelwand).

III. TRIGONOMETRIE

§ 1. Der Gegenstand der Trigonometrie

Das Wort Trigonometrie ist eine künstliche Zusammensetzung aus den griechischen Wörtern „trigonon“ (Dreieck) und „metresis“ (Messung). Das entsprechende deutsche Wort müßte lauten „Dreiecksmessung“. Die Hauptaufgabe der Trigonometrie besteht in der *Lösung von Dreiecken*, d. h. in der Berechnung der unbekannten Größen eines Dreiecks aus den gegebenen Werten der übrigen Größen. So löst man in der Trigonometrie zum Beispiel die Aufgabe, aus den gegebenen Seiten eines Dreiecks dessen Winkel zu bestimmen, aus dem Flächeninhalt und zwei Winkeln die Seiten zu berechnen usw. Da man beliebige Rechenprobleme der Geometrie auf die Lösung von Dreiecken zurückführen kann, umfaßt die Trigonometrie in ihren Anwendungen die gesamte Planimetrie und Stereometrie und wird überall in der Physik und Technik benötigt.

Die Untersuchung sphärischer Dreiecke (II, C, 11) bezeichnet man als *sphärische Trigonometrie*. Im Gegensatz dazu heißt die Untersuchung der Lösungen gewöhnlicher Dreiecke auch *ebene* oder *geradlinige Trigonometrie*.

Die Winkel eines beliebigen Dreiecks kann man nicht unmittelbar aus dessen Seiten mit Hilfe algebraischer Beziehungen berechnen. Daher führt man in der Trigonometrie neben den Winkelgrößen noch weitere sogenannte trigonometrische Größen ein (Aufzählung und Definition s. III, 5). Diese Größen erhält man aus den Seiten eines Dreiecks mit Hilfe einfacher algebraischer Beziehungen. Andererseits kann man bei gegebenem Winkel die dazu gehörenden trigonometrischen Größen berechnen und umgekehrt. Es ist richtig, daß diese Rechnungen langwierig und umständlich sind, aber diese Arbeit kann man ein für allemal durchführen und die Ergebnisse in Tabellen festhalten.

Die Werte der trigonometrischen Größen ändern sich bei einer Änderung des Winkels, zu dem sie gehören. Mit anderen Worten, die trigonometrischen Größen sind Winkelfunktionen (IV, 2). Daher kommt auch die Bezeichnung *trigonometrische Funktionen*.

Unter den trigonometrischen Funktionen existieren wichtige Zusammenhänge, die zur Verkürzung und Erleichterung der Rechnungen dienen. Der Teilbereich der Trigonometrie, der sich mit der Untersuchung dieser Beziehungen befaßt, heißt *Goniometrie*, d. h. „Winkelmessung“ („gonia“ ist das griechische Wort für „Winkel“).

§ 2. Historische Bemerkungen
zur Entwicklung der Trigonometrie

Die Notwendigkeit der Lösung von Dreiecken ergab sich am frühesten bei den Astronomen. Aus diesem Grunde wurde die Trigonometrie auch lange Zeit als Teilgebiet der Astronomie betrachtet.

Soweit bekannt ist, wurden Methoden zur Lösung von (sphärischen) Dreiecken zum erstenmal in schriftlichen Erläuterungen von dem griechischen Astronomen HIPPARCH in der Mitte des zweiten Jahrhunderts v. u. Z. angegeben[1]). Die höchsten Errungenschaften der griechischen Trigonometrie stammen jedoch von dem Astronomen PTOLOMÄUS (zweites Jahrhundert n. u. Z.), dem Verfechter des geozentrischen Weltbildes, das bis KOPERNIKUS dominierte.

Die griechischen Astronomen wußten nichts von einem Sinus, Kosinus oder Tangens. An Stelle von Tabellen solcher Größen verwendeten sie Tabellen, welche die Berechnung der Sehne eines Kreises aus dem dazu gehörenden Bogen erlaubten. Die Bögen wurden in Graden und Minuten gemessen, ebenso die Sehnen (ein Grad bestand aus einem Sechzigstel des Radius). Diese Einteilung hatten die Griechen von den Babyloniern übernommen.

Die Tabellen von PTOLOMÄUS enthielten die Sehnen der Bögen mit ganzen und halbzahligen Graden, berechnet mit einer Genauigkeit bis zu Sekunden[2]). Durch Interpolation konnte man daraus mit derselben Genauigkeit die Sehne eines beliebigen Bogens bestimmen. (Zur Erleichterung der Interpolation gab PTOLOMÄUS Korrekturen in 1′ an.) Bei der Berechnung der Tabellen stützte sich PTOLOMÄUS auf das von ihm entdeckte Theorem über die Diagonale eines eingeschriebenen Vierecks (II, B, 19).

Zu beträchtlicher Höhe gelangte die Trigonometrie auch bei den indischen Astronomen im Mittelalter. Wie die Griechen übernahmen auch die Inder die babylonische Gradeinteilung zur Bogenmessung. Aber die Inder betrachteten nicht die Sehne eines Bogens, sondern die Sinus- und Kosinuslinien (d. h. die Linien PM und OP für den Bogen AM in Abb. 214). Außerdem betrachteten sie die Linie PA, die später in Europa den Namen „Sinus versus" erhielt.

Als Maßeinheit für die Strecken MP, OP und PA verwendeten sie die Bogenminute. Die Sinuslinie des Bogens $AB = 90°$ ist so zum Beispiel der Radius OB der Kreislinie. Der Bogen AL, der gleich lang wie der Radius ist, enthält (ungefähr) $57°18′ = 3438′$. Der **Sinus eines Bogens von 90° ist daher gleich 3438′.**

Die uns überlieferten Sinustabellen der Inder (aus dem 4. bis 5. Jahrhundert) sind nicht so genau wie die Tabellen von PTOLOMÄUS. Sie haben eine Schrittweite von $3°45′$ (das entspricht $\frac{1}{24}$ des Bogens eines Quadranten).

---

[1]) Die Schriften des HIPPARCH sind uns nicht überliefert.

[2]) Wenn man den Zentralwinkel nimmt, der zur Hälfte des gegebenen Bogens gehört, so ist die Sehne doppelt so lang, wie der Sinus dieses Winkels angibt. Die Tabellen von PTOLOMÄUS sind daher fünfstelligen Sinustafeln mit einer Schrittweite von $\frac{1°}{4}$ gleichwertig.

Die weitere Entwicklung der Trigonometrie erfolgte zwischen dem
9. und dem 14. Jahrhundert durch die Arbeiten der arabischen
Autoren. Im 10. Jahrhundert stellte der Gelehrte Abû'l-Wafâ' aus
Bagdad neben die Sinus- und Kosinuslinien die Tangens-, Kotangens-,
Sekans- und Kosekanslinien. Er definierte diese so, wie es heute noch
üblich ist. Abû'l-Wafâ' fand auch die grundlegendsten Beziehungen
zwischen diesen Größen (die den Formeln in III, 14 entsprechen). In
den Händen des islamitischen Gelehrten Nasir-ed-Din (1201—1274)
wurde die Trigonometrie eine selbständige wissenschaftliche Disziplin.
Nasir-ed-Din betrachtete systematisch alle Fälle der Lösung ebener
und sphärischer Dreiecke und gab eine Reihe von neuen Verfahren an.

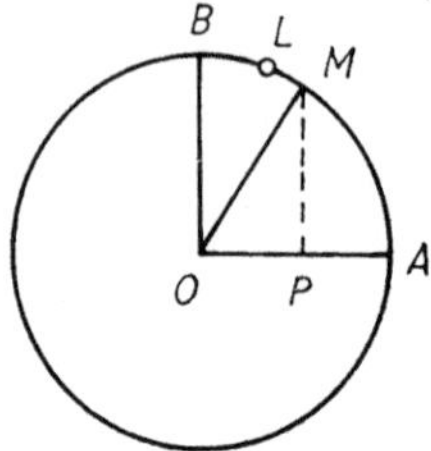

Abb. 214

Durch Übersetzungen arabischer Arbeiten aus dem Bereich der
Astronomie ins Lateinische im 12. Jahrhundert wurden die Europäer
zum erstenmal mit der Trigonometrie bekannt[1]). Von vielen Errungenschaften der arabischen Wissenschaft erfuhr man in Europa
jedoch nichts. Insbesondere blieben die Arbeiten von Nasir-ed-Din
unbekannt. Der deutsche Astronom des 15. Jahrhunderts, Regiomontanus (1436—1476), entdeckte 200 Jahre nach Nasir-ed-Din
dessen Theoreme von neuem.
Regiomontanus verfaßte umfangreiche Sinustafeln (Schrittweite
1 Minute, Genauigkeit bis zu sieben Stellen). Er wich als erster von
der Sechzigstel-Einteilung ab und nahm als Maßeinheit für die
Sinuslinie den zehnmillionsten Teil des Radius. Auf diese Weise ließ
sich der Sinus durch ganze Zahlen ausdrücken (und nicht in Viel-

fachen der Potenzen von $\frac{1}{60}$). Bis zur Einführung der Dezimalbrüche

---

[1]) In dieser Zeit erschien das lateinische Wort „sinus", das „Busen" oder „Tasche"
bedeutet. Es handelt sich um die Übersetzung des arabischen Wortes „dscheib",
das dieselbe Bedeutung hatte. Woher diese arabische Bezeichnungsweise stammt,
ist unbekannt. Einige nehmen an, daß es von dem indischen Wort „schia" oder
„schiba" (Sanskrit) kommt (ursprünglich „Bogensehne", in der Geometrie
„Sehne"). Aber der Sinus hieß in der indischen Terminologie „ardchaschia",
d. h. Halbsehne.
Die Bezeichnung „Kosinus" erschien erst zu Beginn des 17. Jahrhunderts als
Abkürzung für die Bezeichnung complementi sinus (Sinus des Komplements),
wodurch ausgedrückt wurde, daß der Kosinus des Winkels A gleich dem Sinus
des Winkels ist, der den Winkel A zu 90° ergänzt. Die Bezeichnungen „Tangens"
und „Sekans" (die lateinischen Namen für „Berührende" und „Schneidende")
wurden 1583 von dem deutschen Gelehrten Fink eingeführt.

war nur mehr ein kleiner Schritt. Er erfolgte jedoch erst 100 Jahre später.

Nach den Tabellen von REGIOMONTANUS verwendete man noch andere, die noch ausführlicher waren. Die Winkelschrittweite war 10″, und den Radius unterteilte man in 1 000 000 000 000 000 Teile, der Sinus erhielt somit 15 richtige Stellen.

Die Buchstabenschreibweise (die in der Algebra am Ende des 16. Jahrhunderts erschien) verwendete man in der Geometrie erst in der Mitte des 18. Jahrhunderts. Sie wurde von EULER (1707—1783) eingeführt. Dieser Mathematiker gab der Trigonometrie ihre heutige Form. Er betrachtete die Größen $\sin x$, $\cos x$ usw. als Funktionen (IV, 2) der Zahl x, dem Bogenmaß des entsprechenden Winkels. EULER gab der Zahl x alle möglichen Werte: positive, negative und sogar komplexe. Er führte auch die Umkehrfunktionen zu den trigonometrischen Funktionen ein (III, 24).

§ 3. Das Bogenmaß der Winkel

Neben dem Gradmaß der Winkel (II, B, 5) verwendet man in der Trigonometrie noch ein weiteres Maß, das sogenannte *Bogenmaß*. Als Maßeinheit verwendet man dabei den spitzen Winkel (MON in Abb. 215), unter dem man vom Mittelpunkt des Kreises aus den Bogen MN sieht, dessen Länge gleich dem Radius ist ($MN = OM$).

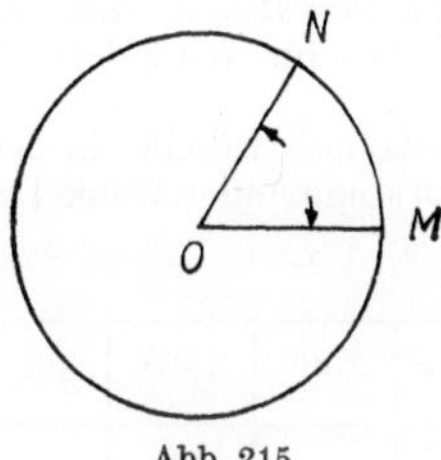

Abb. 215

Dieser Winkel heißt *Radiant*. Die Größe dieses Winkels hängt nicht von der Wahl des Radius ab und auch nicht von der Lage des Bogens MN auf der Kreislinie. Da ein halber Kreisbogen vom Mittelpunkt aus unter 180° gesehen wird und seine Länge π ist, hat ein Radiant $\dfrac{180}{\pi}$ Grade:

$$1 \text{ Radiant} = \frac{180°}{\pi} \approx 57°,2958 \approx 57°17'45''.$$

Umgekehrt ist ein Grad gleich $\dfrac{\pi}{180}$ Radianten.

$$1° = \frac{\pi}{180} \text{ Radianten} \approx 0{,}017453 \text{ Radianten.}$$

$$1' = \frac{\pi}{180 \cdot 60} \text{ Radianten} \approx 0,000291 \text{ Radianten}.$$

$$1'' = \frac{\pi}{180 \cdot 60 \cdot 60} \text{ Radianten} \approx 0,000005 \text{ Radianten}.$$

Das Bogenmaß eines beliebigen Winkels (AOB in Abb. 216) ist das Verhältnis dieses Winkels zu einem Radianten (MON in Abb. 216). Aber das Verhältnis $\sphericalangle AOB : \sphericalangle MON$ ist gleich dem Verhältnis der Bögen $\overset{\frown}{AB} : \overset{\frown}{MN}$, d. h. gleich dem Verhältnis des Bogens $\overset{\frown}{AB}$ zum Radius.

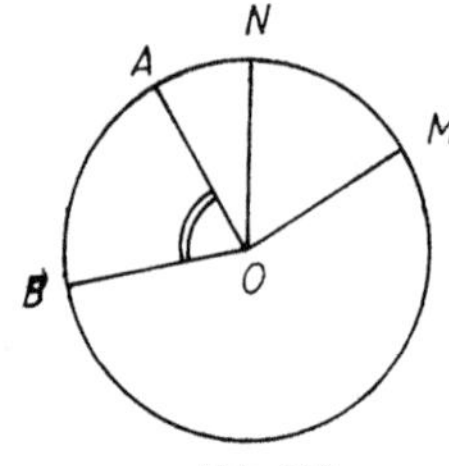

Abb. 216

Das Bogenmaß eines beliebigen Winkels AOB ist daher das Verhältnis der Länge des mit beliebigem Radius zwischen den Schenkeln des Winkels beschriebenen Bogens $\overset{\frown}{AB}$ zum Radius dieses Bogens.

Mit Hilfe des Bogenmaßes für Winkel erhalten viele Formeln eine einfachere Form[1]).

Sehr nützlich ist die folgende Tabelle, in der die Grad- und Bogenmaße einiger häufig vorkommender Winkel verglichen werden:

Tabelle 6

Winkel in Graden	$360°$	$180°$	$90°$	$60°$	$45°$	$30°$
Winkel in Radianten	2π	π	$\dfrac{\pi}{2}$	$\dfrac{\pi}{3}$	$\dfrac{\pi}{4}$	$\dfrac{\pi}{6}$

---

[1]) In vielen Schulbüchern über Trigonometrie betont man gern, daß bei Verwendung des Bogenmaßes der Winkel durch eine dimensionslose Zahl gemessen wird. Der dadurch erzeugte Gegensatz zwischen Grad- und Bogenmessung entbehrt jeder Grundlage. Sowohl bei der Grad- als auch bei der Bogenmessung mißt man den Winkel in Winkeleinheiten. Die Tatsache, daß man die Bezeichnung im ersten Fall (bei der Gradmessung) jedesmal anführt und sie im zweiten Fall (beim Bogenmaß) nur in Gedanken einsetzt, spielt keine Rolle. Der einzige vernünftige Sinn der obigen Behauptung liegt darin, daß beim Bogenmaß der Winkel durch das Verhältnis zweier Längen ausgedrückt wird, das von der Wahl der Längeneinheit unabhängig ist. Aber auch beim Gradmaß hängt der Winkel nicht von dieser Wahl ab. Darüber hinaus erscheint er auch dort als das Verhältnis zweier Längen, nämlich als das Verhältnis der Länge des vom Scheitel des Winkels aus zwischen seinen Schenkeln beschriebenen Bogens zum dreihundertsechzigsten Teil des gesamten Kreisbogens mit demselben Radius. Dies ist gerade so gut ein Verhältnis wie das Verhältnis des Bogens zu seinem Radius.

§ 4. Die Umrechnung von Graden in Radianten und umgekehrt

1. *Zur Bestimmung des Bogenmaßes eines beliebigen Winkels aus seinem Gradmaß muß man* (s. III, 3) *die Anzahl seiner Grade mit* $\frac{\pi}{180} \approx 0{,}017\,453$, *die Anzahl seiner Minuten mit* $\frac{\pi}{180 \cdot 60} \approx 0{,}000\,291$ *und die Anzahl seiner Sekunden mit* $\frac{\pi}{180 \cdot 60 \cdot 60}$ *multiplizieren und die erhaltenen Produkte addieren.*

Beispiel 1. Man bestimme das Bogenmaß des Winkels $12°30'$ auf vier Stellen genau.

Lösung. Wir multiplizieren 12 mit $\frac{\pi}{180}$ unter Berücksichtigung von

fünf Dezimalstellen des zweiten Faktors (da bei der Multiplikation mit 12 der absolute Fehler auf das Zehnfache anwächst) $12 \cdot 0{,}017\,45 = 0{,}2094$.

Nun multiplizieren wir 30 mit $\frac{\pi}{180 \cdot 60}$ unter Berücksichtigung von

sechs Stellen des zweiten Faktors: $30 \cdot 0{,}000\,291 \approx 0{,}0087$. Wir erhalten $12°30' = 0{,}2094 + 0{,}0087 = 0{,}2181$.
Zur Erleichterung dient Tab. 7, die eine Genauigkeit auf vier Stellen erlaubt. In der ersten Spalte („Grade") finden wir neben der Ziffer 12 die Zahl $0{,}2094$, in der vorletzten Spalte („Minuten") neben der Ziffer 30 die Zahl $0{,}0087$.

Schreibschema:

$$
\begin{array}{rl}
12° & = 0{,}2094 \ \text{(Radianten)} \\
30' & = \underline{0{,}0087} \\
& \ \ \ 0{,}2181.
\end{array}
$$

Beispiel 2. Man bestimme das Bogenmaß des Winkels $217°40'$. Mit Hilfe derselben Tabelle finden wir:

$$
\begin{array}{rl}
200° & = 3{,}4907 \\
17° & = 0{,}2967 \\
40' & = \underline{0{,}0116} \\
& \ \ \ 3{,}7990.
\end{array}
$$

2. *Zur Bestimmung des Gradmaßes eines Winkels aus seinem Bogenmaß muß man* (s. III, 3) *die Anzahl der Radianten mit* $\frac{180°}{\pi} \approx 57'{,}296$, d. h. $57°17'45''$ *multiplizieren* (wenn eine Genauigkeit bis zu $0{,}5'$ gefordert ist und der Winkel nicht mehr als 2 Radianten umfaßt, so darf man auf $57°{,}30$ aufrunden, da ein Fehler von $0{,}004$ Graden nur eine Viertelminute ausmacht).

Tabelle 7.

Umrechnung von Grad in Bogenmaß

Grad	Radiant (des Bogens)	Grad	Radiant (des Bogens)	Grad	Radiant (des Bogens)	Minuten	Radiant (des Bogens)	Minuten	Radiant (des Bogens)
0	0,0000	35	0,6109	70	1,2217	0	0,0000	30	0,0087
1	0,0175	36	0,6283	71	1,2392	1	0,0003	31	0,0090
2	0,0349	37	0,6458	72	1,2566	2	0,0006	32	0,0093
3	0,0524	38	0,6632	73	1,2741	3	0,0009	33	0,0096
4	0,0698	39	0,6807	74	1,2915	4	0,0012	34	0,0099
5	0,0873	40	0,6981	75	1,3090	5	0,0015	35	0,0102
6	0,1047	41	0,7156	76	1,3265	6	0,0017	36	0,0105
7	0,1222	42	0,7330	77	1,3439	7	0,0020	37	0,0108
8	0,1396	43	0,7505	78	1,3614	8	0,0023	38	0,0111
9	0,1571	44	0,7679	79	1,3788	9	0,0026	39	0,0113
10	0,1745	45	0,7854	80	1,3963	10	0,0029	40	0,0116
11	0,1920	46	0,8029	81	1,4137	11	0,0032	41	0,0119
12	0,2094	47	0,8203	82	1,4312	12	0,0035	42	0,0122
13	0,2269	48	0,8378	83	1,4486	13	0,0038	43	0,0125
14	0,2443	49	0,8552	84	1,4661	14	0,0041	44	0,0128
15	0,2618	50	0,8727	85	1,4835	15	0,0044	45	0,0131
16	0,2793	51	0,8901	86	1,5010	16	0,0047	46	0,0134
17	0,2967	52	0,9076	87	1,5184	17	0,0049	47	0,0137
18	0,3142	53	0,9250	88	1,5359	18	0,0052	48	0,0140
19	0,3316	54	0,9425	89	1,5533	19	0,0055	49	0,0143
20	0,3491	55	0,9599	90	1,5708	20	0,0058	50	0,0145
21	0,3665	56	0,9774	91	1,5882	21	0,0061	51	0,0148
22	0,3840	57	0,9948	92	1,6057	22	0,0064	52	0,0151
23	0,4014	58	1,0123	93	1,6232	23	0,0067	53	0,0154
24	0,4189	59	1,0297	94	1,6406	24	0,0070	54	0,0157
25	0,4363	60	1,0472	95	1,6581	25	0,0073	55	0,0160
26	0,4538	61	1,0647	96	1,6755	26	0,0076	56	0,0163
27	0,4712	62	1,0821	97	1,6930	27	0,0079	57	0,0166
28	0,4887	63	1,0996	98	1,7104	28	0,0081	58	0,0169
29	0,5061	64	1,1170	99	1,7279	29	0,0084	59	0,0172
30	0,5236	65	1,1345	100	1,7453				
31	0,5411	66	1,1519	180	3,1416				
32	0,5585	67	1,1694	200	3,4907				
33	0,5760	68	1,1868	300	5,2360				
34	0,5934	69	1,2043	360	6,2832				

Beispiel 3. Man bestimme mit einer Genauigkeit von 1′ das Gradmaß eines Winkels mit dem Bogenmaß von 1,360 Radianten.

Lösung. $1{,}360 \cdot 57°{,}30 = 77°{,}93 = 77°56'$.

Zur Erleichterung der Rechnung dient Tab. 8. Aus ihr findet man

$$
\begin{aligned}
1 \quad \text{Radiant} \;&=\; 57°18' \\
0{,}3 \quad \text{Radianten} \;&=\; 17°11' \\
0{,}060\;\text{Radianten} \;&=\; \underline{\;\;3°26'\;} \\
&\;\; 77°55'\text{[1]}).
\end{aligned}
$$

Beispiel 4. Man bestimme das Gradmaß eines Winkels vom Bogenmaß 6,485 Radianten. Mit Hilfe der Tabelle finden wir

$$
\begin{aligned}
6 \quad\;\; \text{Radianten} \;&=\; 343°46' \\
0{,}4 \quad\;\;\; ,, \quad\;\;\; \;&=\; \;\;22°55' \\
0{,}08 \quad\;\;\; ,, \quad\;\;\; \;&=\; \;\;\;\;4°35' \\
0{,}005 \quad\;\; ,, \quad\;\;\; \;&=\; \underline{\;\;\;\;0°17'\;} \\
&\;\; 371°33' \;\text{(maximaler Fehler 2′)}.
\end{aligned}
$$

§ 5. Die trigonometrischen Funktionen spitzer Winkel

Die Lösung beliebiger Dreiecke führt man auf die Lösung von rechtwinkligen Dreiecken zurück. In einem rechtwinkligen Dreieck ABC hängt das Verhältnis zweier Seiten, zum Beispiel das Verhältnis von der Kathete a zur Hypotenuse c, von der Größe eines der spitzen Winkel ab, zum Beispiel von A (Abb. 217). Die Verhältnisse der

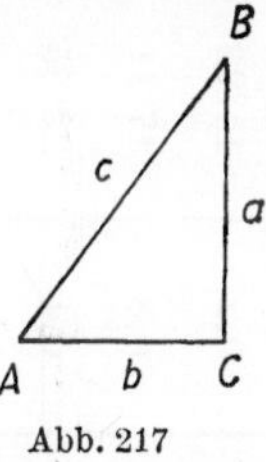

Abb. 217

verschiedenen Seitenpaare eines rechtwinkligen Dreiecks bezeichnet man als *trigonometrische Funktionen* dieses spitzen Winkels. Bezogen auf den Winkel A verwendet man die folgenden Bezeichnungen:

1. Sinus: $\sin A = \dfrac{a}{c}$ (Verhältnis der *gegenüberliegenden Kathete zur Hypotenuse*).

---

[1]) Die Abweichung von 1′ ergibt sich durch Häufung des Fehlers bei der Addition.

Tabelle 8

Umrechnung von Bogen- in Gradmaß

Radiant	Grad + Minute	Radiant	Grad + Minute	Radiant	Grad + Minute	Radiant	Minute	Radiant	Minute
1	57°18′	0,1	5°44′	0,01	0°34′	0,001	0°03′	0,0001	0°00′
2	114°35′	0,2	11°28′	0,02	1°09′	0,002	0°07′	0,0002	0°01′
3	171°53′	0,3	17°11′	0,03	1°43′	0,003	0°10′	0,0003	0°01′
4	229°11′	0,4	22°55′	0,04	2°18′	0,004	0°14′	0,0004	0°01′
5	286°29′	0,5	28°39′	0,05	2°52′	0,005	0°17′	0,0005	0°02′
6	343°46′	0,6	34°23′	0,06	3°26′	0,006	0°21′	0,0006	0°02′
7	401°04′	0,7	40°06′	0,07	4°01′	0,007	0°24′	0,0007	0°02′
8	458°22′	0,8	45°50′	0,08	4°35′	0,008	0°28′	0,0008	0°03′
9	515°40′	0,9	51°34′	0,09	5°09′	0,009	0°31′	0,0009	0°03′

2. Kosinus: $\cos A = \dfrac{b}{c}$ (Verhältnis der *anliegenden Kathete zur Hypotenuse*).

3. Tangens: $\tan A = \dfrac{a}{b}$ (Verhältnis der *gegenüberliegenden Kathete zur anliegenden Kathete*).

4. Kotangens: $\cot A = \dfrac{b}{a}$ (Verhältnis der *anliegenden Kathete zur gegenüberliegenden Kathete*).

5. Sekans: $\mathrm{sc}\, A = \dfrac{c}{b}$ (Verhältnis der *Hypotenuse zur anliegenden Kathete*).

6. Kosekans: $\csc A = \dfrac{c}{a}$ (Verhältnis der *Hypotenuse zur gegenüberliegenden Kathete*).

Bezogen auf den Winkel B (den Komplementwinkel zu A) schreibt man

$$\sin B = \frac{b}{c}\,; \quad \cos B = \frac{a}{c}\,; \quad \tan B = \frac{b}{a}\,;$$

$$\cot B = \frac{a}{b}\,; \quad \mathrm{sc}\, B = \frac{c}{a}\,; \quad \csc B = \frac{c}{b}\,.$$

Für einige Winkel kann man ihre trigonometrischen Größen exakt angeben. Die wichtigsten Fälle sind in Tab. 9 angegeben[1]).

A	$\sin A$	$\cos A$	$\tan A$	$\cot A$	$\mathrm{sc}\, A$	$\csc A$
$0°$	0	1	0	∞	1	∞
$30°$	$\dfrac{1}{2}$	$\dfrac{\sqrt{3}}{2}$	$\dfrac{1}{\sqrt{3}}$	$\sqrt{3}$	$\dfrac{2}{\sqrt{3}}$	2
$45°$	$\dfrac{\sqrt{2}}{2}$	$\dfrac{\sqrt{2}}{2}$	1	1	$\sqrt{2}$	$\sqrt{2}$
$60°$	$\dfrac{\sqrt{3}}{2}$	$\dfrac{1}{2}$	$\sqrt{3}$	$\dfrac{1}{\sqrt{3}}$	2	$\dfrac{2}{\sqrt{3}}$
$90°$	1	0	∞	0	∞	1

[1]) Die Winkel 0° und 90° können streng genommen in einem rechtwinkligen Dreieck nicht als spitze Winkel auftreten. Bei einer erweiterten Definition der trigonometrischen Funktionen (s. unten) betrachtet man jedoch auch solche Winkel. Wenn sich andererseits einer der spitzen Winkel im Dreieck dem Wert 90° nähert, so nähert sich der zweite dem Wert 0°. Die entsprechenden trigonometrischen Größen nähern sich dann den in der Tabelle angegebenen Werten.
Das Zeichen ∞ in der Tabelle bedeutet, daß der Absolutbetrag der gegebenen Größe unbegrenzt wächst, wenn sich der Winkel dem in der Tabelle angegebenen Wert nähert. Man sagt dann auch, die entsprechende Größe sei „gleich Unendlich" oder sie gehe nach „Unendlich" (IV, 12).

Diese Tabelle hat mehr theoretische als praktische Bedeutung, da sie noch unberechnete Radikale enthält. Für die meisten Winkel hingegen kann man nicht einmal durch Radikale den exakten Wert der trigonometrischen Funktionen angeben. Näherungswerte dafür kann man jedoch mit jeder gewünschten Genauigkeit berechnen (s. III, 26). Diese Rechnungen erfordern einen großen Arbeitsaufwand. Daher hat man sich dieser Mühe ein für allemal unterzogen und die Ergebnisse in Tabellen festgehalten.

§ 6. Die Bestimmung der trigonometrischen Funktionen aus dem Winkel

1. Sinus und Kosinus. In Tab. 10 ist der Sinus aller Winkel von 0° bis 90° mit einer Schrittweite von 1′ und einer Genauigkeit bis zu vier Stellen angegeben. Da der Sinus eines Winkels gleich dem Kosinus seines Komplementwinkels ist (III, 5), kann man aus derselben Tabelle auch den Kosinus aller Winkel von 90° bis 0° bestimmen (mit einer Schrittweite von 1′).

Bei der Bestimmung des Sinus sucht man die Gradzahl in der *linken* Spalte („Grade") und die gerundete Minutenzahl (0′, 10′, 20′, 30′, 40′, 50′) in der *obersten* Zeile (Hinweis „Sinus" über der Tabelle). Bei der Bestimmung des Kosinus sucht man die Gradzahl in der *rechten* Spalte („Grad") und die Minutenzahl in der *untersten* Zeile (Hinweis „Kosinus" unter der Tabelle). Im Schnittpunkt der entsprechenden Zeile und Spalte findet man das gesuchte Resultat. Bei zu geringer Minutenzahl (von 1 bis 9) wird eine Korrektur notwendig. Man nimmt dazu im Abschnitt „Korrektur" dieselbe Zeile. Wenn man den Sinus sucht, so ist die Korrekturzahl zu addieren, wenn man den Kosinus sucht, so ist sie zu subtrahieren (da bei einer Vergrößerung des Winkels der Sinus wächst und der Kosinus abnimmt).

Beispiel 1. Man bestimme sin 53°40′.

In der linken mit „Grad" überschriebenen Spalte nehmen wir die Zahl 53 und suchen dazu in der obersten Zeile die Marke 40′. Im Schnittpunkt mit der entsprechenden Spalte finden wir 0,8056. Eine Korrektur ist nicht notwendig:

$$\sin 53°40′ = 0{,}8056.$$

Beispiel 2. Man bestimme cos 63°10′.

In der rechten mit „Grad" überschriebenen Spalte nehmen wir die Zahl 63 und suchen in der untersten Zeile die Marke 10′. Im Schnittpunkt mit der entsprechenden Spalte finden wir 0,4514. Eine Korrektur ist nicht erforderlich:

$$\cos 63°10′ = 0{,}4514.$$

Beispiel 3. Man bestimme sin 62°24′.

Wir nehmen in der linken Spalte 62 und in der obersten Zeile 20′. Im Schnittpunkt finden wir das Grundresultat 0,8857. In derselben

Zeile finden wir in der Spalte unter 4′ im Abschnitt „Korrektur" die Zahl 5 (d. h. 0,0005). Wir addieren dies zur Grundzahl und erhalten 0,8862.

Schreibschema:

$$\begin{array}{ll} \sin 62°20′ = 0,8857 \\ \underline{\quad +4′ \qquad +5} \\ \sin 62°24′ = 0,8862. \end{array}$$

Beispiel 4. Man bestimme $\cos 42°16′$.

In der rechten Spalte nehmen wir 42 und in der untersten Zeile 10′. Im Schnittpunkt finden wir das Grundresultat 0,7412. In derselben Zeile finden wir in der Spalte unter 6′ im Abschnitt „Korrektur" die Zahl 12. Wir ziehen dies vom Grundresultat ab und erhalten 0,7400.

Schreibschema:

$$\begin{array}{ll} \cos 42°10′ = 0,7412 \\ \underline{\quad +6′ \qquad -12} \\ \cos 42°16′ = 0,7400. \end{array}$$

2. Tangens und Kotangens. In Tab. 11 findet man den Tangens aller Winkel von 0° bis 90° mit einer Schrittweite von 1′ und einer Genauigkeit bis zu vier Stellen. Im Bereich von 0° bis 76° ist die Tabelle so wie die Sinustabelle konstruiert. Im Bereich von 76° bis 90° (wo sich der Tangens sehr ungleichmäßig ändert) gibt es keinen Korrekturabschnitt. Dafür ist dort die Tabelle selbst ausführlicher.

Da der Tangens eines Winkels gleich dem Kotangens seines Komplementwinkels ist (III, 5), erhält man aus derselben Tabelle auch den Kotangens aller Winkel von 90° bis 0° mit einer Schrittweite von 1′. Bei der Bestimmung des Tangens geht man so vor wie bei der Bestimmung des Sinus, bei der Bestimmung des Kotangens so wie bei der Bestimmung des Kosinus.

Beispiel 1. Man bestimme $\tan 82°18′$.

In der *linken* mit „Grad" überschriebenen Spalte nehmen wir 82°10′ und dazu in der *obersten* Zeile 8′. Im Schnittpunkt finden wir das Resultat

$$\tan 82°18′ = 7,396.$$

Beispiel 2. Man bestimme $\cot 12°35′$.

¹n der rechten mit „Grad" überschriebenen Spalte nehmen wir 12°30′ und dazu in der untersten Zeile 5′. Wir finden:

$$\cot 12°35′ = 4,480.$$

Beispiel 3. Man bestimme $\cot 58°36′$.

In der rechten mit „Grad" überschriebenen Spalte nehmen wir 58° und dazu in der untersten Zeile 30′. Im Schnittpunkt finden wir 0,6128. In derselben Zeile finden wir im Korrekturteil (Spalte 6′ von unten) die Zahl 24, Subtraktion von 0,6128 liefert 0,6104.

Tabelle 10

Sinus und Kosinus

Sinus

Grad	0′	10′	20′	30′	40′	50′	60′		Korrektur								
									1′	2′	3′	4′	5′	6′	7′	8′	9
↓0	0,0000	0,0029	0,0058	0,0087	0,0116	0,0145	0,0175	89	3	6	9	12	15	17	20	23	26
1	0,0175	0,0204	0,0233	0,0262	0,0291	0,0320	0,0349	88	3	6	9	12	15	17	20	23	26
2	0,0349	0,0378	0,0407	0,0436	0,0465	0,0494	0,0523	87	3	6	9	12	15	17	20	23	26
3	0,0523	0,0552	0,0581	0,0610	0,0640	0,0669	0,0698	86	3	6	9	12	15	17	20	23	26
4	0,0698	0,0727	0,0756	0,0785	0,0814	0,0843	0,0872	85	3	6	9	12	15	17	20	23	26
5	0,0872	0,0901	0,0929	0,0958	0,0987	0,1016	0 1045	84	3	6	9	12	14	17	20	23	26
6	0,1045	0,1074	0,1103	0,1132	0,1161	0,1190	0,1219	83	3	6	9	12	14	17	20	23	26
7	0,1219	0,1248	0,1276	0,1305	0,1334	0,1363	0,1392	82	3	6	9	12	14	17	20	23	26
8	0,1392	0,1421	0,1449	0,1478	0,1507	0,1536	0,1564	81	3	6	9	12	14	17	20	23	26
9	0,1564	0,1593	0,1622	0,1650	0,1679	0,1708	0,1736	80	3	6	9	12	14	17	20	23	26
10	0,1736	0,1765	0,1794	0,1822	0,1851	0,1880	0,1908	79	3	6	9	11	14	17	20	23	26
11	0,1908	0,1937	0,1965	0,1994	0,2022	0,2051	0,2079	78	3	6	9	11	14	17	20	23	26
12	0,2079	0,2108	0,2136	0,2164	0,2193	0,2221	0,2250	77	3	6	9	11	14	17	20	23	26
13	0,2250	0,2278	0,2306	0,2334	0,2363	0,2391	0,2419	76	3	6	8	11	14	17	20	23	25
14	0,2419	0,2447	0,2476	0,2504	0,2532	0,2560	0,2588	75	3	6	8	11	14	17	20	23	25
15	0,2588	0,2616	0,2644	0,2672	0,2700	0,2728	0,2756	74	3	6	8	11	14	17	20	22	25
16	0,2756	0,2784	0,2812	0,2840	0,2868	0,2896	0,2924	73	3	6	8	11	14	17	20	22	25
17	0,2924	0,2952	0,2979	0,3007	0,3035	0,3062	0,3090	72	3	6	8	11	14	17	19	22	25
18	0,3090	0,3118	0,3145	0,3173	0,3201	0,3228	0,3256	71	3	6	8	11	14	17	19	22	25
19	0,3256	0,3283	0,3311	0,3338	0,3365	0,3393	0,3420	70	3	5	8	11	14	16	19	22	25

	60′	50′	40′	30′	20′	10′	0′ ←	Grad	1′	2′	3′	4′	5′	6′	7′	8′	9′
20	0,3420	0,3448	0,3475	0,3502	0,3529	0,3557	0,3584	69	3	5	8	11	14	16	19	22	25
21	0,3584	0,3611	0,3638	0,3665	0,3692	0,3719	0,3746	68	3	5	8	11	14	16	19	22	24
22	0,3746	0,3773	0,3800	0,3827	0,3854	0,3881	0,3907	67	3	5	8	11	13	16	19	22	24
23	0,3907	0,3934	0,3961	0,3987	0,4014	0,4041	0,4067	66	3	5	8	11	13	16	19	21	24
24	0,4067	0,4094	0,4120	0,4147	0,4173	0,4200	0,4226	65	3	5	8	11	13	16	19	21	24
25	0,4226	0,4253	0,4279	0,4305	0,4331	0,4358	0,4384	64	3	5	8	10	13	16	18	21	24
26	0,4384	0,4410	0,4436	0,4462	0,4488	0,4514	0,4540	63	3	5	8	10	13	16	18	21	23
27	0,4540	0,4566	0,4592	0,4617	0,4643	0,4669	0,4695	62	3	5	8	10	13	15	18	21	23
28	0,4695	0,4720	0,4746	0,4772	0,4797	0,4823	0,4848	61	3	5	8	10	13	15	18	20	23
29	0,4848	0,4874	0,4899	0,4924	0,4950	0,4975	0,5000	60	3	5	8	10	13	15	18	20	23
30	0,5000	0,5025	0,5050	0,5075	0,5100	0,5125	0,5150	59	3	5	8	10	13	15	18	20	23
31	0,5150	0,5175	0,5200	0,5225	0,5250	0,5275	0,5299	58	2	5	7	10	12	15	17	20	22
32	0,5299	0,5324	0,5348	0,5373	0,5398	0,5422	0,5446	57	2	5	7	10	12	15	17	20	22
33	0,5446	0,5471	0,5495	0,5519	0,5544	0,5568	0,5592	56	2	5	7	10	12	15	17	19	22
34	0,5592	0,5616	0,5640	0,5664	0,5688	0,5712	0,5736	55	2	5	7	10	12	14	17	19	22
35	0,5736	0,5760	0,5783	0,5807	0,5831	0,5854	0,5878	54	2	5	7	9	12	14	17	19	21
36	0,5878	0,5901	0,5925	0,5948	0,5972	0,5995	0,6018	53	2	5	7	9	12	14	16	19	21
37	0,6018	0,6041	0,6065	0,6088	0,6111	0,6134	0,6157	52	2	5	7	9	12	14	16	18	21
38	0,6157	0,6180	0,6202	0,6225	0,6248	0,6271	0,6293	51	2	5	7	9	11	14	16	18	20
39	0,6293	0,6316	0,6338	0,6361	0,6383	0,6406	0,6428	50	2	4	7	9	11	13	16	18	20
40	0,6428	0,6450	0,6472	0,6494	0,6517	0,6539	0,6561	49	2	4	7	9	11	13	15	18	20
41	0,6561	0,6583	0,6604	0,6626	0,6648	0,6670	0,6691	48	2	4	7	9	11	13	15	17	20
42	0,6691	0,6713	0,6734	0,6756	0,6777	0,6799	0,6820	47	2	4	6	9	11	13	15	17	19
43	0,6820	0,6841	0,6862	0,6884	0,6905	0,6926	0,6947	46	2	4	6	9	11	13	15	17	19
44	0,6947	0,6967	0,6988	0,7009	0,7030	0,7050	0,7071	↑45	2	4	6	9	10	12	15	17	19

Kosinus

Tabelle 10 (Fortsetzung)

Sinus

Grad	0' →	10'	20'	30'	40'	50'	60'		Korrektur								
									1'	2'	3'	4'	5'	6'	7'	8'	9'
↓45	0,7071	0,7092	0,7112	0,7133	0,7153	0,7173	0,7193	44	2	4	6	8	10	12	14	16	18
46	0,7193	0,7214	0,7234	0,7254	0,7274	0,7294	0,7314	43	2	4	6	8	10	12	14	16	18
47	0,7314	0,7333	0,7353	0,7373	0,7392	0,7412	0,7431	42	2	4	6	8	10	12	14	16	18
48	0,7431	0,7451	0,7470	0,7490	0,7509	0,7528	0,7547	41	2	4	6	8	10	12	14	15	17
49	0,7547	0,7566	0,7585	0,7604	0,7623	0,7642	0,7660	40	2	4	6	8	9	11	13	15	17
50	0,7660	0,7679	0,7698	0,7716	0,7735	0,7753	0,7771	39	2	4	6	7	9	11	13	15	17
51	0,7771	0,7790	0,7808	0,7826	0,7844	0,7862	0,7880	38	2	4	5	7	9	11	13	14	16
52	0,7880	0,7898	0,7916	0,7934	0,7951	0,7969	0,7986	37	2	4	5	7	9	11	12	14	16
53	0,7986	0,8004	0,8021	0,8039	0,8056	0,8073	0,8090	36	2	3	5	7	9	10	12	14	16
54	0,8090	0,8107	0,8124	0,8141	0,8158	0,8175	0,8192	35	2	3	5	7	8	10	12	13	15
55	0,8192	0,8208	0,8225	0,8241	0,8258	0,8274	0,8290	34	2	3	5	7	8	10	12	13	15
56	0,8290	0,8307	0,8323	0,8339	0,8355	0,8371	0,8387	33	2	3	5	6	8	10	11	13	14
57	0,8387	0,8403	0,8418	0,8434	0,8450	0,8465	0,8480	32	2	3	5	6	8	9	11	13	14
58	0,8480	0,8496	0,8511	0,8526	0,8542	0,8557	0,8572	31	2	3	5	6	8	9	11	12	14
59	0,8572	0,8587	0,8601	0,8616	0,8631	0,8646	0,8660	30	1	3	4	6	7	9	10	12	13
60	0,8660	0,8675	0,8689	0,8704	0,8718	0,8732	0,8746	29	1	3	4	6	7	9	10	11	13
61	0,8746	0,8760	0,8774	0,8788	0,8802	0,8816	0,8829	28	1	3	4	6	7	8	10	11	13
62	0,8829	0,8843	0,8857	0,8870	0,8884	0,8897	0,8910	27	1	3	4	5	7	8	9	11	12
63	0,8910	0,8923	0,8936	0,8949	0,8962	0,8975	0,8988	26	1	3	4	5	6	8	9	10	12
64	0,8988	0,9001	0,9013	0,9026	0,9038	0,9051	0,9063	25	1	3	4	5	6	8	9	10	11

9'	8'	7'	6'	5'	4'	3'	2'	1'	Grad	0'	10'	20'	30'	40'	50'	60'	Grad
11	10	8	7	6	5	4	2	1	24	0,9135	0,9124	0,9112	0,9100	0,9088	0,9075	0,9063	65
10	9	8	7	6	5	3	2	1	23	0,9205	0,9194	0,9182	0,9171	0,9159	0,9147	0,9135	66
10	9	8	7	6	4	3	2	1	22	0,9272	0,9261	0,9250	0,9239	0,9228	0,9216	0,9205	67
10	9	7	6	5	4	3	2	1	21	0,9336	0,9325	0,9315	0,9304	0,9293	0,9283	0,9272	68
9	8	7	6	5	4	3	2	1	20	0,9397	0,9387	0,9377	0,9367	0,9356	0,9346	0,9336	69
9	8	7	6	5	4	3	2	1	19	0,9455	0,9446	0,9436	0,9426	0,9417	0,9407	0,9397	70
8	7	6	6	5	4	3	2	1	18	0,9511	0,9502	0,9492	0,9483	0,9474	0,9465	0,9455	71
8	7	6	5	4	3	3	2	1	17	0,9563	0,9555	0,9546	0,9537	0,9528	0,9520	0,9511	72
7	7	6	5	4	3	2	2	1	16	0,9613	0,9605	0,9596	0,9588	0,9580	0,9572	0,9563	73
7	6	5	5	4	3	2	2	1	15	0,9659	0,9652	0,9644	0,9636	0,9628	0,9621	0,9613	74
7	6	5	4	4	3	2	1	1	14	0,9703	0,9696	0,9689	0,9681	0,9674	0,9667	0,9659	75
6	5	5	4	3	3	2	1	1	13	0,9744	0,9737	0,9730	0,9724	0,9717	0,9710	0,9703	76
6	5	4	4	3	3	2	1	1	12	0,9781	0,9775	0,9769	0,9763	0,9757	0,9750	0,9744	77
5	5	4	3	3	2	2	1	1	11	0,9816	0,9811	0,9805	0,9799	0,9793	0,9787	0,9781	78
5	4	4	3	3	2	2	1	1	10	0,9848	0,9843	0,9838	0,9833	0,9827	0,9822	0,9816	79
4	4	3	3	2	2	1	1	0	9	0,9877	0,9872	0,9868	0,9863	0,9858	0,9853	0,9848	80
4	3	3	3	2	2	1	1	0	8	0,9903	0,9899	0,9894	0,9890	0,9886	0,9881	0,9877	81
3	3	3	2	2	2	1	1	0	7	0,9925	0,9922	0,9918	0,9914	0,9911	0,9907	0,9903	82
3	3	2	2	2	1	1	1	0	6	0,9945	0,9942	0,9939	0,9936	0,9932	0,9929	0,9925	83
2	2	2	2	1	1	1	1	0	5	0,9962	0,9959	0,9957	0,9954	0,9951	0,9948	0,9945	84
2	2	2	1	1	1	1	0	0	4	0,9976	0,9974	0,9971	0,9969	0,9967	0,9964	0,9962	85
2	1	1	1	1	1	1	0	0	3	0,9986	0,9985	0,9983	0,9981	0,9980	0,9978	0,9976	86
1	1	1	1	1	1	0	0	0	2	0,9994	0,9993	0,9992	0,9990	0,9989	0,9988	0,9986	87
1	1	1	0	0	0	0	0	0	1	0,9998	0,9998	0,9997	0,9997	0,9996	0,9995	0,9994	88
0	0	0	0	0	0	0	0	0	↑0	1,0000	1,0000	1,0000	1,0000	0,9999	0,9999	0,9998	89

Kosinus

16*

Tabelle 11

Tangens und Kotangens
Tangens

Grad	0' →	10'	20'	30'	40'	50'	60'		1'	2'	3'	4'	5'	6'	7'	8'	9'
												Korrektur					
0↓	0,0000	0,0029	0,0058	0,0087	0,0116	0,0145	0,0175	89	3	6	9	12	15	17	20	23	26
1	0,0175	0,0204	0,0233	0,0262	0,0291	0,0320	0,0349	88	3	6	9	12	17	17	20	23	26
2	0,0349	0,0378	0,0407	0,0437	0,0466	0,0495	0,0524	87	3	6	9	12	15	17	20	23	26
3	0,0524	0,0553	0,0582	0,0612	0,0641	0,0670	0,0699	86	3	6	9	12	15	18	20	23	26
4	0,0699	0,0729	0,0758	0,0787	0,0816	0,0846	0,0875	85	3	6	9	12	15	18	20	23	26
5	0,0875	0,0904	0,0934	0,0963	0,0992	0,1022	0,1051	84	3	6	9	12	15	18	21	23	26
6	0,1051	0,1080	0,1110	0,1139	0,1169	0,1198	0,1228	83	3	6	9	12	15	18	21	24	27
7	0,1228	0,1257	0,1287	0,1317	0,1346	0,1376	0,1405	82	3	6	9	12	15	18	21	24	27
8	0,1405	0,1435	0,1465	0,1495	0,1524	0,1554	0,1584	81	3	6	9	12	15	18	21	24	27
9	0,1584	0,1614	0,1644	0,1673	0,1703	0,1733	0,1763	80	3	6	9	12	15	18	21	24	27
10	0,1763	0,1793	0,1823	0,1853	0,1883	0,1914	0,1944	79	3	6	9	12	15	18	21	24	27
11	0,1944	0,1974	0,2004	0,2035	0,2065	0,2095	0,2126	78	3	6	9	12	15	18	21	24	27
12	0,2126	0,2156	0,2186	0,2217	0,2247	0,2278	0,2309	77	3	6	9	12	15	18	21	24	27
13	0,2309	0,2339	0,2370	0,2401	0,2432	0,2462	0,2493	76	3	6	9	12	15	18	22	25	28
14	0,2493	0,2524	0,2555	0,2586	0,2617	0,2648	0,2679	75	3	6	9	12	16	19	22	25	28
15	0,2677	0,2711	0,2742	0,2773	0,2805	0,2836	0,2867	74	3	6	9	13	16	19	22	25	28
16	0,2867	0,2899	0,2931	0,2962	0,2994	0,3026	0,3057	73	3	6	9	13	16	19	22	25	28
17	0,3057	0,3089	0,3121	0,3153	0,3185	0,3217	0,3249	72	3	6	10	13	16	19	22	26	29
18	0,3249	0,3281	0,3314	0,3346	0,3378	0,3411	0,3443	71	3	6	10	13	16	19	23	26	29
19	0,3443	0,3476	0,3508	0,3541	0,3574	0,3607	0,3640	70	3	7	10	13	16	20	23	26	30

Grad	60′	50′	40′	30′	20′	10′	0′	Grad	1′	2′	3′	4′	5′	6′	7′	8′	9′
20	0,3640	0,3673	0,3706	0,3739	0,3772	0,3805	0,3839	69	3	7	10	13	17	20	23	27	30
21	0,3839	0,3872	0,3906	0,3939	0,3973	0,4006	0,4040	68	3	7	10	13	17	20	24	27	30
22	0,4040	0,4074	0,4108	0,4142	0,4176	0,4210	0,4245	67	3	7	10	14	17	20	24	27	31
23	0,4245	0,4279	0,4314	0,4348	0,4383	0,4417	0,4452	66	3	7	10	14	17	21	24	28	31
24	0,4452	0,4487	0,4522	0,4557	0,4592	0,4628	0,4663	65	3	7	11	14	18	21	25	28	32
25	0,4663	0,4699	0,4734	0,4770	0,4806	0,4841	0,4877	64	4	7	11	14	18	21	25	29	32
26	0,4877	0,4913	0,4950	0,4986	0,5022	0,5059	0,5095	63	4	7	11	15	18	22	25	29	33
27	0,5095	0,5132	0,5169	0,5206	0,5243	0,5280	0,5317	62	4	7	11	15	18	22	26	29	33
28	0,5317	0,5354	0,5392	0,5430	0,5467	0,5505	0,5543	61	4	8	11	15	19	23	26	20	34
29	0,5543	0,5581	0,5619	0,5658	0,5696	0,5735	0,5774	60	4	8	10	15	19	23	27	31	35
30	0,5774	0,5812	0,5851	0,5890	0,5930	0,5969	0,6009	59	4	8	12	16	20	24	27	31	35
31	0,6009	0,6048	0,6088	0,6128	0,6168	0,6208	0,6249	58	4	8	12	16	20	24	28	32	36
32	0,6249	0,6289	0,6330	0,6371	0,6412	0,6453	0,6494	57	4	8	12	16	20	25	29	33	37
33	0,6494	0,6536	0,6577	0,6619	0,6661	0,6703	0,6745	56	4	8	13	17	21	25	29	33	38
34	0,6745	0,6787	0,6830	0,6873	0,6916	0,6959	0,7002	55	4	9	13	17	21	26	30	34	39
35	0,7002	0,7046	0,7089	0,7133	0,7177	0,7221	0,7265	54	4	9	13	18	22	26	31	35	39
36	0,7265	0,7310	0,7355	0,7400	0,7445	0,7490	0,7536	53	5	9	14	18	23	27	32	36	41
37	0,7536	0,7581	0,7627	0,7673	0,7720	0,7766	0,7813	52	5	9	14	19	23	28	32	37	42
38	0,7813	0,7860	0,7907	0,7954	0,8002	0,8050	0,8098	51	5	9	14	19	24	28	33	38	43
39	0,8098	0,8146	0,8195	0,8243	0,8292	0,8342	0,8391	50	5	10	15	20	24	29	34	39	44
40	0,8391	0,8441	0,8491	0,8541	0,8591	0,8642	0,8693	49	5	10	15	20	25	30	35	40	45
41	0,8693	0,8744	0,8796	0,8847	0,8899	0,8952	0,9004	48	5	10	16	21	26	31	36	41	47
42	0,9004	0,9057	0,9110	0,9163	0,9217	0,9271	0,9325	47	5	11	16	21	27	32	38	43	48
43	0,9325	0,9380	0,9435	0,9490	0,9545	0,9601	0,9657	46	5	11	17	22	28	33	39	44	50
44	0,9657	0,9713	0,9770	0,9827	0,9884	0,9942	1,0000	45	6	11	17	23	29	34	40	46	51

Kotangens

Tabelle 11 (Fortsetzung)   Tangens

Grad	0' →	10'	20'	30'	40'	50'	60'		Korrektur								
									1'	2'	3'	4'	5'	6'	7'	8'	9'
45↓	1,0000	1,0058	1,0117	1,0176	1,0236	1,0295	1,0355	44	6	12	18	24	30	36	41	47	53
46	1,0355	1,0416	1,0477	1,0538	1,0599	1,0661	1,0724	43	6	12	18	25	31	37	43	49	55
47	1,0724	1,0786	1,0850	1,0913	1,0977	1,1041	1,1106	42	6	13	19	25	32	38	45	51	57
48	1,1106	1,1171	1,1237	1,1303	1,1369	1,1436	1,1504	41	7	13	20	27	33	40	46	53	59
49	1,1504	1,1572	1,1640	1,1708	1,1778	1,1847	1,1918	40	7	14	21	28	34	41	48	55	62
50	1,1918	1,1988	1,2059	1,2131	1,2203	1,2276	1,2349	39	7	14	22	29	36	43	50	57	65
51	1,2349	1,2423	1,2497	1,2572	1,2647	1,2723	1,2799	38	8	15	23	30	38	45	53	60	68
52	1,2799	1,2876	1,2954	1,3032					8	16	23	31	39	47	55	62	70
					1,3111	1,3190	1,3270	37	8	16	24	32	40	48	56	64	72
53	1,3270	1,3351	1,3432	1,3514					8	16	24	32	41	49	57	65	73
					1,3597	1,3680	1,3764	36	8	17	25	33	42	50	58	67	75
54	1,3764	1,3848	1,3937	1,4020					9	17	26	34	43	51	60	68	77
					1,4106	1,4193	1,4282	35	9	17	26	35	44	52	61	70	79
55	1,4282	1,4370	1,4460	1,4550					9	18	27	36	45	54	63	72	81
					1,4641	1,4733	1,4826	34	9	18	28	37	46	55	64	74	83
56	1,4826	1,4919	1,5013	1,5108					9	19	28	38	47	56	66	75	85
					1,5204	1,5301	1,5399	33	10	19	29	39	48	58	68	78	87
57	1,5399	1,5497	1,5507	1,5697					10	20	30	40	50	60	70	80	90
					1,5798	1,5900	1,6003	32	10	20	31	41	51	61	71	82	92
58	1,6003	1,6107	1,6212	1,6318					10	21	31	42	52	63	73	84	94
					1,6426	1,6534	1,6643	31	11	22	32	43	54	65	76	86	97
59	1,6643	1,6753	1,6864	1,6977					11	22	33	44	55	67	78	89	100
					1,7090	1,7205	1,7320	30	11	23	34	46	57	69	80	92	103
60	1,7320	1,7438	1,7556	1,7675					12	24	35	47	59	71	83	94	106

Grad	60'	50'	40'	30'	20'	10'	0' →	Grad	1'	2'	3'	4'	5'	6'	7'	8'	9'
61	1,804	1,816	1,829	1,842	1,855	1,868	1,881	28	1	3	4	5	6	8	9	10	11
62	1,881	1,894	1,907	1,921	1,935	1,949	1,963	27	1	3	4	5	7	8	10	11	11
63	1,963	1,977	1,991	2,006	2,020	2,035	2,050	26	1	3	4	6	7	9	10	12	12
64	2,050	2,066	2,081	2,097	2,112	2,128	2,145	25	2	3	5	6	8	9	11	13	14
65	2,145	2,161	2,177	2,194	2,211	2,229	2,246	24	2	3	5	7	8	10	12	14	15
66	2,246	2,264	2,282	2,300	2,318	2,337	2,356	23	2	4	5	7	9	11	13	15	16
67	2,356	2,375	2,394	2,414	2,434	2,455	2,475	22	2	4	6	8	10	12	14	16	18
68	2,475	2,496	2,517	2,539	2,560	2,583	2,605	21	2	4	6	9	11	13	15	17	19
69	2,605	2,628	2,651	2,675	2,699	2,723	2,747	20	2	5	7	9	12	14	17	19	21
70	2,747	2,773	2,798	2,824	2,850	2,877	2,904	19	3	5	8	10	13	16	18	21	24
71	2,904	2,932	2,960	2,989	3,018	3,047	3,078	18	3	6	9	12	14	17	20	23	26
72	3,078	3,108	3,140	3,172					3	6	9	13	16	19	22	25	28
					3,204	3,237	3,271	17	3	7	10	13	17	20	23	26	30
73	3,271	3,305	3,340	3,376					4	7	11	14	18	21	25	28	31
					3,412	3,450	3,487	16	4	7	11	15	19	22	26	30	33
74	3,487	3,526	3,566	3,606	3,647	3,689	3,732		4	8	12	16	20	24	28	32	36
								15	4	8	13	17	21	25	29	34	38
75	3,732	3,776	3,821	3,867					4	9	13	18	22	27	31	36	40
					3,914	3,962	4,011	↑14	5	10	14	19	24	29	34	38	43

Ende der Tangens- und Kotangenstabellen (für Winkelwerte mit Minuten) auf S. 248—251.

Kotangens

Tabelle 11 (Fortsetzung) — Tangens

A	0′	1′	2′	3′	4′	5′	6′	7′	8′	9′	10′	
76°00′	4,011	4,016	4,021	4,026	4,031	4,036	4,041	4,046	4,051	4,056	4,061	50′
10′	4,061	4,066	4,071	4,076	4,082	4,087	4,092	4,097	4,102	4,107	4,113	40′
20′	4,113	4,118	4,123	4,128	4,134	4,139	4,144	4,149	4,155	4,160	4,165	30′
30′	4,165	4,171	4,176	4,181	4,187	4,192	4,198	4,203	4,208	4,214	4,219	20′
40′	4,219	4,225	4,230	4,236	4,241	4,247	4,252	4,258	4,264	4,269	4,275	10′
50′	4,275	4,280	4,286	4,292	4,297	4,303	4,309	4,314	4,320	4,326	4,331	13°00′
77°00′	4,331	4,337	4,343	4,349	4,355	4,360	4,366	4,372	4,378	4,384	4,390	50′
10′	4,390	4,396	4,402	4,407	4,413	4,419	4,425	4,431	4,437	4,443	4,449	40′
20′	4,449	4,455	4,462	4,468	4,474	4,480	4,486	4,492	4,498	4,505	4,511	30′
30′	4,511	4,517	4,523	4,529	4,536	4,542	4,548	4,555	4,561	4,567	4,574	20′
40′	4,574	4,580	4,586	4,593	4,599	4,606	4,612	4,619	4,625	4,632	4,638	10′
50′	4,638	4,645	4,651	4,658	4,665	4,671	4,678	4,685	4,691	4,698	4,705	12°00′
78°00′	4,705	4,711	4,718	4,725	4,732	4,739	4,745	4,752	4,759	4,766	4,773	50′
10′	4,773	4,780	4,787	4,794	4,801	4,808	4,815	4,822	4,829	4,836	4,843	40′
20′	4,843	4,850	4,857	4,864	4,872	4,879	4,886	4,893	4,901	4,908	4,915	30′
30′	4,915	4,922	4,930	4,937	4,945	4,952	4,959	4,967	4,974	4,982	4,989	20′
40′	4,989	4,997	5,005	5,012	5,020	5,027	5,035	5,043	5,050	5,058	5,066	10′
50′	5,066	5,074	5,081	5,089	5,097	5,105	5,113	5,121	5,129	5,137	5,145	11°00′
79°00′	5,145	5,153	5,161	5,169	5,177	5,185	5,193	5,201	5,209	5,217	5,226	50′
10′	5,226	5,234	5,242	5,250	5,259	5,267	5,276	5,284	5,292	5,301	5,309	40′
20′	5,309	5,318	5,326	5,335	5,343	5,352	5,361	5,369	5,378	5,387	5,396	30′

	10′	9′	8′	7′	6′	5′	4′	3′	2′	1′	0′	A
30′	5,396	5,404	5,413	5,422	5,431	5,440	5,449	5,458	5,466	5,475	5,485	20′
40′	5,485	5,494	5,503	5,512	5,521	5,530	5,539	5,549	5,558	5,567	5,576	10′
50′	5,576	5,586	5,595	5,605	5,614	5,623	5,633	5,642	5,652	5,662	5,671	10°00′
80°00′	5,671	5,681	5,691	5,700	5,710	5,720	5,730	5,740	5,749	5,759	5,769	50′
10′	5,769	5,779	5,789	5,799	5,810	5,820	5,830	5,840	5,850	5,861	5,871	40′
20′	5,871	5,881	5,892	5,902	5,912	5,923	5,933	5,944	5,954	5,965	5,976	30′
30′	5,976	5,986	5,997	6,008	6,019	6,030	6,041	6,051	6,062	6,073	6,084	20′
40′	6,084	6,096	6,107	6,118	6,129	6,140	6,152	6,163	6,174	6,186	6,197	10′
50′	6,197	6,209	6,220	6,232	6,243	6,255	6,267	6,278	6,290	6,302	6,314	9°00′
81°00′	6,314	6,326	6,338	6,350	6,362	6,374	6,386	6,398	0,410	6,423	6,435	50′
10′	6,435	6,447	6,460	6,472	6,485	6,497	6,510	6,522	6,535	6,548	6,561	40′
20′	6,561	6,573	6,586	6,599	6,612	6,625	6,638	6,651	6,665	6,678	6,691	30′
30′	6,691	6,704	6,718	6,731	6,745	6,758	6,772	6,786	6,799	6,813	6,827	20′
40′	6,827	6,841	6,855	6,869	6,883	6,897	6,911	6,925	6,940	6,954	6,968	10′
50′	6,968	6,983	6,997	7,012	7,026	7,041	7,056	7,071	7,085	7,100	7,115	8°00′
82°00′	7,115	7,130	7,146	7,161	7,176	7,191	7,207	7,222	7,238	7,253	7,269	50′
10′	7,269	7,284	7,300	7,316	7,332	7,348	7,364	7,380	7,396	7,412	7,429	40′
20′	7,429	7,445	7,462	7,478	7,495	7,511	7,528	7,545	7,562	7,579	7,596	30′
30′	7,596	7,613	7,630	7,647	7,665	7,682	7,700	7,717	7,735	7,753	7,770	20′
40′	7,770	7,788	7,806	7,824	7,842	7,861	7,879	7,897	7,916	7,934	7,953	10′
50′	7,953	7,972	7,991	8,009	8,028	8,048	8,067	8,086	8,105	8,125	8,144	7°00′

Kotangens

III. Trigonometrie

Tabelle 11 (Fortsetzung)

Tangens

A	0′	1′	2′	3′	4′	5′	6′	7′	8′	9′	10′	
83°00′	8,144	8,164	8,184	8,204	8,223	8,243	8,264	8,284	8,304	8,324	8,345	50′
10′	8,345	8,366	8,386	8,407	8,428	8,449	8,470	8,491	8,513	8,534	8,556	40′
20′	8,556	8,577	8,599	8,621	8,643	8,665	8,687	8,709	8,732	8,754	8,777	30′
30′	8,777	8,800	8,823	8,846	8,869	8,892	8,915	8,939	8,962	8,986	9,010	20′
40′	9,010	9,034	9,058	9,082	9,106	9,131	9,156	9,180	9,205	9,230	9,255	10′
50′	9,255	9,281	9,306	9,332	9,357	9,383	9,409	9,435	9,461	9,488	9,514	6°00′
84°00′	9,514	9,541	9,568	9,595	9,622	9,649	9,677	9,704	9,732	9,760	9,788	50′
10′	9,788	9,816	9,845	9,873	9,902	9,931	9,960	9,989	10,02	10,05	10,08	40′
20′	10,08	10,11	10,14	10,17	10,20	10,23	10,26	10,29	10,32	10,35	10,39	30′
30′	10,39	10,42	10,45	10,48	10,51	10,55	10,58	10,61	10,64	10,68	10,71	20′
40′	10,71	10,75	10,78	10,81	10,85	10,88	10,92	10,95	10,99	11,02	11,06	10′
50′	11,06	11,10	11,13	11,17	11,20	11,24	10,28	11,32	11,35	11,39	11,43	5°00′
85°00′	11,43	11,47	11,51	11,55	11,59	11,62	11,66	11,70	11,74	11,79	11,83	50′
10′	11,83	11,87	11,91	11,95	11,99	12,03	12,08	12,12	12,16	12,21	12,25	40′
20′	12,25	12,29	12,34	12,38	12,43	12 47	12,52	12,57	12,61	12,66	12,71	30′
30′	12,71	12,75	12,80	12,85	12,90	12,95	13,00	13,05	13,10	13,15	13,20	20′
40′	13,20	13,25	13,30	13,35	13,40	13,46	13,51	13,56	13,62	13,67	13,73	10′
50′	13,73	13,78	13,84	13,89	13,95	14,01	14,07	14,12	14,18	14,24	14,30	4°00′
86°00′	14,30	14,36	14,42	14,48	14,54	14,61	14,67	14,73	14,80	14,86	14,92	50′
10′	14,92	14,99	15,06	15,12	15,19	15,26	15,33	15,39	15,46	15,53	15,60	40′
20′	15,60	15,68	15,75	15,82	15,89	15,97	16,04	16,12	16,20	16,27	16,35	30′

	10'	9'	8'	7'	6'	5'	4'	3'	2'	1'	0'	A
30'	16,35	16,43	16,51	16,59	16,67	16,75	16,83	16,92	17,00	17,08	17,17	20'
40'	17,17	17,26	17,34	17,43	17,52	17,61	17,70	17,79	17,89	17,98	18,07	10'
50'	18,07	18,17	18,27	18,37	18,46	18,56	18,67	18,77	18,87	18,98	19,08	3°00'
87°00'	19,08	19,19	19,30	19,41	19,52	19,63	19,74	19,85	19,97	20,09	20,21	50'
10'	20,21	20,33	20,45	20,57	20,69	20,82	20,95	21,07	21,20	21,34	21,47	40'
20'	21,47	21,61	21,74	21,88	22,02	22,16	22,31	22,45	22,60	22,75	22,90	30'
30'	22,90	23,06	23,21	23,37	23,53	23,69	23,86	24,03	24,20	24,37	24,54	20'
40'	24,54	24,72	24,90	25,08	25,26	25,45	25,64	25,83	26,03	26,23	26,43	10'
50'	26,43	26,64	26,84	27,06	27,27	27,49	27,71	27,94	28,17	28,40	28,64	2°00'
88°00'	28,64	28,88	29,12	29,37	29,62	29,88	30,14	30,41	30,68	30,96	31,24	50'
10'	31,24	31,53	31,82	32,12	32,42	32,73	33,05	33,37	33,69	34,03	34,37	40'
20'	34,37	34,72	35,07	35,43	35,80	36,18	36,56	36,96	37,36	37,77	38,19	30'
30'	38,19	38,62	39,06	39,51	39,97	40,44	40,92	41,41	41,92	42,43	42,96	20'
40'	42,96	43,51	44,07	44,64	45,23	45,83	46,45	47,09	47,74	48,41	49,10	10'
50'	49,10	49,82	50,55	51,30	52,08	52,88	53,71	54,56	55,44	56,35	57,29	1°00'
89°00'	57,29	58,26	59,27	60,31	61,38	62,50	63,66	64,86	66,11	67,40	68,75	50'
10'	68,75	70,15	71,62	73,14	74,73	76,39	78,13	79,94	81,85	83,84	85,94	40'
20'	85,94	88,14	90,46	92,91	95,49	98,22	101,1	104,2	107,4	110,9	114,6	30'
30'	114,6	118,5	122,8	127,3	132,2	137,5	143,2	149,5	156,3	163,7	171,9	20'
40'	171,9	180,9	191,0	202,2	214,9	229,2	245,6	264,4	286,5	312,5	343,8	10'
50'	343,8	382,0	429,7	491,1	573,0	687,5	859,4	1146	1719	3438	∞	0°00'

Kotangens

Schreibschema:

$$\cot 58°30' = 0{,}6128$$
$$\underline{ +6' \qquad -24}$$
$$\cot 58°36' = 0{,}6104.$$

Beispiel 4. Man bestimme $\tan 48°43'$.
Wir finden:

$$\tan 48°40' = 1{,}1369$$
$$\underline{ +3' \qquad +20}$$
$$\tan 48°43' = 1{,}1389.$$

§ 7. Bestimmung des Winkels aus seinen trigonometrischen Funktionen

Den Winkel bestimmt man bei gegebenem Sinus oder Kosinus mit Hilfe von Tab. 10 und bei gegebenem Tangens oder Kotangens mit Hilfe von Tab. 11. Wir überlesen von oben nach unten eine der Spalten, zum Beispiel die Spalte 0', und suchen den von uns benötigten Wert oder einen Wert, der diesem am nächsten liegt. Im ersten Fall können wir direkt die Größe des gesuchten Winkels ablesen (in der linken Spalte die Grade und in der obersten Zeile die Minuten, wenn wir es mit Sinus oder Tangens zu tun haben, und in der rechten Spalte die Grade und in der untersten Zeile die Minuten, wenn es sich um den Kosinus oder den Kotangens handelt). Im zweiten Fall überprüfen wir, ob es nicht in einer anderen Spalte einen Wert gibt, der näher am gegebenen liegt. Wenn dies zutrifft, so lesen wir wieder auf dieselbe Weise die Winkelgröße ab; wenn dies nicht zutrifft, so behalten wir den früher gefundenen Wert und bestimmen ebenso den Winkel dazu. Falls dies noch notwendig ist, berücksichtigen wir schließlich eine Korrektur. Dabei ist zu beachten, daß wachsendem Sinus oder Tangens eine positive Korrektur und wachsendem Kosinus oder Kotangens eine negative Korrektur entspricht[1].

Beispiel 1. Man bestimme den spitzen Winkel α aus $\cos \alpha = 0{,}7173$.
Wir untersuchen die Spalte 0' in Tab. 10 und finden den Wert 0,7193, der in der Nähe des gegebenen Werts liegt. In der Umgebung davon finden wir zudem die Zahl 0,7173, die mit dem gegebenen Wert übereinstimmt. Wir lesen in der rechten Spalte die Grade und in der untersten Zeile die Minuten ab und finden $\alpha = 44°10'$.

Beispiel 2. Man bestimme den spitzen Winkel α aus $\cos \alpha = 0{,}2543$.
In Tab. 10 finden wir den Näherungswert 0,2644. Er weicht von dem gegebenen Wert um 0,0001 ab. In der Korrekturtabelle ist die kleinste Zahl 3 (ihr entspricht eine Korrektur von 1'). Daher ist keine Korrektur zu berücksichtigen. Wir lesen in der rechten Spalte die Grade und in der untersten Zeile die Minuten ab und finden $\alpha = 74°40'$.

---

[1] Wenn nötig, ist das gefundene Gradmaß des Winkels in das Bogenmaß zu übertragen (s. III, 4).

Beispiel 3. Man bestimme den spitzen Winkel α aus $\cos \alpha = 0{,}7458$.

Der nächstliegende Tabellenwert entspricht einem Winkel von $41°50'$. Der gegebene Wert weicht vom Tabellenwert um 7 Einheiten der vierten Dezimalstelle ab. In derselben Zeile der Korrekturtabelle finden wir die Zahlen 6 und 8. Man kann eine beliebige davon nehmen und vom Winkel $41°50'$ entweder $3'$ oder $4'$ abziehen. Wir erhalten $41°47'$ (etwas zu groß) oder $41°46'$ (etwas zu klein).

Schreibschema:

$$
\begin{array}{rcl}
0{,}7451 &=& \cos 41°50' \\
+7 & & \quad -3' \\
\hline
0{,}7458 &=& \cos 41°47'.
\end{array}
$$

Beispiel 4. Man bestimme den spitzen Winkel α mit $\tan \alpha = 4{,}827$.

In Tab. 11 finden wir den nächsten etwas zu kleinen Wert $4{,}822$ und den nächsten etwas zu großen Wert $4{,}829$. Da der zweite Wert dem gegebenen Wert näher liegt als der erste, nehmen wir den zweiten. In der linken Spalte finden wir $78°10'$, in der obersten Zeile $8'$. Wir finden daraus $\alpha = 78°18'$.

§ 8. Die Berechnung rechtwinkliger Dreiecke

1. Gegeben zwei Seiten. Wenn zwei Seiten eines rechtwinkligen Dreiecks gegeben sind, so kann man die dritte Seite mit Hilfe des Pythagoräischen Lehrsatzes (II, B, 10) berechnen. Die spitzen Winkel hingegen bestimmt man aus einer der drei Formeln aus § 5, je nachdem, welche Seiten gegeben sind. Wenn zum Beispiel die beiden Katheten a und b gegeben sind, so bestimmt man den spitzen Winkel A aus der Formel

$$\tan A = \frac{a}{b},$$

und den spitzen Winkel B findet man gemäß der Beziehung $B = 99° - A$.

Fall 1. Gegeben sei die Kathete $a = 0{,}528$ m und die Hypotenuse $c = 0{,}697$ m.

1. Bestimmung der Kathete b:

$$b = \sqrt{c^2 - a^2} = \sqrt{0{,}697^2 - 0{,}528^2} \approx 0{,}455 \; (\text{m}).$$

2. Bestimmung des Winkels A:

$$\sin A = \frac{a}{c} = \frac{0{,}528}{0{,}697} \approx 0{,}757.$$

Aus Tab. 10 finden wir $A \approx 49°10'$ (mit einem maximalen Fehler von $5'$). Eine Bestimmung von A mit einer Genauigkeit bis zu Minuten ist nicht sinnvoll, da die betrachteten Werte von a und c nur Näherungswerte sind und wir den Quotienten $\frac{a}{c} \approx 0{,}757$ nur auf drei Stellen genau ermitteln können.

3. Bestimmung des Winkels B:

$$B = 90° - A \approx 90° - 49°10' = 40°50'.$$

Fall 2. Gegeben seien die Katheten $a = 8,3$ cm und $b = 12,4$ cm.

1. Bestimmung der Hypotenuse c:

$$c = \sqrt{a^2 + b^2} = \sqrt{8,3^2 + 12,4^2} \approx 14,9 \text{ (cm)}.$$

2. Bestimmung des Winkels A:

$$\tan A = \frac{a}{b} = \frac{8,3}{12,4} \approx 0,67; \quad A \approx 34°.$$

3. Bestimmung des Winkels B:

$$B = 90° - A \approx 90° - 34° = 56°.$$

2. Gegeben eine Seite und ein spitzer Winkel. Wenn der spitze Winkel A gegeben ist, so bestimmt man B aus der Beziehung $B = 90° - A$. Die Seiten findet man mit Hilfe der Formeln aus § 5, die man in der folgenden Form darstellen kann:

$$a = c \sin A, \qquad b = c \cos A, \qquad a = b \tan A,$$
$$b = c \sin B, \qquad a = c \cos B, \qquad b = a \tan B.$$

Man wählt daraus jene Formel, in der die gegebene oder die bereits gefundene Seite vorkommt.

Fall 3. Gegeben sei die Hypotenuse $c = 79,79$ m und der spitze Winkel $A = 66°36'$.

1. Bestimmung des Winkels B:

$$B = 90° - A = 90° - 66°36' = 23°24'.$$

2. Bestimmung der Kathete a:

$$a = c \sin A = 79,79 \cdot \sin 66°36' = 79,79 \cdot 0,9178 \approx 73,23 \text{ (m)}.$$

3. Bestimmung der Kathete b:

$$b = c \cos A = 79,79 \cdot 0,3971 \approx 31,68 \text{ (m)}.$$

Fall 4. Gegeben sei die Kathete $a = 12,3$ m und der spitze Winkel $A = 63°00'$.

1. Bestimmung des Winkels B:

$$B = 90° - 63°00' = 27°00'.$$

2. Bestimmung der Kathete b:

$$b = a \tan B = 12,3 \tan 27°00' = 12,3 \cdot 0,509 \approx 6,26 \text{ (m)}.$$

3. Bestimmung der Hypotenuse c:

$$c = \frac{a}{\sin A} = \frac{12,3}{\sin 63°00'} = \frac{12,3}{0,891} \approx 13,8 \text{ (m)}.$$

§ 9. Die Tabelle der Logarithmen
der trigonometrischen Funktionen

Bei der Lösung von rechtwinkligen Dreiecken sind immer Multiplikationen und Divisionen auszuführen. Wenn eine große Genauigkeit gefordert wird (wenn man zum Beispiel vierstellige Zahlen miteinander multiplizieren muß), so erfordern diese Operationen sehr viel Zeit. Außerdem sind solche Operationen ermüdend, und man macht dabei leicht Fehler. Führt man die Aufgaben jedoch mit Hilfe von Logarithmen durch, so kann man Zeit und Mühe sparen. Bei logarithmischen Berechnungen verwendet man an Stelle der Tabellen der trigonometrischen Größen Tabellen ihrer Logarithmen, was große Zeitersparnis bedeutet (da man nicht zuerst den Sinus eines Winkels aus der Tabelle der trigonometrischen Funktionen und dann erst den Logarithmus des Sinus aus der Logarithmentafel aufsuchen muß).

In Tab. 12 sind die Logarithmen der Sinus-, Kosinus-, Tangens- und Kotangenswerte auf vier Dezimalstellen genau und mit einer Schrittweite von 10′ angegeben. Wenn der Winkel kleiner als 45° ist, so findet man den Namen der benötigten Funktion oben und die Winkelgröße links. Wenn der Winkel größer als 45° ist, so liest man den Funktionsnamen unten und die Winkelgröße rechts ab.

Aus derselben Tabelle kann man die Logarithmen der trigonometrischen Funktionen auch mit einer Schrittweite von 1′ bestimmen. Das Verfahren dazu (s. III, 10 u. 11) beruht darauf, daß die Winkeländerung im Bereich von 10′ annähernd proportional der Änderung von lg sin, lg tan, lg cos und lg cot ist. Der Fehler, den man bei dieser Näherung zuläßt, wirkt sich in der Regel in der vierten Dezimalstelle noch nicht aus. Ausnahmen liegen nur bei lg sin und lg tan in der Nähe von 0° (von 0° bis 4°) und für lg cos und lg cot in der Nähe von 90° (von 86° bis 90°) vor. Bei solchen Winkeln wird der Fehler weit größer.

Wir erklären dies an einem Beispiel. Einer Vergrößerung des Winkels von 12°20′ auf 12°30′ entspricht einer Vergrößerung von lg sin von $\bar{1},3296$ auf $\bar{1},3353$, d. h. eine Vergrößerung um 0,0057. Der doppelten Vergrößerung des Winkels von 12°20′ auf 12°40′[1]) entspricht eine Vergrößerung von lg sin von $\bar{1},3296$ auf $\bar{1},3410$, d. h. eine Vergrößerung um 0,0114. Dieser Zuwachs ist gerade doppelt so groß wie früher.

Die Änderung von lg sin, die einem Zuwachs des Winkels um 10′ entspricht, brauchen wir nicht mehr zu berechnen. Sie steht in der mit d bezeichneten Spalte[2]). In der Spalte lg sin lesen wir neben 12°20′ die Zahl $\bar{1},3296$, neben 12°30′ die Zahl $\bar{1},3353$. Die Differenz $\bar{1},3353$ − $\bar{1},3296 = 0,0057$ finden wir links unter Spalte d zwischen $\bar{1},3296$ und $\bar{1},3353$ (abgekürzt zu 57).

Dieselbe Differenz (nur mit negativen Vorzeichen) liefert die Änderung von lg cos, der einer Änderung des Winkels um 10′ entspricht.

---

[1]) Wir haben Vergrößerungen um jeweils 10′ gewählt, um nicht ausführlichere Tabellen heranziehen zu müssen. In kleineren Bereichen gilt die Proportionalität um so besser.

[2]) Anfangsbuchstabe des lateinischen Worts Differentia (Unterschied).

Tabelle 12   Logarithmen der trigonometrischen Funktionen

°	'	lg sin	d	lg tan	d.c.	lg cot	d	lg cos	'	°
0	0	−∞	—	−∞	—	+∞		10,0000	0	90
	10	7,4637		7,4637		2,5363		9,999998	50	
	20	7,7648	3011	7,7648	3011	2,2352		9,99999	40	
	30	7,9408	1760	7,9409	1761	2,0591		9,99998	30	
	40	8,0658	1250	8,0658	1249	1,9342	·	9,99997	20	
	50	8,1627	969	8,1627	969	1,8373		9,9999	10	
1	0	8,2419	792	8,2419	792	1,7581		9,9999	0	89
	10	8,3088	669	8,3089	670	1,6911		9,9999	50	
	20	8,3668	580	8,3669	580	1,6331		9,9999	40	
	30	8,4179	511	8,4181	512	1,5819		9,9999	30	
	40	8,4637	458	8,4638	457	1,5362	1	9,9998	20	
	50	8,5050	413	8,5053	415	1,4947		9,9998	10	
2	0	8,5428	378	8,5431	378	1,4569	1	9,9997	0	88
	10	8,5776	348	8,5779	348	1,4221		9,9997	50	
	20	8,6097	321	8,6101	322	1,3899	1	9,9996	40	
	30	8,6397	300	8,6401	300	1,3599		9,9996	30	
	40	8,6677	280	8,6682	281	1,3318	1	9,9995	20	
	50	8,6940	263	8,6945	263	1,3055		9,9995	10	
3	0	8,7188	248	8,7194	249	1,2806	1	9,9994	0	87
	10	8,7423	235	8,7429	235	1,2571	1	9,9993	50	
	20	8,7645	222	8,7652	223	1,2348		9,9993	40	
	30	8,7857	212	8,7865	213	1,2135	1	9,9992	30	
	40	8,8059	202	8,8067	202	1,1933	1	9,9991	20	
	50	8,8251	192	8,8261	194	1,1739	1	9,9990	10	
4	0	8,8436	185	8,8446	185	1,1554	1	9,9989	0	86
	10	8,8613	177	8,8624	178	1,1376		9,9989	50	
	20	8,8783	170	8,8795	171	1,1205	1	9,9988	40	
	30	8,8946	163	8,8960	165	1,1040	1	9,9987	30	
	40	8,9104	158	8,9118	158	1,0882	1	9,9986	20	
	50	8,9256	152	8,9272	154	1,0728	1	9,9985	10	
5	0	8,9403	147	8,9420	148	1,0580	2	9,9983	0	85
	10	8,9545	142	8,9563	143	1,0437	1	9,9982	50	
	20	8,9682	137	8,9071	138	1,0299	1	9,9981	40	
	30	8,9816	134	8,9836	135	1,0164	1	9,9980	30	
	40	8,9945	129	8,9966	130	1,0034	1	9,9979	20	
	50	9,0070	125	9,0093	127	0,9907	2	9,9977	10	
6	0	9,0192	122	9,0216	123	0,9784	1	9,9976	0	84
	10	9,0311	119	9,0336	120	0,9664	1	9,9975	50	
	20	9,0426	115	9,0453	117	0,9547	2	9,9973	40	
	30	9,0539	113	9,0567	114	0,9433	1	9,9972	30	
	40	9,0648	109	9,0678	111	0,9322	1	9,9971	20	
	50	9,0755	107	9,0786	108	0,9214	2	9,9969	10	
7	0	9,0859	104	9,0891	105	0,9109	1	9,9968	0	83
		lg cos	d	lg cot	d.c.	lg tan	d	lg sin	'	°

Tabelle 12 (Fortsetzung)

°	′	lg sin	d	lg tan	d.c.	lg cot	d	lg cos		
7	0	9,0859	102	9,0891	104	0,9109	2	9,9968	0	83
	10	9,0961	99	9,0995	101	0,9005	2	9,9966	50	
	20	9,1060	97	9,1096	98	0,8904	1	9,9964	40	
	30	9,1157	95	9,1194	97	0,8806	2	9,9963	30	
	40	9,1252	93	9,1291	94	0,8709	2	9,9961	20	
	50	9,1345	91	9,1385	93	0,8615	1	9,9959	10	
8	0	9,1436	89	9,1478	91	0,8522	2	9,9958	0	82
	10	9,1525	87	9,1569	89	0,8431	2	9,9956	50	
	20	9,1612	85	9,1658	87	0,8342	2	9,9954	40	
	30	9,1697	84	9,1745	86	0,8255	2	9,9952	30	
	40	9,1781	82	9,1831	84	0,8169	2	9,9950	20	
	50	9,1863	80	9,1915	82	0,8085	2	9,9948	10	
9	0	9,1943	79	9,1997	81	0,8003	2	9,9946	0	81
	10	9,2022	78	9,2078	80	0,7922	2	9,9944	50	
	20	9,2100	76	9,2158	78	0,7842	2	9,9942	40	
	30	9,2176	75	9,2236	77	0,7764	2	9,9940	30	
	40	9,2251	73	9,2313	76	0,7687	2	9,9938	20	
	50	9,2324	73	9,2389	74	0,7611	2	9,9936	10	
10	0	9,2397	71	9,2463	73	0,7537	3	9,9934	0	80
	10	9,2468	70	9,2536	73	0,7464	2	9,9931	50	
	20	9,2538	68	9,2609	71	0,7391	2	9,9929	40	
	30	9,2606	68	9,2680	70	0,7320	3	9,9927	30	
	40	9,2674	66	9,2750	69	0,7250	2	9,9924	20	
	50	9,2740	66	9,2819	68	0,7181	3	9,9922	10	
11	0	9,2806	64	9,2887	66	0,7113	2	9,9919	0	79
	10	9,2870	64	9,2953	67	0,7047	3	9,9917	50	
	20	9,2934	63	9,3020	65	0,6980	2	9,9914	40	
	30	9,2997	61	9,3085	64	0,6915	3	9,9912	30	
	40	9,3058	61	9,3149	63	0,6851	2	9,9909	20	
	50	9,3119	60	9,3212	63	0,6788	3	9,9907	10	
12	0	9,3179	59	9,3275	61	0,6725	3	9,9904	0	78
	10	9,3238	58	9,3336	61	0,6664	2	9,9901	50	
	20	9,3296	57	9,3397	61	0,6603	3	9,9899	40	
	30	9,3353	57	9,3458	59	0,6542	3	9,9896	30	
	40	9,3410	56	9,3517	59	0,6483	3	9,9893	20	
	50	9,3466	55	9,3576	58	0,6424	3	9,9890	10	
13	0	9,3521	54	9,3634	57	0,6366	3	9,9887	0	77
	10	9,3575	54	9,3691	57	0,6309	3	9,9884	50	
	20	9,3629	53	9,3748	56	0,6252	3	9,9881	40	
	30	9,3682	52	9,3804	55	0,6196	3	9,9878	30	
	40	9,3734	52	9,3859	55	0,6141	3	9,9875	20	
	50	9,3786	51	9,3914	54	0,6086	3	9,9872	10	
14	0	9,3837		9,3968		0,6032		9,9869	0	76
		lg cos	d	lg cot	d.c.	lg tan	d	lg sin	′	°

Tabelle 12 (Fortsetzung)

°	′	lg sin	d	lg tan	d.c.	lg cot	d	lg cos		°
14	0	9,3837	50	9,3968	53	0,6032	3	9,9869	0	76
	10	9,3887	50	9,4021	53	0,5979	3	9,9866	50	
	20	9,3937	49	9,4074	53	0,5926	4	9,9863	40	
	30	9,3986	49	9,4127	51	0,5873	3	9,9859	30	
	40	9,4035	48	9,4178	52	0,5822	3	9,9856	20	
	50	9,4083	47	9,4230	51	0,5770	4	9,9853	10	
15	0	9,4130	47	9,4281	50	0,5719	3	9,9849	0	75
	10	9,4177	46	9,4331	50	0,5669	3	9,9846	50	
	20	9,4223	46	9,4381	49	0,5619	4	9,9843	40	
	30	9,4269	45	9,4430	49	0,5570	3	9,9839	30	
	40	9,4314	45	9,4479	48	0,5521	4	9,9836	20	
	50	9,4359	44	9,4527	48	0,5473	4	9,9832	10	
16	0	9,4403	44	9,4575	47	0,5425	3	9,9828	0	74
	10	9,4447	44	9,4622	47	0,5378	4	9,9825	50	
	20	9,4491	42	9,4669	47	0,5331	4	9,9821	40	
	30	9,4533	43	9,4716	46	0,5284	3	9,9817	30	
	40	9,4576	42	9,4762	46	0,5238	4	9,9814	20	
	50	9,4618	41	9,4808	45	0,5192	4	9,9810	10	
17	0	9,4659	41	9,4853	45	0,5147	4	9,9806	0	73
	10	9,4700	41	9,4898	45	0,5102	4	9,9802	50	
	20	9,4741	40	9,4943	44	0,5057	4	9,9798	40	
	30	9,4781	40	9,4987	44	0,5013	4	9,9794	30	
	40	9,4821	40	9,5031	44	0,4969	4	9,9790	20	
	50	9,4861	39	9,5075	43	0,4925	4	9,9786	10	
18	0	9,4900	39	9,5118	43	0,4882	4	9,9782	0	72
	10	9,4939	38	9,5161	42	0,4839	4	9,9778	50	
	20	9,4977	38	9,5203	42	0,4797	4	9,9774	40	
	30	9,5015	37	9,5245	42	0,4755	5	9,9770	30	
	40	9,5052	38	9,5287	42	0,4713	4	9,9765	20	
	50	9,5090	36	9,5329	41	0,4671	4	9,9761	10	
19	0	9,5126	37	9,5370	41	0,4630	5	9,9757	0	71
	10	9,5163	36	9,5411	40	0,4589	4	9,9752	50	
	20	9,5199	36	9,5451	40	0,4549	5	9,9748	40	
	30	9,5235	35	9,5491	40	0,4509	4	9,9743	30	
	40	9,5270	36	9,5531	40	0,4469	5	9,9739	20	
	50	9,5306	35	9,5571	40	0,4429	4	9,9734	10	
20	0	9,5341	34	9,5611	39	0,4389	5	9,9730	0	70
	10	9,5375	34	9,5650	39	0,4350	4	9,9725	50	
	20	9,5409	34	9,5689	38	0,4311	5	9,9721	40	
	30	9,5443	34	9,5727	39	0,4273	5	9,9716	30	
	40	9,5477	33	9,5766	38	0,4234	5	9,9711	20	
	50	9,5510	33	9,5804	38	0,4196	4	9,9706	10	
21	0	9,5843		9,8542		0,4158		9,9702	0	69

		lg cos	d	lg cot	d.c.	lg tan	d	lg sin	′	°

Tabelle 12 (Fortsetzung)

°	′	lg sin	d	lg tan	d.c.	lg cot	d	lg cos		
21	0	9,5543	33	9,5842	37	0,4158	5	9,9702	0	69
	10	9,5576	33	9,5879	38	0,4121	5	9,9697	50	
	20	9,5609	32	9,5917	37	0,4083	5	9,9692	40	
	30	9,5641	32	9,5954	37	0,4046	5	9,9687	30	
	40	9,5673	31	9,5991	37	0,4009	5	9,9682	20	
	50	9,5704	32	9,6028	36	0,3972	5	9,9677	10	
22	0	9,5736	31	9,6064	36	0,3936	5	9,9672	0	68
	10	9,5767	31	9,6100	36	0,3900	6	9,9667	50	
	20	9,5798	30	9,6136	36	0,3864	5	9,9661	40	
	30	9,5828	31	9,6172	36	0,3828	5	9,9656	30	
	40	9,5859	30	9,6208	35	0,3792	5	9,9651	20	
	50	9,5889	30	9,6243	36	0,3757	6	9,9646	10	
23	0	9,5919	29	9,6279	35	0,3721	5	9,9640	0	67
	10	9,5948	30	9,6314	34	0,3686	6	9,9635	50	
	20	9,5978	29	9,6348	35	0,3652	5	9,9629	40	
	30	9,6007	29	9,6383	34	0,3617	6	9,9624	30	
	40	9,6036	29	9,6417	35	0,3583	5	9,9618	20	
	50	9,6065	28	9,6452	34	0,3548	6	9,9613	10	
24	0	9,6093	28	9,6486	34	0,3514	5	9,9607	0	66
	10	9,6121	28	9,6520	33	0,3480	6	9,9602	50	
	20	9,6149	28	9,6553	34	0,3447	6	9,9596	40	
	30	9,6177	28	9,6587	33	0,3413	6	9,9590	30	
	40	9,6205	27	9,6620	34	0,3380	6	9,9584	20	
	50	9,6232	27	9,6654	33	0,3346	5	9,9579	10	
25	0	9,6259	27	9,6687	33	0,3313	6	9,9573	0	65
	10	9,6286	27	9,6720	32	0,3280	6	9,9567	50	
	20	9,6313	27	9,6752	33	0,3248	6	9,9561	40	
	30	9,6340	26	9,6785	32	0,3215	6	9,9555	30	
	40	9,6366	26	9,6817	33	0,3183	6	9,9549	20	
	50	9,6392	26	9,6850	32	0,3150	6	9,9543	10	
26	0	9,6418	26	9,6882	32	0,3118	6	9,9537	0	64
	10	9,6444	26	9,6914	32	0,3086	7	9,9530	50	
	20	9,6470	26	9,6946	32	0,3054	6	9,9524	40	
	30	9,6495	25	9,6977	31	0,3023	6	9,9518	30	
	40	9,6521	26	9,7009	32	0,2991	6	9,9512	20	
	50	9,6546	25	9,7040	31	0,2960	7	9,9505	10	
27	0	9,6570	24	9,7072	32	0,2928	6	9,9499	0	63
	10	9,6595	25	9,7103	31	0,2897	7	9,9492	50	
	20	9,6620	25	9,7134	31	0,2866	6	9,9486	40	
	30	9,6644	24	9,7165	31	0,2835	7	9,9479	30	
	40	9,6668	24	9,7196	31	0,2804	6	9,9473	20	
	50	9,6692	24	9,7226	30	0,2774	7	9,9466	10	
28	0	9,6716	24	9,7257	31	0,2743	7	9,9459	0	62

		lg cos	d	lg cot	d.c.	lg tan	d	lg sin	′	°

17*

Tabelle 12 (Fortsetzung)

°	′	lg sin	d	lg tan	d.c.	lg tan	d	lg cos		
28	0	9,6716	24	9,7257	30	0,2743	6	9,9459	0	62
	10	9,6740	23	9,7287	30	0,2713	7	9,9453	50	
	20	9,6763	24	9,7317	30	0,2683	7	9,9446	40	
	30	9,6787	23	9,7348	31	0,2652	7	9,9439	30	
	40	9,6810	23	9,7378	30	0,2622	7	9,9432	20	
	50	9,6833	23	9,7408	30	0,2592	7	9,9425	10	
29	0	9,6856	22	9,7438	30	0,2562	7	9,9418	0	61
	10	9,6878	23	9,7467	29	0,2533	7	9,9411	50	
	20	9,6901	22	9,7497	30	0,2503	7	9,9404	40	
	30	9,6923	23	9,7526	29	0,2474	7	9,9397	30	
	40	9,6946	22	9,7556	30	0,2444	7	9,9390	20	
	50	9,6968	22	9,7585	29	0,2415	8	9,9383	10	
30	0	9,6990	22	9,7614	29	0,2386	7	9,9375	0	60
	10	9,7012	22	9,7644	30	0,2356	7	9,9368	50	
	20	9,7033	21	9,7673	29	0,2327	8	9,9361	40	
	30	9,7055	22	9,7701	28	0,2299	7	9,9353	30	
	40	9,7076	21	9,7730	29	0,2270	8	9,9346	20	
	50	9,7097	21	9,7759	29	0,2241	7	9,9338	10	
31	0	9,7118	21	9,7788	29	0,2212	8	9,9331	0	59
	10	9,7139	21	9,7816	28	0,2184	8	9,9323	50	
	20	9,7160	21	9,7845	29	0,2155	7	9,9315	40	
	30	9,7181	21	9,7873	28	0,2127	8	9,9308	30	
	40	9,7201	20	9,7902	29	0,2098	8	9,9300	20	
	50	9,7222	21	9,7930	28	0,2070	8	9,9292	10	
32	0	9,7242	20	9,7958	28	0,2042	8	9,9284	0	58
	10	9,7262	20	9,7986	28	0,2014	8	9,9276	50	
	20	9,7282	20	9,8014	28	0,1986	8	9,9268	40	
	30	9,7302	20	9,8042	28	0,1958	8	9,9260	30	
	40	9,7322	20	9,8070	27	0,1930	8	9,9252	20	
	50	9,7342	20	9,8097	28	0,1903	8	9,9244	10	
33	0	9,7361	19	9,8125	28	0,1875	8	9,9236	0	57
	10	9,7380	19	9,8153	27	0,1847	9	9,9228	50	
	20	9,7400	20	9,8180	28	0,1820	8	9,9219	40	
	30	9,7419	19	9,8208	27	0,1792	8	9,9211	30	
	40	9,7438	19	9,8235	28	0,1765	9	9,9203	20	
	50	9,7457	19	9,8263	27	0,1737	8	9,9194	10	
34	0	9,7476	18	9,8290	27	0,1710	9	9,9186	0	56
	10	9,7494	19	9,8317	27	0,1683	8	9,9177	50	
	20	9,7513	18	9,8344	27	0,1656	9	9,9169	40	
	30	9,7531	19	9,8371	27	0,1629	9	9,9160	30	
	40	9,7550	18	9,8398	27	0,1602	9	9,9151	20	
	50	9,7568	18	9,8425	27	0,1575	8	9,9142	10	
35	0	9,7586		9,8452		0,1548		9,9134	0	55
		lg cos	d	lg cot	d.c.	lg tan	d	lg sin	′	°

Tabelle 12 (Fortsetzung)

°	′	lg sin	d	lg tan	d.c.	lg cot	d	lg cos		
35	0	9,7586	18	9,8452	27	0,1548	9	9,9134	0	55
	10	9,7604	18	9,8479	27	0,1521	9	9,9125	50	
	20	9,7262	18	9,8506	27	0,1494	9	9,9116	40	
	30	9,7640	17	9,8533	26	0,1467	9	9,9107	30	
	40	9,7657	18	9,8559	27	0,1441	9	9,9098	20	
	50	9,7675	17	9,8586	27	0,1414	9	9,9089	10	
36	0	9,7692	18	9,8613	26	0,1387	10	9,9080	0	54
	10	9,7710	17	9,8639	27	0,1361	9	9,9070	50	
	20	9,7727	17	9,8666	26	0,1334	9	9,9061	40	
	30	9,7744	17	9,8692	26	0,1308	10	9,9052	30	
	40	9,7761	17	9,8718	27	0,1282	9	9,9042	20	
	50	9,7778	17	9,8745	26	0,1255	10	9,9033	10	
37	0	9,7795	16	9,8771	26	0,1229	9	9,9023	0	53
	10	9,7811	17	9,8797	27	0,1203	10	9,9014	50	
	20	9,7828	16	9,8824	26	0,1176	9	9,9004	40	
	30	9,7844	17	9,8850	26	0,1150	10	9,8995	30	
	40	9,7861	16	9,8876	26	0,1124	10	9,8985	20	
	50	9,7877	16	9,8902	26	0,1098	10	9,8975	10	
38	0	9,7893	17	9,8928	26	0,1072	10	9,8965	0	52
	10	9,7910	16	9,8954	26	0,1046	11	9,8955	50	
	20	9,7926	15	9,8980	26	0,1020	10	9,8945	40	
	30	9,7941	16	9,9006	26	0,0994	10	9,8935	30	
	40	9,7957	16	9,9032	26	0,0968	10	9,8925	20	
	50	9,7973	16	9,9058	26	0,0942	10	9,8915	10	
39	0	9,7989	15	9,9084	26	0,0916	10	9,8905	0	51
	10	9,8004	16	9,9110	25	0,0890	10	9,8895	50	
	20	9,8020	15	9,9135	26	0,0865	11	9,8884	40	
	30	9,8035	15	9,9161	26	0,0839	10	9,8874	30	
	40	9,8050	16	9,9187	25	0,0813	10	9,8864	20	
	50	9,8066	15	9,9212	26	0,0788	11	9,8853	10	
40	0	9,8081	15	9,9238	26	0,0762	10	9,8843	0	50
	10	9,8096	15	9,9264	25	0,0736	11	9,8832	50	
	20	9,8111	14	**9,9289**	26	0,0711	11	**9,8821**	**40**	
	30	9,8125	15	9,9315	26	0,0685	11	9,8810	30	
	40	9,8140	15	9,9341	25	0,0659	10	9,8800	20	
	50	9,8155	14	9,9366	26	0,0634	11	9,8789	10	
41	0	9,8169	15	9,9392	25	0,0608	11	9,8778	0	49
	10	9,8184	14	9,9417	26	0,0583	11	9,8767	50	
	20	9,8198	15	9,9443	25	0,0557	1	9,8756	40	
	30	9,8213	14	9,9468	26	0,0532	12	9,8745	30	
	40	9,8227	14	9,9494	25	0,0506	11	9,8733	20	
	50	9,8241	14	9,9519	25	0,0481	11	9,8722	10	
42	0	9,8255		9,9544		0,0456		9,8711	0	48
		lg cos	d	lg cot	d.c.	lg tan	d	lg sin	′	°

Tabelle 12 (Fortsetzung)

°	′	lg sin	d	lg tan	d.c.	lg cot	d	lg cos		
42	0	9,8255		9,9544		0,0456		9,8711	0	48
	10	9,8269	14	9,9570	26	0,0430	12	9,8699	50	
	20	9,8283	14	9,9595	25	0,0405	11	9,8688	40	
	30	9,8297	14	9,9621	26	0,0379	12	9,8676	30	
	40	9,8311	14	9,9646	25	0,0354	11	9,8665	20	
	50	9,8324	13	9,9671	25	0,0329	12	9,8653	10	
43	0	9,8338	14	9,9697	26	0,0303	12	9,8641	0	47
	10	9,8351	13	9,9722	25	0,0278	12	9,8629	50	
	20	9,8365	14	9,9747	25	0,0253	11	9,8618	40	
	30	9,8378	13	9,9772	25	0,0228	12	9,8606	30	
	40	9,8391	13	9,9798	26	0,0202	12	9,8594	20	
	50	9,8405	14	9,9823	25	0,0177	12	9,8582	10	
44	0	9,8418	13	9,9848	25	0,0152	13	9,8569	0	46
	10	9,8431	13	9,9874	26	0,0126	12	9,8557	50	
	20	9,8444	13	9,9899	25	0,0101	12	9,8545	40	
	30	9,8457	13	9,9924	25	0,0076	13	9,8532	30	
	40	9,8469	12	9,9949	25	0,0051	12	9,8520	20	
	50	9,8482	13	9,9975	26	0,0025	13	9,8507	10	
45	0	9,8495	13	10,0000	25	0,0000	12	9,8495	0	45
		lg cos	d	lg cot	d.c.	lg tan	d	lg sin	′	°

Die Zahl 57 gibt daher die Abnahme von lg cos bei einem Zuwachs des Winkels von 77°30′ auf 77°40′ an.

Für lg tan und lg cot findet man die Differenz in der mittleren mit d. c. betitelten Spalte[1]). Diese gehört zu den beiden links und rechts davon liegenden Spalten. Die Differenzen lg 12°30′ — lg 12°20′ und lg tan 77°40′ — lg tan 77°30′ haben den gemeinsamen Wert 0,0061, der in der Spalte d.c. zwischen den entsprechenden Zeilen angeführt ist. Die Zahl 0,0061 liefert auch die Abnahme des lg cot bei einem Zuwachs des Winkels von 12°20′ auf 12°30′ und von 77°30′ auf 77°40′. Die in den Spalten d. und d.c. erscheinenden Zahlen heißen „Tabellendifferenzen".

§ 10. Die Bestimmung der Logarithmen trigonometrischer Funktionen aus dem Winkel[2])

Für Winkel mit einer runden Minutenzahl (0′, 10′, 20′, 30′, 40′, 50′) kann man die gesuchte Größe (mit einer Genauigkeit von 0,0001) direkt aus Tab. 12 ablesen, wie es im letzten Paragraphen beschrieben wurde. Bei den übrigen Winkeln muß man interpolieren.

---

[1]) Abkürzung für differentia communis (gemeinsame Differenz).
[2]) Wenn der Winkel im Bogenmaß gegeben ist, so muß man zuerst daraus sein Gradmaß berechnen.

Dabei ist zu beachten, daß für sin und tan die Winkeländerung und die Änderung des Logarithmus dasselbe Vorzeichen und für cos und cot das entgegengesetzte Vorzeichen haben.

Beispiel 1. Man bestimme lg cos 24°13′.

Der gegebene Winkel ist kleiner als 45°. Wir nehmen daher die Spalte, in der lg cos oben steht. Dort finden wir[1]) lg cos 24°10′ = 1̄,9602. Die Tabellendifferenz (die Zahl in der rechten Spalte d) (= lg 24°10′ — lg cos 24°20′) = 0,0006. Wir bestimmen die zu 3′ gehörende Korrektur x. Aus der Verhältnisgleichung

$$x : 0,006 = 3′ : 10′$$

finden wir

$$x = 0,0006 \cdot 0,3 \approx 0,0002.$$

Diese Korrekturgröße muß man von 1̄,9602 abziehen. Wir erhalten

$$\text{lg cos } 24°13′ = 1̄,9600.$$

Schreibschema:

$$\frac{\text{lg cos } 24°10′ = 1̄,9602 \quad \text{d} = 6}{+3′ \qquad -2}$$
$$\text{lg cos } 24°13′ = 1̄,9600.$$

Bemerkung. Die Bestimmung der Korrekturgröße braucht man nicht schriftlich durchzuführen. Man braucht nur die Anzahl der Minuten mit der Tabellendifferenz zu multiplizieren, das Produkt abzurunden und die Null am Ende weglassen. In unserem Beispiel multiplizieren wir 3 mit 6 und runden das Produkt 18 auf 20 auf. Durch Weglassen der Null am Ende erhalten wir die Korrekturgröße 2.

Beispiel 2. Man bestimme lg tan 57°48′.

Der gegebene Winkel ist größer als 45°. Daher nehmen wir die Spalte, in der lg tan unten steht. Dort finden wir lg tan 57°50′ = 0,2014, d.c. (= lg tan 57°50′ — lg tan 57°40′) = 28 (d.h. 0,0028). Wir suchen die Korrekturgröße, die einer Verminderung des Winkels um 2′ entspricht. Wir multiplizieren (s. Bemerkung zu Beispiel 1) 2 mit 28. Das abgerundete Resultat ist 60. Wir streichen die Null und erhalten die Korrekturgröße 6. Wir ziehen diese von 0,2014 ab und erhalten **lg tan 57°48′ = 0,2008.**

Schreibschema:

$$\text{lg tan } 57°50′ = 0,2014 \quad \text{d} = 28$$
$$\frac{-2′ \qquad -6}{\text{lg tan } 57°48′ = 0,2008.}$$

Bemerkung. Man kann auch lg tan 57°40′ = 0,1986 aus der Tabelle entnehmen und damit beginnen. Der Fehler, der einem Zuwachs von 8′ entspricht, ist dann 22 (8 · 28 ≈ 220). Dieser ist zu 0,1986 zu addieren. Das Ergebnis ist dasselbe wie früher, die Multi-

---

[1]) Es ist zu beachten, daß in der Tabelle die Kennziffern aller Logarithmen um 10 vergrößert wurden, d. h., an Stelle von 1̄ steht 9, an Stelle von 2̄ steht 8 usw.

plikation mit w ist aber leichter als die Multiplikation mit 8, die Wahrscheinlichkeit für einen Fehler beim Kopfrechnen ist daher geringer.

Beispiel 3. Man bestimme lg cot 65°17′.

$$\text{lg cot } 65°20′ = \bar{1},6620 \quad d = 34$$
$$\underline{\hphantom{\text{lg cot } 65°20′ = } -3′ \qquad +10}$$
$$\text{lg cot } 65°17′ = \bar{1},6630.$$

Beispiel 4. Man bestimme lg sin 40°34′.

$$\text{lg sin } 40°30′ = \bar{1},8125 \quad d = 15$$
$$\underline{\hphantom{\text{lg sin } 40°30′ = } +4′ \qquad +6}$$
$$\text{lg sin } 40°34′ = \bar{1},8131.$$

<h2 style="text-align:center">§ 11. Bestimmung des Winkels
aus dem Logarithmus einer trigonometrischen Funktion</h2>

Wir suchen die Spalten von Tab. 12 ab (die Werte jeder Funktion sind auf zwei Spalten verteilt) und finden entweder den von uns benötigten Wert oder einen Wert in seiner Nähe. Im zweiten Fall notieren wir die Tabellendifferenz. Wenn der Name der gegebenen trigonometrischen Funktion am Kopf der Spalte steht, so lesen wir Grad und Minuten links ab, wenn der Name am Fuße der Spalte steht, so lesen wir rechts ab. Wenn notwendig, so finden wir schließlich die Winkelkorrektur mit Hilfe einer Schlußrechnung (für sin und tan hat die Winkelkorrektur dasselbe Vorzeichen wie die Abweichung des Logarithmus der trigonometrischen Funktion, für cos und cot sind die Vorzeichen entgegengesetzt).

Beispiel 1. Man bestimme den spitzen Winkel α aus lg tan α = 0,2541. Der Wert 0,2433 liegt dem gegebenen Wert am nächsten (Tabellendifferenz d.c. = 29), er steht in einer Spalte, in der lg tan *unten* erscheint. Wir lesen daher *rechts* 60°50′ ab. Die Korrekturgröße x, die der Abweichung von 8 Einheiten an der letzten Stelle (0,2541 − 0,2533 = 0,0008) entspricht, finden wir aus der Verhältnisgleichung

$$x : 10′ = 8 : 29.$$

Daraus ergibt sich $x = \dfrac{10′ \cdot 8}{29} \approx 3′$. Wir addieren dies und erhalten $\alpha = 60°53′$.

Schreibschema:

$$\text{lg tan } \alpha = 0,2541$$
$$0,2533 = \text{lg tan } 60°50′ \quad d = 29$$
$$\underline{\hphantom{0,2533 = } +8 \qquad\qquad +3′}$$
$$0,2541 = \text{lg tan } 60°53′$$
$$\alpha = 60°53′.$$

Bemerkung. Die Korrekturgröße kann man im Kopf auf folgende Weise berechnen. Wir betrachten die Differenz zwischen dem gegebenen Wert und dem Tabellenwert — in unserem Beispiel 0,0008 — als ganze Zahl 8 (d. h., wir kümmern uns nicht um das Komma und um die Nullen dahinter). Wir nehmen davon das Zehnfache (80) und dividieren durch die Tabellendifferenz (29). Der auf Einer gerundete Quotient — in unserem Beispiel 3 — liefert die Korrekturgröße in Minuten.

Beispiel 2. Man bestimme den spitzen Winkel α aus $\lg \cos \alpha = \bar{1},4361$.

Der nächstgelegene Tabellenwert ist $\bar{1},4359$. Die Tabellendifferenz ist $d = 44$. Der Name lg cos steht in der Spalte *unten*. Wir lesen daher *rechts* 74°10′ ab. Das Zehnfache der Differenz zwischen dem gegebenen Wert und dem Tabellenwert ist 20. Der Quotient $\frac{20}{53}$ (der kleiner als $\frac{1}{2}$ ist) ergibt abgerundet Null.

Wir haben also $\alpha = 74°10′$.

Beispiel 3. Man bestimme den spitzen Winkel α aus $\lg \cot \alpha = \bar{1},6780$.

Der nächstgelegene Tabellenwert ist 1,6785. Die Tabellendifferenz ist 32. Die Bezeichnung lg cot steht in der Tabelle *unten*. Wir lesen daher *rechts* 64°30′ ab. Der gegebene Wert ist um 5 kleiner als der Tabellenwert. Das Zehnfache davon, nämlich 50, teilen wir durch 32. Der Quotient ergibt abgerundet 2. Wir addieren 2′ und erhalten $\alpha = 64°32′$.

Schreibschema:

$$\lg \cot \alpha = \bar{1},6780$$
$$\bar{1},6785 = \lg \cot 64°30′ \quad d = 32$$
$$\frac{-5 \qquad\qquad +2′}{\bar{1},6780 = \lg \cot 64°32′.}$$

Beispiel 4. Man bestimme den spitzen Winkel α aus $\lg \sin \alpha = \bar{1}7414$.

$$\lg \sin \alpha = \bar{1},7414$$
$$\bar{1},7419 = \lg \sin 33°30′ \quad d = 19$$
$$\frac{-5 \qquad\qquad -3′}{\bar{1},7414 = \lg \sin 33°27′}$$
$$\alpha = 33°27′.$$

§ 12. Die Berechnung von rechtwinkligen Dreiecken mit Hilfe von Logarithmen

Fall 1. Gegeben: Hypotenuse $c = 9{,}994$, Kathete $b = 5{,}752$. Man bestimme a, B, A.

1. Bestimmung von B: $\sin B = \dfrac{b}{c}$,

$$\begin{aligned}
\lg b &= 0{,}7598 \\
-\lg c &= \bar{1}{,}0003 \\
\hline
\lg \sin b &= \bar{1}{,}7601; \quad B = 35°8'
\end{aligned}$$

oder auch

$$\begin{aligned}
\lg b &= 10{,}7598 - 10 \\
-\lg c &= -0{,}9997 \\
\hline
\lg \sin b &= 9{,}7601 - 10
\end{aligned}$$

2. Bestimmung von A: $A = 90° - B = 54°52'$.

3. Bestimmung von a: $a = b \tan A$;

$$\begin{aligned}
\lg b &= 0{,}7598 \\
\lg \tan A &= 0{,}1526 \\
\hline
\lg a &= 0{,}9124; \quad a = 8{,}173.
\end{aligned}$$

Fall 2. Gegeben die Katheten $a = 0{,}920$ und $b = 0{,}849$, man bestimme die Hypotenuse und die spitzen Winkel.

1. Bestimmung des Winkels B: $\tan B = \dfrac{b}{a}$,

$$\begin{aligned}
\lg b &= \bar{1}{,}9289 \\
\lg a &= 0{,}0362 \\
\hline
\lg \tan B &= \bar{1}{,}9651; \quad B = 42°42'.
\end{aligned}$$

2. Bestimmung des Winkels A: $A = 90° - B = 47°18'$.

3. Bestimmung der Hypotenuse c: $c = \dfrac{b}{\sin B}$,

$$\begin{aligned}
\lg b &= \bar{1}{,}9289 \\
-\lg \sin B &= 0{,}1687 \\
\hline
\lg c &= 0{,}0976; \quad c = 1{,}252.
\end{aligned}$$

Fall 3. Gegeben: Hypotenuse $c = 798{,}1$, der spitze Winkel $A = 49°18'$. Man bestimme a, b, B.

1. Bestimmung von B: $B = 90° - 49°18' = 40°42'$.

2. Bestimmung von a: $a = c \sin A$.

$$\lg c = 2{,}9021$$
$$\lg \sin A = \bar{1}{,}8797$$
$$\lg a = 2{,}7818; \quad a = 605{,}1.$$

3. Bestimmung von b: $b = c \sin B$,

$$\lg c = 2{,}9021$$
$$\lg \sin B = \bar{1}{,}8143$$
$$\lg b = 2{,}7164; \quad b = 520{,}5.$$

Fall 4. Gegeben: Kathete $a = 324{,}6$, spitzer Winkel $B = 49°28'$. Man bestimme b, c, A.

1. Bestimmung von A:

$$A = 90° - B = 90° - 49°28' = 40°32'.$$

2. Bestimmung von b: $b = a \operatorname{tg} B$

$$\lg a = 2{,}5113$$
$$\lg \tan b = 0{,}0680$$
$$\lg b = 2{,}5793; \quad b = 379{,}6.$$

3. Bestimmung von c: $c = \dfrac{a}{\sin A}$

$$\lg a = 2{,}5113$$
$$-\lg \sin A = 0{,}1872$$
$$\lg c = 2{,}6985; \quad c = 499{,}5.$$

§ 13. Die Anwendung der Berechnung von rechtwinkligen Dreiecken in der Praxis

Zur Anwendung der dargelegten Methoden zur Lösung von Aufgaben der Praxis ist es notwendig ,daß man vorerst den Gebrauch der Tabellen übt und fehlerlos nachschlagen lernt. Aber dies ist noch nicht alles. Es bleiben noch zwei Schwierigkeiten. Die erste Schwierigkeit besteht in der Aneignung einfacher Verfahren, mit deren Hilfe man gegebene geometrische Figuren in rechtwinklige Dreiecke zerlegen kann. Wir geben einige typische Beispiele an.

Beispiel 1. In einem gleichschenkligen Dreieck ABC (Abb. 218) sind die Grundlinie AC und ein Schenkel AB bekannt. Man bestimme den Winkel B beim Scheitel.

Wir ziehen die Höhe BD, welche die Grundlinie AC und den Winkel B beim Scheitel halbiert. Bei bekanntem AC finden wir auch $AD = \dfrac{AC}{2}$. Aus dem rechtwinkligen Dreieck ABC finden wir aus der Kathete AD und der Hypotenuse AB (Fall 1, § 8 und § 12) $\sphericalangle\,ABD$. Der gesuchte Winkel ist doppelt so groß.

Beispiel 2. Bei gegebenem Radius R eines Kreises berechne man die Seite AB eines dem Kreis eingeschriebenen regelmäßigen Neunecks. Wir ziehen die Radien OA und OB zu den Enden der Sehne AB

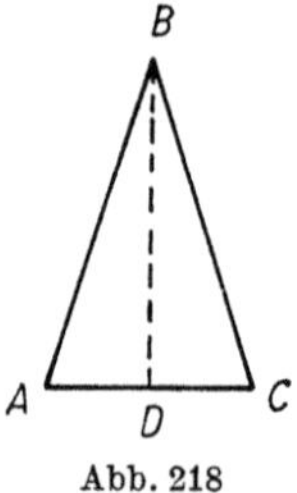

Abb. 218

(Abb. 218) und erhalten ein gleichschenkliges Dreieck, in dem der Schenkel $OA = R$ bekannt ist. Darüber hinaus bestimmt man leicht den Winkel beim Scheitel $\sphericalangle\, AOB = \dfrac{360°}{9} = 40°$. Zerlegt man wie im vorangehenden Fall das Dreieck durch die Höhe in zwei rechtwinklige Dreiecke, so läßt sich die Aufgabe gemäß Fall 3 aus § 8 und § 12 lösen.

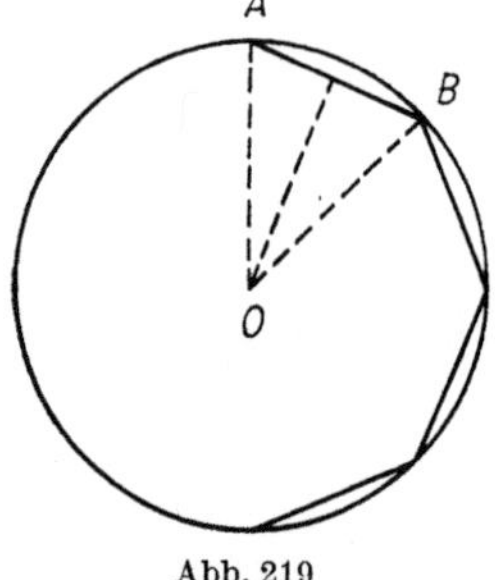

Abb. 219

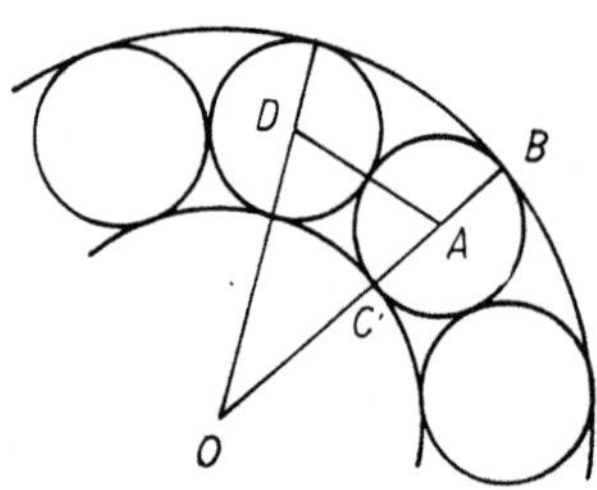

Abb. 220

Die zweite Schwierigkeit — und diese ist ausschlaggebender — besteht darin, eine konkret gestellte Aufgabe in die mathematische Sprache zu übersetzen.

Beispiel 3. Man berechne, wie man den inneren und den äußeren Radius eines Kugellagers wählen muß, damit man in ihm zwanzig Stahlkugeln mit einem Durchmesser von 16 mm lagern kann.
(Zur Vereinfachung der Aufgabe nehmen wir an, daß die Stahlkugeln dicht nebeneinander liegen müssen.)
Die Hauptschwierigkeit dieser Aufgabe besteht darin, ihren mathematischen Inhalt zu erfassen. Wir zeichnen uns Abb. 220 und vermerken, daß uns der Durchmesser der Kugel BC und damit auch deren Radius $AB = AC = 8$ mm bekannt ist. Darüber hinaus soll

der Winkel zwischen den Radien OA und OD durch die Mittelpunkte benachbarter Kugeln gleich $\dfrac{360°}{20} = 18°$ sein. Außerdem muß die Verbindungsstrecke der Mittelpunkte zweier sich berührender Kugeln gleich dem gemeinsamen Durchmesser sein, d. h. $AD = 16$ mm. Jetzt haben wir ein gleichschenkliges Dreieck AOD, bei dem die Grundlinie $AD = 16$ mm und der Winkel beim Scheitel $\sphericalangle\,AOD = 18°$ bekannt sind. Durch Zerlegen in zwei rechtwinklige Dreiecke führen wir die Aufgabe auf den Fall 4 aus § 12 zurück und erhalten $OD = OA = 51,1$ mm. Daraus finden wir den äußeren Radius

$$OB = OA + AB = 51,1 + 8 = 59,1 \text{ mm}$$

und den inneren Radius

$$OC = OA - AC = 43,1 \text{ mm}.$$

§ 14. Beziehungen zwischen den trigonometrischen Funktionen eines Winkels

Wenn eine der trigonometrischen Funktionen eines Winkels bekannt ist, so kann man alle übrigen mit Hilfe der unten angeführten Formeln berechnen. Der Hauptwert dieser Formeln besteht jedoch darin, daß man mit ihrer Hilfe die Form vieler allgemeiner Formeln vereinfachen und zahlreiche Rechenprozesse abkürzen kann.

$$\sin^2 \alpha + \cos^2 \alpha = 1; \quad \tan \alpha \cdot \cot \alpha = 1;$$

$$\tan \alpha = \frac{\sin \alpha}{\cos \alpha}; \quad \cot \alpha = \frac{\cos \alpha}{\sin \alpha};$$

$$\sin \alpha \cdot \csc \alpha = 1; \quad \cos \alpha \cdot \operatorname{sc} \alpha = 1;$$

$$\operatorname{sc}^2 \alpha = 1 + \tan^2 \alpha; \quad \csc^2 \alpha = 1 + \cot^2 \alpha;$$

$$\cos^2 \alpha = \frac{1}{1 + \tan^2 \alpha} = \frac{\cot^2 \alpha}{1 + \cot^2 \alpha};$$

$$\sin^2 \alpha = \frac{1}{1 + \cot^2 \alpha} = \frac{\tan^2 \alpha}{1 + \tan^2 \alpha}.$$

Diese Formeln gelten auch für trigonometrische Funktionen beliebiger Winkel (s. den folgenden Paragraphen).

§ 15. Die trigonometrischen Funktionen beliebiger Winkel

Man könnte die gesamte Trigonometrie nur unter Verwendung von trigonometrischen Größen spitzer Winkel aufbauen. Jedoch müßte man dann bei der Lösung von schiefwinkligen Dreiecken und bei anderen Problemen der Trigonometrie stets mehrere Fälle unterscheiden, je nach der Größe der Winkel. Die Lösung aller dieser Aufgaben erhält jedoch eine einheitliche Gestalt, wenn man den Begriff

des Sinus, Kosinus usw. in der folgenden Weise auf Winkel beliebiger
Größe erweitert, und zwar sowohl auf Winkel, die größer als 180°
sind, als auch auf negative Winkel.

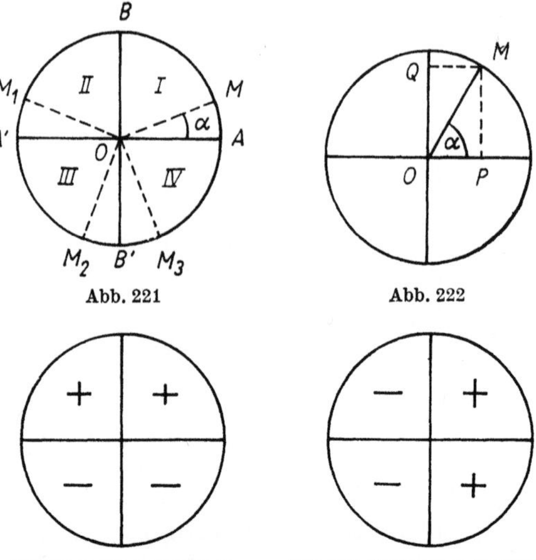

Abb. 221　　　　　　　　　　Abb. 222

Abb. 223. Vorzeichen des Sinus
und des Kosekans in den
verschiedenen Quadranten

Abb. 224. Vorzeichen des Kosinus
und des Sekans in den
verschiedenen Quadranten

Zur Winkelzählung verwenden wir einen Kreis $ABA'B'$ (Abb. 221)
mit zwei zueinander senkrechten Durchmessern AA' („erster"
Durchmesser) und BB' („zweiter" Durchmesser). Den Punkt A
nehmen wir als Anfangspunkt für die Messung des Bogens. Als
positive Richtung nehmen wir die Richtung im Gegenuhrzeigersinn.
Der „laufende" Radius OM bildet mit dem „ruhenden" Radius OA
den Winkel α. Er kann zum ersten (MOA), zweiten (M_1OA), dritten
(M_2OA) oder vierten (M_3OA) Quadranten gehören. Die Richtungen
OA und OB gelten als positiv, die Richtungen OA' und OB' als negativ. Wir definieren die trigonometrischen Funktionen der Winkel so:
Die *Sinuslinie* des Winkels (Abb. 222) ist die Projektion OQ des
laufenden Radius auf den zweiten Durchmesser (mit entsprechendem
Vorzeichen genommen). Die *Kosinuslinie* OP ist die Projektion des
laufenden Radius auf den ersten Durchmesser.
Der *Sinus des Winkels* α (Abb. 222) ist das Verhältnis der Sinuslinie
OQ[1]) zum Radius R des Kreises. Der *Kosinus* ist das Verhältnis der
Kosinuslinie OP[1]) zum Radius. In Abb. 223 sind die Vorzeichen des
Sinus, in Abb. 224 die Vorzeichen des Kosinus in den verschiedenen
Quadranten angegeben.

---

[1]) Mit entsprechendem Vorzeichen genommen.

Die *Tangenslinie* (AD_1, AD_2 usw.) ist der Tangentenabschnitt zwischen dem Berührungspunkt A am Ende des ersten Durchmessers und dem Schnittpunkt mit der Verlängerung des laufenden Radius (OM_1, OM_2 usw., Abb. 225).

Die *Kotangenslinie* (BE_1, BE_2 usw.) ist der Tangentenabschnitt zwischen dem Berührungspunkt B am Ende des zweiten Durchmessers und dem Schnittpunkt der Verlängerung des laufenden Durchmessers (OM_1, OM_2 usw., Abb. 226).

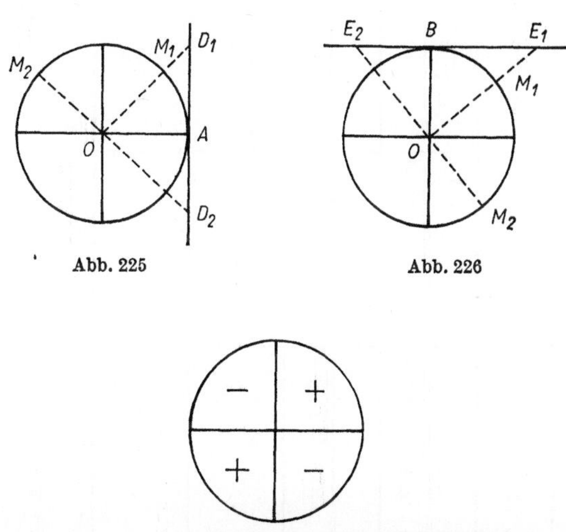

Abb. 225 Abb. 226

Abb. 227. Vorzeichen des Tangens und des Kotangens
in den verschiedenen Quadranten

Der *Tangens* eines Winkels ist das Verhältnis der *Tangenslinie*[1]) zum Radius.

Der *Kotangens* ist das Verhältnis der *Kotangenslinie*[1]) zum Radius. Den Sekans und den Kosekans definiert man am einfachsten immer als die zu Sinus und Kosinus reziproken Werte.

In Tab. 13 findet man alle trigonometrischen Größen beliebiger Winkel ausgedrückt durch eine der anderen Größen. Bei den Ausdrücken mit doppeltem Vorzeichen hängt die Wahl des Vorzeichens davon ab, in welchem Quadranten der Winkel liegt (s. Abb. 223, 224 und 227).

Die Schaubilder der trigonometrischen Funktionen werden in IV, 8 gegeben.

---

[1]) Mit entsprechendem Vorzeichen genommen.

Tabelle 13   Darstellung der Winkelfunktionen durch die jeweiligen anderen Winkelfunktionen

	sin	cos	tan	cot	sc	csc
$\sin x$		$=\pm\sqrt{1-\cos^2 x}$	$=\dfrac{\tan x}{\pm\sqrt{1+\tan^2 x}}$	$=\dfrac{1}{\pm\sqrt{1+\cot^2 x}}$	$=\dfrac{\pm\sqrt{sc^2 x-1}}{sc\,x}$	$=\dfrac{1}{\csc x}$
$\cos x$	$=\pm\sqrt{1+\sin^2 x}$		$=\dfrac{1}{\pm\sqrt{1+\tan^2 x}}$	$=\dfrac{\cot x}{\pm\sqrt{1+\cot^2 x}}$	$=\dfrac{1}{sc\,x}$	$=\dfrac{\pm\sqrt{\csc^2 x-1}}{\csc x}$
$\tan x$	$=\dfrac{\sin x}{\pm\sqrt{1-\sin^2 x}}$	$+\dfrac{\pm\sqrt{1-\cos^2 x}}{\cos x}$		$=\dfrac{1}{\cot x}$	$=\pm\sqrt{sc^2 x-1}$	$=\dfrac{1}{\pm\sqrt{\csc^2 x-1}}$
$\cot x$	$=\dfrac{\pm\sqrt{1-\sin^2 x}}{\sin x}$	$=\dfrac{\cos x}{\pm\sqrt{1-\cos^2 x}}$	$=\dfrac{1}{\tan x}$		$=\dfrac{1}{\pm\sqrt{sc^2 x-1}}$	$=\pm\sqrt{\csc^2 x-1}$
$sc\,x$	$=\dfrac{1}{\pm\sqrt{1-\sin^2 x}}$	$=\dfrac{1}{\cos x}$	$=\pm\sqrt{1+\tan^2 x}$	$=\dfrac{\pm\sqrt{1+\cot^2 x}}{\cot x}$		$=\dfrac{\csc x}{\pm\sqrt{\csc^2 x-1}}$
$\csc x$	$=\dfrac{1}{\sin x}$	$=\dfrac{1}{\pm\sqrt{1-\cos^2 x}}$	$=\dfrac{\pm\sqrt{1+\tan^2 x}}{\tan x}$	$=\pm\sqrt{1+\cot^2 x}$	$=\dfrac{sc\,x}{\pm\sqrt{sc^2 x-1}}$	

§ 16. Erweiterungsformeln

So nennt man die unten angeführten Formeln, die den Wert der trigonometrischen Funktionen für Winkel größer als 90° zu bestimmen erlauben und darüber hinaus zur Vereinfachung der Gestalt von anderen Formeln dienen.

Alle diese Formeln gelten für beliebige Winkel α. Man verwendet sie jedoch vorwiegend dann, wenn α ein spitzer Winkel ist.

Gruppe I:

$$\sin(-\alpha) = -\sin\alpha, \qquad \tan(-\alpha) = -\tan\alpha,$$
$$\cot(-\alpha) = -\cot\alpha, \qquad \cos(-\alpha) = +\cos\alpha.$$

Mit Hilfe dieser Formeln kann man von der Betrachtung negativer Winkel absehen.

Gruppe II:

$$\left.\begin{matrix}\sin\\\cos\\\tan\\\cot\end{matrix}\right\}(360° \, k + \alpha) = \left.\begin{matrix}\sin\\\cos\\\tan\\\cot\end{matrix}\right\}\alpha \qquad (k \text{ bedeutet eine positive ganze Zahl}).$$

Mit Hilfe dieser Formeln kann man Winkel aus der Betrachtung ausschließen, die größer als 360° sind.

Gruppe III:

$$\left.\begin{matrix}\sin\\\cos\\\tan\\\cot\end{matrix}\right\}(180° \pm \alpha) = \left.\begin{matrix}\mp\sin\\-\cos\\\pm\tan\\\pm\cot\end{matrix}\right\}\alpha.$$

Die Funktionsbezeichnung bleibt dieselbe. Rechts steht das Vorzeichen, das die linke Seite bei spitzem Winkel α hätte.

Zum Beispiel gilt $\sin(180° - \alpha) = +\sin\alpha$, da bei spitzem Winkel α der Winkel $180° - \alpha$ im zweiten Quadranten liegt, für den der Sinus positiv ist. $\sin(180° + \alpha) = -\sin\alpha$, da bei spitzem α der Winkel $180° + \alpha$ im dritten Quadranten liegt, für den der Sinus negativ ist. $\cos(180° - \alpha) = -\cos\alpha$, da der Kosinus im zweiten Quadranten negativ ist usw.

Gruppe IV:

$$\left.\begin{matrix}\sin\\\cos\\\tan\\\cot\end{matrix}\right\}(90° \pm \alpha) = \left.\begin{matrix}+\cos\\\mp\sin\\\mp\cot\\\mp\tan\end{matrix}\right\}\alpha; \qquad \left.\begin{matrix}\sin\\\cos\\\tan\\\cot\end{matrix}\right\}(270° \pm \alpha) = \left.\begin{matrix}-\cos\\\pm\sin\\\mp\cot\\\mp\tan\end{matrix}\right\}\alpha.$$

Die Funktionsbezeichnung ändert sich, jede Funktion geht in die zu ihr „komplementäre" Funktion über. Für die Vorzeichen gilt dasselbe wie bei der letzten Gruppe. Zum Beispiel gilt $\cos(270° - \alpha)$ $= -\sin\alpha$, da der Winkel $270° - \alpha$ bei spitzem α im dritten

Tabelle 14

Funktion	Winkel								
	$-\alpha$	$90° - \alpha$	$90° + \alpha$	$180° - \alpha$	$180° + \alpha$	$270° - \alpha$	$270° + \alpha$	$360° k - \alpha$	$360° k + \alpha$
sin	$-\sin\alpha$	$+\cos\alpha$	$+\cos\alpha$	$+\sin\alpha$	$-\sin\alpha$	$-\cos\alpha$	$-\cos\alpha$	$-\sin\alpha$	$+\sin\alpha$
cos	$+\cos\alpha$	$+\sin\alpha$	$-\sin\alpha$	$-\cos\alpha$	$-\cos\alpha$	$-\sin\alpha$	$+\sin\alpha$	$+\cos\alpha$	$+\cos\alpha$
tan	$-\tan\alpha$	$+\cot\alpha$	$-\cot\alpha$	$-\tan\alpha$	$+\tan\alpha$	$+\cot\alpha$	$-\cot\alpha$	$-\tan\alpha$	$+\tan\alpha$
cot	$-\cot\alpha$	$+\tan\alpha$	$-\tan\alpha$	$-\cot\alpha$	$+\cot\alpha$	$+\tan\alpha$	$-\tan\alpha$	$-\cot\alpha$	$+\cot\alpha$
sc	$+\mathrm{sc}\,\alpha$	$+\csc\alpha$	$-\csc\alpha$	$-\mathrm{sc}\,\alpha$	$-\mathrm{sc}\,\alpha$	$-\csc\alpha$	$+\csc\alpha$	$+\mathrm{sc}\,\alpha$	$+\mathrm{sc}\,\alpha$
csc	$-\csc\alpha$	$+\mathrm{sc}\,\alpha$	$+\mathrm{sc}\,\alpha$	$+\csc\alpha$	$-\csc\alpha$	$-\mathrm{sc}\,\alpha$	$-\mathrm{sc}\,\alpha$	$-\csc\alpha$	$+\csc\alpha$

Quadranten liegt, für den der Kosinus negativ ist. $\cos(270° + \alpha)$ $= + \sin \alpha$, da im vierten Quadranten der Kosinus positiv ist usw.

Alle oben angegebenen Formeln erhält man aus der folgenden Regel: *Eine beliebige trigonometrische Funktion vom Winkel 90° n + α ist dem Absolutbetrag nach gleich derselben Funktion von α, wenn n gerade ist, und gleich der „komplementären" Funktion von α, wenn n ungerade ist. Wenn der Funktionswert beim Winkel 90° n + α positiv ist, so haben beide Funktionen für spitze Winkel α dasselbe Vorzeichen, wenn der betreffende Funktionswert negativ ist, so sind die Vorzeichen entgegengesetzt.*

Die Ergebnisse der oben angeführten Ableitungsformeln sind in Tab. 14 zusammengefaßt und durch die entsprechenden Beziehungen für den Sekans und Kosekans ergänzt worden.

§ 17. Additionstheoreme

$$\sin(\alpha + \beta) = \sin \alpha \cos \beta + \cos \alpha \sin \beta;$$

$$\sin(\alpha - \beta) = \sin \alpha \cos \beta - \cos \alpha \sin \beta;$$

$$\cos(\alpha + \beta) = \cos \alpha \cos \beta - \sin \alpha \sin \beta;$$

$$\cos(\alpha - \beta) = \cos \alpha \cos \beta + \sin \alpha \sin \beta;$$

$$\tan(\alpha + \beta) = \frac{\tan \alpha + \tan \beta}{1 - \tan \alpha \tan \beta};$$

$$\tan(\alpha - \beta) = \frac{\tan \alpha - \tan \beta}{1 + \tan \alpha \tan \beta}.$$

§ 18. Formeln für den doppelten, den dreifachen und den halben Winkel

$$\sin 2\alpha = 2 \sin \alpha \cos \alpha;$$

$$\cos 2\alpha = \cos^2 \alpha - \sin^2 \alpha = 1 - 2 \sin^2 \alpha = 2 \cos^2 \alpha - 1.$$

$$\tan 2\alpha = \frac{2 \tan \alpha}{1 - \tan^2 \alpha}; \qquad \cot 2\alpha = \frac{\cot^2 \alpha - 1}{2 \cot \alpha};$$

$$\sin 3\alpha = 3 \sin \alpha - 4 \sin^3 \alpha; \qquad \cos 3\alpha = 4 \cos^2 \alpha - 3 \cos \alpha;$$

$$\tan 3\alpha = \frac{3 \tan \alpha - \tan^3 \alpha}{1 - 3 \tan^2 \alpha}; \qquad \cot 3\alpha = \frac{\cot^3 \alpha - 3 \cot \alpha}{3 \cot^2 \alpha - 1};$$

$$\sin \frac{\alpha}{2} = \pm \sqrt{\frac{1 - \cos \alpha}{2}}; \qquad \cos \frac{\alpha}{2} = \pm \sqrt{\frac{1 + \cos \alpha}{2}};$$

$$\tan \frac{\alpha}{2} = \pm \sqrt{\frac{1 - \cos \alpha}{1 + \cos \alpha}} = \frac{\sin \alpha}{1 + \cos \alpha} = \frac{1 - \cos \alpha}{\sin \alpha};$$

$$\cot \frac{\alpha}{2} = \pm \sqrt{\frac{1 + \cos \alpha}{1 - \cos \alpha}} = \frac{\sin \alpha}{1 - \cos \alpha} = \frac{1 + \cos \alpha}{\sin \alpha}.$$

Die Vorzeichen vor den Wurzelzeichen sind je nach der Lage von $\frac{\alpha}{2}$ in den verschiedenen Quadranten zu nehmen (III, 15—16).

18*

§ 19. Umformung trigonometrischer Ausdrücke auf eine zum Logarithmieren geeignete Form

$$\sin \alpha + \sin \beta = 2 \sin \frac{\alpha + \beta}{2} \cos \frac{\alpha - \beta}{2} \, ;$$

$$\sin \alpha - \sin \beta = 2 \cos \frac{\alpha + \beta}{2} \sin \frac{\alpha - \beta}{2} \, ;$$

$$\cos \alpha + \cos \beta = 2 \cos \frac{\alpha + \beta}{2} \cos \frac{\alpha - \beta}{2} \, .$$

$$\cos \alpha - \cos \beta = -2 \sin \frac{\alpha + \beta}{2} \sin \frac{\alpha - \beta}{2} = 2 \sin \frac{\alpha + \beta}{2} \sin \frac{\beta - \alpha}{2} \, ;$$

$$\cos \alpha + \sin \alpha = \sqrt{2} \cos (45° - \alpha);$$

$$\cos \alpha - \sin \alpha = \sqrt{2} \sin (45° - \alpha);$$

$$\tan \alpha \pm \tan \beta = \frac{\sin (\alpha \pm \beta)}{\cos \alpha \cos \beta} \, ; \qquad \cot \alpha \pm \cot \beta = \frac{\sin (\beta \pm \alpha)}{\sin \alpha \sin \beta} \, ;$$

$$\tan \alpha + \cot \beta = \frac{\cos (\alpha - \beta)}{\cos \alpha \sin \beta} \, ; \qquad \tan \alpha - \cot \beta = -\frac{\cos (\alpha + \beta)}{\cos \alpha \sin \beta} \, ;$$

$$\tan \alpha + \cot \alpha = 2 \csc 2\alpha; \qquad \tan \alpha - \cot \alpha = -2 \cot 2\alpha;$$

$$1 + \cos \alpha = 2 \cos^2 \frac{\alpha}{2} \, ; \qquad 1 - \cos \alpha = 2 \sin^2 \frac{\alpha}{2} \, ;$$

$$1 + \sin \alpha = 2 \cos^2 \left(45° - \frac{\alpha}{2} \right);$$

$$1 - \sin \alpha = 2 \sin^2 \left(45° - \frac{\alpha}{2} \right);$$

$$1 \pm \tan \alpha = \frac{\sin (45° \pm \alpha)}{\cos 45° \cos \alpha} = \frac{\sqrt{2} \sin (45° \pm \alpha)}{\cos \alpha} \, ;$$

$$1 \pm \tan \alpha \tan \beta = \frac{\cos (\alpha \mp \beta)}{\cos \alpha \cos \beta} \, ; \qquad \cot \alpha \cot \beta \pm 1 = \frac{\cos (\alpha \mp \beta)}{\sin \alpha \sin \beta} \, ;$$

$$1 - \tan^2 \alpha = \frac{\cos 2\alpha}{\cos^2 \alpha} \, ; \qquad 1 - \cot^2 \alpha = -\frac{\cos 2\alpha}{\sin^2 \alpha} \, ;$$

$$\tan^2 \alpha - \tan^2 \beta = \frac{\sin (\alpha + \beta) \sin (\alpha - \beta)}{\cos^2 \alpha \cos^2 \beta} \, ;$$

$$\cot^2 \alpha - \cot^2 \beta = \frac{\sin (\alpha + \beta) \sin (\beta - \alpha)}{\sin^2 \alpha \sin^2 \beta} \, ;$$

$$\tan^2 \alpha - \sin^2 \alpha = \tan^2 \alpha \sin^2 \alpha; \qquad \cot^2 \alpha - \cos^2 \alpha = \cot^2 \alpha \cos^2 \alpha.$$

§ 20. Umformung von Ausdrücken in den drei Winkeln eines Dreiecks auf eine zum Logarithmieren geeignete Form

Wenn A, B, C die Winkel eines Dreiecks sind (d. h., wenn $A + B + C = 180°$) so kann man gewisse Ausdrücke mit Hilfe der folgenden Formeln auf eine logarithmische Form bringen. Diese Formeln sind bei der Lösung von schiefwinkligen Dreiecken sehr nützlich:

$$\sin A + \sin B = 2 \cos \frac{A - B}{2} \cos \frac{C}{2};$$

$$\sin A - \sin B = 2 \sin \frac{A - B}{2} \sin \frac{C}{2};$$

$$\cos A + \cos B = 2 \cos \frac{A - B}{2} \sin \frac{C}{2};$$

$$\cos A - \cos B = 2 \sin \frac{B - A}{2} \cos \frac{C}{2};$$

$$\tan A + \tan B = \frac{\sin C}{\cos A \cos B};$$

$$\cot A + \cot B = \frac{\sin C}{\sin A \sin B};$$

$$\sin A + \sin B + \sin C = 4 \cos \frac{A}{2} \cos \frac{B}{2} \cos \frac{C}{2};$$

$$\tan A + \tan B + \tan C = \tan A \cdot \tan B \cdot \tan C;$$

$$\cot \frac{A}{2} + \cot \frac{B}{2} + \cot \frac{C}{2} = \cot \frac{A}{2} \cot \frac{B}{2} \cot \frac{C}{2}.$$

§ 21. Einige wichtige Beziehungen

$$\sin \alpha \sin \beta = \frac{1}{2} [\cos (\alpha - \beta) - \cos (\alpha + \beta)];$$

$$\cos \alpha \cos \beta = \frac{1}{2} [\cos (\alpha - \beta) + \cos (\alpha + \beta)];$$

$$\sin \alpha \cos \beta = \frac{1}{2} [\sin (\alpha + \beta) + \sin (\alpha - \beta)].$$

Durch diese Formeln kann man Multiplikationen vermeiden (man verwendet sie häufig bei Berechnungen ohne Logarithmen in der höheren Mathematik, zum Beispiel bei der Integration von trigonometrischen Funktionen).

$$\sin \alpha = \frac{2 \tan \frac{\alpha}{2}}{1 + \tan^2 \frac{\alpha}{2}}; \quad \cos \alpha = \frac{1 - \tan^2 \frac{\alpha}{2}}{1 + \tan^2 \frac{\alpha}{2}}; \quad \tan \alpha = \frac{2 \tan \frac{\alpha}{2}}{1 - \tan^2 \frac{\alpha}{2}}.$$

Diese Formeln sind bei der Lösung von trigonometrischen Gleichungen sehr nützlich (in der höheren Mathematik verwendet man sie oft zur Integration von trigonometrischen Ausdrücken).

$$\sin \alpha + \sin 2\alpha + \sin 3\alpha + \cdots + \sin n\alpha = \frac{\cos \frac{\alpha}{2} - \cos \frac{(2n+1)\,\alpha}{2}}{2 \sin \frac{\alpha}{2}};$$

$$\cos \alpha + \cos 2\alpha + \cos 3\alpha + \cdots + \cos n\alpha = \frac{\sin \frac{(2n+1)\,\alpha}{2} - \sin \frac{\alpha}{2}}{2 \sin \frac{\alpha}{2}};$$

$$\cos n\alpha = \cos^n \alpha - C_n^2 \cos^{n-2} \alpha \sin^2 \alpha + C_n^4 \cos^{n-4} \alpha \sin^4 \alpha - \cdots;$$

$$\sin n\alpha = n \cos^{n-1} \alpha \sin \alpha - C_n^3 \cos^{n-3} \alpha \sin^3 \alpha$$
$$+ C_n^5 \cos^{n-5} \alpha \sin^5 \alpha - \cdots.$$

In den letzten zwei Formeln bedeuten die Symbole C_n^k die Binomialkoeffizienten (s. I, 72). Die Vorzeichen der Glieder wechseln ab. Die rechte Seite bricht „von selbst" mit der 0-ten oder der ersten Potenz von $\cos \alpha$ ab.

Beispiele.

$$\cos 3\alpha = \cos^3 \alpha - 3 \cos \alpha \sin^2 \alpha;$$
$$\sin 3\alpha = 3 \cos^2 \alpha \sin \alpha - \sin^3 \alpha;$$
$$\cos 4\alpha = \cos^4 \alpha - 6 \cos^2 \alpha \sin^2 \alpha + \sin^4 \alpha;$$
$$\sin 4\alpha = 4 \cos^3 \alpha \sin \alpha - 4 \cos \alpha \sin^3 \alpha.$$

§ 22. Die wichtigsten Beziehungen zwischen den Elementen eines Dreiecks[1])

Bezeichnungen: a, b, c — Seiten, A, B, C — Winkel eines Dreiecks, $p = \frac{(a+b+c)}{2}$ — halber Umfang, h — Höhe, S — Flächeninhalt,

---

[1]) Von allen folgenden Formeln wird nur eine Variante angegeben. Man erhält daraus zwei analoge Formeln, indem man die entsprechenden Buchstaben vertauscht. Aus der Formel $\cos A = \dfrac{b^2 + c^2 - a^2}{2bc}$ erhält man zum Beispiel $\cos B = \dfrac{a^2 + c^2 - b^2}{2ac}$ und $\cos C = \dfrac{a^2 + b^2 - c^2}{2ab}$.

R — Radius des umgeschriebenen Kreises, r — Radius des eingeschriebenen Kreises, r_a — Radius des Kreises, der die Seite a und die Verlängerungen der Seiten b und c berührt (von außen eingeschriebener Kreis), h_a — Höhe auf die Seite a, β_A — Winkelhalbierende des Winkels A.

1. Der Kosinussatz:

$$a^2 = b^2 + c^2 - 2bc \cos A \quad \text{oder} \quad \cos A = \frac{b^2 + c^2 - a^2}{2bc}$$

(vgl. II, B, 10).

2. Halbwinkelsatz:

$$\sin \frac{A}{2} = \sqrt{\frac{(p-b)(p-c)}{bc}}; \quad \cos \frac{A}{2} = \sqrt{\frac{p(p-a)}{bc}}$$

$$\tan \frac{A}{2} = \sqrt{\frac{(p-b)(p-c)}{p(p-a)}}$$

$$= \frac{1}{p-a} \sqrt{\frac{(p-a)(p-b)(p-c)}{p}} = \frac{r}{p-a}.$$

Daraus erhält man

$$\tan \frac{A}{2} \tan \frac{B}{2} = \frac{p-c}{p}; \quad \frac{\tan \dfrac{A}{2}}{\tan \dfrac{B}{2}} = \frac{p-b}{p-a}.$$

3. Der Sinussatz:

$$\frac{a}{\sin A} = \frac{b}{\sin B} = \frac{c}{\sin C} = 2R.$$

4. Tangenssatz:

$$\frac{a+b}{a-b} = \frac{\tan \dfrac{A+B}{2}}{\tan \dfrac{A-B}{2}} = \frac{\cot \dfrac{C}{2}}{\tan \dfrac{A-B}{2}}.$$

5. Mollweidesche Formeln:

$$\frac{a+b}{c} = \frac{\cos \dfrac{A-B}{2}}{\sin \dfrac{C}{2}}; \quad \frac{a-b}{c} = \frac{\sin \dfrac{A-B}{2}}{\cos \dfrac{C}{2}}.$$

6. Flächenformeln:

$$S = \frac{bc \sin A}{2}; \qquad S = \frac{b^2 \sin A \sin C}{2 \sin B};$$

$$S = \sqrt{p(p-a)(p-b)(p-c)}; \qquad S = \frac{h^2 \sin B}{2 \sin A \sin C};$$

$$S = p^2 \cot \frac{A}{2} \cot \frac{B}{2} \cot \frac{C}{2};$$

$$S = p^2 \tan \frac{A}{2} \tan \frac{B}{2} \tan \frac{C}{2};$$

$$S = p(p-a) \tan \frac{A}{2}; \quad S = \frac{h_a{}^2 \sin A}{2 \sin B \sin C}; \quad S = \sqrt{r r_a r_b r_c}.$$

7. Radius des umschriebenen, eingeschriebenen und von außen eingeschriebenen Kreises:

$$R = \frac{a}{2 \sin A} = \frac{abc}{4S} = \frac{p}{4 \cos \frac{A}{2} \cos \frac{B}{2} \cos \frac{C}{2}} = \frac{bc}{2h_a};$$

$$4R = r_a + r_b + r_c - r;$$

$$r = \frac{S}{p} = (p-a) \tan \frac{A}{2} = \frac{a \sin \frac{B}{2} \sin \frac{C}{2}}{\cos \frac{A}{2}} = 4R \sin \frac{A}{2} \sin \frac{B}{2} \sin \frac{C}{2}.$$

$$\frac{1}{r} = \frac{1}{r_a} + \frac{1}{r_b} + \frac{1}{r_c}; \quad r_a = \frac{S}{p-a} = p \tan \frac{A}{2}.$$

8. Winkelhalbierende:

$$\beta_A = \frac{h_a}{\cos \frac{B-C}{2}}.$$

§ 23. Berechnung schiefwinkliger Dreiecke

Fall 1. Gegeben seien drei Seiten a, b, c.

1. Bei Verwendung der natürlichen Tabellen bestimmen wir zuerst mit Hilfe des Kosinussatzes einen der drei Winkel:

$$\cos A = \frac{b^2 + c^2 - a^2}{2bc}.$$

Einen zweiten Winkel (z. B. B) bestimmen wir aus dem Sinussatz:

$$\sin B = \frac{b \sin A}{a}.$$

Den dritten Winkel erhalten wir aus der Formel

$$C = 180° - (A + B).$$

Wenn höhere Genauigkeit gefordert ist (mehr als bis auf $10'$), so werden die Rechnungen (besonders die erste) äußerst mühevoll.

2. Bei Verwendung logarithmischer Tabellen bestimmt man die Winkel A, B, C (es genügen zwei) aus einer der Halbwinkelformeln (§ 22, 2).

Rechenschema:

Gegeben: $a = 74$, $b = 130$, $c = 186$.

$$2p = a + b + c = 390, \quad p = 195, \quad \lg p = 2{,}2900,$$

$p - a = 121$	$\lg (p - a) = 2{,}0828$
$p - b = 65$	$\lg (p - b) = 1{,}8129$
$p - c = 9$	$\lg (p - c) = 0{,}9542.$

a) Berechnung von A:

$$\tan \frac{A}{2} = \sqrt{\frac{(p - b)\,(p - c)}{p\,(p - a)}};$$

$$
\begin{aligned}
\lg (p - b) \quad &= 1{,}8129 \\
\lg (p - c) \quad &= 0{,}9542 \\
-\lg p \quad &= \bar{3}{,}7100 \\
-\lg (p - a) &= \bar{3}{,}9172 \\
\hline
&\bar{2}{,}3943
\end{aligned}
$$

$$\lg \tan \frac{A}{2} = \frac{1}{2} \cdot \bar{2}.3943 = \bar{1}.1971;$$

$$\frac{A}{2} = 8°57'; \quad A = 17°54'.$$

b) Berechnung von B:

$$\tan \frac{B}{2} = \sqrt{\frac{(p - a)\,(p - c)}{p\,(p - b)}}.$$

Eine analoge Rechnung liefert das Ergebnis $B = 32°40'$.

c) Berechnung von C (Kontrolle):

$$\tan \frac{C}{2} = \sqrt{\frac{(p - a)\,(p - b)}{p\,(p - c)}}.$$

Das Resultat: $C = 129°26'$.

$$
\begin{aligned}
\text{Probe:} \quad A &= 17°54' \\
B &= 32°40' \\
C &= 129°26' \\
\hline
A + B + C &= 180°.
\end{aligned}
$$

Fall 2. Gegeben seien zwei Seiten a und b und der Winkel C zwischen ihnen.

1. Bei Verwendung der natürlichen Tabellen berechnen wir zuerst die Seite c aus dem Kosinussatz:

$$c^2 = a^2 + b^2 - 2ab \cos C$$

und hierauf den Winkel A aus dem Sinussatz:

$$\sin A = \frac{a \sin C}{c}.$$

Der Winkel A ist spitz, wenn $\dfrac{b}{a} > \cos C$, und stumpf, wenn $\dfrac{b}{a} < \cos C$.

Den dritten Winkel bestimmt man aus der Formel $C = 180° - (A + B)$ oder zur Kontrolle genauso wie den Winkel A. Wenn hohe Genauigkeit erforderlich ist, kann die Berechnung von c sehr mühevoll sein.

2. Bei Verwendung von logarithmischen Tabellen bestimmt man die Seite c aus dem Sinussatz erst, nachdem man die Winkel A und B gefunden hat. Diese bestimmt man mit Hilfe der Formel von REGIOMONTANUS

$$\frac{a + b}{a - b} = \frac{\cot \dfrac{C}{2}}{\tan \dfrac{A - B}{2}},$$

aus der wir bei gegebenem a, b und C den Ausdruck $\dfrac{A - B}{2}$ erhalten. Da $\dfrac{A + B}{2} \left(= 90° - \dfrac{C}{2} \right)$ bereits bekannt ist, erhalten wir daraus leicht A und B selbst.

Rechenschema:

Gegeben: $a = 289$, $b = 601$, $C = 100°19'$.

a) Berechnung von $\dfrac{B - A}{2}$:

$$\tan \frac{B - A}{2} = \frac{b - a}{b + a} \cot \frac{C}{2};$$

$$\lg (b - a) = 2.4942$$

$$\lg \cot \frac{C}{2} = \bar{1}.9214$$

$$-\lg (b + a) = \bar{3}.0506$$

$$\lg \tan \frac{B - A}{2} = \bar{1},4662; \qquad \frac{B - A}{2} = 16°18'$$

b) Berechnung von B und A:

$$\frac{B+A}{2} = 90° - \frac{C}{2} = 39°50'; \qquad \frac{B-A}{2} = 16°18'.$$

Durch Addieren finden wir $B = 56°8'$, durch Subtrahieren $A = 23°32'$.

c) Berechnung der Seite c:

$$c = \frac{a \sin C}{\sin A};$$

$$
\begin{aligned}
\lg a \quad &= 2,4609 \\
\lg \sin C &= \bar{1},9929 \\
-\lg \sin A &= 0,3987 \\
\hline
\lg c \quad &= 2,8525; \quad c = 712,0.
\end{aligned}
$$

Fall 3. Gegeben seien zwei beliebige Winkel (zum Beispiel A und B) und die Seiten c. Sowohl mit Verwendung von Logarithmen als auch ohne sie führen wir die Rechnung in folgender Reihenfolge durch. Wir bestimmen zuerst den dritten Winkel des Dreiecks aus der Formel $180° - (A + B)$ und hierauf die Seiten a und b mit Hilfe des Sinussatzes. Bei Verwendung von Logarithmen lautet der Rechengang:

Gegeben: $A = 55°20'$, $B = 44°41'$, $c = 795$.

a) Berechnung des Winkels C: $C = 180° - (A + B) = 79°59'$.

b) Berechnung der Seite a:

$$a = \frac{c \sin A}{\sin C};$$

$$
\begin{aligned}
\lg c \quad &= 2,9004 \\
\lg \sin A &= \bar{1},9151 \\
-\lg \sin C &= 0,0067 \\
\hline
\lg a \quad &= 2,8222; \quad a = 664,0.
\end{aligned}
$$

c) Berechnung der Seite b:

Aus der Formel $b = \dfrac{c \sin B}{\sin C}$ finden wir auf demselben Wege wie oben $b = 567,7$.

Fall 4. Gegeben seien die beiden Seiten a, b und der Winkel B, der einer der Seiten gegenüber liegt.

Mit und ohne Logarithmen geht man so vor: Wir bestimmen zuerst den Winkel A, der der anderen Seite gegenüber liegt, aus dem Sinussatz: $\sin A = \dfrac{a \sin B}{b}$. Dabei sind folgende Fälle möglich:

1. $a > b$, $a \sin B > b$ — die Aufgabe hat keine Lösung.

2. $a > b$, $a \sin B = b$ — eine Lösung, A ist ein rechter Winkel.

3. $a > b$, $a \sin B < b < a$ — die Aufgabe hat zwei Lösungen, der dem Sinuswert entsprechende Winkel kann spitz oder stumpf sein.

4. $a \leq b$ — die Aufgabe hat eine Lösung, der Winkel A ist spitz.

Nach Bestimmung des Winkels A finden wir C aus der Formel $C = 180° - (A + B)$. Wenn A zwei Werte haben kann, so erhalten wir auch für C zwei Werte. Die dritte Seite c findet man schließlich wieder mit Hilfe des Sinussatzes $c = \dfrac{b \sin C}{\sin B}$. Wenn C zwei Werte hat, so ergeben sich auch für c zwei Werte und damit zwei verschiedene, den Bedingungen entsprechende Dreiecke.

Rechenschema:

Gegeben: $a = 360{,}0$; $b = 309{,}0$; $B = 21°14'$.

Wir haben $a > b$ und $a \sin B < b$ (dies zeigt sich im Laufe der Rechnung). Infolgedessen liegt Fall 4.3 vor.

a) Berechnung des Winkels A:

$$\sin A = \frac{a \sin B}{b};$$

$$
\begin{aligned}
\lg a \quad &= 2{,}5563 \\
\lg \sin B \quad &= \bar{1}{,}5589 \\
-\lg b \quad &= \bar{3}{,}5100 \\
\hline
\lg \sin A \quad &= \bar{1}{,}6252\,[1]).
\end{aligned}
$$

Die erste Lösung lautet $A_1 = 24°57'$, die zweite lautet $A_2 = 180° - 24°57' = 155°3'$.

b) Berechnung von $C = 180° - (A + B)$:

erste Lösung $C_1 = 133°49'$, zweite Lösung $C_2 = 3°43'$.

c) Berechnung von c:

$$c = \frac{b \sin C}{\sin B};$$

erste Lösung

$$
\begin{aligned}
\lg b \quad &= 2{,}4900 \\
\lg \sin C_1 \quad &= \bar{1}{,}8583 \\
-\lg \sin B_1 \quad &= 0{,}4411 \\
\hline
\lg c_1 &= 2{,}7894; \quad c_1 = 615{,}7;
\end{aligned}
$$

zweite Lösung

$$
\begin{aligned}
\lg b \quad &= 2{,}4900 \\
\lg \sin C_2 \quad &= 2{,}8117 \\
-\lg \sin B_2 \quad &= 0{,}4411 \\
\hline
\lg c_2 &= 1{,}7428; \quad c_2 = 55{,}31.
\end{aligned}
$$

---

[1]) Wenn $a \sin B > b$ wäre, so wäre die Kennziffer des Logarithmus positiv, und die Aufgabe hätte keine Lösung.

§ 24. Die Umkehrfunktionen zu den trigonometrischen Funktionen (Zyklometrische Funktionen)

Die Beziehung $x = \sin y$ gestattet, mit Hilfe einer Tabelle bei gegebenem y den Wert von x und bei gegebenem x den Wert von y zu bestimmen (dabei darf der gegebene Wert von x nicht größer als 1 sein). Auf diese Weise kann man nicht nur den Sinus als Funktion des Winkels, sondern auch den Winkel als Funktion des Sinus betrachten. Diese Tatsache findet ihren Ausdruck in der Schreibweise $y = \arcsin x$ ($\arcsin$ liest man „Arcussinus"). An Stelle von $\frac{1}{2} = \sin 30°$ kann man zum Beispiel schreiben $30° = \arcsin \frac{1}{2}$. Gewöhnlich drückt man bei der zweiten Schreibweise den Winkel im Bogenmaß aus und nicht im Gradmaß. Man schreibt also $\frac{\pi}{6} = \arcsin \frac{1}{2}$. Obwohl diese Beziehung nur eine andere Schreibweise für $\frac{1}{2} = \sin \frac{\pi}{6}$ bedeutet, bereitet ihr Auftreten in der ersten Zeit mancherlei Schwierigkeiten, während man zum Beispiel keine Schwierigkeiten hat, zugleich mit der Beziehung $2^3 = 8$ auch $2 = \sqrt[3]{8}$ zu verwenden. Dies kommt daher, daß das Wurzelziehen nach anderen Regeln erfolgt als das Potenzieren, und man sieht hier in beiden Fällen zwei verschiedene Operationen. Das Aufsuchen des Sinus aus dem Winkel und des Winkels aus dem Sinus erfolgt mit derselben Tabelle, aus der nur die Bezeichnung Sinus, aber nicht die Bezeichnung „Arcussinus" hervorgeht. Eine Operation, als deren Ergebnis der Arcussinus hervorginge, nehmen wir nirgends wahr. So ist die Einführung dieses Begriffes in der elementaren Mathematik sachlich nicht gerechtfertigt. In der höheren Mathematik erweist sich jedoch der Arcussinus als Resultat einer gewissen Operation (der Integration) unentbehrlich, und dort entstand auch der Begriff des Arcussinus und seine Bezeichnung.

Definition. $\arcsin x$ ist der Winkel, dessen Sinus gleich x ist. Analog definiert man $\arccos x$, $\arctan x$, $\mathrm{arc\,cot}\, x$, $\mathrm{arc\,sec}\, x$ und $\mathrm{arc\,csc}\, x$. Die Funktionen $\arcsin x$, $\arccos x$ usw. sind die *Umkehrfunktionen* (s. IV, 3) zu den Funktionen $\sin x$, $\cos x$ usw. (so wie etwa die Funktion $\sqrt{x}$ die Umkehrfunktion zur Funktion x^2 ist). Man nennt diese **Funktionen** *zyklometrische Funktionen*. Alle **zyklometrischen Funktionen sind mehrdeutig**, d. h., bei jeder von ihnen entsprechen einem Wert von y unendlich viele Funktionswerte (da zu einem Sinuswert unendlich viele Winkel gehören, zum Beispiel α, $180° - \alpha$, $360° + \alpha$ usw.).

Unter dem *Hauptwert* des $\arcsin x$ versteht man den Winkelwert, der zwischen $-\frac{\pi}{2}$ ($-90°$) und $+\frac{\pi}{2}$ ($+90°$) liegt. Der Hauptwert von $\arcsin \frac{\sqrt{2}}{2}$ ist zum Beispiel $\frac{\pi}{4}$, der Hauptwert von $\arcsin \left(-\frac{\sqrt{2}}{2}\right)$ ist $-\frac{\pi}{4}$.

Als *Hauptwert* für arc cos x bezeichnet man jenen Wert, der zwischen 0 und π (180°) liegt. Der Hauptwert von arc cos $\dfrac{\sqrt{2}}{2}$ ist $\dfrac{\pi}{4}$, der Hauptwert von arc cos $\left(-\dfrac{\sqrt{2}}{2}\right)$ ist $\dfrac{3\pi}{4}$.

Die *Hauptwerte* für arc cot x und arc sec x liegen (wie bei arc cos x) zwischen 0 und π. Die *Hauptwerte* für arc tan x und arc sec x liegen (wie bei arc sin x) zwischen $-\dfrac{\pi}{2}$ und $+\dfrac{\pi}{2}$.

Beispiele. Der Hauptwert von arc tan $(-1) = -\dfrac{\pi}{4}$,

$$\text{arc cot } 3 = +\frac{\pi}{6}, \quad \text{arc sec } (-2) = +\frac{2\pi}{3}.$$

Wenn man durch Arc sin x, Arc cos x usw. beliebige Werte der verschiedenen zyklometrischen Funktionen bezeichnet und für die Hauptwerte die Bezeichnungen arc sin x, arc cos x usw. beibehält, so erhalten die Beziehungen zwischen den Werten der zyklometrischen Funktionen und ihren Hauptwerten die folgende Form:

$$\text{Arc sin } x = k\pi + (-1)^k \text{ arc sin } x, \tag{1}$$

$$\text{Arc cos } x = 2k\pi \pm \text{ arc cos } x, \tag{2}$$

$$\text{Arc tan } x = k\pi + \text{ arc tan } x, \tag{3}$$

$$\text{Arc cot } x = k\pi + \text{ arc cot } x. \tag{4}$$

Dabei bedeutet k eine beliebige ganze Zahl (positiv, negativ oder Null).

Die Schaubilder der zyklometrischen Funktionen sind in IV, 8 dargestellt.

Beispiel 1. Arc sin $\dfrac{1}{2} = k\pi + (-1)^k$ arc sin $\dfrac{1}{2} = k\pi + (-1)^k \dfrac{\pi}{6}$.

Für $k = 0$ haben wir $0 \cdot \pi + (-1)^0 \dfrac{\pi}{6} = \dfrac{\pi}{6}$ (oder 30° — Hauptwert).

Für $k = 1$ haben wir $1 \cdot \pi + (-1) \dfrac{\pi}{6} = \pi - \dfrac{\pi}{6} = \dfrac{5}{6}\pi$ (oder 150°).

Für $k = 2$ haben wir $2 \cdot \pi + (-1)^2 \dfrac{\pi}{6} = 2\pi + \dfrac{\pi}{6} = 2\dfrac{1}{6}\pi$ (oder 390°).

Für $k = -1$ haben wir

$$-\pi + (-1)^{-1} \frac{\pi}{6} = -\pi - \frac{\pi}{6} = -1\frac{1}{6}\pi \text{ (oder } -210°).$$

Für $k = -2$ haben wir

$$-2\pi + (-1)^{-2} \frac{\pi}{6} = -2\pi + \frac{\pi}{6} = -1\frac{5}{6}\pi \text{ (oder } -330°)$$

usw.

Beispiel 2. Arc cos $\dfrac{1}{2} = 2k\pi \pm$ arc cos $\dfrac{1}{2} = 2k\pi \pm \dfrac{\pi}{3}$.

Für $k = 0$ haben wir $\dfrac{\pi}{3}$ (oder $60°$ — Hauptwert) und $-\dfrac{\pi}{3}$ (oder $-60°$). Für $k = 1$ haben wir $2\pi + \dfrac{\pi}{3} = 2\dfrac{1}{3}\pi$ (oder $420°$) und $2\pi - \dfrac{\pi}{3} = 1\dfrac{2}{3}\pi$ (oder $300°$) usw.

§ 25. Wichtige Beziehungen zwischen den zyklometrischen Funktionen[1])

$$\sin \text{Arc} \sin a = a; \qquad \text{Arc} \sin (\sin \alpha) = k\pi + (-1)^k \alpha;$$
$$\cos \text{Arc} \cos a = a; \qquad \text{Arc} \cos (\cos \alpha) = 2k\pi \pm \alpha;$$
$$\tan \text{Arc} \tan a = a; \qquad \text{Arc} \tan (\tan \alpha) = k\pi + \alpha;$$
$$\cot \text{Arc} \cot a = a; \qquad \text{Arc} \cot (\cot \alpha) = k\pi + \alpha;$$

$$\left.\begin{array}{l} \text{arc} \sin a = \text{arc} \cos \sqrt{1-a^2} = \text{arc} \tan \dfrac{a}{\sqrt{1-a^2}}; \\[3mm] \text{arc} \cos a = \text{arc} \sin \sqrt{1-a^2} = \text{arc} \cot \dfrac{a}{\sqrt{1-a^2}}; \\[3mm] \text{arc} \tan a = \text{arc} \cot \dfrac{1}{a} = \text{arc} \sin \dfrac{a}{\sqrt{1+a^2}} = \text{arc} \cos \dfrac{1}{\sqrt{1+a^2}} \end{array}\right\} \begin{array}{l} \text{für} \\ a > 0. \end{array}$$

$$\text{arc} \sin a + \text{arc} \cos a = \dfrac{\pi}{2};$$

$$\text{arc} \tan a + \text{arc} \cot a = \dfrac{\pi}{2}; \quad \text{arc} \sec a + \text{arc} \csc a = \dfrac{\pi}{2}.$$

$$\text{Arc} \sin a + \text{Arc} \sin b = \text{Arc} \sin \left(a\sqrt{1-b^2} + b\sqrt{1-a^2}\right),$$
$$\textbf{Arc sin } a - \textbf{Arc sin } b = \text{Arc} \sin \left(a\sqrt{1-b^2} - b\sqrt{1-a^2}\right),$$
$$\text{Arc} \cos a + \text{Arc} \cos b = \text{Arc} \cos \left(ab - \sqrt{1-a^2}\sqrt{1-b^2}\right),$$
$$\text{Arc} \cos a - \text{Arc} \cos b = \text{Arc} \cos \left(ab + \sqrt{1-a^2}\sqrt{1-b^2}\right),$$
$$\text{Arc} \tan a + \text{Arc} \tan b = \text{Arc} \tan \dfrac{a+b}{1-ab},$$
$$\text{Arc} \tan a - \text{Arc} \tan b = \text{Arc} \tan \dfrac{a-b}{1+ab}.$$

---

[1]) Alle Wurzeln in den Formeln dieses Paragraphen bedeuten positive Zahlen.

$$\text{arc sin } a \atop + \text{ arc sin } b = \begin{cases} \text{arc sin} \left(a\,\sqrt{1-b^2} + b\,\sqrt{1-a^2} \right) \text{ (wenn } a^2 + b^2 < 1 \\ \qquad\qquad \text{oder wenn } a^2 + b^2 > 1 \text{ und } ab < 0) \\[2mm] \mp \left[\pi - \text{arc sin} \left(a\,\sqrt{1-b^2} + b\,\sqrt{1-a^2} \right) \right] \\ \qquad\qquad\qquad\qquad \text{(wenn } a^2 + b^2 > 1 \text{ und } ab > 0), \end{cases}$$

$$\text{arc sin } a \atop - \text{ arc sin } b = \begin{cases} \text{arc sin} \left(a\,\sqrt{1-b^2} - b\,\sqrt{1-a^2} \right) \text{ (wenn } a^2 + b^2 < 1 \\ \qquad\qquad \text{oder wenn } a^2 + b^2 > 1 \text{ und } ab > 0) \\[2mm] \pm \left[\pi - \text{arc sin} \left(a\,\sqrt{1-b^2} - b\,\sqrt{1-a^2} \right) \right] \\ \qquad\qquad\qquad\qquad \text{(wenn } a^2 + b^2 > 1 \text{ und } ab < 0). \end{cases}$$

In den beiden letzten Formeln gilt das Pluszeichen vor der eckigen Klammer für positive a und das Minuszeichen für negative a.

§ 26. Über die Anfertigung von Tabellen trigonometrischer Funktionen

Der Bogen einer Kreislinie ($\overgroup{MAM}_1$, Abb. 228) ist immer länger als die dazu gehörende Sehne (MPM_1), also ist $\dfrac{\overgroup{MAM}_1}{MPM_1} > 1$.

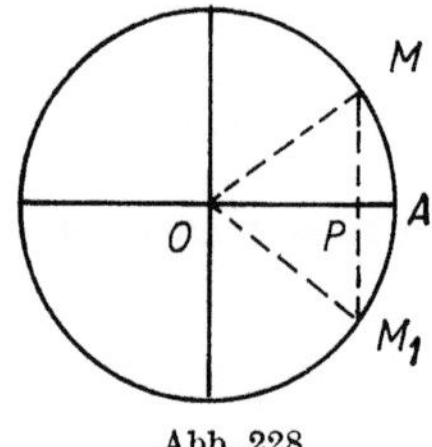

Abb. 228

Je kleiner jedoch der Zentralwinkel MOM_1 ist, um so weniger unterscheidet sich das Verhältnis $\dfrac{\overgroup{MAM}_1}{MPM_1}$ von 1, d. h., um so kleiner wird der Fehler, den man begeht, wenn man Bogen und Sehne gleichsetzt. Bei einem Zentralwinkel von 10° gilt für den Bogen MM_1 = 0,174533 r (r — Radius des Kreises) und für die Sehne MPM_1 = 0,174312 r

$$\left(\frac{0,174533\, r}{0,174312\, r} \approx 1{,}001 \right).$$

Setzen wir den Bogen gleich der Sehne, so begehen wir einen Fehler von 0,0002 r, was rund ein Zehntel Prozent ausmacht.

Bei einem Winkel von 2° ist der Fehler zehnmal kleiner, der Bogen ist gleich $0{,}034\,907\,r$ und die Sehne gleich $0{,}034\,904\,r$. Das Verhältnis $\dfrac{0{,}034\,907\,r}{0{,}034\,804\,r} \approx 1{,}0001$. Setzt man den Bogen gleich der Sehne, so begeht man einen Fehler von etwa einem Hundertstel Prozent.

Andererseits ist das Verhältnis des Bogens $\overparen{MAM_1}$ zur Sehne MPM_1 genau gleich dem Verhältnis des Bogenmaßes des Winkels MOA (Hälfte des Winkels MOM_1) zu seinem Sinus. In der Tat gilt

$$\overparen{MAM_1}:MPM_1 = \overparen{2MA}:2MP = \overparen{MA}:MP = \frac{\overparen{MA}}{R}:\frac{MP}{R}\cdot\frac{MA}{R} \quad \text{ist}$$

aber das Bogenmaß des Winkels MOA (§ 3), und $\dfrac{MP}{R}$ ist der Sinus desselben Winkels.

Ersetzt man also $\sin\alpha$ durch den Winkel α selbst (im Bogenmaß), so wird der Fehler um so geringer, je kleiner α ist. Bei hinreichend kleinen Winkeln kann man so die entsprechenden Sinuswerte mit der geforderten Genauigkeit ermitteln. Hierauf kann man die gesamte Tabelle der trigonometrischen Funktionen anfertigen. Nehmen wir an, wir hätten zum Beispiel $\sin 30'$ gefunden. Dann bestimmen wir aus der Formel $\cos 30' = \sqrt{1 - \sin^2 30'}$ den Kosinus dieses Winkels und aus Tab. 13 auf S. 272 auch $\tan 30'$ und $\cot 30'$. Die Formeln $\sin 2\alpha = 2\sin\alpha\cos\alpha$ und $\cos 2\alpha = \cos^2\alpha - \sin^2\alpha$ erlauben hierauf die Bestimmung von $\sin(2\times 30') = \sin 1°$ und $\cos 1°$. Mit Hilfe der Additionstheoreme auf Seite 275 berechnen wir dann $\sin(1° + 30') = \sin 1°30'$ und $\cos(1° + 30') = \cos 1°30'$. Dann bestimmen wir aus dem Sinus und Kosinus der Winkel $1°30'$ und $30'$ die Werte von $\sin 2°$ und $\cos 2°$ usw.

Auf diese Weise kann man die gesamte Tabelle der trigonometrischen Funktionen anfertigen (bei Anwendung dieses Verfahrens muß man vorerst die Zahl π mit hinreichender Genauigkeit berechnen und daraus das Bogenmaß der benötigten Winkel). Eine derartige Rechnung ist aber ungemein langwierig. Bis zum 18. Jahrhundert fertigte man die Tabellen mit beinahe ebenso komplizierten Rechnungen an. In der heutigen Zeit verfügt man über weit schnellere Verfahren, die auf den Methoden der höheren Mathematik beruhen.

§ 27. Trigonometrische Gleichungen

Gleichungen, in denen eine unbekannte Größe unter dem Funktionszeichen einer trigonometrischen Funktion vorkommt[1]), heißen *trigonometrische Gleichungen*.

---

[1]) Einige Autoren verwenden den Term „trigonometrische Gleichungen" in einem engeren Sinn und fordern, daß die unbekannte Größe *nur* unter dem Funktionszeichen einer trigonometrischen Funktion vorkommen darf. Bei dieser Auffassung ist die Gleichung in Beispiel 3 nicht trigonometrisch. Jedoch ist die Verwendung der Bezeichnung „trigonometrische Gleichungen" auch für Gleichungen, in denen die unbekannte Größe nicht nur unter dem Funktionszeichen für eine trigonometrische Funktion vorkommt, in vielen Beziehungen nützlich.

Beispiel 1. Die Gleichung $\sin y = \dfrac{1}{2}$ ist eine trigonometrische Gleichung. Ihre Wurzeln sind: $y = 30°$, $y = 180° - 30° = 150°$, $y = 2 \cdot 180° + 30° = 390°$; $y = 3 \cdot 180° - 30° = 510°$ usw. und ebenso $y = -180° - 30° = -210°$; $y = -2 \cdot 180° + 30° = -330°$ usw.

Die *allgemeine Lösung*, d. h. die Gesamtheit aller Wurzeln, kann man in der folgenden Form darstellen (vgl. III, 24, Formel (1)):

$$y = k \cdot 180° + (-1)^k \cdot 30°.$$

Dabei bedeutet k eine beliebige ganze Zahl (positiv, negativ oder gleich Null).

Wir betrachten eine der Lösungen, zum Beispiel $y = 30°$. Dafür könnte man auch schreiben $y = 1800'$ oder $y = 108000''$ oder $y = \dfrac{\pi}{6} \approx 0{,}5236$ (die Bezeichnung Radiant ist hinzuzudenken). In der Gleichung $\sin y = \dfrac{1}{2}$ ist die Unbekannte y die Größe des Winkels und nicht dessen Maßzahl. Die Maßzahl hängt von der Wahl der Maßeinheit ab (Grad, Minuten, Sekunden, Radianten usw.).

Man kann als unbekannte Größe auch die Maßzahl des Winkels nehmen. Dann muß man aber angeben, in welchen Einheiten der Winkel gemessen werden soll (s. Beispiel 2).

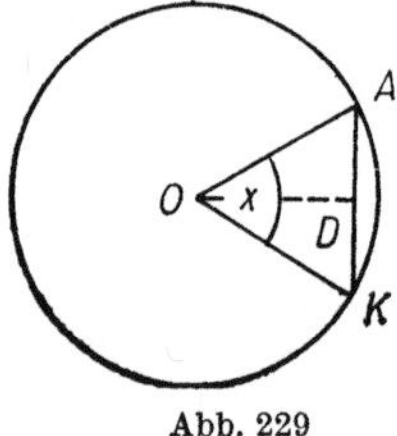

Abb. 229

Beispiel 2. Die Sehne AK (Abb. 229) ist gleich dem Radius des Kreises $R = OA$. Wieviel Grad umfaßt der Zentralwinkel AOK?

Hier ist die gesuchte Größe eine Zahl. Wir bezeichnen sie durch den Buchstaben x. Die Größe des Winkels AOK ist dann $x°$ ($\sphericalangle\, AOK = x°$). Wir ziehen die Winkelhalbierende OD des Winkels AOK und erhalten $\sphericalangle\, AOD = \left(\dfrac{x}{2}\right)°$. Wegen $AK = 2AD = 2OA \sin \sphericalangle\, AOD = 2R \sin \left(\dfrac{x}{2}\right)°$ und der Bedingung $AK = R$ erhalten wir die Gleichung $2R \sin \left(\dfrac{x}{2}\right)° = R$, d. h.

$$\sin \left(\dfrac{x}{2}\right) = \dfrac{1}{2}.$$

Eine der Lösungen dieser Gleichung ist $x = 60°$.

In Schulübungen löst man gewöhnliche Aufgaben, für die beide Methoden zur Aufstellung trigonometrischer Gleichungen geeignet sind. Man verwendet jedoch vorwiegend die erste Methode. In der Praxis begegnet man jedoch häufig Problemen, bei denen die erste Methode ungeeignet ist (s. Beispiel 3).

Beispiel 3. Der Bogen $\overarc{AK}$ der Kreislinie in Abb. 229 ist $\frac{\pi}{3}$-mal so groß wie die dazugehörige Sehne. Man bestimme den Zentralwinkel AOK.

Wir wenden das zweite Verfahren an. Wir bezeichnen durch x das Gradmaß des gesuchten Winkels (d. h., x ist eine gewisse Zahl).

Wie in Beispiel 2 finden wir $AK = 2R \sin \left(\frac{x}{2}\right)^\circ$. Das Gradmaß des Bogens $\overarc{AK}$ ist ebenfalls gleich x, d. h., die Länge des Bogens $\overarc{AK}$ ist gleich dem $\frac{x}{360}$-fachen des gesamten Umfangs $2\pi R$. Also gilt

$$\overarc{AK} = \frac{x}{360} \cdot 2\pi R = \frac{\pi R x}{180}.$$

Außerdem ist $\overarc{AK} : AK = \frac{\pi}{3}$. Wir erhalten die Gleichung

$$\frac{\pi R x}{180} : 2R \sin \left(\frac{x}{2}\right)^\circ = \frac{\pi}{3},$$

d. h.

$$x : \sin \left(\frac{x}{2}\right)^\circ = 102. \tag{1}$$

Diese Gleichung hat die (eindeutige) Lösung $x = 60$, d. h., der gesuchte Winkel ist 60°.

Hätten wir als Unbekannte x die Maßzahl des Winkels AOK in Minuten genommen, so hätte sich die Gleichung

$$x : \sin \left(\frac{x}{2}\right)' = 7200 \tag{2}$$

ergeben (mit der Wurzel $x = 3600$, d. h. $\sphericalangle\, AOK = 3600'$).

Auf diese Weise erhalten wir bei anderer Wahl der Maßeinheit für den Winkel auch eine wesentlich andere Gleichung. Daraus geht hervor, daß man bei der betrachteten Aufgabe nicht eine Gleichung finden kann, bei der der Buchstabe x sowohl die Winkelgröße als auch deren Maßzahl bezeichnet.

Bemerkung. Wenn x das Bogenmaß des Winkels AOK bezeichnet, so erhalten wir die Gleichung

$$x : \sin \frac{x}{2} = \frac{2}{3}\,\pi \tag{3}$$

$\left(\text{mit der Wurzel } x = \frac{\pi}{3}\right)$.

19*

Aus der äußeren Form dieser Gleichung läßt sich schließen, daß der Buchstabe x die Winkelgröße und nicht deren Maßzahl bezeichnet. Tatsächlich ist x aber eine Zahl, nämlich das Bogenmaß des Winkels AOK, da die Gleichung (3) nur die Kurzform der Gleichung $x : \sin\left(\dfrac{x}{2}\right) Rd = \dfrac{2\pi}{3}$ ist. Auf ähnliche Weise kann man auch statt Gleichung (1) die numerische Gleichung

$$x : \sin \frac{x}{2} = 120$$

schreiben.

§ 28. Methoden zur Lösung von trigonometrischen Gleichungen

Bei der Lösung trigonometrischer Gleichungen versucht man den Wert einer trigonometrischen Funktion der unbekannten Größe zu finden. Dann kann man mit Hilfe der Tabellen den Wert der unbekannten Größe selbst ermitteln (im allgemeinen näherungsweise). Zur Darstellung der allgemeinen Lösungen dienen die Formeln aus § 24.

Die meisten Gleichungen kann man durch verschiedene Methoden lösen. Dabei erweisen sich die Formeln aus § 19 und insbesondere aus den §§ 17 und 18 als äußerst nützlich.

Bei der Umformung von trigonometrischen Gleichungen muß man darauf achten, daß die umgeformte Gleichung zur Ausgangsgleichung gleichwertig bleibt. Manchmal ist es jedoch auch zweckmäßig, solche Umformungen durchzuführen. bei denen die Gleichwertigkeit zur früheren Gleichung verlorengeht. Falls aber dann zusätzliche Wurzeln auftreten können (z. B., wenn man beide Gleichungsseiten zum Quadrat erhebt, s. Beispiele 5 und 6), muß man mit allen gefundenen Lösungen die Probe machen. Falls Wurzeln verlorengehen können, muß man feststellen, welche dies sind.

Den Verlust von Wurzeln kann man übrigens oft leicht vermeiden. Es sei etwa die Gleichung $\tan x = 2 \sin x$ gegeben. Wir schreiben diese in der Form $\dfrac{\sin x}{\cos x} = 2 \sin x$. Nach Division beider Seiten durch $\sin x$ erhalten wir die Gleichung $\dfrac{1}{\cos x} = 2$, die zur Ausgangsgleichung nicht mehr gleichwertig ist. Man kann jedoch einen anderen Weg einschlagen. Wir bringen $2 \sin x$ auf die linke Seite und setzen den Faktor $\sin x$ vor eine Klammer. Dadurch ergibt sich die gleichwertige Gleichung $\sin x \left(\dfrac{1}{\cos x} - 2\right) = 0$. Sie ist nur in zwei Fällen erfüllt: 1. wenn $\sin x = 0$, 2. wenn $\dfrac{1}{\cos x} = 2$, d. h. $\cos x = \dfrac{1}{2}$. Im ersten Fall gilt $x = k\pi$, im zweiten $x = 2k\pi \pm \dfrac{\pi}{3}$. Wir haben damit alle Wurzeln.

Bemerkung. Setzt man einen der Faktoren gleich Null, so muß man sich vergewissern, daß nicht gleichzeitig einer der anderen Faktoren unendlich wird. Bei unserem Beispiel ist dies garantiert. Für $\sin x = 0$ haben wir $\cos x = \pm 1$, so daß $\dfrac{1}{\cos x} - 2$ gleich -1 oder -3 ist.

Für $\cos x = \dfrac{1}{2}$ haben wir $\sin = \pm \dfrac{\sqrt{3}}{2}$. Wenn dagegen der zweite Faktor unendlich wird, so ist das Resultat im allgemeinen nicht richtig. Gegeben sei die Gleichung $\sin x = 0$. Wir betrachten die dazu gleichwertige Gleichung $\cos x \cdot \tan x = 0$. Hier dürfen wir jedoch nicht $\cos x$ gleich Null setzen (für $\cos x = 0$ ist die Gleichung $\sin x = 0$ offensichtlich nicht erfüllt). Die Fehlerursache liegt darin, daß für $\cos x = 0$ die Funktion $\tan x$ unendlich wird $\left(\tan x = \dfrac{\pm\sqrt{1 - \cos^2 x}}{\cos x}\right)$.

Das gedanklich einfachste (aber nicht immer kürzeste) Verfahren zur Lösung von trigonometrischen Gleichungen besteht darin, daß man alle trigonometrischen Funktionen, die in der Gleichung erscheinen, durch dieselbe Funktion einer einzigen Größe ausdrückt, z. B. durch $\sin x$ oder durch $\tan x$ oder durch $\tan \dfrac{x}{2}$ usw. (s. dazu Tab. 13 auf Seite 272 und die Formeln für $\sin \alpha$, $\cos \alpha$ und $\tan \alpha$ in § 21). Eine günstige Wahl dieser Funktion kann oft den Rechengang erheblich verkürzen.

Beispiel 1. $3 + 2\cos\alpha = 4\sin^2\alpha$.

Hier drückt man am besten $\sin^2\alpha$ durch $\cos\alpha$ aus. Wir haben $\sin^2\alpha = 1 - \cos^2\alpha$. Damit ergibt sich die gleichwertige Gleichung

$$3 + 2\cos\alpha = 4(1 - \cos^2\alpha) \quad\text{oder}\quad 4\cos^2\alpha + 2\cos\alpha - 1 = 0.$$

Diese Gleichung ist quadratisch in $\cos\alpha$. Wir finden zwei Werte für $\cos\alpha$:

$$(\cos\alpha)_1 = \frac{-1 + \sqrt{5}}{4} = 0{,}3090; \quad (\cos\alpha)_2 = \frac{-1 - \sqrt{5}}{4} = -0{,}8090.$$

Daraus folgt $\alpha = 360° \, k \pm 72°00'$ und $\alpha = 360° \, k \pm 144°00'$.

Beispiel 2. $\dfrac{3}{\cos^2 x} = 8\tan x - 2$.

Hier drückt man am besten $\cos^2 x$ durch $\tan x$ aus. Wir haben $\cos^2 x = \dfrac{1}{1 + \tan^2 x}$. Damit ergibt sich die gleichwertige Gleichung

$$3\tan^2 x - 8\tan x + 5 = 0,$$

mit den Wurzeln $(\tan x)_1 = 1$, $(\tan x)_2 = \dfrac{3}{5}$. Die Lösungen sind: $x = 180° \, k + 45°$ und $x = 180° + 59°02'$ (die erste Formel ist exakt, die zweite gilt näherungsweise).

Beispiel 3. $\sin^2 x - 5\sin x \cos x - 6\cos^2 x = 0$.

Hier dividiert man am einfachsten durch $\cos^2 x$. Wir erhalten

$$\tan^2 x - 5 \tan x - 6 = 0.$$

Bei der Division durch $\cos x$ geht keine Wurzel verloren. Setzen wir nämlich $\cos x = 0$ in der gegebenen Gleichung, so geht diese über in $\sin x = 0$. Die beiden Gleichungen $\sin x = 0$ und $\cos x = 0$ sind aber unverträglich.

Aus der Gleichung $\tan^2 x - 5 \tan x - 6 = 0$ finden wir $(\tan x)_1 = 6$ und $(\tan x)_2 = -1$. Die Wurzeln sind $x = 80°32' + 180° k$ und $x = -45° + 180° k$.

Beispiel 4. $2 \sin^2 x + 14 \sin x \cos x + 50 \cos^2 x = 26$.

Hier ist es unzweckmäßig, wenn man $\cos x$ durch $\sin x$ oder umgekehrt ausdrückt, da dabei im zweiten Glied eine Wurzel auftritt. Man müßte dann dieses Glied allein auf eine Seite bringen und die Gleichung quadrieren, wobei zusätzliche Lösungen auftreten würden. Es ist daher besser, wenn man $\sin x$ und $\cos x$ durch $\tan x$ ausdrückt.

Wir haben $\quad \sin x = \dfrac{\tan x}{\pm \sqrt{1 + \tan^2 x}} \quad$ und $\quad \cos x = \dfrac{1}{\pm \sqrt{1 + \tan^2 x}}$.

Dabei gelten entweder beide oberen oder beide unteren Vorzeichen (da $\sin x : \cos x$ gleich $\tan x$ sein muß und nicht gleich $-\tan x$). Wir erhalten die gleichwertige Gleichung

$$\frac{2 \tan^2 x + 14 \tan x + 50}{1 + \tan^2 x} = 26.$$

Wir befreien die Gleichung vom Nenner. Eine zusätzliche Wurzel tritt dabei nicht auf, da $1 + \tan^2 x$ nicht Null werden kann. Nach Zusammenfassung gleichartiger Glieder erhalten wir die gleichwertige Gleichung[1])

$$24 \tan^2 x - 14 \tan x - 24 = 0.$$

Daraus folgt $(\tan x)_1 = \dfrac{4}{3}$, $(\tan x)_2 = -\dfrac{3}{4}$.

Die Lösungen lauten: $x = 53°07' + 180° k$; $x = -36°52' + 180° k$.

Beispiel 5.

$$\sin x + 7 \cos x = 5. \tag{1}$$

Wir drücken $\sin x$ durch $\cos x$ aus und erhalten

$$\pm \sqrt{1 - \cos^2 x} + 7 \cos x = 5 \tag{2}$$

oder

$$\pm \sqrt{1 - \cos^2 x} = 5 - 7 \cos x.$$

Wenn der Wert von $\cos x$ bekannt wäre, so wüßten wir, welches Vorzeichen vor der Wurzel zu nehmen ist ($+$ wenn die rechte Seite

---

[1]) Diese Gleichung kann man kürzer auf die folgende Art erhalten: Wegen $\sin^2 x + \cos^2 x = 1$ kann man die rechte Seite der gegebenen Gleichung in der Form $26 (\sin^2 x + \cos^2 x)$ schreiben. Hierauf bringen wir alle Glieder auf die linke Seite und dividieren durch $\cos^2 x$.

positiv ist, sonst —). Solange wir die Wurzeln der Gleichung (1) nicht kennen, müssen wir beide Vorzeichen beibehalten. Die Gleichung (2) ist daher nicht gleichwertig mit Gleichung (1). Wir erhalten zusätzliche Wurzeln. Wir erheben beide Seiten von (2) zum Quadrat und fassen gleichartige Glieder zusammen. Damit ergibt sich die Gleichung

$$50 \cos^2 x - 70 \cos x + 24 = 0, \tag{3}$$

die gleichwertig ist mit (2), aber nicht mit (1).
Wir finden $(\cos x)_1 = 0{,}8$; $(\cos x)_2 = 0{,}6$.
Daraus folgt $x = \pm 36°52' + 360° k$ und $x = \pm 53°07' + 360° k$. Wir überprüfen die erhaltenen Wurzeln. Einsetzen von $\cos x = 0{,}8$ in (1) liefert $\sin x = 5 - 7 \cos x = 5 - 5{,}6 = -0{,}6$. Die Wurzeln $x = 36°52' + 360° k$ gehören also gar nicht zur Gleichung (1), da die Sinuswerte dieser Winkel (im ersten Quadranten) gleich $+0{,}6$ sind. Die Wurzeln $-36°52' + 360° k$ hingegen gehören zur Gleichung (1), da die Sinuswerte dieser Winkel gleich $-0{,}6$ sind.
Wir setzen nun den Wert $\cos x = 0{,}6$ in die Gleichung (1) ein und erhalten $\sin x = 0{,}8$. Daraus schließen wir, daß die Wurzeln $x = +53°07' + 360° k$ zur Gleichung (1) gehören (der Sinus dieser Winkel ist gleich $0{,}8$), die Wurzeln $-53°07' + 360° k$ hingegen nicht (der Sinus dieser Winkel ist $-0{,}8$).
Die Lösungen der Gleichung (1) sind daher[1])

$$x = -36°52' + 360° k \quad \text{und} \quad x = 53°07' + 360° k.$$

Beispiel 6. Die in Beispiel 5 betrachtete Gleichung ist ein Sonderfall der Gleichung $a \sin x + b \cos x = c$. Alle Gleichungen dieser Form kann man auf die angeführte Weise lösen. Wir zeigen noch zwei weitere Methoden am Beispiel

$$\sin x + 7 \cos x = 5.$$

Erste Methode. Wir quadrieren (wobei zusätzliche Wurzeln auftreten[2])), und erhalten

$$\sin^2 x + 14 \sin x \cos x + 49 \cos^2 x + 25.$$

Durch Anwendung einer der in Beispiel 4 gezeigten Methoden erhalten wir die Gleichung $24 \tan^2 x - 14 \tan x - 24 = 0$. Dieselbe Gleichung haben wir in Beispiel 4 erhalten. Es ergibt sich wieder $(\tan x)_1 = \dfrac{4}{3}$, $(\tan x)_2 = -\dfrac{3}{4}$. Jedoch gehören hier die Wurzeln $x = 53°07' + 180° k$ und $x = -36°52' + 180° k$ nicht alle zur Gleichung (1). Wenn $\tan x = \dfrac{4}{3}$, so haben wir entweder $\sin x = 0{,}8$, $\cos x = 0{,}6$, oder $\sin x = -0{,}8$, $\cos x = -0{,}6$. Durch Einsetzen

---

[1]) Gleichung (1) kann man in der gleichwertigen Form $\sin x = 5 - 7 \cos x$ schreiben. Durch Quadrieren erhalten wir $\sin^2 x = (5 - 7 \cos x)^2$. Aber diese Gleichung ist nicht gleichwertig mit (1), da sie auch die Gleichung $-\sin x = 5 - 7 \cos x$ enthält. Ersetzt man $\sin^2 x$ durch $1 - \cos^2 x$, so erhält man wieder (3), und die weitere Lösung erfolgt, wie bereits im Text erläutert wurde.
[2]) Siehe letzte Fußnote.

in (1) erkennt man, daß nur das erste Wertepaar verwendbar ist, d. h., der Winkel x liegt im ersten Quadranten. Aus den Wurzeln $x = 53°07' + 180° k$ darf man also nur die beibehalten, die sich für geradzahlige Werte von k ergeben. Mit $k = 2k'$ erhalten wir $x = 53°07' + 360° k'$. Ebenso schließt man, daß unter den Werten $x = -36°52' + 180° k$ nur die beizubehalten sind, die man für geradzahlige Werte von k erhält, d. h. $x = -36°52' + 360° k$.

Zweite Methode. Wir drücken $\sin x$ und $\cos x$ durch $\tan \dfrac{x}{2}$ aus (Formeln in § 21). Nach Vereinfachung erhalten wir die gleichwertige Gleichung $\dfrac{12 \tan^2 x}{2} - 2 \tan \dfrac{x}{2} - 2 = 0$ und daraus

$$(\tan x)_1 = \frac{1}{2} \quad \text{und} \quad (\tan x)_2 = -\frac{1}{3}.$$

Wir finden $\dfrac{x}{2} \approx 26°34' + 180° k$ und $\dfrac{x}{2} \approx -18°26' + 180° k$. Die Wurzeln sind also $x \approx 53°08' + 360° k$ und $x \approx -36°52' + 360° k$. Dieses Verfahren ist den anderen vorzuziehen, da es keine zusätzlichen Wurzeln schafft.

Bemerkung. Die zweite Methode besitzt größere Allgemeinheit. Wenn eine trigonometrische Gleichung so gebaut ist, daß in ihr alle trigonometrischen Funktionen dasselbe Argument haben, so kann man alle diese Funktionen mit Hilfe der Formeln aus § 21 durch den Tangens vom halben Winkel ausdrücken. Der Rechenaufwand ist bei diesen Verfahren meist größer, wir vermeiden dadurch jedoch die Anwendung von Kunstgriffen und in vielen Fällen auch das Auftreten zusätzlicher Wurzeln.

IV. FUNKTIONEN
UND DEREN GRAFISCHE DARSTELLUNGEN

§ 1. Konstante und variable Größen

Die Anwendung der Mathematik zur Untersuchung der Naturgesetze und deren Verwendungsmöglichkeiten in der Technik erfordert die Einführung des Begriffs einer variablen Größe und des dazu entgegengesetzten Begriffs einer konstanten Größe. Eine *variable Größe* ist eine Größe, die unter den Bedingungen der Fragestellung mehrere verschiedene Werte annehmen kann. Eine *konstante Größe* kann unter gegebenen Bedingungen nur einen unveränderlichen Wert haben. Eine Größe kann unter den einen Bedingungen konstant und unter anderen Bedingungen variabel sein.

Beispiel. Die Temperatur T des siedenden Wassers ist bei den meisten physikalischen Problemen eine konstante Größe ($T = 100\,°C$). Bei physikalischen Problemen aber, bei denen auch der Atmosphärendruck zu berücksichtigen ist, ist T eine variable Größe.

Verschiedene konstante und variable Größen verwendet man besonders oft in der höheren Mathematik. In der elementaren Mathematik kommt der Einteilung der Größen in bekannte und unbekannte eine tragende Rolle zu. Diese Einteilung trifft man auch in der höheren Mathematik, ihre Rolle ist aber nicht mehr so grundlegend. Die variablen Größen bezeichnet man meist durch die letzten Buchstaben des lateinischen Alphabets $x, y, z, \ldots$, die konstanten Größen meist durch die ersten Buchstaben $a, b, c, \ldots$.

§ 2. Funktionale Abhängigkeit zwischen zwei Variablen

Man sagt, *zwei variable Größen seien durch eine funktionale Abhängigkeit miteinander verbunden*, wenn jedem Wert, den die eine Variable annehmen kann, ein oder mehrere wohldefinierte Werte der anderen Variablen entsprechen.

Beispiel 1. Die Temperatur T des siedenden Wassers und der Atmosphärendruck p stehen in funktionalem Zusammenhang, da jedem Wert von T ein bestimmter Wert von p entspricht und umgekehrt. Wenn etwa $T = 100\,°C$ ist, so ist die Variable p gleich 760 mm Hg-Säule, wenn $T = 70\,°C$, so $p = 234$ mm usw. Umgekehrt stehen der Atmosphärendruck p und die relative Feuchtigkeit x der Luft nicht in funktionalem Zusammenhang. Wenn bekannt ist, daß $x = 90\%$, so ist deshalb über die Größe von p noch nichts Bestimmtes ausgesagt.

Beispiel 2. Der Flächeninhalt S eines gleichschenkligen Dreiecks und dessen Umfang p stehen in funktionalem Zusammenhang. Die Formel $S = (3 : 36)\, p^2$ ist der Ausdruck für diesen Zusammenhang. Wenn man betonen will, daß bei einem gegebenen Problem die Werte der Variablen y aus den gegebenen Werten der Variablen x bestimmt werden sollen, so nennt man x die *unabhängige Variable* oder das *Argument* und y die abhängige *Variable* oder die *Funktion*.

Beispiel 3. Wenn wir aus der Größe des Umfangs p eines gleichschenkligen Dreiecks auf dessen Flächeninhalt S schließen wollen (s. Beispiel 2), so ist p das Argument (unabhängige Variable) und S die Funktion (abhängige Variable).

Meist bezeichnet man die unabhängige Variable durch den Buchstaben x.

Wenn jedem Wert des Arguments x nur ein Wert der Funktion y entspricht, so heißt die Funktion *eindeutig*, wenn dem Argumentwert zwei oder mehr Werte entsprechen, so heißt die Funktion *mehrdeutig* (zweideutig, dreideutig, usw.).

Beispiel 4. Ein Körper werde hochgeworfen. s — Höhe über dem Erdboden, t — Zeit, die seit dem Wurf verflossen ist. Die Größe s ist eine eindeutige Funktion von t, da in jedem gegebenen Zeitpunkt die Höhe des Körpers eine wohlbestimmte Größe ist. Die Größe t ist eine zweideutige Funktion von s, da sich der Körper in der Höhe s zweimal befindet, einmal beim Hinauf- und einmal beim Herunterfliegen.

Die Formel $s = v_0 t - \dfrac{gt^2}{2}$, die die Variablen s und t mit einander verknüpft (v_0 — Anfangsgeschwindigkeit, g — Erdbeschleunigung), zeigt, daß zu gegebenem t genau ein Wert von s und zu gegebenem s genau zwei Werte von t gehören, die man aus der quadratischen Gleichung

$$\frac{1}{2}\, gt^2 - v_0 t + s = 0$$

zu bestimmen hat.

§ 3. Die Umkehrfunktion

Für die Charakteristik einer Funktion ist es vollkommen belanglos, durch welche Buchstaben man die Funktion selbst und ihr Argument bezeichnet. Wenn wir haben $y = x^2$ und $u = v^2$, so ist y dieselbe Funktion von x wie u von v. Mit anderen Worten, x^2 und v^2 sind dieselben Funktionen, wenn auch ihre Argumente verschieden bezeichnet wurden.

Wenn man in einer funktionalen Abhängigkeit die Rollen der Funktion und des Arguments vertauscht, so erhält man eine neue Funktion, die man als *Umkehrfunktion* zur ursprünglichen Funktion bezeichnet.

Beispiel 1. Gegeben sei die Funktion u vom Argument v

$$u = v^2.$$

Wenn man hier die Rollen von Funktion und Argument vertauscht, so wird v eine Funktion von u, die durch die Formel $v = \sqrt{u}$ beschrieben wird. Bezeichnet man in beiden Fällen das Argument durch den Buchstaben x, so lautet die Ausgangsfunktion x^2 und die dazu gehörige Umkehrfunktion $\sqrt{x}$.

Beispiel 2. Die Umkehrfunktion zu $\sin x$ ist $\arcsin x$. Denn für $y = \sin x$ gilt $x = \arcsin y$ (III, 24).

Über die grafischen Darstellungen von Umkehrfunktionen siehe § 8, 7.

§ 4. Die Darstellung von Funktionen durch Formeln und Tabellen

Viele funktionale Abhängigkeiten kann man (exakt oder näherungsweise) mit Hilfe von einfachen Formeln darstellen. Zum Beispiel läßt sich die Abhängigkeit zwischen dem Inhalt S eines Kreises und dem Radius r durch die Formel $S = \pi r^2$ wiedergeben. Die Abhängigkeit zwischen der Höhe s eines hochgeworfenen Körpers und der Zeit t, die seit dem Wurf verflossen ist, beschreibt die Formel

$$s = v_0 t - \frac{gt^2}{2}.$$ Diese Formel ist eigentlich eine Näherungsformel,

da sie weder den Luftwiderstand noch die Abnahme der Anziehungskraft der Erde mit der Höhe berücksichtigt.

Oft läßt sich eine funktionale Abhängigkeit nicht durch eine Formel darstellen, oder wenn dies möglich ist, so ist die Formel meist für numerische Zwecke ungeeignet. In solchen Fällen verwendet man andere Methoden, meist gibt man den Zusammenhang *grafisch* oder in *Tabellenform* an (s. IV, 7).

Beispiel. Der funktionale Zusammenhang zwischen dem Druck p und der Temperatur T des siedenden Wassers (vgl. IV, 2, Beispiel 1) läßt sich nicht durch eine Formel beschreiben, die in allen praktisch wichtigen Fällen die benötigte Genauigkeit besitzt. Diesen Zusammenhang legt man in einer Tabelle fest. Ein Auszug einer solchen Tabelle hat die folgende Form:

Tabelle 15

p mm	300	350	400	450	500	550	600	650	700
$T°$ C	75,8	79,6	83,0	85,8	88,5	91,2	93,5	95,7	97,6

Zur bequemeren Berechnung der Werte einer der Variablen nimmt man größtenteils eine konstante Schrittweite. Diese Variable bezeichnet man dann als *Argument* der Tabelle.

Alle Argumente kann eine Tabelle natürlich nie enthalten. Eine für die Praxis brauchbare Tabelle muß jedoch so viele Argumentwerte enthalten, daß man aus den entsprechenden Funktionswerten die Funktionswerte der übrigen Argumente mit hinreichender Genauigkeit durch Interpolation ermitteln kann.

§ 5. Die Bezeichnung von Funktionen

Es sei bekannt, daß die Variable y eine gewisse Funktion der Variablen x ist. Wie diese Funktion gegeben ist, durch eine Formel, eine Tabelle oder irgendwie anders, ist gleichgültig. Die Funktion selbst kann auch völlig unbekannt sein, bekannt muß nur die Tatsache sein, daß ein funktionaler Zusammenhang besteht (IV, 2). Diese Tatsache drückt man symbolisch durch $y = f(x)$ aus.

Der Buchstabe f (Anfangsbuchstabe des lateinischen Worts functio, das Funktion bedeutet) bezeichnet natürlich nicht irgendeine Größe wie die Buchstaben lg, tan usw. in den Symbolen lg x, tan x usw. Die Zeichenfolge $y = \lg x$ oder $y = \tan x$ legt den funktionalen Zusammenhang zwischen y und x vollkommen fest. Die Zeichenfolge $y = f(x)$ kennzeichnet einen beliebigen funktionalen Zusammenhang.

Wenn man betonen will, daß sich der funktionale Zusammenhang zwischen z und t vom funktionalen Zusammenhang zwischen y und x unterscheidet, so verwendet man einen anderen Buchstaben, z. B. F, und schreibt: $z = F(t)$ und $y = f(x)$.

Wenn man hingegen ausdrücken will, daß der funktionale Zusammenhang zwischen z und t und zwischen y und x derselbe ist, so verwendet man in beiden Fällen denselben Buchstaben, d. h., man schreibt: $z = f(t)$ und $y = f(x)$.

Wenn man einen Ausdruck gefunden oder gegeben hat, der y durch x darstellt, so setzt man zwischen diesem Ausdruck und $f(x)$ ein Gleichheitszeichen.

Beispiele. 1. Wenn bekannt ist, daß $y = x^2$, so schreibt man $f(x) = x^2$.

2. Wenn bekannt ist, daß $y = \sin x$, so können wir schreiben $f(x) = \sin x$.

3. Wenn $f(x) = \lg x$, so bezeichnet das Symbol $f(y)$ dasselbe wie lg y.

4. Wenn $f(x) = \sqrt{1 + x^2}$ und $F(x) = 3x$, so können wir schreiben
$$F(x)\, f(x) = 3x\, \sqrt{1 + x^2}, \quad \frac{F(y)}{f(z)} = \frac{3y}{\sqrt{1 + z^2}}.$$

§ 6. Koordinaten

Zwei zueinander senkrechte Gerade XX' und YY' (Abb. 230) bilden ein *rechtwinkliges Koordinatensystem*. Die Geraden XX' und YY' heißen *Koordinatenachsen*. Die eine davon XX' (gewöhnlich horizontal dargestellt) heißt *Abszissenachse*, die andere YY' heißt

Ordinatenachse. Der Schnittpunkt O der beiden Achsen heißt *Koordinatensprung*. Auf jeder Achse wählt man willkürlich einen Maßstab.

Für einen beliebigen Punkt M der Ebene, in der das Koordinatensystem liegt, bilden wir die Projektion P und Q auf die Koordinatenachsen. Die Strecke OP auf der Abszissenachse bzw. die Maßzahl x dieser Strecke im gewählten Maßstab, heißt *Abszisse* des Punktes M. Die Strecke OQ auf der Ordinatenachse bzw. ihre Maßzahl y heißt *Ordinate* des Punktes M. Die Größen $x = OP$ und $y = OQ$ heißen *rechtwinklige Koordinaten* (oder einfach *Koordinaten*) des Punktes M.

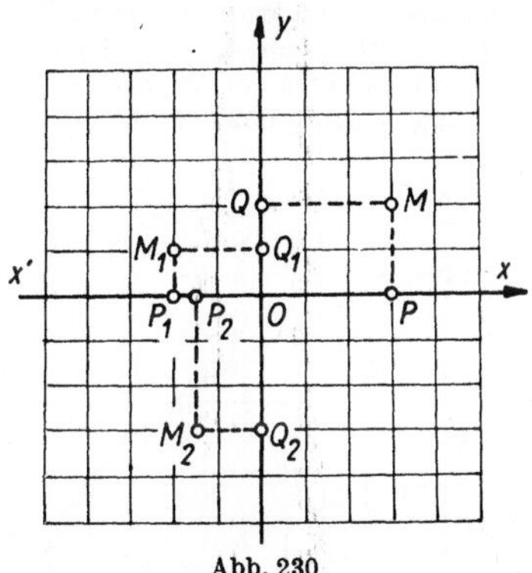

Abb. 230

Man zählt sie positiv oder negativ, je nach den vorher festgelegten Richtungen positiver Strecken auf beiden Achsen (gewöhnlich trägt man auf der Abszissenachse eine positive Strecke nach rechts ab, auf der Ordinatenachse nach oben).

In Abb. 230 (bei dem der Maßstab auf beiden Achsen derselbe ist) hat der Punkt M die Abszisse $x = 3$ und die Ordinate $y = 2$. Der Punkt M_1 hat die Abszisse $x_1 = -2$ und die Ordinate $y_1 = 1$. In Kurzform drückt man dies so aus: $M\ (3; 2)$, $M_1\ (-2; 1)$. Dasselbe gilt für $M_2\ (-1{,}5; -3)$.

Jedem Punkt der Ebene entspricht ein Paar von Zahlen x, y. Jedem Paar (reeller) Zahlen x, y entspricht ein Punkt M. Ein rechtwinkliges Koordinatensystem nennt man oft auch ein *kartesisches* System, so benannt nach dem französischen Mathematiker DESCARTES, der die Verwendung von Koordinaten zur Untersuchung von vielen geometrischen Problemen herangezogen hat. Diese Bezeichnung ist jedoch nicht richtig[1]).

---

[1]) DESCARTES verwendete nicht zwei Achsen, sondern nur eine, auf der er die Abszissen auftrug. Die Ordinaten definierte er als Abstände der Punkte der Ebene von der Abszissenachse. Diese Abstände maß DESCARTES längs einer beliebigen vorgegebenen Richtung und nicht längs der Senkrechten. Sowohl die Abszissen als auch die Koordinaten waren bei DESCARTES stets positive Größen, unabhängig von der Richtung der entsprechenden Strecken. In den meisten Lehrbüchern wird die Unterscheidung der Achsenrichtungen durch $+$ und $-$ DESCARTES zugeschrieben. Diese Unterscheidung wurde erst durch dessen Schüler getroffen.

§ 7. Grafische Darstellung von Funktionen

Zur grafischen Darstellung eines funktionalen Zusammenhangs markiert man auf der Abszissenachse eine Reihe von Werten x_1, x_2, x_3, ... der einen Variablen x (gewöhnlich das Argument) und konstruiert dazu die Ordinaten y_1, y_2, y_3, ..., die den Werten der anderen Variablen entsprechen (Funktionswerte). Man erhält dadurch eine Reihe von Punkten $M_1(x_1, y_1)$, $M_2(x_2, y_2)$, $M_3(x_3, y_3)$, ... Diese Punkte verbindet man durch eine glatte Kurve und erhält dadurch die grafische Darstellung des funktionalen Zusammenhangs. Der Vorteil der grafischen Darstellung gegenüber einer Darstellung durch eine Tabelle liegt in der Anschaulichkeit und der leichten Überblickbarkeit. Ein Nachteil hingegen ist der geringe Genauigkeitsgrad. Große praktische Bedeutung kommt einer geeigneten Wahl des Maßstabs zu.

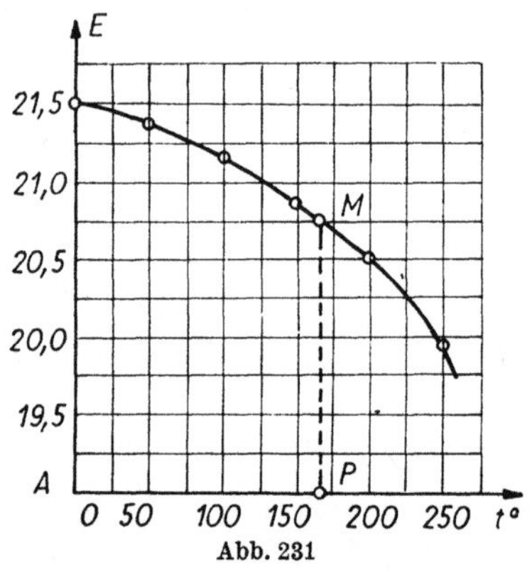

Abb. 231

In Abb. 231 ist das Schaubild des funktionalen Zusammenhangs zwischen dem Elastizitätsmodul E von Schmiedeeisen (in $\dfrac{t}{\text{cm}^2}$) und der Temperatur t des Eisens dargestellt. Die Maßstäbe auf der Abszisse und auf der Ordinate sind durch die Zahlenmarken erkennbar. (Der Koordinatenursprung und die Abszissenachse sind in der Abbildung nicht eingetragen, um nicht unnötig die Bildgröße zu erhöhen.)

Die grafische Darstellung in Abb. 231 wurde auf Grund der folgenden Tabelle verfertigt:

t °C	0	50	100	150	200	250
E t/cm^2	21,5	21,4	21,2	20,9	20,5	19,9

Aus der grafischen Darstellung kann man (näherungsweise) auch die Funktionswerte für solche Argumentwerte ermitteln, die in der

Tabelle nicht angeführt sind. Zum Beispiel werde der Wert von E für $t = 170°$ benötigt. Wir bestimmen auf der Abszissenachse (oder auf der dazu parallelen Geraden At) die Abszisse $t = AP = 170$ und ziehen die Senkrechte PM. Es ergibt sich die Ordinate $E = PM = 20{,}75$. Zur Erleichterung des Ablesens zeichnet man die grafische Darstellung auf ein Papier mit vorgedruckter Einteilung (zum Beispiel auf ein Millimeterpapier). Das Aufsuchen der Zwischenwerte einer Funktion aus ihrer grafischen Darstellung nennt man *grafische Interpolation*.

In der Praxis konstruiert man jede grafische Darstellung „nach Punkten", d. h., man zieht mit der freien Hand eine glatte Linie, die eine Reihe von einzelnen Punkten $M_1, M_2, \ldots$ verbindet. Dabei ist theoretisch nie die Möglichkeit ausgeschlossen, daß die noch aufgetragenen Zwischenprodukte sehr weit von der ausgezogenen glatten Kurve entfernt sind. Angesichts dieser Tatsache definiert man in der Theorie die grafische Darstellung einer Funktion als den *geometrischen Ort aller Punkte* (II, B, 14) $M(x, y)$, *deren Koordinaten im gegebenen funktionalen Zusammenhang stehen*.

§ 8. Einfache Funktionen und ihre Schaubilder

1. Proportionale Größen. Wenn die Variablen y und x (direkt) proportional sind, so erhält der funktionale Zusammenhang zwischen ihnen die Form

$$y = mx, \tag{1}$$

wobei m eine gewisse konstante Größe ist (*Proportionalitätskoeffizient*). Die grafische Darstellung einer direkten Proportionalität[1]) ist eine Gerade, die durch den Koordinatenursprung geht und mit der Abszissenachse einen Winkel α einschließt, dessen Tangens gleich der Konstanten m ist, $\tan \alpha = m$. Den Proportionalitätskoeffizienten bezeichnet man daher auch als *Steigung*. In Abb. 232 sind die grafischen Darstellungen der Funktionen $y = mx$ für $m = \dfrac{1}{2}$, $m = 1$, $m = 2$ und $m = -\dfrac{3}{4}$ angegeben.

Bemerkung. Zur Festlegung des Winkels α zwischen der Abszissenachse und der grafischen Darstellung nimmt man die positive Richtung der Abszissenachse. In der grafischen Darstellung kann man eine beliebige Richtung als positive Richtung auswählen. Der Winkel α hängt nicht von dieser Wahl ab.

2. Lineare Funktionen. Wenn die Variablen x und y durch eine Gleichung ersten Grades

$$Ax + By = C \tag{2}$$

verknüpft sind (wobei mindestens eine der Zahlen A oder B ungleich Null ist), so ist die grafische Darstellung des funktionalen Zusammen-

---

[1]) Hier und im folgenden wird vorausgesetzt, daß der Maßstab auf beiden Achsen derselbe ist.

hangs eine Gerade. Für $C = 0$ geht diese Gerade durch den Koordinatenursprung (vgl. Pkt. 1). Wenn $C \neq 0$, so ist dies nicht der Fall.

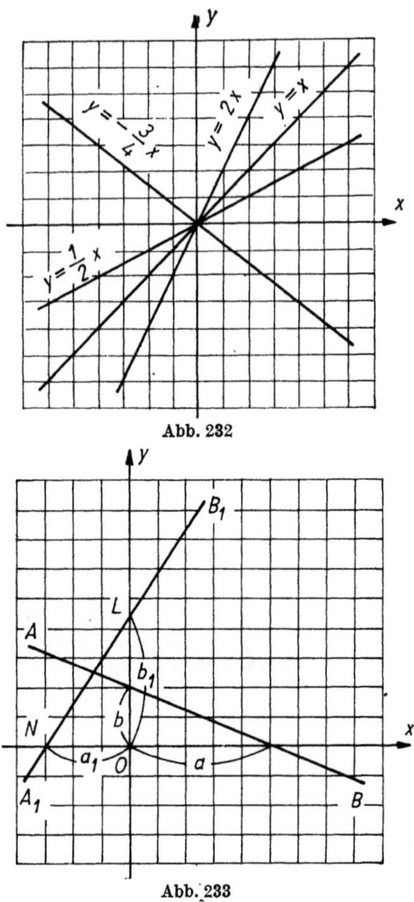

Abb. 232

Abb. 233

Es sei weder A noch B gleich Null. Dann werden beide Koordinatenachsen geschnitten, und zwar ist der Abszissenabschnitt $a = \dfrac{C}{A}$ und der Ordinatenabschnitt $b = \dfrac{C}{B}$.

Beispiele. Die grafische Darstellung der Gleichung $2x + 5y = 10$ ist die Gerade AB (Abb. 233), $a = \dfrac{10}{2} = 5$, $b = \dfrac{10}{5} = 2$. Das

Schaubild der Gleichung $2y - 3x = 9$ ist die Gerade A_1B_1. Hier ist $a_1 = \dfrac{9}{-3} = -3$, $b_1 = \dfrac{9}{2} = 4,5$.

Wir lösen die Gleichung (2) bezüglich y auf und erhalten

$$y = mx + b \qquad\qquad (3)$$

mit

$$m = -\frac{A}{B}; \; b = \frac{C}{B}.$$

Die Funktion $y = mx + b$ heißt *lineare Funktion*. Ihre grafische Darstellung ist eine Gerade.

Beispiel. Die Gleichung $2y - 3x = 9$ liefert nach Auflösen bezüglich y die Funktion $y = \dfrac{3x}{2} + \dfrac{9}{2}$ $\left(m = -\dfrac{-3}{2} = \dfrac{3}{2}, \; b = \dfrac{9}{2}\right)$.

Die grafische Darstellung der Funktion $y = \dfrac{3x}{2} + \dfrac{9}{2}$ ist die Gerade A_1B_1 in Abb. 233.

Eine Gerade, die als Darstellung für die Funktion $y = mx + b$ dient, bildet mit (der positiven Richtung) der Abszissenachse einen Winkel, dessen Tangens gleich m ist, und schneidet von der Ordinatenachse eine Strecke der Länge b ab. Die konstante Größe m heißt *Steigung*.

Beispiel. Für die Gerade A_1B_1, die als grafische Darstellung der Funktion $y = \dfrac{3x}{2} + \dfrac{9}{2}$ dient, haben wir $\tan \sphericalangle XNB_1 = \dfrac{3}{2}$, $OL = \dfrac{9}{2}$.

Die Gleichung $y = mx$ (direkte Proportionalität) ist ein Sonderfall der Gleichung $y = mx + b$ $(b = 0)$.

Die Gleichung $y = b$ ist ebenfalls ein Sonderfall der Gleichung $y = mx + b$ $(m = 0)$. In diesem Fall ist die Größe y konstant und hängt nicht von x ab. Nichtsdestoweniger spricht man auch hier von einer Funktion der Variablen x. Tatsächlich entspricht auch hier jedem Wert von x ein bestimmter Wert von y, nur bleibt hier dieser Wert immer derselbe. Die Besonderheit der Funktion $y = b$ $(y = 0 \cdot m + b)$ besteht darin, daß hier x nicht als Funktion von y erscheint (Werten von y, die nicht gleich b sind, entspricht kein Wert von x). Die grafische Darstellung der Funktion $y = b$ ist eine Gerade, die parallel zur Abszissenachse verläuft.

In Abb. 234 ist die Gerade PQ die Darstellung der Gleichung $y = 6$ und die Gerade P_1Q_1 die Darstellung von $y = -4$.

Die Gleichung $y = b$ erhält man aus der Gleichung (2) für $A = 0$ $\left(b = \dfrac{C}{B}\right)$. Wenn hingegen $B = 0$, so erhält Gleichung (2) die Form $x = a$ $\left(a = \dfrac{C}{A}\right)$, d. h., x ist eine konstante Größe. Auch sie kann man zu den Funktionen der Variablen y zählen (aber y ist keine Funktion von x, s. oben).

20 Wygodski

Die grafische Darstellung der Funktion $x = a$ ist eine Gerade, die parallel zur Ordinatenachse verläuft. In Abb. 235 ist die Gerade RS die Darstellung der Gleichung $x = +4$ und R_1S_1 die Darstellung

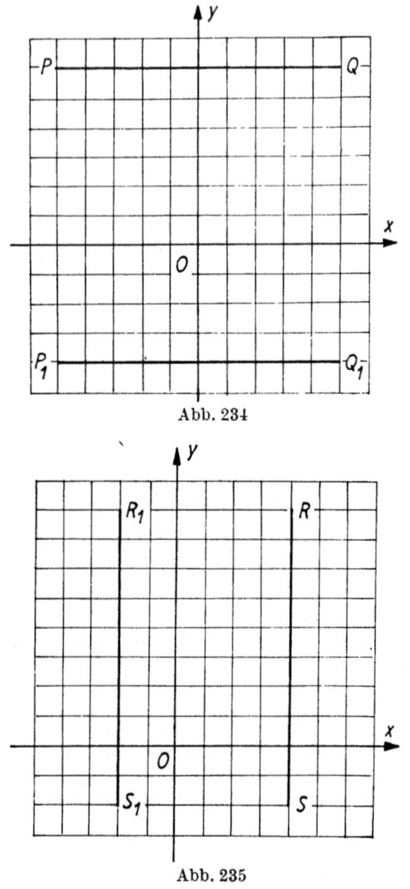

Abb. 234

Abb. 235

von $x = -2$. Die Abszissenachse ist die Darstellung der Gleichung $y = 0$, die Ordinatenachse die Gleichung $x = 0$.

3. Umgekehrte Proportionalität. Wenn die Größen x und y umgekehrt proportional sind, so wird die funktionale Abhängigkeit zwischen ihnen durch die Gleichung $y = \dfrac{c}{x}$ ausgedrückt, wobei c eine Konstante ist.

Die grafische Darstellung einer derartigen Funktion ist eine Kurve, die aus zwei „Ästen" besteht. Zum Beispiel wird die Funktion $y = \dfrac{4}{x}$ durch eine Kurve dargestellt (Abb. 235), deren Äste AB und $A'B'$ sind. In Abb. 236 sind noch die Darstellungen der Funktionen $y = \dfrac{c}{x}$ für $c = 1$ und $c = -1$ angegeben (punktiert). Diese Kurven nennt man *gleichseitige Hyperbeln* (man erhält sie als Schnitt eines geraden Kreiskegels mit einem rechten Winkel als Öffnungswinkel, IV, C, 9).

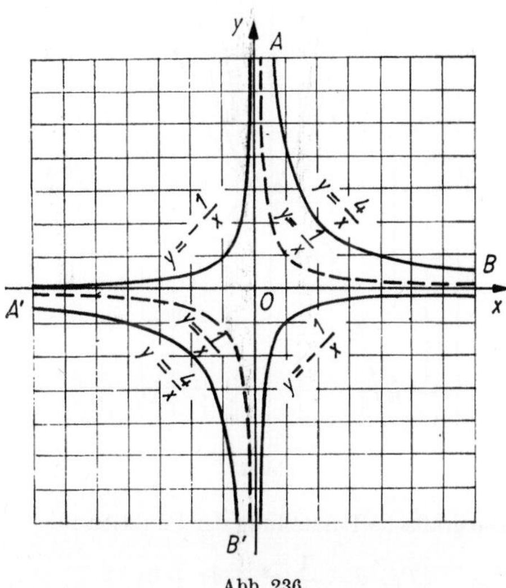

Abb. 236

4. Die quadratische Funktion. Die Funktion

$$y = ax^2 + bx + c$$

(a, b, c — konstante Größen, $a \neq 0$) heißt *quadratische Funktion*. Im einfachsten Fall $y = ax^2$ ($b = c = 0$) ist die grafische Darstellung eine Kurve durch den Koordinatenursprung.
In Abb. 237 sind die Darstellungen der Funktionen $y = ax^2$ angegeben: AOB $\left(a = \dfrac{1}{2}\right)$, COD ($a = 1$), EOF ($a = 2$), KOL $\left(a = -\dfrac{1}{2}\right)$. Die als grafische Darstellung für die Funktion $y = ax^2$ dienende Kurve ist eine Parabel (II, C, 9). Jede Parabel hat eine Symmetrieachse (OY in Abb. 237), die man als *Achse der Parabel* bezeichnet. Der Punkt O, in dem die Achse die Parabel schneidet, heißt *Scheitel der Parabel*.

20*

Die Darstellung der Funktion $y = ax^2 + bx + c$ hat dieselbe Form wie die der Funktion $y = ax^2$ (beim selben Wert von a), d. h., es handelt sich ebenfalls um eine Parabel. Die Achse dieser Parabel ist wie früher vertikal, ihr Scheitel liegt aber nicht im Koordinatenursprung, sondern im Punkt $\left(-\dfrac{b}{2a}; \ -\dfrac{b^2}{4a} \right)$.

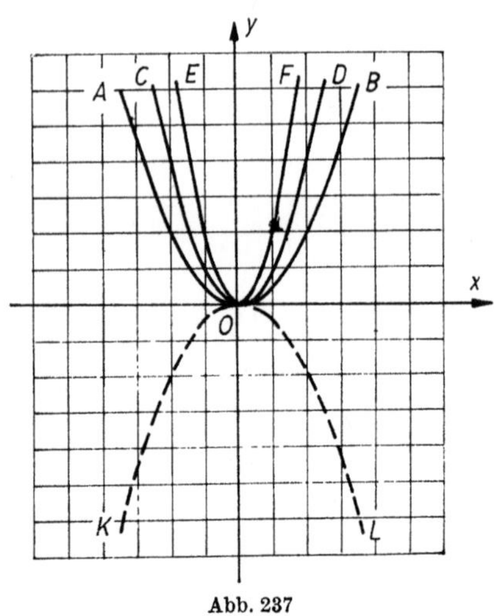

Abb. 237

Beispiel. Die grafische Darstellung der Funktion

$$y = \frac{1}{2} x^2 - 4x + 6$$

$\left(a = \dfrac{1}{2}, \ b = -4, \ c = 6 \right)$ ist die Parabel $A'O'B'$ in Abb. 238, die dieselbe Form wie die Parabel $y = \dfrac{x^2}{2}$ (AOB in Abb. 237) hat. Ihr Scheitel liegt im Punkt $O'\ (4; \ -2)$ $\left(-\dfrac{b}{2a} = \dfrac{4}{2 \cdot \dfrac{1}{2}} = 4, \ c - \dfrac{b^2}{4a} \right.$ $\left. = 6 - \dfrac{16}{4 \cdot \dfrac{1}{2}} = -2 \right)$.

5. Die Potenzfunktion. Die Funktion $y = ax^n$ (mit konstanten Größen a und n) heißt *Potenzfunktion*. Die Funktionen $y = ax$, $y = ax^2$, $y = \dfrac{a}{x}$ (s. Pkt. 1, 3, 4) sind spezielle Potenzfunktionen ($n = 1, \ n = 2, \ n = -1$).

Die nullte Potenz jeder von Null verschiedenen Zahl ist gleich 1. Für $n = 0$ erweist sich daher die Potenzfunktion als konstante

Größe[1]): $y = a$. In diesem Fall ist die grafische Darstellung eine Gerade, die parallel zur Abszissenachse verläuft (s. Pkt. 2).

Die übrigen Fälle kann man in zwei Gruppen unterteilen: 1. n ist eine positive Zahl, 2. n ist eine negative Zahl.

1. In Abb. 239 werden die Darstellungen der Funktionen $y = x^n$ für $n = 0,1; \dfrac{1}{4}; \dfrac{1}{3}; \dfrac{1}{2}; \dfrac{2}{3}; 1; \dfrac{3}{2}; 2; 3; 4; 10$ gezeigt. Sie alle verlaufen durch den Koordinantenursprung und durch den Punkt $(1;1)$. Für $n = 1$ haben wir eine Gerade, nämlich die Winkelhalbierende des Winkels XOY. Für $n > 1$ liegt die Darstellung anfangs (zwischen 0 und 1) immer unter dieser Geraden und verläuft hierauf (für $x > 1$) oberhalb davon. Für $n < 1$ ist der Sachverhalt gerade umgekehrt.

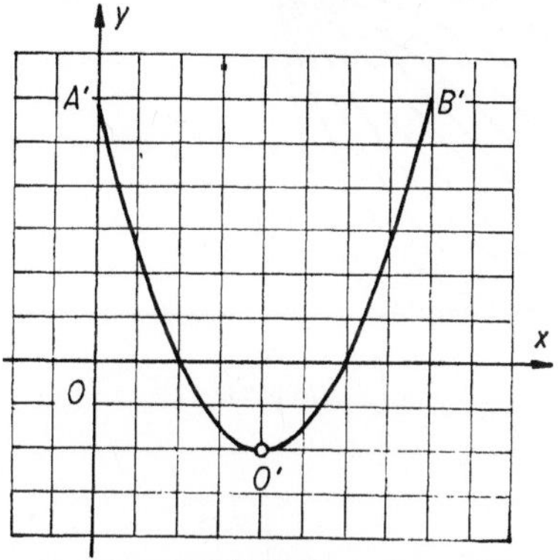

Abb. 238

Wir beschränken uns auf den Fall $a = 1$, da man alle übrigen Fälle durch eine einfache Maßstabsänderung erhält. Negative Werte von x betrachten wir nicht, da für $x < 0$ gewisse Potenzfunktionen mit gebrochenem Exponenten, z. B. $y = x^{\frac{1}{2}} = \sqrt{x}$, ihren Sinn verlieren. Bei ganzzahligen Exponenten hat die Potenzfunktion auch für $x < 0$ einen Sinn, ihre grafischen Darstellungen haben aber verschiedene **Form, je nachdem, ob n gerade oder ungerade ist.**

Als typische Vertreter werden in Abb. 240 die Darstellungen der Funktionen $y = x^2$ und $y = x^3$ gezeigt. Bei geradem n ist die grafische Darstellung symmetrisch bezüglich der Ordinatenachse, bei ungeradem n bezüglich des Koordinatenursprungs.

In Analogie zur Darstellung der Funktion $y = ax^2$ nennt man die Darstellungen aller Potenzfunktionen $y = ax^n$ mit positivem n *Parabeln n-ter Ordnung* (oder *n-ten Grades*). Die Darstellung der Funktion $y = ax^3$ (Abb. 240) heißt *Parabel dritter Ordnung* oder *kubische Parabel.*

---

[1]) Der Ausdruck 0^0 ist nicht definiert. Da für alle von Null verschiedenen Werte von x die Funktion $y = ax^0$ den Wert a hat, setzen wir hier auch für $x = 0$ für y den Wert a fest.

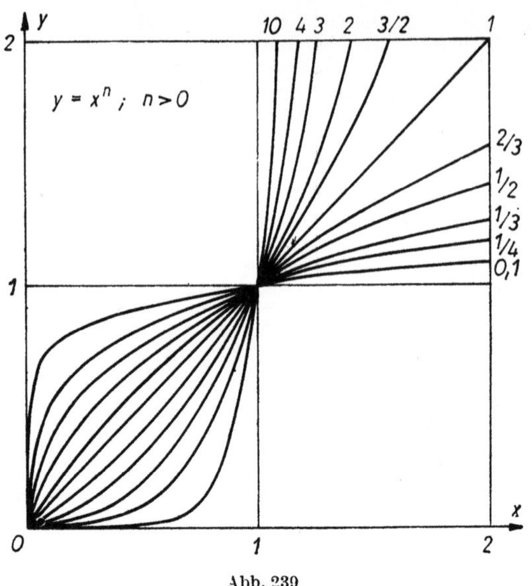

Abb. 239

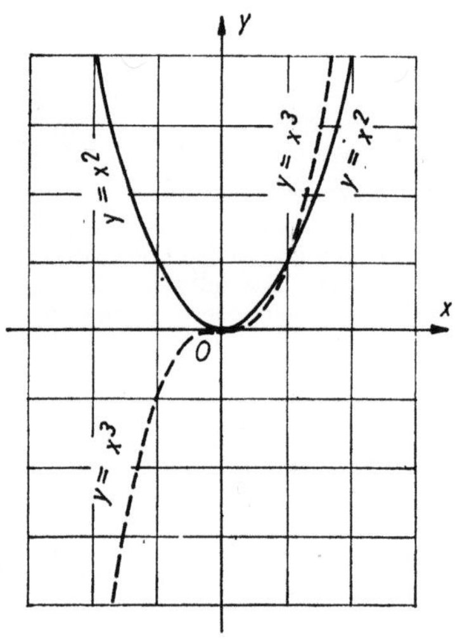

Abb. 240

Bemerkung. Wenn n ein Bruch $\dfrac{p}{q}$ ist mit geradem Nenner q und ungeradem Zähler p, so kann die Größe $x^n = \sqrt[q]{x^p}$ zwei Vorzeichen $\left(\pm\sqrt[q]{x^p}\right)$ haben, und zur grafischen Darstellung gehört noch ein Ast unterhalb der Abszissenachse, der symmetrisch zur oberen Hälfte liegt. In Abb. 241 wird die Darstellung der zweiwertigen Funktion $y = \pm 2x^{\frac{1}{2}}$, d. h. $x = \dfrac{y^2}{4}$, gezeigt (Parabel mit horizontaler Achse). Abb. 242 stellt die Funktion $y = \pm \dfrac{x^{\frac{3}{2}}}{2}$ dar (*halbkubische Parabel* oder NEILsche *Parabel*).

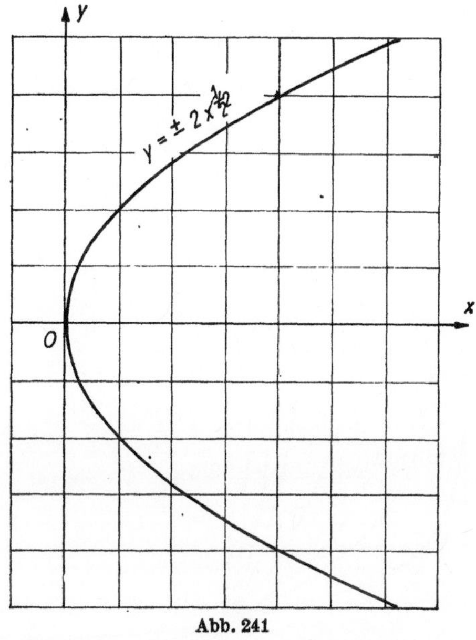

Abb. 241

2. In Abb. 243 sind die Darstellungen der Funktionen $y = x^n$ für $= -\dfrac{1}{3},\ -\dfrac{1}{2},\ -1,\ -2,\ -3,\ -10$ gegeben. Alle diese Kurven gehen durch den Punkt $(1;1)$. Bei $n = -1$ ergibt sich eine Hyperbel (Pkt. 3). Für $n < -1$ verläuft die grafische Darstellung der Potenzfunktion zuerst (zwischen $x = 0$ und $x = 1$) oberhalb dieser Hyperbel und dann (für $x > 1$) unterhalb davon. Bei $n > -1$ ist der Sachverhalt gerade umgekehrt. Bezüglich negativer x-Werte und gebrochener Exponenten gilt das unter Punkt 1 Gesagte.
Alle grafischen Darstellungen in Abb. 243 nähern sich unbegrenzt den beiden Achsen, erreichen jedoch weder die eine noch die andere.

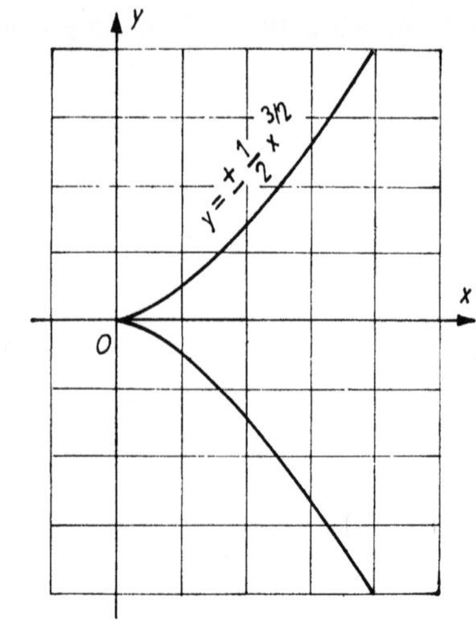

Abb. 242

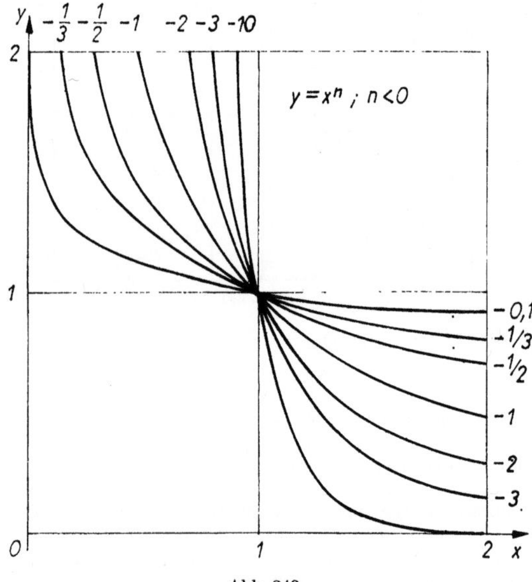

Abb. 243

Infolge ihrer Ähnlichkeit mit einer Hyperbel nennt man diese Darstellungen *Hyperbeln n-ter Ordnung*.

6. Die Exponentialfunktionen und die logarithmischen Funktionen. Eine Funktion $y = a^x$, wobei a eine konstante positive Zahl ist, heißt *Exponentialfunktion*. Die Zahl a muß positiv sein, da sonst die Größen $a^{\frac{1}{2}} = \sqrt{a}$, $a^{\frac{3}{4}} = \sqrt[4]{a^3}$ usw. nicht reell wären. Das Argument x kann beliebige reelle Werte annehmen (I, 61). Die Werte der Funktion $y = a^x$ sind stets positiv, als Funktionswert von $y = 16^x$ nimmt man zum Beispiel für $x = \dfrac{1}{4}$ nur den Wert $y = 2$ und nicht den Wert $y = -2$. Ebensowenig betrachtet man die imaginären Werte $2i$ und $-2i$.

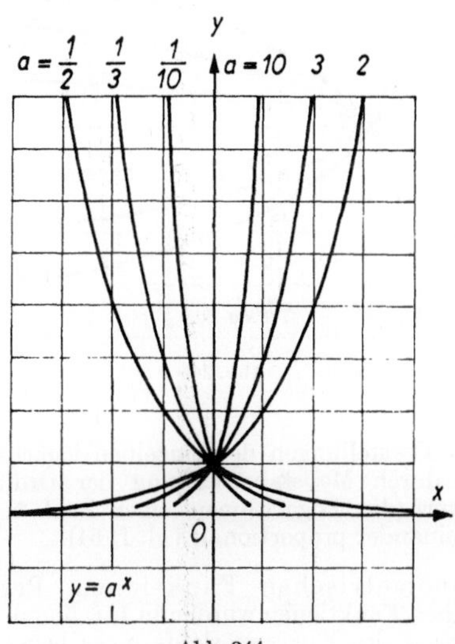

Abb. 244

In Abb. 244 werden die grafischen Darstellungen der Exponentialfunktionen für $a = \dfrac{1}{2}, \dfrac{1}{3}, \dfrac{1}{10}$, 2, 3, 10 gezeigt. Alle gehen durch den Punkt (0; 1). Für $a = 1$ haben wir eine Gerade parallel zur Abszissenachse, die Funktion a^x ist eine Konstante. Für $a > 1$ steigen die Funktionswerte bei Bewegung nach rechts an, für $a < 1$ fallen sie ab. Alle Kurven nähern sich unbegrenzt der Abszissenachse, erreichen sie aber nie. Die grafischen Darstellungen der Funktionen $y = 2^x$ und $y = \left(\dfrac{1}{2}\right)^x$ sowie $y = 3^x$ und $y = \left(\dfrac{1}{3}\right)^x$ und im allgemeinen $y = a^x$ und $y = \left(\dfrac{1}{a}\right)^x$ liegen symmetrisch zueinander bezüglich der Ordinatenachse.

Die Funktionen $y = \log_a x$, wobei a eine konstante positive Zahl ist (ungleich 1, s. I, 63, Fußnote [2]) auf Seite 118), heißen *logarithmische Funktionen*. Die logarithmischen Funktionen sind die Umkehrfunktionen zu den Exponentialfunktionen. Ihre Darstellungen (Abb. 245) erhält man aus den Darstellungen der Exponentialfunktionen (derselben Basis), wenn man diese an der Diagonalen durch den ersten Quadranten umklappt. Genauso erhält man die Darstellungen aller Umkehrfunktionen.

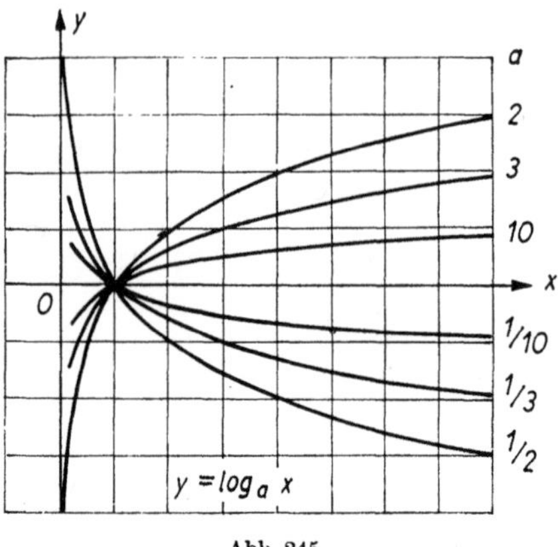

Abb. 245

Die grafischen Darstellungen der einzelnen logarithmischen Funktionen gehen durch Maßstabsänderung der Ordinatenachse auseinander hervor (die Logarithmen einer Zahl bei verschiedenen Basen sind zueinander proportional, vgl. I, 64).

7. **Die trigonometrischen Funktionen. Periodizität.** Die trigonometrischen Funktionen wurden in III, 5 und III, 15 definiert. Zur Konstruktion des Kurvenverlaufs einer beliebigen trigonometrischen Funktion (zum Beispiel des Sinus) eines variablen *Winkels* legt man fest, welche Strecke auf der Abszissenachse einem beliebigen Winkel (z. B. 90°) und welche Strecke auf der Ordinatenachse einer beliebigen Zahl (z. B. der Zahl 1) entsprechen soll. Über gleiche Maßstäbe auf beiden Achsen kann man erst dann reden, wenn festgelegt ist, welchen Winkel man als Maßeinheit verwendet. Erst dann kann man die Maßzahl x des Winkels und den Wert y seines Sinus durch Strecken darstellen, die diesen Zahlen proportional sind (vgl. III, 27).
Bei der Konstruktion des Kurvenverlaufs verwendet man als Maßeinheit gewöhnlich einen Radianten. Dann wird die Funktion $y = \sin x$ (die Bezeichnung „Radiant" bei x ist hinzuzudenken) durch die grafische Darstellung in Abb. 246 dargestellt (Maßstäbe auf beiden Achsen gleich). Nimmt man als Maßeinheit für den Winkel

einen halben Radianten, so ist die grafische Darstellung bei gleichen Maßstäben wie früher längs der Abszissenachse im Verhältnis $2:1$ gestreckt.

Die grafische Darstellung der Funktion $y = \sin x$ heißt *Sinuskurve*. Der Kurvenverlauf der Funktion $y = \cos x$ ist in Abb. 247 dargestellt. Auch diese Darstellung ist eine Sinuskurve. Man erhält sie aus der Darstellung von $y = \sin x$, wenn man die Abszissenachse um die Strecke $\dfrac{\pi}{2}$ nach links verschiebt.

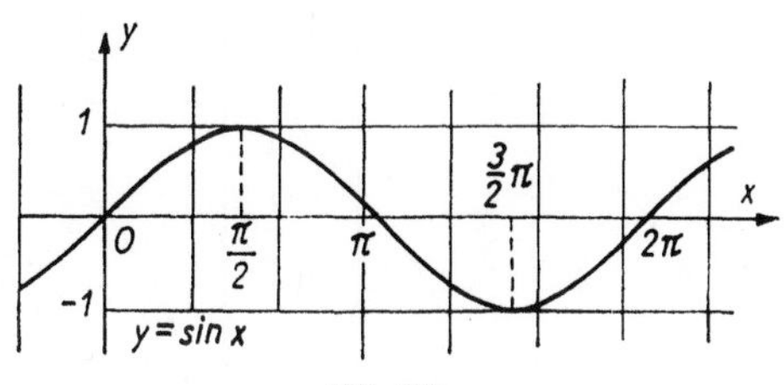

Abb. 246

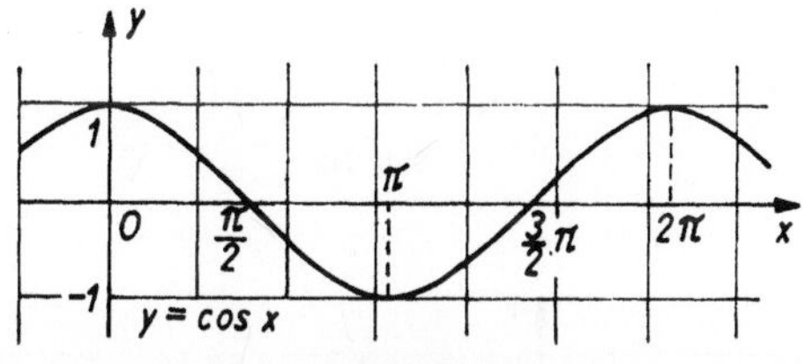

Abb. 247

Bei einer Verschiebung der Darstellungen von Sinus oder Kosinus um 2π (nach rechts oder nach links) kommen diese wieder mit sich selbst zur Deckung. Wenn die grafische Darstellung einer gewissen Funktion $y = f(x)$ bei Verschiebung um eine gewisse Strecke längs der Abszissenachse wieder mit sich selbst zur Deckung kommt, so heißt die Funktion *periodisch*. Die Maßzahl p dieser Strecke heißt *Periode* der Funktion $f(x)$. Diese in Worten ausgedrückte Definition erfaßt man kürzer durch die Formel

$$f(x + p) = f(x).$$

Wenn p eine Periode der Funktion $f(x)$ ist, so sind auch $2p$, $3p$, $-2p$, $-3p$ usw. Perioden.

Alle trigonometrischen Funktionen haben die Periode 2π.

Die Funktionen $y = \tan x$ und $y = \tan x$ haben darüber hinaus die Periode π, da $\tan(x \pm \pi) = \cot x$. Der Kurvenverlauf der Funktion $y = \tan x$ ist in Abb. 248 gegeben, der Kurvenverlauf der Funktion $y = \cot x$ in Abb. 249. Die grafische Darstellung von $\cot x$ nähert sich unbegrenzt den Geraden, die parallel zu Ordinatenachse sind und von dieser die Abstände $\pm\dfrac{\pi}{2}$, $\pm\dfrac{3\pi}{2}$, $\pm\dfrac{5\pi}{2}$ usw. haben, erreicht

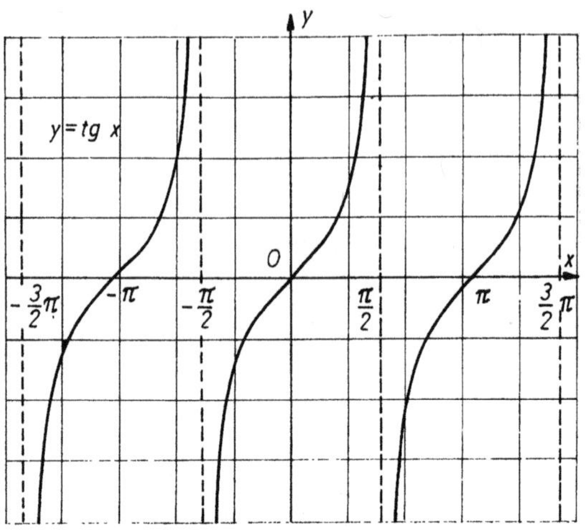

Abb. 248

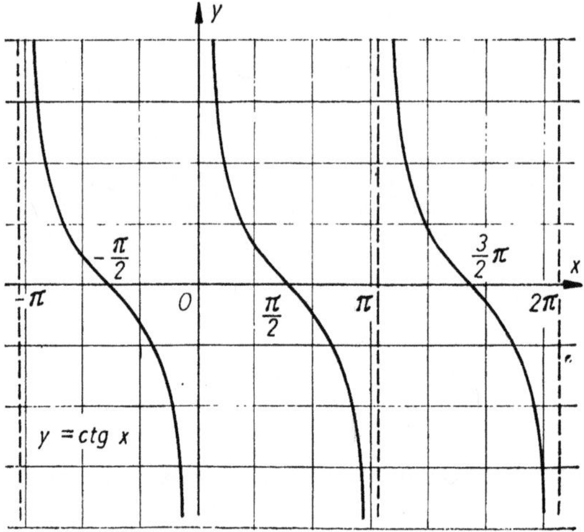

Abb. 249

diese Geraden aber nie. Eine analoge Rolle für das Schaubild von cot x spielen die Geraden, die von der Ordinatenachse die Abstände $\pm \pi$, $\pm 2\pi$, $\pm 3\pi$ usw. haben, und diese Achse selbst.

8. Die Umkehrfunktionen zu den trigonometrischen Funktionen. Die Definitionen der Umkehrfunktionen zu den trigonometrischen Funktionen wurden in III, 24 gegeben (vgl. IV, 3). Hier geben wir die grafischen Darstellungen der Funktionen $y = \mathrm{Arc}\,\sin x$ (Abb. 250), $y = \mathrm{Arc}\,\cos x$ (Abb. 251), $y = \mathrm{Arc}\,\tan x$ (Abb. 252) und $y = \mathrm{Arc}\,\cot x$ (Abb. 253). Man erhält diese Darstellungen aus denen der Funktionen $y = \sin x$ usw., wenn man diese um die Diagonale des ersten Quadranten herumklappt (vgl. § 8, 5). Die Schaubilder der Funktionen $y = \mathrm{Arc}\,\sin x$ und $y = \mathrm{Arc}\,\cos x$ liegen vollkommen

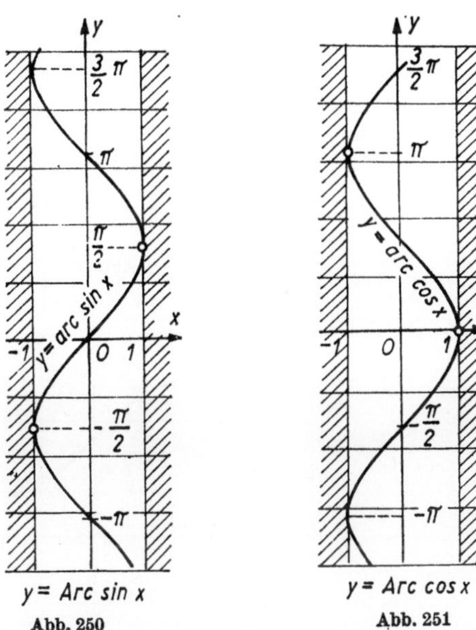

$y = \mathrm{Arc}\,\sin x$ $y = \mathrm{Arc}\,\cos x$

Abb. 250   Abb. 251

innerhalb eines vertikalen Streifens, der von den Geraden $x = 1$ und $x = -1$ begrenzt wird (diese Funktionen haben für $x > 1$ keine reellen Werte). Jede vertikale Gerade, die im Inneren des erwähnten Streifens liegt, schneidet die grafische Darstellung unendlich oft. Dasselbe gilt für die Darstellungen von $y = \mathrm{Arc}\,\tan x$ und $y = \mathrm{Arc}\,\cot x$ und für beliebige vertikale Geraden. Darin äußert sich die Vieldeutigkeit der Umkehrfunktionen zu den trigonometrischen Funktionen (III, 24). Jene Teile der Darstellungen, die den Hauptwerten entsprechen, sind in den Abbildungen 250—253 dick ausgezogen.

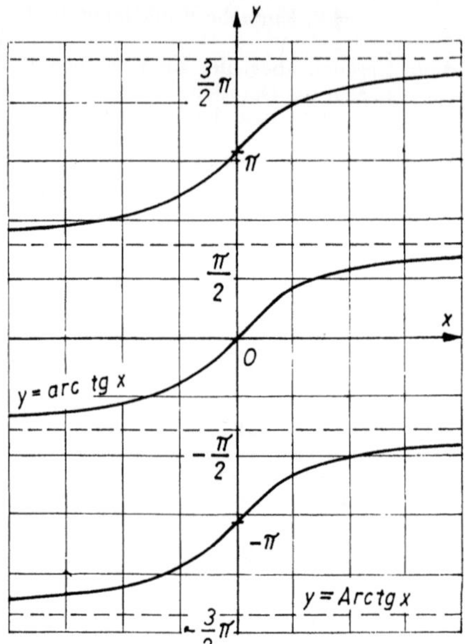

Abb. 252

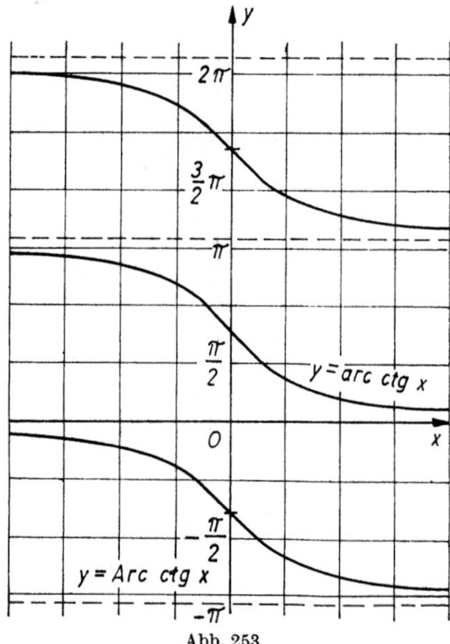

Abb. 253

§ 9. Die grafische Lösung von Gleichungen

Die grafische Darstellung von Funktionen bietet die Möglichkeit, mühelos eine Näherungslösung einer beliebigen Gleichung mit einer Unbekannten und eines Systems von zwei Gleichungen mit zwei Unbekannten zu finden.

Zur Bestimmung der Lösungen eines Systems von zwei Gleichungen mit zwei Unbekannten x und y betrachten wir jede Gleichung als funktionalen Zusammenhang zwischen den Variablen x und y und konstruieren dafür die entsprechenden grafischen Darstellungen. Die Koordinaten der Punkte, die zu beiden Darstellungen gehören, liefern die gesuchten Werte der Unbekannten x und y (Wurzeln des gegebenen Systems von Gleichungen).

Beispiel 1. Man löse das Gleichungssystem

$$7x + 5y = 35,$$

$$-3x + 8y = 12.$$

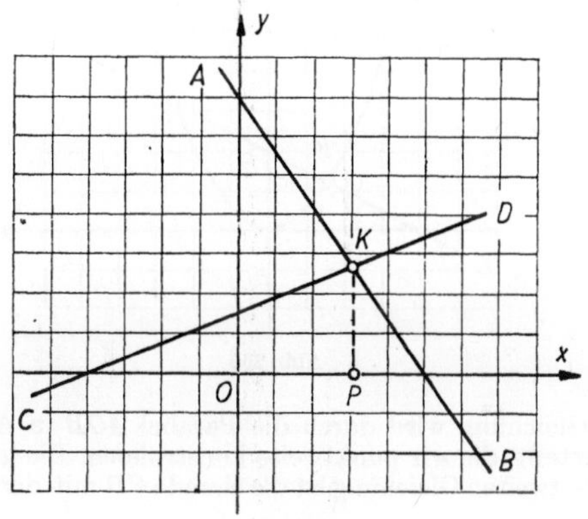

Abb. 254

Die Darstellung **jeder der Gleichungen** ist eine Gerade. Die erste Gerade schneidet von den Achsen die Strecken $a = \dfrac{35}{7} = 5$, $b = \dfrac{35}{5} = 7$ ab (IV, 8, 2). Durch die Endpunkte dieser Strecken ziehen wir die Gerade AB (Abb. 254). Ebenso finden wir für die zweite Gerade $a = -4$, $b = 1{,}5$, und wir ziehen die Gerade CD[1]).

---

[1]) Anstatt die Strecken a und b zu bestimmen, kann man zwei beliebige Punkte der Geraden dadurch festlegen, daß man für x einen willkürlichen Wert wählt, diesen in die entsprechende Gleichung einsetzt und daraus y berechnet.

Die Koordinaten des Punktes K, in dem sich die beiden Kurven schneiden, liefern die gesuchten Werte für x und y. Die Werte dieser Koordinaten lesen wir ab: $x(= OP) = 3,1$; $y(= PK) = 2,7$. Die exakten Wurzelwerte sind $x = 3\frac{7}{71}$; $y = 2\frac{47}{71}$.

Beispiel 2. Man löse die Gleichung $\frac{x^2}{2} - \frac{x}{2} - 2 = 0$. Die Lösung findet man grafisch als Lösung einer Gleichung mit einer Unbekannten (s. unten Beispiel 4). Einfacher ist es jedoch, wenn man das System

$$y = \frac{1}{2}\,x^2, \quad y = \frac{1}{2}\,x + 2$$

betrachtet und dessen Lösungen grafisch ermittelt.

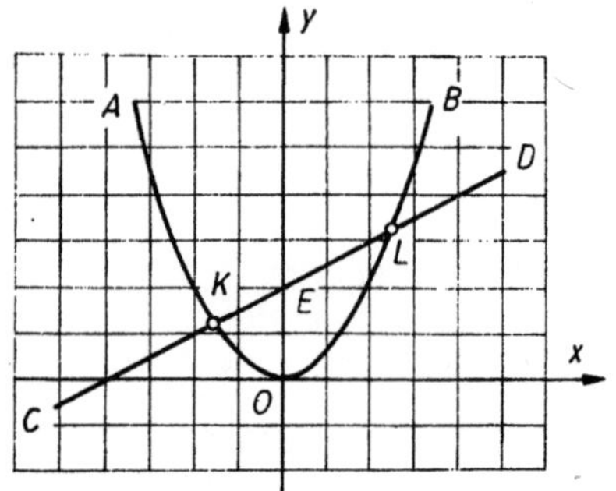

Abb. 255

Die erste Gleichung wird durch die Parabel AOB in Abb. 255 (IV, 8, 2) dargestellt, die wir punktweise konstruieren. Die grafische Darstellung der zweiten Gleichung ist die Gerade CD mit dem Ordinatenabschnitt $b(= OE) = 2$ und der Steigung $m(= \tan \sphericalangle DCX) = \frac{1}{2}$ (IV, 8, 2). Die Gerade CD hat mit der Parabel AOB zwei Schnittpunkte K und L, deren Abszissen (frei abgelesen) $x_1 = -1,6$ und $x_2 = 2,6$ sind und Näherungswerte für die Wurzeln der gegebenen Gleichung liefern. Die exakten Wurzelwerte sind

$$x_1 = \frac{1 - \sqrt{17}}{2}; \quad x_2 = \frac{1 + \sqrt{17}}{2}.$$

Beispiel 3. Man löse die Gleichung $2^x = 4x$. Dies ist keine algebraische Gleichung. Eine Wurzel ($x = 4$) ist leicht zu erraten. Zur Bestimmung der anderen Wurzeln (falls solche noch existieren) suchen wir vorerst am besten nach einer graphischen Lösung. Wir ersetzen die gegebene Gleichung durch das Gleichungssystem $y = 2^x$

und $y = 4x$. Wir konstruieren die grafische Darstellung der Exponentialfunktion $y = 2^x$ (Abb. 256) und der Funktion $y = 4x$ (Gerade). Die Ordinaten wachsen offensichtlich in beiden Fällen schneller als die Abszissen. Daher wählt man am besten auf der Ordinatenachse einen kleineren Maßstab als auf der Abszissenachse (in Abb. 256 ist er auf der Achse OX viermal so groß wie auf der Achse OY).

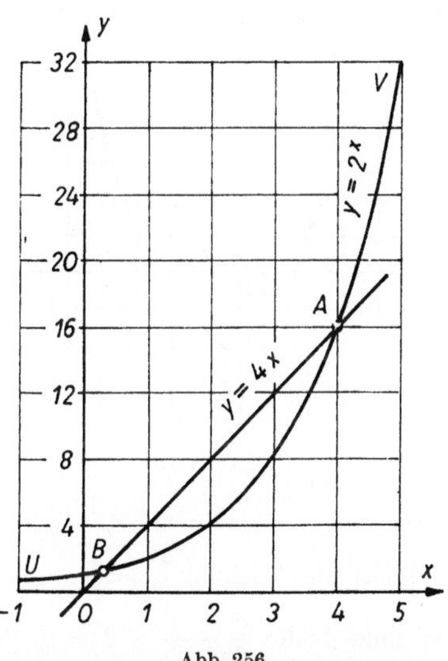

Abb. 256

Wir finden zwei Schnittpunkte A und B. Aus der Konstruktion ist ersichtlich, daß keine weiteren gemeinsamen Punkte existieren. Die Abszisse des Punktes A ist $x = 4$, für die Abszisse des Punktes B lesen wir ab $x \approx 0,3$. Die gefundene Lösung setzen wir in die Ausgangsgleichung ein. Unter Verwendung einer Logarithmentafel berechnen wir den Wert von 2^x für $x = 0,3$. Wir erhalten 1,231. Diese Zahl ist etwas größer als $4x = 1,200$ (um 0,031). Das heißt also, daß die Zahl 0,3 (s. grafische Darstellung) etwas kleiner als die Abszisse von B ist. Wir versuchen den Wert $x = 0,35$. Jetzt erhalten wir $2^x = 1,275$ und $4x = 1,400$. Somit ist 2^x (um 0,125) kleiner als $4x$. Die Zahl 0,35 ist also größer als die Abszisse des Punktes B. Der gesuchte Wert von x liegt also zwischen 0,30 und 0,35 und ist etwa viermal näher beim ersten Wert als beim zweiten, da 0,125 viermal so groß ist wie 0,031. Es gilt also $x \approx 0,31$. Die Probe liefert $2^x = 1,240$, $4x = 1,240$; $x = 0,31$ ist übrigens nicht der exakte Wert der Wurzel. Nimmt man eine mehrstellige Logarithmentafel, so bemerkt man zwischen 2^x und $4x$ einen Unterschied in der fünften Stelle. Nach demselben Verfahren kann man einen genaueren Wet der Wurzel suchen.

21 Wygodski

Zur Bestimmung der Lösungen einer Gleichung mit einer Unbekannten bringt man alle Glieder auf die linke Seite und stellt sie in der Form $f(x) = 0$ dar. Wir konstruieren die grafische Darstellung der Funktion $y = f(x)$. Die Abszissen der Schnittpunkte dieser Darstellung mit der Abszissenachse liefern die Wurzeln der gegebenen Gleichung.

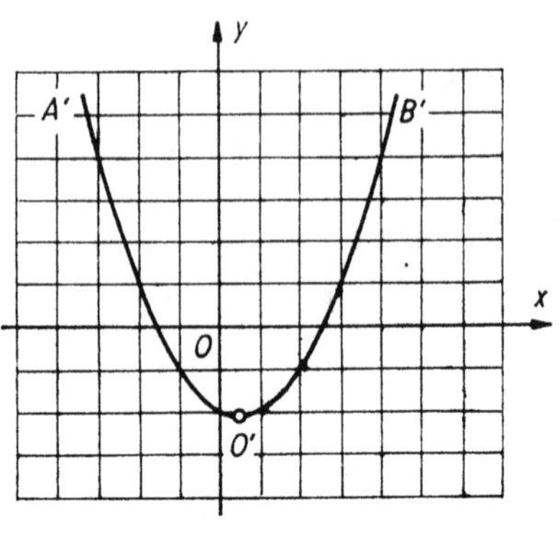

Abb. 257

Beispiel 4. Man löse die Gleichung $\dfrac{x^2}{2} = \dfrac{x}{2} + 2$. Wir bringen alle Glieder auf die linke Seite: $\dfrac{x^2}{2} - \dfrac{x}{2} - 2 = 0$. Nun konstruieren wir die grafische Darstellung der Funktion $y = \dfrac{x^2}{2} - \dfrac{x}{2} - 2$ (punktweise). Wir erhalten (Abb. 257) eine Parabel $A'O'B'$. Ihre Form ist dieselbe wie im vorangehenden Beispiel. Ihr Scheitel liegt im Punkt $O'\left(\dfrac{1}{2}; -2\dfrac{1}{8}\right)$ (s. IV, 8, 4). Als Schnitte der Kurve mit der Abszissenachse finden wir zwei Punkte mit den Abszissen $x_1 = -1{,}6$ und $x_2 = 2{,}6$ (frei abgelesen).

§ 10. Die grafische Lösung von Ungleichungen

Die grafischen Lösungen von Ungleichungen besitzen (wie die grafischen Lösungen von Gleichungen) keine besonders hohe Genauigkeit. Aber die Anschaulichkeit und leichte Überschaubarkeit, die die grafischen Methoden auszeichnen, sind bei der Lösung von Ungleichungen (besonders der Lösung von Ungleichungssystemen) noch größer als bei der Lösung von Gleichungen. Die Lösungsverfahren sind dieselben wie die für Gleichungen (§ 9). Die Lösungen werden jedoch durch Strecken dargestellt und nicht durch Punkte.

Beispiel 1. Man löse die Ungleichung

$$\frac{1}{2}\,x^2 - \frac{1}{2}\,x - 2 < 0.$$

Wir konstruieren (Abb. 258) die grafische Darstellung der Funktion $y = \dfrac{x^2}{2} - \dfrac{x}{2} - 2$ (§ 9, Beispiel 4). Da $y < 0$ sein soll, müssen die der Lösung entsprechenden Punkte unter der Abszissenachse liegen. Das Schaubild zeigt als geometrischen Ort dieser Punkte den Bogen $KO'L$ der Parabel $A'O'B'$ (mit den Enden K und L, die ausgeschlossen sind, da dort $y = 0$). Die Werte von x, die der gegebenen Ungleichung genügen, entsprechen also den inneren Punkten der Strecke KL auf der Abszissenachse. Aus der Darstellung lesen wir ab $-1{,}6 < x < 2{,}6$. Wenn man die exakte Lösung haben will, so muß

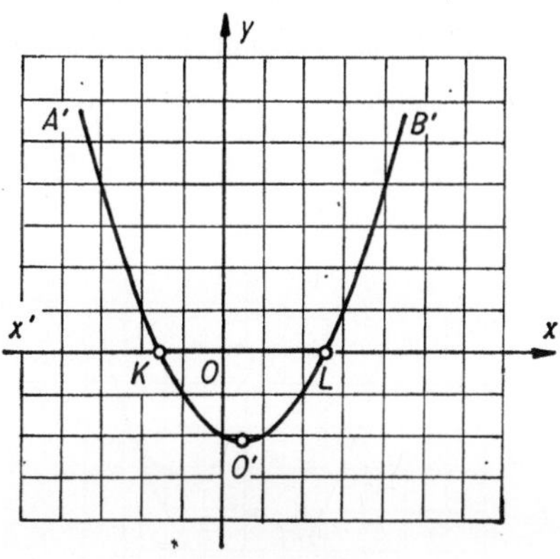

Abb. 258

man die Abszissen der Punkte K und L aus der quadratischen Gleichung $\dfrac{x^2}{2} - \dfrac{x}{2} - 2 = 0$ berechnen. Dann finden wir

$$\frac{1 - \sqrt{17}}{2} < x < \frac{1 + \sqrt{17}}{2}.$$

Beispiel 2. Man löse die Ungleichung $\dfrac{x^2}{2} - \dfrac{x}{2} - 2 > 0$.

Wir konstruieren dieselbe Darstellung wie in Beispiel 1. Jetzt muß $y > 0$ sein, d. h., die Punkte müssen oberhalb der Abszissenachse liegen. Der geometrische Ort dieser Punkte ist die Kurve KA' und LB', unbegrenzt verlängert nach oben (die Anfangspunkte K und L ausgenommen). Die entsprechenden Punkte der Abszissenachse erfüllen die Strahlen KX' und LX (die Punkte K und L ausgenommen).

21*

Die gegebene Ungleichung ist erfüllt: 1. für $x < -1{,}6$ und 2. für $x > 2{,}6$. Die exakte Lösung ist

$$1.\ x < \frac{1 - \sqrt{17}}{2}; \quad 2.\ x > \frac{1 + \sqrt{17}}{2}.$$

Beispiel 3. Man löse die Ungleichung

$$\frac{1}{2}\,x^2 < \frac{1}{2}\,x + 2.$$

Diese Ungleichung ist gleichwertig zu $\dfrac{x^2}{2} - \dfrac{x}{2} - 2 < 0$, die in Beispiel 1 gelöst wurde. In der gegebenen Form ist sie jedoch leichter lösbar.

Wir konstruieren (vgl. § 9, Beispiel 2) die Darstellung der Funktion $y = \dfrac{x^2}{2}$ (Parabel AOB, Abb. 259) und die Darstellung von $\overline{y} = \dfrac{x}{2} + 2$ (Gerade CD). Der Strich über dem Buchstaben y soll dazu dienen, die Ordinaten der Geraden von den Ordinaten der Parabel bei gleichen Abszissenwerten zu unterscheiden. Es muß gelten $\overline{y} < y$,

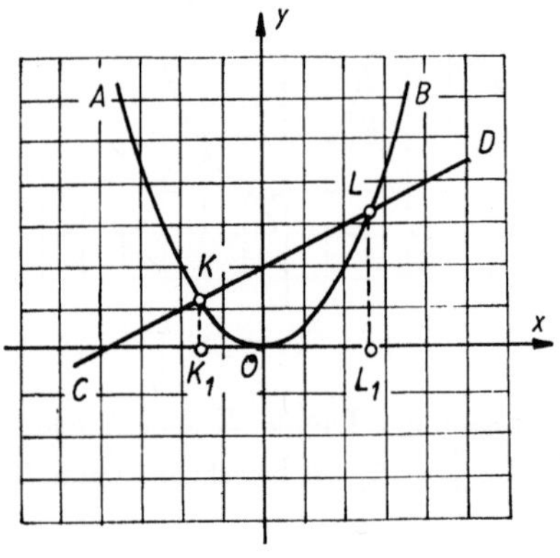

Abb. 259

d. h., die Punkte der Parabel müssen unter den Punkten der Geraden mit denselben Abszissen liegen. Die grafische Darstellung zeigt, daß die entsprechenden Stücke der Kurven AOB und CD (Bogen KOL und Strecke KL) über der (dick gezeichneten) Strecke K_1L_1 der Abszissenachse liegen (die Endpunkte K_1 und L_1 ausgeschlossen). Wir lesen die Abszissen der Punkte K und L ab und erhalten (näherungsweise) die Lösung $-1{,}6 < x < 2{,}6$.

Beispiel 4. Man löse die Ungleichung $\dfrac{x^2}{2} < x - 3$.

Wir konstruieren (Abb. 260) die Darstellungen der Funktion $y = \dfrac{x^2}{2}$ (Parabel AOB) und $\bar{y} = x - 3$ (Gerade CD). Es muß gelten $y < \bar{y}$. Die Parabel AOB liegt jedoch vollkommen über der Geraden CD. Die gegebene Ungleichung hat keine Lösung.

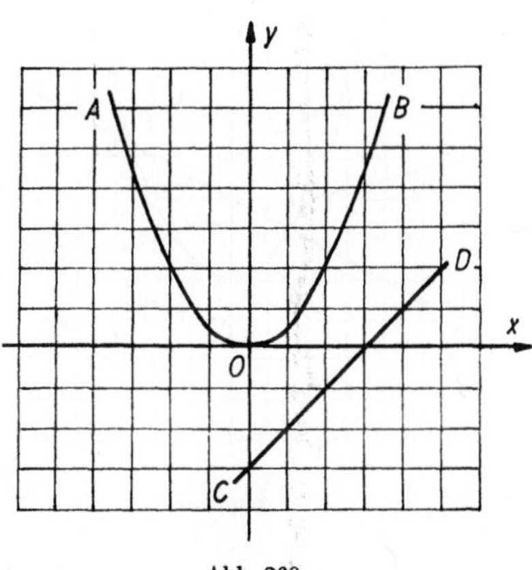

Abb. 260

Beispiel 5. Man löse die Ungleichung $\dfrac{x^2}{2} > x - 3$. Wir führen dieselben Konstruktionen durch wie im letzten Beispiel. Hier gilt aber $y > \bar{y}$. Die gegebene Ungleichung ist daher für alle x erfüllt.

Beispiel 6. Man löse das System von Ungleichungen:

$$x + 4 \leqq x^2 \leqq 6 - x; \quad \frac{1}{2}\,x^2 > \frac{3}{2} - \frac{1}{4}\,x.$$

Statt der zwei ersten Ungleichungen kann man die dazu gleichwertigen Ungleichungen $\dfrac{x}{2} + 2 \leqq \dfrac{x^2}{2} \leqq 3 - \dfrac{x}{2}$ nehmen. Wir konstruieren (Abb. 261) die Darstellungen der Funktionen $y = \dfrac{x^2}{2}$ (Parabel AOB), $y' = \dfrac{x}{2} + 2$ (gerade CD), $y'' = 3 - \dfrac{x}{2}$ (Gerade UV) und $\bar{y} = \dfrac{3}{2} - \dfrac{x}{4}$ (Gerade EF). Die ersten zwei Ungleichungen fordern, daß der entsprechende Bogen der Parabel über der Geraden CD und unter der Geraden UV liegt oder mit diesen Geraden Punkte gemeinsam hat. Durch diese Bedingung wird von der Parabel der Bogen RP (mit Ausnahme der Punkte R und P) ausgesondert. Auf der Abszissenachse entspricht dem die Strecke R_1P_1. Die dritte Ungleichung fordert, daß der entsprechende Parabelbogen auch höher als die Gerade EF liegt. Dies vermindert den Bogen RP auf den Bogen QP (P eingeschlossen, Q ausgeschlossen). Auf der Abszissenachse entspricht QP die Strecke P_1Q_1. Wir lessen die Abszissen der Punkte Q und P ab und erhalten $-3 \leqq x \leqq -2$.

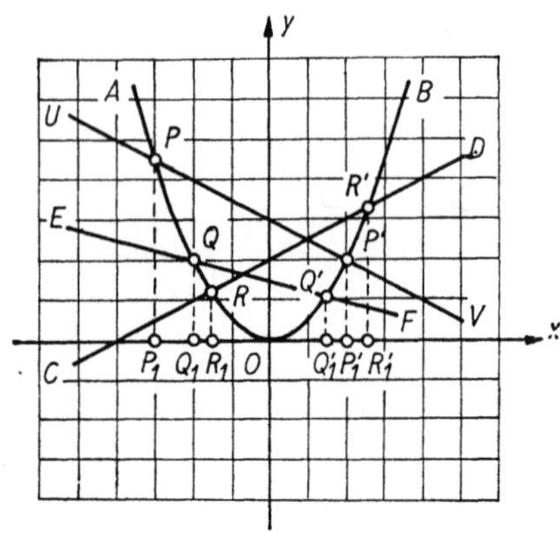

Abb. 261

Beispiel 7. Man löse die Ungleichung $\dfrac{x^2 + x - 6}{x^2 - x - 4} < 0$.

Diese Ungleichung gilt in folgenden zwei Fällen:

1. $x^2 + x - 6 < 0$ und $x^2 - x - 4 > 0$,

2. $x^2 + x - 6 > 0$ und $x^2 - x - 4 < 0$.

Im ersten Fall haben wir $x + 4 < x^2 < 6 - x$. Die grafische Lösung dieses Systems (s. Beispiel 6) liefert die Strecke P_1R_1 (ohne die Endpunkte P_1 und R_1). Im zweiten Fall haben wir $x + 4 > x^2 > 6 - x$. Die Lösung dieses Systems finden wir wie früher durch den Bogen $P_1'R_1'$ der Parabel AOB und die ihm entsprechende Strecke $P_1'R_1'$ auf der Abszissenachse (ohne die Endpunkte P_1' und R_1'). Wir lesen die Abszissen der Punkte P, R, P', R' ab und finden, daß die gegebenen Ungleichungen erfüllt sind: 1. für $-3 < x < -1{,}6$ und 2. für $2 < x < 2{,}6$.

Beispiel 8. Man löse die Ungleichung $2^x < 4x$.

Wir konstruieren die grafischen Darstellungen der Funktionen $y = 2^x$ (Kurve UV in Abb. 256, S. 321) und $\bar{y} = 4x$ (Gerade AB). Es muß gelten $y < \bar{y}$, d. h., die Punkte auf der Kurve UV müssen unter den entsprechenden Punkten der Geraden AB liegen. Wir lesen die Abszissen der Punkte A und B ab und finden die Lösung $0{,}3 < x < 4$.

§ 11. Einiges über den Gegenstand der analytischen Geometrie

In der elementaren Geometrie erfordert die Lösung jeder einzelnen Aufgabe eine gewisse Findigkeit, und oft verlangen Aufgaben, die einander sehr ähnlich sind, vollkommen verschiedene Lösungsverfahren, die nicht leicht zu erraten sind. Betrachten wir etwa die Aufgabe: Man bestimme den geometrischen Ort aller Punkte M, die von einem gegebenen Punkt A denselben Abstand MA haben wie von einem gegebenen Punkt B (Abstand MB). Der gesuchte geometrische Ort ist bekanntlich eine Gerade (senkrecht zur Verbindungslinie von A und B). Aber das Verfahren, mit dessen Hilfe man gewöhnlich in der elementaren Geometrie diese Aufgabe löst, eignet sich nicht für die folgende Aufgabe: Man bestimme den geometrischen Ort aller Punkte, deren Abstand MA von einem Punkt A doppelt so groß wie der Abstand MB von einem Punkt B ist.
Die analytische Geometrie, die gleichzeitig von den beiden französischen Mathematikern DESCARTES (1596—1650) und FERMAT (1601—1655) geschaffen wurde, liefert einheitliche Methoden zur Lösung geometrischer Aufgaben. Sie führt die Lösung umfangreicher

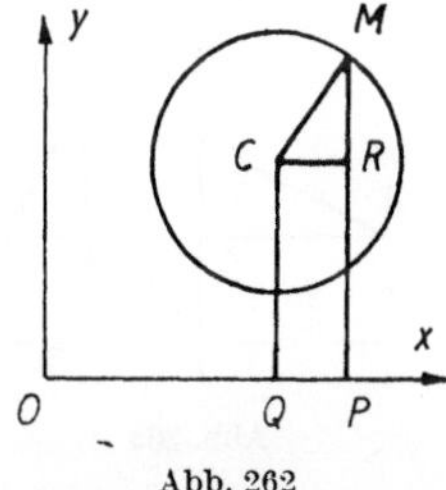

Abb. 262

Aufgabenkreise auf einige methodisch anzuwendende Verfahren zurück. Zu diesem Zweck werden alle gegebenen und gesuchten Punkte mit einem gewissen Koordinatensystem in Beziehung gesetzt (wobei grundsätzlich gleichgültig ist, welches System man wählt; eine geeignete Wahl kann jedoch die Lösung der Aufgabe vereinfachen). Nach Wahl eines Koordinatensystems läßt sich jeder Punkt durch seine Koordinaten und jede Kurve durch eine Gleichung charakterisieren, deren Darstellung gerade diese Kurve ist. Die gegebene geometrische Aufgabe führt man damit auf eine algebraische Aufgabe zurück. Zur Lösung algebraischer Aufgaben verfügen wir bereits über gut ausgearbeitete allgemeine Verfahren.
Zur Erklärung des eben Gesagten betrachten wir die folgenden Beispiele.

Beispiel 1. Eine Kreislinie mit dem Radius r wird auf ein Koordinatensystem XOY (Abb. 262) bezogen, in dem sein Mittelpunkt die Abszisse $OQ = a$ und die Ordinate $QC = b$ erhält. Wir wollen die Gleichung dieser Kreislinie angeben.

Es sei $M(x, y)$ ein beliebiger Punkt dieser Kreislinie ($x = OP$, $y = PM$). Nach Definition einer Kreislinie haben alle Strecken MC die konstante Länge r. Wir drücken MC durch die konstanten Koordinaten a und b und durch die variablen Koordinaten x und y des Punktes M aus. Aus Abb. 262 finden wir

$$MC = \sqrt{CR^2 + RM^2} = \sqrt{(OP - OQ)^2 + (PM - QC)^2}$$
$$= \sqrt{(x - a)^2 + (y - b)^2}.$$

Daher gilt

$$\sqrt{(x - a)^2 + (y - b)^2} = r$$

oder

$$(x - a)^2 + (y - b)^2 = r^2. \tag{1}$$

Diese Gleichung stellt die Kreislinie dar, oder mit anderen Worten, die grafische Darstellung dieser Gleichung (1) ist die gegebene Kreislinie.

Beispiel 2. Man bestimme den geometrischen Ort aller Punkte M für die $MA = 2MB$ (A und B zwei gegebene Punkte, deren Abstand durch $2\,l$ bezeichnet werden).

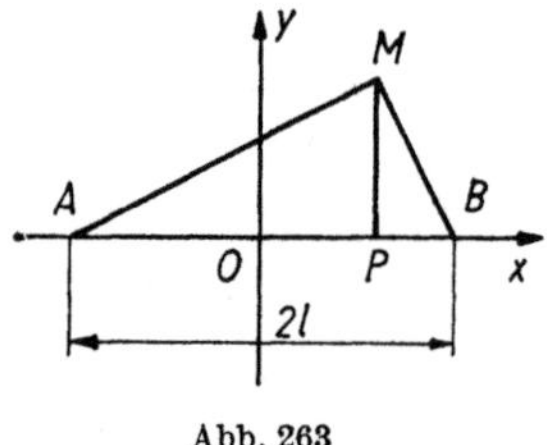

Abb. 263

Wir wählen als Koordinatenursprung den Mittelpunkt der Strecke AB und legen eine der Achsen (OX in Abb. 263) in die Richtung AB. Zur Beschreibung der Bedingung $MA = 2MB$ in Form einer Gleichung zwischen den Koordinaten des Punktes $M(x, y)$ drücken wir MA und MB durch diese Koordinaten aus. Aus dem Dreieck MBP haben wir

$$MB = \sqrt{PB^2 + PM^2} = \sqrt{(OB - OP)^2 + PM^2} = \sqrt{(l - x)^2 + y^2}.$$

Ebenso finden wir aus dem Dreieck AMP den Abstand $MA = \sqrt{(x + l)^2 + y^2}$, und die Bedingung $MA = 2MB$ erhält die Form

$$\sqrt{(x + l)^2 + y^2} = 2\sqrt{(l - x)^2 + y^2}.$$

Nach Vereinfachung erhalten wir

$$x^2 - \frac{10}{3}\,lx + y^2 + l^2 = 0. \tag{2}$$

Der gesuchte geometrische Ort ist die grafische Darstellung dieser Gleichung. Die Methoden der analytischen Geometrie zeigen gleichzeitig, daß diese Darstellung eine Kreislinie ist. Man überzeugt sich leicht davon, indem man Gleichung (2) mit Gleichung (1) vergleicht. Wir bringen Gleichung (2) auf die Form

$$\left(x - \frac{5}{3}\,l\right)^2 + y^2 = \left(\frac{4}{3}\,l\right)^2$$

und erkennen darin einen Spezialfall der Gleichung (1) mit $a = \dfrac{5l}{3}$, $b = 0$, $r = \dfrac{4l}{3}$. Unser geometrischer Ort ist also eine Kreislinie mit dem Mittelpunkt $C\left(\dfrac{5l}{3,0}\right)$ und dem Radius $r = \dfrac{4l}{3}$.

§ 12. Grenzwerte

Eine konstante Größe a heißt *Grenzwert* einer variablen Größe x, wenn sich diese Größe bei ihrer Änderung dem Wert a unbegrenzt nähert[1]).

Bei der Betrachtung einer Variablen für sich allein spricht man meist nicht von der Bestimmung ihres Grenzwerts. Wenn man jedoch zwei variable Größen betrachtet, von denen die eine eine Funktion der anderen ist, so kann man für die eine davon (für das Argument) einen Grenzwert vorgeben und für die andere den entsprechenden Grenzwert suchen (falls er existiert).

Beispiel 1. Die Variablen x und y seien durch die Beziehung $y = \dfrac{x^2 - 4}{x - 2}$ verknüpft. Man bestimme den Grenzwert von y, wenn x den Grenzwert 6 hat.

Wir lassen x auf beliebige Weise gegen die Zahl 6 streben. Zum Beispiel soll x der Reihe nach die Werte 6,1; 6,01; 6,001 usw. annehmen. Wir finden dabei für y die Werte 8,1; 8,01; 8,001 usw. Diese Werte nähern sich unbegrenzt der Zahl 8. Dasselbe trifft zu, wenn sich x auf beliebige andere Art unbegrenzt der Zahl 6 nähert, z. B. wenn x der Reihe nach die Werte 5,9; 6,01; 5,999; 6,0001 usw. durchläuft. Wenn daher x den Grenzwert 6 hat, so hat y den Grenzwert 8. Symbolisch schreiben wir dies so:

$$\lim_{x \to 6} y = 8 \quad \text{oder} \quad \lim_{x \to 6} \frac{x^2 - 4}{x - 2} = 8.$$

---

[1]) Die obige Definition ist nicht ganz exakt, da der Ausdruck „sich unbegrenzt nähern" einer logischen Präzisierung bedürfte. Eine gebührende Präzisierung ist mit kurzen Worten in klarer Weise kaum möglich. In den unten folgenden Beispielen wird die Bedeutung dieser Ausdrucksweise so weit erklärt, wie es zum Verständnis dieses Abschnitts notwendig ist. Die in den elementaren Lehrbüchern gegebenen Definitionen leiden notwendigerweise immer an Unvollständigkeit, während sie oft der Form nach wohl exakter sein könnten.

Die Buchstaben lim sind die Abkürzung des französischen Wortes limite, das „Grenzwert" bedeutet. Das erhaltene Ergebnis könnten wir in diesem Fall auch durch Einsetzen von $x = 6$ in den Ausdruck $y = \dfrac{x^2 - 4}{x - 2}$ finden. Im folgenden Beispiel führt eine derartige Vorgangsweise jedoch nicht zum Ziel.

Beispiel 2. Gegeben sei $y = \dfrac{x^2 - 4}{x - 2}$. Man bestimme $\lim\limits_{x \to 2} y$. Setzt man im Ausdruck $\dfrac{x^2 - 4}{x - 2}$ für x den Wert 2 ein, so ergibt sich der unbestimmte Ausdruck $\dfrac{0}{0}$. Eine Rechnung ähnlich wie in Beispiel 1 zeigt aber, daß $\lim\limits_{x \to 2} \dfrac{x^2 - 4}{x - 2} = 4$. Dieses Ergebnis erhält man noch auf eine andere Art. Wir schreiben: $\dfrac{x^2 - 4}{x - 2} = \dfrac{(x - 2)\,(x + 2)}{x - 2}$.

Für $x \neq 2$ darf man den letzten Bruch durch $x - 2$ kürzen (bei $x = 2$ darf man dies nicht). Wir erhalten $y = x + 2\,(x \neq 2)$. Lassen wir nun x unbegrenzt gegen 2 streben, ohne daß x dabei jemals den Wert 2 annimmt, so strebt gleichzeitig $y = x + 2$ unbegrenzt gegen 4.

Das vorliegende Problem formuliert man oft so: „Aufsuchen des tatsächlichen Werts des Ausdrucks $\dfrac{x^2 - 4}{x - 2}$ für $x = 2$" oder „Beseitigung der Unbestimmtheit des Ausdrucks $\dfrac{x^2 - 4}{x - 2}$ bei $x = 2$". Die Bedeutung dieser Ausdrucksweise besteht darin, daß man $\lim\limits_{x \to 2} \dfrac{x^2 - 4}{x - 2}$ untersucht.

Im betrachteten Beispiel genügt es für die „Beseitigung der Unbestimmtheit", daß man den Bruch $\dfrac{x^2 - 4}{x - 2}$ durch $x - 2$ kürzt und dann $x = 2$ setzt. Aber diese Vorgangsweise führt bei weitem nicht immer zum Ziel.

Literatur

ARNDT, A., Kleines Formellexikon. 8. Auflage, VEB Verlag Technik, Berlin 1968.

Aufgabensammlung zur Elementarmathematik. Band 1, Volk und Wissen Volkseigener Verlag, Berlin 1963.

Aufgabensammlung zur Elementarmathematik. Band 2, Volk und Wissen Volkseigener Verlag, Berlin 1964.

BARTSCH, H.-J., Mathematische Formeln. 8. Auflage, VEB Fachbuchverlag, Leipzig 1968.

BRONSTEIN, I. N., und SEMENDJAJEW, K. A., Taschenbuch der Mathematik für Ingenieure und Studenten der Technischen Hochschulen. 8. Auflage, B. G. Teubner, Verlagsgesellschaft, Leipzig 1967.

Enzyklopädie der Elementarmathematik. Band 1, 4. Auflage, VEB Deutscher Verlag der Wissenschaften, Berlin 1967.

Enzyklopädie der Elementarmathematik. Band 2, 4. Auflage, VEB Deutscher Verlag der Wissenschaften, Berlin 1967.

Enzyklopädie der Elementarmathematik. Band 3, 2. Auflage, VEB Deutscher Verlag der Wissenschaften, Berlin 1968.

FÉLIX, L., Elementarmathematik in moderner Darstellung. 2. Auflage, VEB Fachbuchverlag, Leipzig 1968.

Kleine Enzyklopädie Mathematik. 3. Auflage, VEB Bibliographisches Institut, Leipzig 1968.

Lehrgang der Elementarmathematik zur Vorbereitung auf die Fachschulreife. 5. Auflage, VEB Fachbuchverlag, Leipzig 1968.

LENZ, H., Grundlagen der Elementarmathematik. 2. Auflage, VEB Deutscher Verlag der Wissenschaften, Berlin 1967.

SIMON, H., und STAHL, K., Mathematik. 5. Auflage, VEB Fachbuchverlag, Leipzig 1968.

WILLERS, FR. A., Elementar-Mathematik. 13. Auflage, Verlag Theodor Steinkopff, Dresden 1968.

Sachverzeichnis